全国高等院校测绘专业规划教材

测量学

刘茂华 主编
任东风 范海英
韦 峰 路海洋 副主编

清华大学出版社
北京

内 容 简 介

本书系统地介绍应用各类测绘仪器进行各种空间地理数据的采集，包括点位坐标与直线方位测定与测设、地形图数字化测绘等外业工作和运用测量误差与平差理论进行数据处理计算、计算机地图成图等内业工作的工程技术和方法。内容主要包括测量学的基本知识、地图分幅、空间点位平面坐标与高程及直线方位测定与测设、误差理论与直接平差、大比例尺地形图数字成图等基本理论与方法。

本教材在强调掌握有关课程知识体系内容的基础上，增加了测绘理论、技术和新型测绘仪器的应用方面等实践技能内容。该教材适合作为所有工程类测量学的教学，以及测绘科技人员自学测绘新理论和新技术。

图书在版编目(CIP)数据

测量学/刘茂华主编. —北京：清华大学出版社，2015（2025.1重印）
(全国高等院校测绘专业规划教材)
ISBN 978-7-302-38071-9

Ⅰ. ①测…　Ⅱ. ①刘…　Ⅲ. ①测量学—高等学校—教材　Ⅳ. ①P2

中国版本图书馆 CIP 数据核字(2014)第 221116 号

责任编辑： 张丽娜
装帧设计： 杨玉兰
责任校对： 周剑云
责任印制： 从怀宇
出版发行： 清华大学出版社

网　　址： https://www.tup.com.cn，https://www.wqxuetang.com
地　　址： 北京清华大学学研大厦 A 座　　**邮　　编：** 100084
社 总 机： 010-83470000　　**邮　　购：** 010-62786544
投稿与读者服务： 010-62776969, c-service@tup.tsinghua.edu.cn
质量反馈： 010-62772015, zhiliang@tup.tsinghua.edu.cn
课件下载： https://www.tup.com.cn , 010-62791865

印 装 者： 天津鑫丰华印务有限公司
经　　销： 全国新华书店
开　　本： 185mm×260mm　　**印　　张：** 19　　**字　　数：** 456 千字
版　　次： 2015 年 1 月第 1 版　　**印　　次：** 2025 年 1 月第 8 次印刷
定　　价： 54.00 元

产品编号：057941-03

前　言

随着科学技术的发展，测绘理论及技术已经涵盖了全球卫星导航系统(GNSS)、遥感(RS)及地理信息系统(GIS)等相关学科，形成了更加丰富、先进的现代测绘科学。因此，本书对传统测绘理论和技术进行了全面介绍，并增加了测绘新技术、新理论、新设备、新方法，且结合建筑、道桥、管线、地质勘探、矿山等特点，全面介绍测绘在这些行业中的具体应用和实施，以满足各类工程专业毕业生今后工作岗位的需求。在实际教学实践中，任课教师可以根据具体情况对本书内容进行选择教学。

本书以马振利等主编的《测绘学》(2005 年版)为基础，在得到作者许可后加以更新出版，并更名为《测量学》。本书可作为各行业测绘工程技术人员的参考用书，尤其适合作为工科院校地矿类、土建类、水利类、道桥类、环境与安全类等各本、专科及高等职业教育的教学用书；也可作为施工现场测量人员的培训教材及参考资料。

本书由沈阳建筑大学刘茂华编写第 1～3 章，辽宁工程技术大学任东风编写第 14 章，辽宁科技学院范海英编写第 13 章，辽宁工程技术大学韦峰编写第 6、7 章，辽宁地质工程职业学院路海洋编写第 5 章，沈阳建筑大学姚敬编写第 9、11 章，北京欧诺嘉科技有限公司崔焕玉参编第 11 章，沈阳建筑大学王欣编写第 4 章、辽宁工程技术大学张继超编写第 8 章、中交第一公路工程局有限公司夏志忠、宋宝欢、韩卯编写第 10 章，辽宁地质工程职业学院赵晓琳编写第 12 章，最后由刘茂华、任东风校正。感谢马振利、张志超、孟庆伟、崔焕玉对本书编写给予的大力支持，感谢沈阳金图数码科技有限公司、上海华测导航技术有限公司、北京欧诺嘉技术有限公司为本书提供的技术支持。

由于编者水平有限，书中必然存在疏漏之处，敬请各位专家和读者不吝赐教。

编　者

目　录

第 1 章　绪　论

【学习目标】

- 了解测量学的基本概念；
- 了解地球的形状与大小及地面点位的确定；
- 熟悉直线定向及点位坐标的计算；
- 熟悉罗盘仪的实用方法。

测绘学(Surveying and Mapping 或 Geomatics)是采集、量测、处理、应用与地球和空间分布有关数据的一门科学。它的研究对象非常广泛，从地球的形状、大小乃至地球以外的空间，到地面上局部区域的面积及点位等有关数据和信息。

1.1　测绘学的研究与应用领域

按照研究范围和对象的不同，测绘科学形成了许多分支学科。

1.1.1　大地测量学

大地测量又可分为卫星大地测量、空间大地测量、几何大地测量(空间大地测量与几何大地测量又称为天文大地测量)、重力大地测量、海洋大地测量等。大地测量学(Geodesy)主要研究地球的形状与大小(精化水准面)、地球的整体运动(地球的自转和极移等)、地球的局部运动(块运动和区域性地壳形变等)。

大地测量学为地球动态变化状态以及动力学机制提供理论研究依据；为研究海平面变化、保护人类生存环境、地震中长期预报提供依据和信息；为经济建设提供控制；为科学研究、航空、航天、航海提供定轨、定位；为国防建设，提高战略、战术武器的命中精度提供制导手段等。

1.1.2　摄影测量与遥感

摄影测量与遥感(Photogrammetry and Remote Sensing)又可分为航天摄影测量、航空摄影测量、地面立体摄影测量、遥感测量。摄影测量可以快速获取地球表面上地貌、地物的影像。在当代通信技术、计算机技术支持下，人们可以实时地获取各种纸质和数字地图。利用遥感技术(电磁波、光波、热辐射等)可快速获取地球表面、地球内部、环境景象、天体等传感目标的信息特征信号，并将其应用于农业调查、土壤性质分析、植被分布、地下资源、气象、环境污染等调查以及自然灾害预测等。

1.1.3 地形测量学

地形测量学(或普通测量学，Topographic Surveying)主要研究地球表面小范围的测绘问题。由于全球卫星导航系统(GNSS)、地理信息系统(GIS)、当代遥感技术(RS)，即3S技术为代表的测绘新技术的迅猛发展，地形测量学的产品已经开始由传统的纸质地图快速向4D (数字高程模型(Digital Elevation Model，DEM)，数字正射影像图(Digital Orthophoto Map，DOM)，数字栅格地图(Digital Raster Graphic，DRG)，数字线划地图(Digital Line Graphic，DLG))产品过渡。4D 产品在网络的支持下将成为国家空间数据基础设施(NSDI)的基础，为相关的研究工作以及国民经济各行业、各部门应用地理信息带来巨大便利。

1.1.4 工程测量学

工程测量学(Engineering Surveying)主要研究有关城市建设、矿山工厂、水利水电、农林牧业、道路交通、地质矿产等领域的勘测设计、建设施工、竣工验收、生产经营、变形监测等方面的测绘工作。工程测量学的特点是应用基本测量理论、技术、仪器设备，针对不同工程的特点，研究其具有特殊性的施工测绘方法。

此外，测绘科学还包括海洋测量学(Hydrographic Surveying)、地图制图学(Cartography)等。

测绘科学的地位非常重要。在21世纪的信息时代，国家信息基础设施(National Information Infrastructure，NII)即“国家信息高速公路”必须由国家空间数据基础设施(National Spatial Data Infrastructure，NSDI)作为基础，“数字地球”(Digital Earth)也必须以NSDI 作为基础。现代测绘业正是NSDI 的主干产业，它提供的地理信息数据产品、技术产品和地理信息工程将作为NSDI 的基础框架，因而现代测绘业越来越多地被称为地球信息科学(Geomatics)产业。

测绘科学在国家各级政府部门的管理和决策、国民经济的发展规划、科学研究、各项农业基本建设、国防建设中都有着极广泛的应用。例如，我国国务院常务会议室就使用了电子地图系统——国务院国情地理信息系统。再如，对于各种工程建设，在勘测设计阶段要求有相应比例尺的地形图，供规划、选址、管道及交通路线选线以及总平面图设计和竖向设计之用。在施工阶段，要将设计的建筑物、构筑物的平面位置和高程测设于实地，指导施工。施工结束后，还要进行竣工测量，绘制竣工图，供日后扩建和维修之用。对某些大型及重要的建筑物和构筑物还要进行变形观测，以保证其安全运营和使用。

对于一般工程建设而言，测量学的基本工作内容包括两部分：测定(或测绘)和测设(或放样)。测定(Determination)是通过使用专用仪器设备、采用一定的技术方法，将地貌、地物转化成一系列数据，经过处理后成为各种纸质地图或数字地图。测设(Laying out)则是测定的反过程，即按照图上的规划或设计(如构筑物的位置、图形)在实地上标定出来，作为建设施工的依据。

通过对本课程的学习，要求学生对测绘学的基本知识、基础理论有一定的了解，并掌握工程水准仪、经纬仪等常规工程测绘仪器的基本操作方法和基本内业计算工作，以便在各自的工作中具有正确应用有关测绘信息与资料的能力，更好地为专业工作服务。

1.2　地球形状和大小

地球的自然表面极为复杂，有高山、丘陵、盆地、平原和海洋，所以人们把平均海水面及其延伸到大陆内部所形成的闭合曲面称为大地水准面(Geoid)(见图 1-1(a)、(b))，用来代表地球的几何形状。这是因为大地水准面同地球表面的形状非常接近。大地水准面是一个处处与重力方向垂直的封闭曲面。重力的方向线又称铅垂线(Plumb Line)，是测量工作的基准线，而大地水准面则是测量工作的一个基准面。

由于地球内部质量分布不均匀，引起铅垂线方向的变化，致使大地水准面成为一个复杂的曲面，人们无法在此曲面上直接进行测绘和数据处理。但从力学角度看地球是一个旋转的均质流体，其平衡状态是一个旋转椭球体。于是人们进一步利用一个合适的旋转椭球面来逼近大地水准面(见图 1-1(c))。

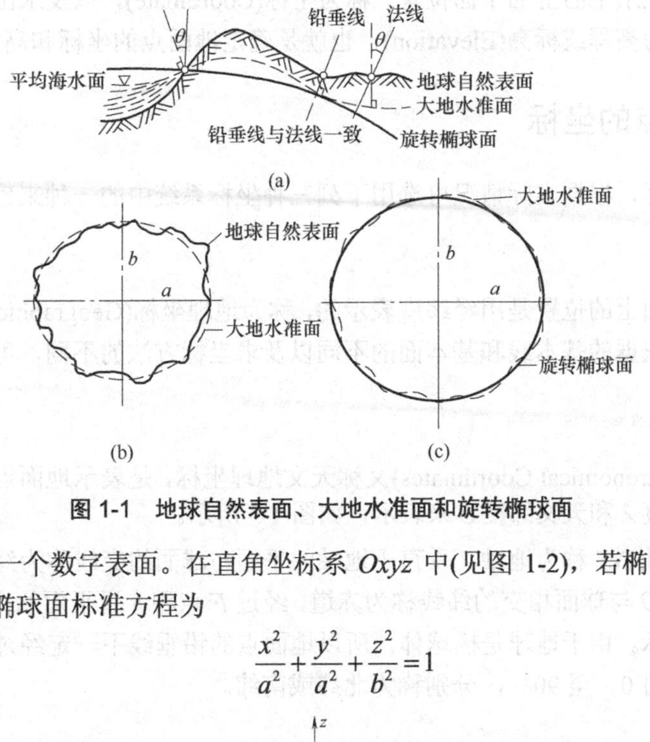

图 1-1　地球自然表面、大地水准面和旋转椭球面

旋转椭球面是一个数字表面。在直角坐标系 $Oxyz$ 中(见图 1-2)，若椭圆长半轴为 a，短半轴为 b，则旋转椭球面标准方程为

$$\frac{x^2}{a^2}+\frac{y^2}{a^2}+\frac{z^2}{b^2}=1 \tag{1-1}$$

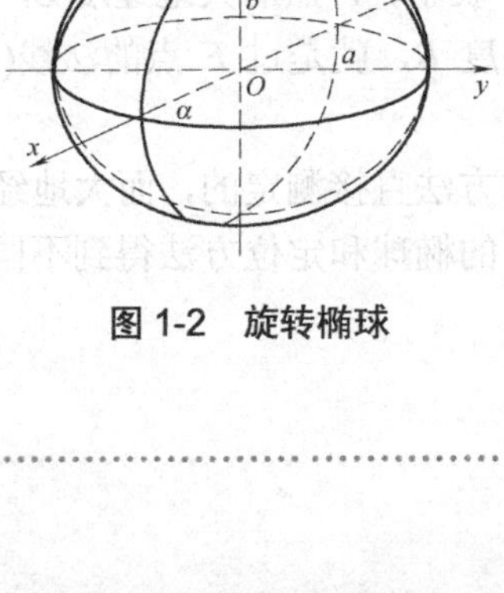

图 1-2　旋转椭球

地球的形状非常接近于一个旋转椭球，其长半轴 a 为 6378140m，短半轴 b 为 6356755m，扁率α为 1∶298.257。其中

$$\alpha=\frac{a-b}{a} \tag{1-2}$$

在一般情况下，地面点上的铅垂线同旋转椭球面正交的法线是不平行的，两者之间的角称为垂线偏差，以θ表示，其值一般在 10″之内(见图 1-1(a))。

由于地球椭球的扁率很小，当测区面积不大时，可以把地球当作圆球来看待，其平均半径为 6371km。

1.3 地面点位的确定

测量工作的根本任务是确定地面点的位置。确定地面点的空间位置，通常是求出该点的球面位置或投影在水平面上的平面位置，称为坐标(Coordinate)，以及求出该点到大地水准面的铅垂距离，称为高程或标高(Elevation)，也就是确定地面点的坐标和高程。

1.3.1 地面点的坐标

地面点的坐标，根据实际情况可选用下列三种坐标系统中的一种来确定。

1. 地理坐标

地面点在球面上的位置是用经纬度表示的，称为地理坐标(Geographic Coordinates)。地理坐标又按坐标所依据的基本线和基本面的不同以及求坐标方法的不同，可分为天文坐标和大地坐标两种。

1) 天文坐标

天文坐标(Astronomical Coordinates)又称天文地理坐标，是表示地面点在大地水准面上的位置，用天文经度λ和天文纬度φ来表示，如图 1-3 所示。

地球的自转轴 NS 称为地轴。垂直于地轴的平面与球面的交线称为纬线，垂直于地轴的平面并通过球心 O 与球面相交的纬线称为赤道，经过 F 点和赤道平面的夹角，称为 F 点的纬度，常以φ来表示。由于地球是椭球体，所以地面点的铅垂线不一定经过地球中心。纬度从赤道向北或向南自 0°至 90°，分别称为北纬或南纬。

2) 大地坐标

大地坐标(Geodetic Coordinates)又称大地地理坐标，是表示地面点在旋转椭球面上的位置，用大地经度 L 和大地纬度 B 表示。F 点的大地经度 L，就是包含 F 点的子午面和首子午面所夹的二面角；F 点的大地纬度 B，就是过 F 点的法线(与旋转椭球面垂直的线)与赤道面的夹角。

天文经纬度是用天文测量的方法直接测定的，而大地经纬度是根据大地测量数据由椭球定位的数学关系推算而得。不同的椭球和定位方法得到不同的坐标系。目前我国使用“2000 年国家大地坐标系”。

地面上一点的天文坐标和大地坐标之所以不同，是因为各自依据的基本面和基本线不同，前者依据的是大地水准面和铅垂线，后者依据的是旋转椭球面和法线。由于旋转椭球面和大地水准面不一致，因此过同一点的铅垂线和法线也不一致，而产生垂线偏差 θ (见图 1-1(a))。

2. 高斯平面直角坐标

大地坐标只能用来确定地面点在旋转椭球面上的位置，不能直接用来测图。测量上的计算，最好在平面上进行。众所周知，旋转椭球面是一个曲面，不能简单地展成平面，那么如何建立一个平面直角坐标系呢？我国采用高斯投影的方法，建立高斯平面直角坐标(Gauss Planimetric Rectangular Coordinates)。

高斯投影就是设想将截面为椭圆的一个圆柱面横套在旋转椭球外面(见图 1-4)，并与旋转椭球面上某一条子午线(如 *NS*)相切，同时使圆柱的轴位于赤道面内，并通过椭球中心，相切的子午线称为中央子午线。然后将中央子午线附近的旋转椭球面上的点、线投影到横圆柱面上，如将旋转椭球面上的 *M* 点投影到横圆柱面上得 *m* 点，再顺着过极点的母线，将圆柱面剪开，展成平面，此平面称为高斯投影平面(Gauss Projecting Plane)。

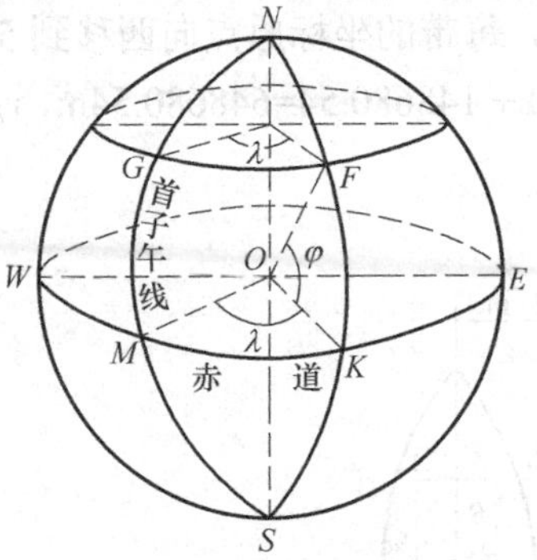

图 1-3　天文坐标

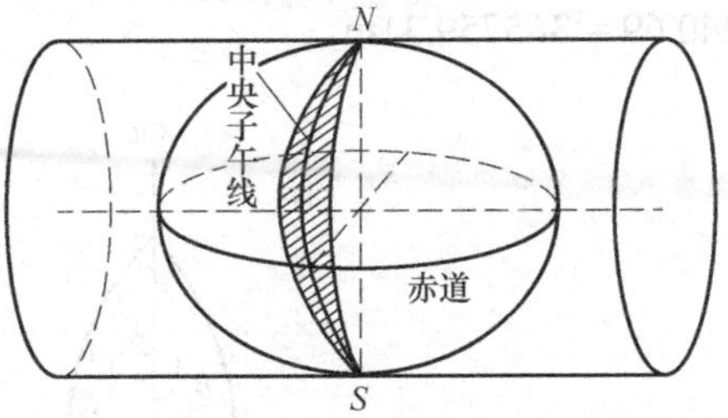

图 1-4　高斯投影

高斯投影平面上的中央子午线投影为直线且长度不变，其余子午线均为凹向中央子午线的曲线，其长度大于投影前的长度，离中央子午线越远长度变形越大。为了将长度变形限制在测量精度允许的范围内，因此有投影带的划分，一般都采用 6° 分带法，即从格林尼治零子午线起每隔经差 6° 为一带，将旋转椭球面由西向东等分为 60 个带(见图 1-5(a))，0°～6° 为第 1 带。第 1 带的中央子午线的经度为 3° (见图 1-5(b))。任意带中央子午线经度 *L* 可按下式计算：

$$L=6n-3 \tag{1-3}$$

式中，*n* 为投影带的号数。每一投影带采用各自独立的高斯平面直角坐标(见图 1-6(a))。

实践证明，6° 带投影后，其边缘部分的变形能满足 1∶25000 或更小比例尺测图的精度。

当进行 1∶10000 或更大比例尺制图时，要求投影变形更小，可用 3° 分带法(见图 1-5(b))或 1.5° 分带法。3° 分带法是从东经 1° 30′ 起，每隔 3° 划分一带，全球共划分 120 个带，每带中央子午线经度 L_0 可按下式计算：

$$L_0=3n \tag{1-4}$$

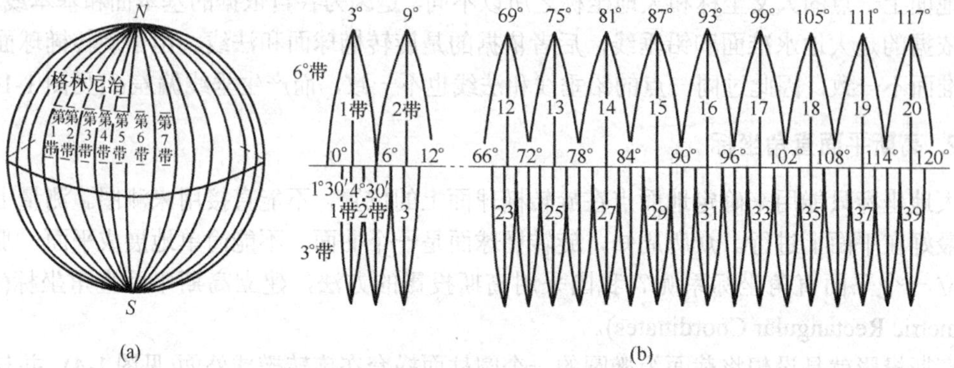

图 1-5　分带示意图

测量学上以每一带的中央子午线的投影为直角坐标系的纵轴 x，向上为正，向下为负；以赤道的投影为直角坐标系的横轴 y，向东为正，向西为负；两轴交点 O 为坐标原点。由于我国领土全部位于赤道以北，因此 x 值均为正值，而 y 值则有正有负，如图 1-6(a)所示，y_a=148680.54m，y_b=−134240.69m。为了避免出现负值，每带的坐标原点向西移到 500km，则每点的横坐标值均为正值，如图 1-6(b)所示，y_a=500000 + 148680.54=648680.54m，y_b=500000−134240.69 = 365759.31m。

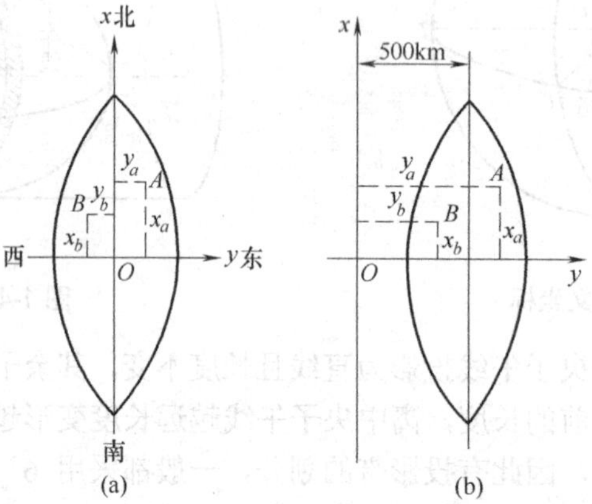

图 1-6　高斯平面直角坐标

为了根据横坐标值能确定某点位于哪一个 6° 带内，则在横坐标值前冠以带的编号。例如，A 点位于第 20 带内，则其横坐标值 y_a 为 20648680.54m。

3. 独立平面直角坐标

当测量的区域较小时，可以把该测区的球面当作平面看待，直接将地面点沿铅垂线投影到水平面上，用独立平面直角坐标(Assumed Planimetric Rectangular Coordinates)(见图 1-7)来表示它的投影位置。将坐标原点选在测区西南角，使测区全部落在第一象限内，并以该地的子午线为 x 轴，向北为正，y 轴向东为正。象

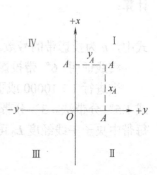

图 1-7　独立平面直角坐标

限按顺时针方向编号，这与数学上笛卡儿坐标系(Cartesian Coordinate)的规定不同。测量上取南北线为标准方向，主要是定向方便，而象限采取顺时针方向编号，其目的是便于将数学上的三角函数和解析几何的公式直接应用到测量计算，可不作任何改变。如地面上某点 A 的位置可用该点到横、纵坐标轴的垂直距离 x_A 和 y_A 表示。

1.3.2　地面点的高程

地面点到大地水准面的铅垂距离称为绝对高程，又称海拔。如图 1-8 所示的 A、B 两点的绝对高程为 H_A、H_B。海水面由于受潮汐、风浪等影响，是个动态的曲面，它的高低位置时刻都在变化，通常是在海边设立验潮站，进行长期观测，取海水面的平均高度作为高程零点，通过该零点的大地水准面称为高程基准面(即高程起算面)。新中国成立后，我国曾采用从青岛验潮站求得的黄海平均海水面作为高程基准面，称为“1956 年黄海高程系”，并在青岛市观象山上建立水准原点，其高程为 72.289m。由于验潮资料不足等原因，我国自 1987 年启用“1985 年国家高程基准”。它是采用青岛验潮站 1953—1979 年验潮资料计算确定的。依次推算的青岛国家水准原点高程为 72.260m。为了统一全国的高程系统，全国都应以新的原点高程为准。

在局部地区，也可以假设一个水准面作为高程起算面。地面点到假设水准面的铅垂距离，称为假设高程或相对高程。A、B 点的相对高程分别为 H'_A、H'_B。

地面两点高程之差称为高差(Difference in Elevation)，以 h 表示，如图 1-8 中 A、B 两点的高差为

$$h_{ab} = H_B - H_A = H'_B - H'_A \tag{1-5}$$

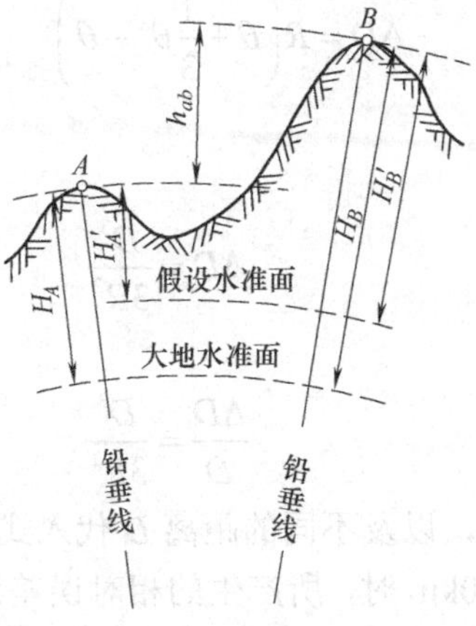

图 1-8　高程和高差

1.3.3　水平面代替水准面的限度

对于众多的工程来说，图纸是平面的，而且要求平面图上地貌、地物是实地地貌、地物按比例缩小的相似形。然而水准面是不可展开的曲面，如果一定要将水准面展开成平面，则会发生变形。

用水平面来代替水准面只有测区很小时才允许，那么，这个区域的范围究竟多大呢？如图 1-9 所示，A、B、C 是地面点，它们在大地水准面上的投影点是 a、b、c，用该区域的切平面来代替大地水准面后，地面点在水平面上的投影是 a、b'、c' 点，现分析由此产生的影响。图 1-9 中，A、B 两点在水准面上的距离为 D，在水平面上的距离为 D'，两者之间的差别为 ΔD，就是用水平面代替水准面后的差异。大地水准面是一个复杂的曲面，在推导公式时，近似地认为它是半径为 R 的球面，因此

$$\Delta D = D' - D = R\tan\theta - R\theta = R(\tan\theta - \theta) \tag{1-6}$$

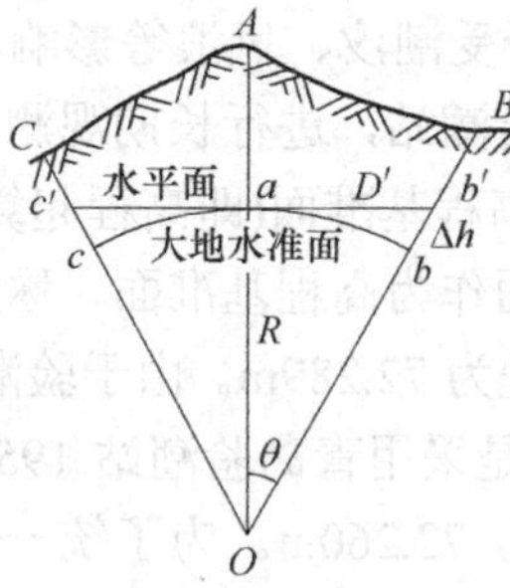

图 1-9 水平面代替水准面

已知

$$\tan\theta = \theta + \frac{1}{3}\theta^3 + \frac{2}{15}\theta^5 + \cdots$$

因 θ 角很小，只读取前两项，并将其代入式(1-6)，得

$$\Delta D = R\left(\theta + \frac{1}{3}\theta^3 - \theta\right)$$

把 $\theta = \dfrac{D}{R}$ 代入上式得

$$\Delta D = \frac{D^3}{3R^2} \tag{1-7}$$

或

$$\frac{\Delta D}{D} = \frac{D^3}{3R^2} \tag{1-8}$$

将地球平均半径 R=6371km，以及不同的距离 D 代入式(1-8)，便得到表 1-1 所示结果。

由表 1-1 可以看出，当 D=10km 时，所产生的相对误差为 1/1250000，这样小的误差对一般精密测量来说也是允许的，所以在 10km 为半径的圆面积之内，可用水平面代替水准面。

表 1-1 水平面代替水准面对距离的影响

D/km	ΔD/cm	$\Delta D/D$
10	1	1：1250000
25	7	1：200000
50	102	1：49000
100	812	1：12000

关于用水平面代替水准面对高程的影响，仍以图 1-9 加以说明。地面点 B 的高程应是铅垂距离 bB，用水平面代替水准面后，B 点的高程为 $b'B$，两者之差 Δh 即为对高程的影响。其值为

$$\begin{aligned}\Delta h &= bB - b'B = Ob' - Ob \\ &= R\sec\theta - R = R(\sec\theta - 1)\end{aligned} \tag{1-9}$$

已知

$$\sec\theta = 1 + \frac{\theta^2}{2} + \frac{5}{24}\theta^4 + \cdots$$

因 θ 值很小，故只取上式中两项，又知 $\theta = \dfrac{D}{R}$，代入式(1-8)中，得

$$\Delta h = R\left(1 + \frac{\theta^2}{2} - 1\right) = \frac{D^2}{2R} \tag{1-10}$$

用不同的距离代入式(1-9)中，得到表 1-2 所示结果。

表 1-2　水平面代替水准面对高程的影响

D/km	0.2	0.5	1	2	3	4	5
ΔD /cm	0.31	2	8	31	71	125	196

从表 1-2 可以看出，用水平面代替水准面，对高程的影响(即地球曲率的影响)是很大的，距离 500m 就产生高程误差 2cm，即使是 200m 的距离，也有 0.31cm 的高程误差，这是不能允许的。因此，在高程测量中，即使距离很短，也应顾及地球曲率对高程的影响。

1.4　直线定向与点位坐标计算

由 1.3 节中可知，地面上测量的数据，在高斯平面直角坐标系中，可方便地应用数学公式进行有关计算。在图 1-10 中，若已知 A、B 两点坐标，即可求得两点相对关系的数据，即两点连线的水平距离 D_{AB} 及连线的坐标方位角或方向角 α_{AB}，或已知距离 D_{AB} 后，可计算坐标增量 Δx_{AB} 和 Δy_{AB}。

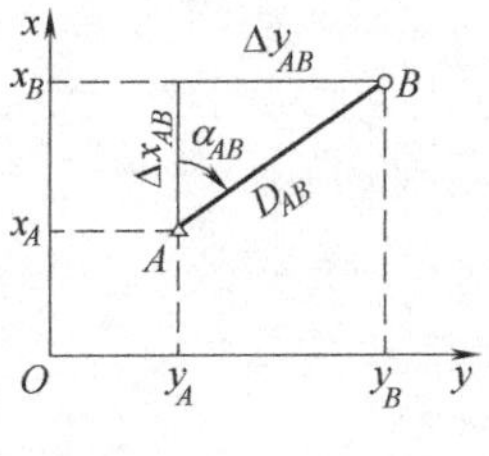

图 1-10　坐标计算

1.4.1　直线定向

确定一条直线与标准方向之间角度(水平角度)关系的工作称为直线定向(Azimuthal Orientation)。

1. 基准方向

测量工作中，常采用的基准方向(Base Direction)有真子午线方向、磁子午线方向和坐标纵轴方向，如图 1-11 所示。

1) 真子午线方向

过地球表面某点的真子午线的切线方向，称为过该点的真子午线方向(True Direction)。真子午线方向可用天文测量方法或用陀螺经纬仪测定。大地天文测量工作中真子午线方向多用天文测量方法来测定，而在近代工程测量中多采用陀螺经纬仪法测定。

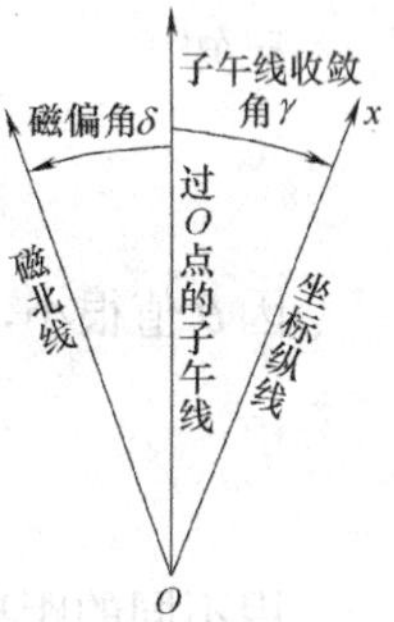

图 1-11　基准方向

2) 磁子午线方向

磁子午线方向(Magnetic Direction)是磁针自由静止时其轴线所指的方向，可用罗盘仪测定。

3) 坐标纵轴方向

平行于高斯投影平面直角坐标系 x 坐标轴的方向称为坐标纵轴方向(Longitudinal Axis Direction)。若采用假定坐标系，则假定坐标纵轴方向为基准方向。

2. 直线方向的表示方法

测量工作中，常采用方位角来表示直线的方向。由标准方向的北端起，顺时针方向旋转到某直线的夹角，称为该直线的方位角。方位角的角度范围为 0°～360°。

如图 1-12 所示，若标准方向 ON 为真子午线，并用 A 表示真方位角，则 A_1、A_2、A_3、A_4 分别为直线 $O1$、$O2$、$O3$、$O4$ 的真方位角。若 ON 为磁子午线方向，则各方位角分别为相应直线的磁方位角；磁方位角用 A_m 表示。若 ON 为坐标纵轴方向，则各方位角分别为相应直线的坐标方位角，如图 1-13 所示，用 α 来表示。

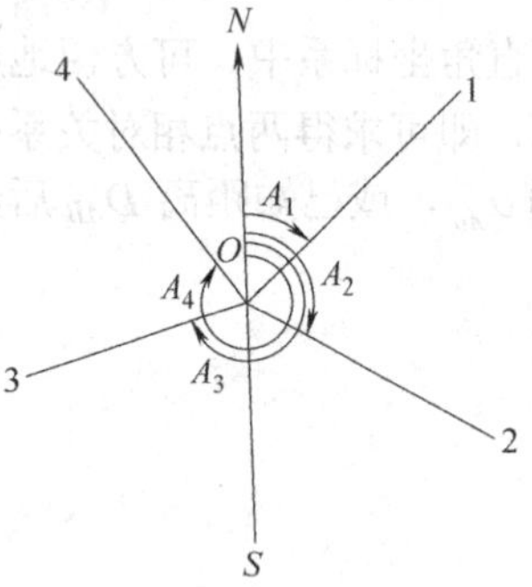

图 1-12　直线方位表示方法

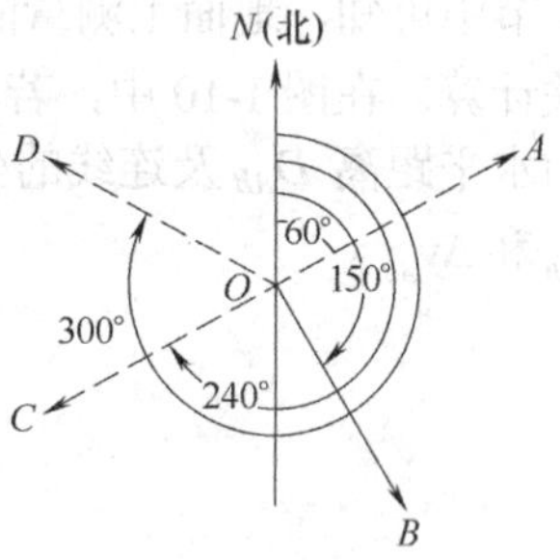

图 1-13　坐标方位角

3. 几种方位角之间的关系

1) 真方位角与磁方位角之间的关系

由于地磁南北极与地球的南北极并不重合，因此，过地面上某点的真子午线方向与磁子午线方向常不重合，两者之间的夹角称为磁偏角，如图 1-14 中 δ 所示。磁针北端偏于真子午线以东称东偏，偏于真子午线以西称西偏。直线的真方位角与磁方位角之间可用下式进行换算：

$$A = A_{\mathrm{m}} + \delta \tag{1-11}$$

式(1-11)中的 δ 值，东偏取正值，西偏取负值。我国磁偏角的变化为 6°～-10°。

2) 真方位角与坐标方位角之间的关系

中央子午线在高斯投影平面上是一条直线，作为该带的坐标纵轴，而其他子午线投影后为收敛于两极的曲线，如图 1-15 所示。地面点 M、N 等点的真子午线方向与中央子午线之间的角度，称为子午线收敛角，用 γ 表示。γ 角有正有负：在中央子午线以东地区，各点的坐标纵轴偏在真子午线的东边，γ 为正值；在中央子午线以西地区，γ 为负值。某点的子午线收敛角 γ，可由该点的高斯平面直角坐标为引数，在测量计算用表中查到。也可用下式计算：

$$\gamma = (L - L_0)\sin B$$

式中，L_0 为中央子午线的经度；L、B 为计算点的经纬度。

真方位角 A 与坐标方位角之间的关系，如图 1-15 所示，可用下式进行换算：

$$A = \alpha + \gamma \tag{1-12}$$

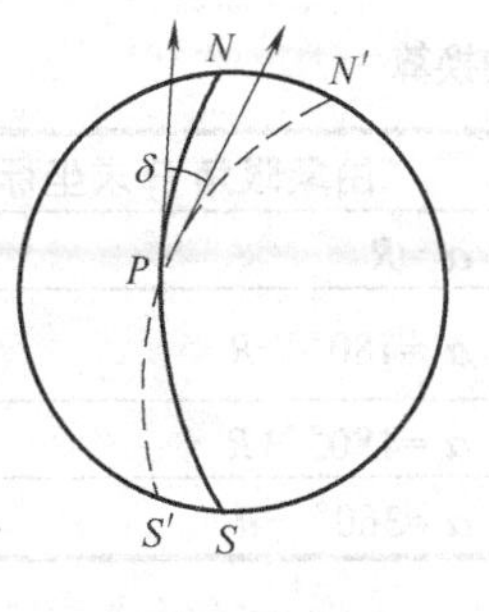

图 1-14　磁偏角 δ

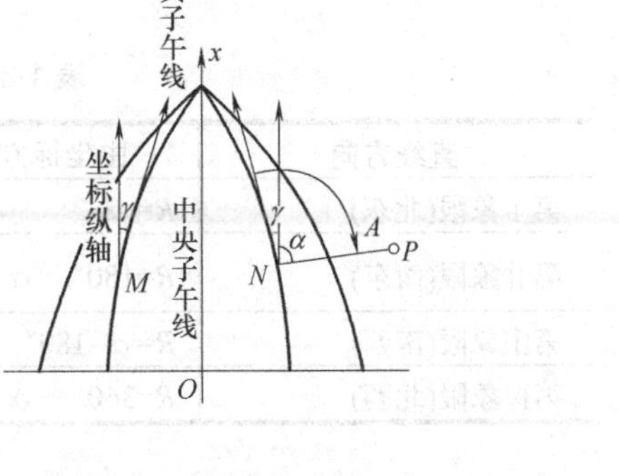

图 1-15　子午线收敛角

3) 坐标方位角与磁方位角之间的关系

若已知某点的磁偏角 δ 与子午线收敛角 γ，则坐标方位角与磁方位角之间的换算式为

$$\alpha = A_{\mathrm{m}} + \delta - \gamma \tag{1-13}$$

4. 坐标方位角与象限角

从坐标纵轴北端起，顺时针方向量到某直线的夹角，称为该直线的(正)坐标方位角。用 α 来表示，其角值范围为 0°～360°。

一条直线有正、反两个方向，通常以直线前进的方向为正方向。如图 1-16 所示，直线 AB 中 A 是起点，B 是终点；通过起点 A 的坐标纵轴方向与直线 AB 所夹的坐标方位角 α_{AB}，称为直线 AB 的正坐标方位角；通过终点 B 的坐标纵轴方向与直线 BA 所夹的坐标方位角 α_{BA}，称为直线 AB 的反坐标方位角(直线 BA 的正坐标方位角)。由图 1-16 中可以看出一条直线正、反坐标方位角的数值相差 180°，即

$$\alpha_{正} = \alpha_{反} \pm 180° \tag{1-14}$$

由于地面各点的真(或磁)子午线收敛于两极，并不互相平行，致使直线的反真(或磁)方位

角不与正真(或磁)方位角相差 180°，给测量计算带来不便，故测量工作中常采用坐标方位角进行直线定向。

测量上有时用象限角来确定直线的方向。所谓象限角，就是由标准方向的北端或南端起量至某直线所夹的锐角，常用 R 表示，角值范围 0°～90°。

坐标方位角和象限角均是表示直线方向的方法，它们之间既有区别又有联系。在实际测量中经常用到它们之间的互换，由图 1-17 可以推算出它们之间的互换关系，如表 1-3 所示。

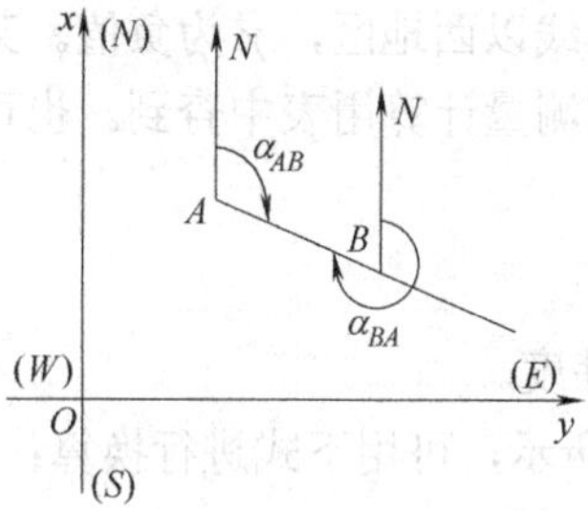

图 1-16　正、反坐标方位角

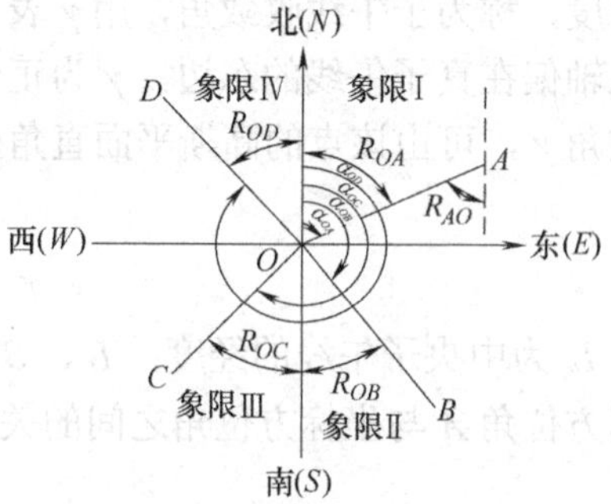

图 1-17　坐标方位角与象限角

表 1-3　坐标方位角和象限角的换算

直线方向	由坐标方位角 α 求象限角 R	由象限角 R 求坐标方位角 α
第Ⅰ象限(北东)	$R=\alpha$	$\alpha=R$
第Ⅱ象限(南东)	$R=180°-\alpha$	$\alpha=180°-R$
第Ⅲ象限(南西)	$R=\alpha-180°$	$\alpha=180°+R$
第Ⅳ象限(北西)	$R=360°-\alpha$	$\alpha=360°-R$

1.4.2　坐标方位角推算

为了整个测区坐标系统的统一，测量工作中并不直接测定每条边的方位，而是通过与已知点(其坐标为已知)的连测，推算出各边的坐标方位角。如图 1-18 所示，A、B 为已知点，AB 边的坐标方位角 α_{AB} 为已知，通过连测求得 AB 边与 $A1$ 边的连接角为 β'，测出了各点的右(或左)角 β_A、β_1、β_2 和 β_3，现在要推算 $A1$、12、23 和 $3A$ 边的坐标方位角。所谓右(或左)角是指位于以编号顺序为前进方向的右(或左)边的角度。

由图 1-18 可以看出

$$\alpha_{A1}=\alpha_{AB}+\beta'$$
$$\alpha_{12}=\alpha_{1A}-\beta_{1(右)}=\alpha_{A1}+180°-\beta_{1(右)}$$
$$\alpha_{23}=\alpha_{12}+180°-\beta_{2(右)}$$
$$\alpha_{3A}=\alpha_{23}+180°-\beta_{3(右)}$$
$$\alpha_{A1}=\alpha_{3A}+180°-\beta_{A(右)}$$

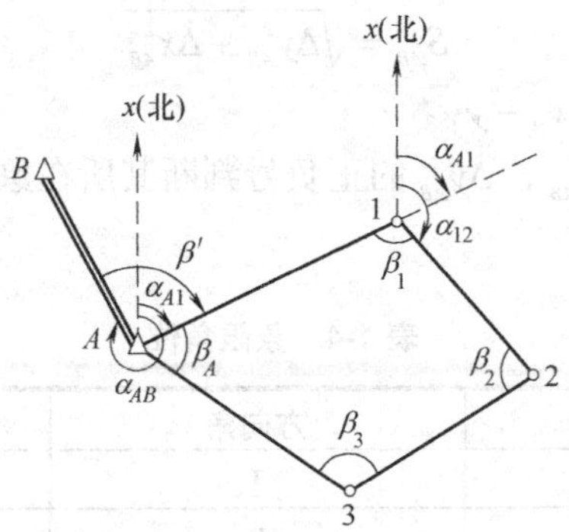

图 1-18 坐标方位角推算

将算得的 α_{A1} 与原已知值进行比较，以检核计算中有无错误。计算中，如果 α +180° 小于 $\beta_{(右)}$，应先加 360° 再减 $\beta_{(右)}$。

如果用左角推算坐标方位角，由图 1-18 可以看出

$$\alpha_{12}=\alpha_{A1}-180^\circ+\beta_{1(左)}$$

计算中如果 α 值大于 360°，应减去 360°，同理可得

$$\alpha_{23}=\alpha_{12}-180^\circ+\beta_{2(右)}$$

从而可以写出推算坐标方位角的一般公式为

$$\alpha_{前}=\alpha_{后}\mp180^\circ\pm\beta \tag{1-15}$$

式(1-14)中，β 为左角时取正号，β 为右角时取负号。

1.4.3 地面点坐标测算原理

地面点坐标可以通过天文观测方法测算得到。由于此法比较复杂，因此在实际测绘工作中，只能观测少数天文点，其他点坐标多采用常规测绘方法获取。如在图 1-10 中，若已知 A 点坐标和 AB 边坐标方位角 α_{AB}，则可通过丈量水平边长 D_{AB} 后计算 B 点坐标，其方法如下：

$$\left.\begin{aligned}\Delta x_{AB}&=D_{AB}\cos\alpha_{AB}\\ \Delta y_{AB}&=S_{AB}\sin\alpha_{AB}\end{aligned}\right\} \tag{1-16}$$

称此 Δx_{AB}、Δy_{AB} 为 D_{AB} 边的坐标增量，则 B 点坐标为

$$\left.\begin{aligned}x_B&=x_A+\Delta x_{AB}\\ y_B&=y_A+\Delta y_{AB}\end{aligned}\right\} \tag{1-17}$$

根据直线起始点坐标、已知边长及其方向角，计算直线终点坐标的工作称为坐标正算(Direct Position Computation)。若在图 1-10 中已知 AB 两点坐标(x_A，y_A)、(x_B，y_B)，则可反算出两点水平距离 D_{AB} 及该边方向角 α_{AB}，称为坐标反算(Inverse Position Computation)。

$$R_{AB}=\arctan\frac{\Delta y_{AB}}{\Delta x_{AB}} \tag{1-18}$$

$$S_{AB}=\frac{\Delta y_{AB}}{\sin\alpha_{AB}}=\frac{\Delta x_{AB}}{\cos\alpha_{AB}} \tag{1-19}$$

或

$$S_{AB} = \sqrt{\Delta y_{AB}^2 + \Delta x_{AB}^2}$$

式中，$\Delta x_{AB} = x_B - x_A$；$\Delta y_{AB} = y_B - y_A$。

象限角 R_{AB}，还要根据 Δx_{AB}、Δy_{AB} 的正负号判断其所在象限，然后换算成方向角，如表 1-3 和表 1-4 所示。

表 1-4 象限角位

Δx	Δy	方向角	度 数
+	+	Ⅰ	0～90°
−	+	Ⅱ	90°～180°
−	−	Ⅲ	180°～270°
+	−	Ⅳ	270°～360°

1.5 罗盘仪及其使用

1.5.1 罗盘仪的构造

罗盘仪(Compass)是用来测定直线磁方位角的一种测量仪器，其主要部件有罗盘盒、刻度盘、瞄准器、基座等，如图 1-19 所示。

1. 罗盘盒

罗盘盒(Compass Box)的剖面图如图 1-20 所示，主要由磁针、刻度盘和顶针等组成。磁针用磁铁制成，有南、北极之分，在北极端涂上黑色，在南极端绕有铜丝。磁针中心装有玛瑙的圆形球窝，罗盘盒中心装有顶针，顶针支在球窝上。磁针可以自由旋转，当磁针自由静止时，其北极端所指示的方向即为磁子午线方向。为了减轻顶针的磨损，在罗盘盒下方装有磁针顶起螺母，通过旋转顶起螺母，用杠杆将磁针顶起，使磁针与顶针分离并紧贴在玻璃盖上。

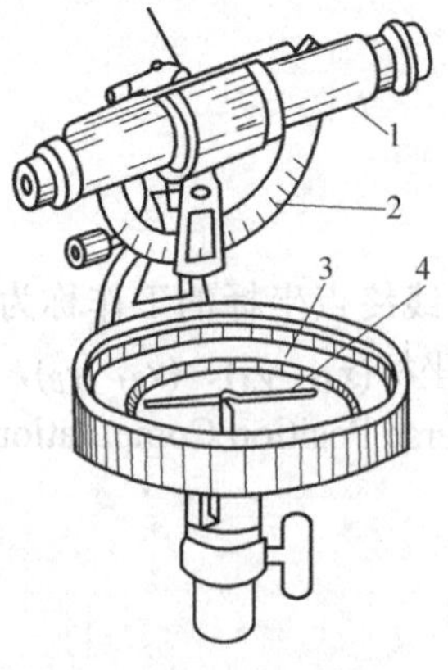

图 1-19 罗盘仪

1—望远镜；2—竖盘；3—刻度盘；4—磁针

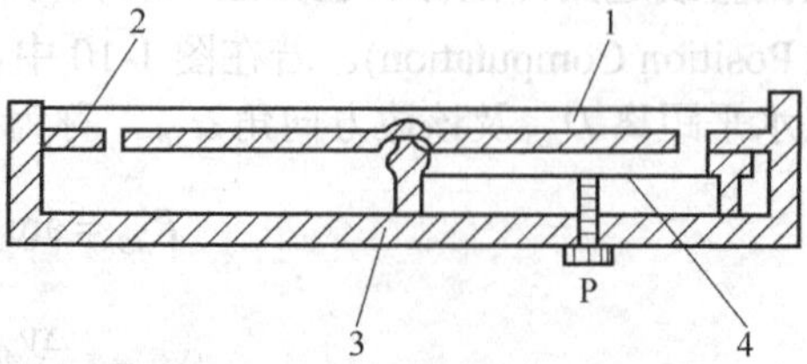

图 1-20 罗盘盒(剖面)

1—磁针；2—刻度盘；3—顶针；4—杠杆

2. 刻度盘

刻度盘(Graduated Circle)一般为铜制或铝制圆环，其上共刻有 360 个刻划，每一刻划为 1°，按逆时针每隔 10°一个注记。

3. 瞄准器

瞄准器(Aimer)为一个小型望远镜，其下方固定有一个半圆形竖直度盘(简称竖盘)，用于测定竖直角。望远镜物镜端与刻度盘 0°线相对应，望远镜目镜端与刻度盘 180°线相对应。瞄准器与刻度盘一起转动。瞄准目标后，转动顶起螺母，使磁针自由静止，此时磁针北极端所指示的刻度盘读数即为该视线方向的磁方位角。

1.5.2　用罗盘仪测定直线的磁方位角

(1) 安置罗盘仪于直线的起点，进行对中、整平，在直线的另一端竖立一标志(花杆)作为瞄准标志。

(2) 转动瞄准器，瞄准直线另一端目标。

(3) 松开顶起螺母 P，将磁针放下，让磁针自由转动。等磁针自由静止时，读取磁针北极端所指示的刻度盘读数，即为该直线方向的磁方位角。磁针北极端所指示的刻度盘读数为 150°，则该直线方向的磁方位角为 150°。

1.5.3　注意事项

(1) 罗盘仪在使用时应避开铁质物体、磁质物体及高压电线，以免影响磁针位置的正确性。

(2) 观测结束后，必须旋紧顶起螺母 P，将磁针顶起，以免磁针磨损，并保护磁针的灵活性。

习　　题

1. 术语解释：①测定；②测设；③大地水准面；④点的坐标；⑤点的高程；⑥地理坐标；⑦天文坐标；⑧大地坐标；⑨高差；⑩磁偏角；⑪方位角；⑫坐标正算。

2. 阜新的地理坐标经度为 121°40′，试计算它所在的 6°带和 3°带的带号以及其中央子午线的经度。

3. 天文坐标与大地坐标的基准面和基准线有何不同？

4. 叙述我国采用的平面和高程系统情况。

5. 画出坐标北方向、子午线方向和磁北方向来表示磁偏角、子午线收敛角情况。

6. 某坐标方位角 $\alpha_{EF}=193°25'41''$，问其在第几象限，其反方位角为多少？

7. 已知 A、B 两点坐标：$X_A=2507.69$，$Y_A=1215.63$，$X_B=2299.83$，$Y_B=1303.80$(单位：m)，试反算其坐标方位角 α_{AB} 和平距 D_{AB}。

第2章　水 准 测 量

【学习目标】

- 了解水准测量原理；
- 了解水准测量的仪器与工具；
- 熟悉水准仪器的实用方法；
- 熟悉水准测量作业的程序；
- 熟悉水准仪器的检验与校正；
- 熟悉水准测量的误差及注意事项；
- 了解精密水准仪与电子水准仪。

测量地面上各点高程的工作，称为高程测量(Leveling)。根据所使用的测量方法及仪器的不同，高程测量分为水准测量(Direct Leveling)、三角高程测量(Trigonometric Leveling)、气压高程测量(Barometric Leveling)。水准测量是高程测量中最基本并且精度较高的一种方法，用于建立国家高程控制网，并在工程勘测和施工测量中被广泛采用。本章主要介绍水准测量。

2.1　水准测量原理

水准测量的实质是测定两点之间的高程之差——高差(Difference in Elevation)，然后由已知点高程及已知点与未知点间的高差求出未知点高程。

如图 2-1 所示，设 A 点高程 H_A 已知，B 点为高程待定点，通过水准测量测出 A、B 两点之间的高差 h_{AB}，则可按下式求出 B 点高程：

$$H_B = H_A + h_{AB} \tag{2-1}$$

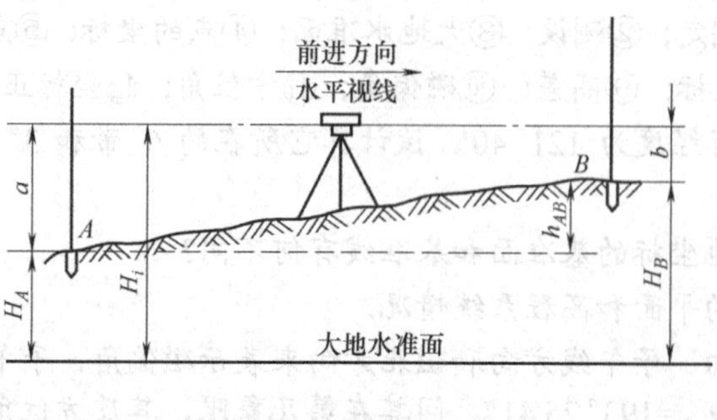

图 2-1　水准测量原理

为测出 A、B 两点之间的高差，可在 A、B 两点上分别竖立有刻划的尺子——水准尺(Staff)；并在 A、B 点之间安置一架能提供水平视线的仪器——水准仪(Level)。根据仪器的水

平视线，在 A 点尺上读数，设为 a；在 B 点尺上读数，设为 b；则 A、B 点的高差为

$$h_{AB} = a - b \tag{2-2}$$

如果水准测量是由 A 到 B 进行的，如图 2-1 中的箭头所示，由于 A 点为已知高程点，故 A 点尺(后尺)上读数 a 称为后视读数(Back Sight)，B 点为欲求高程的点，则 B 点尺(前尺)上读数 b 为前视读数(Fore Sight)。则高差等于后视读数减去前视读数。$a>b$ 时，高差为正；反之为负。

式(2-1)和式(2-2)是直接利用高差 h_{AB} 计算 B 点高程的，称为高差法(Method by Difference in Elevation)。

还可通过仪器的视线高 H_i 计算 B 点的高程，有

$$\left.\begin{array}{l} H_i = H_A + a \\ H_B = H_i - b \end{array}\right\} \tag{2-3}$$

式(2-3)是利用仪器视线高 H_i 计算 B 点高程的，称为仪器高法(Method by Instrument Height)。

当需要通过很多站的观测，即通过建立水准路线求得较远处某点的高程时，采用高差法；若安置一次仪器需要测出多个点的高程时(如抄平工作)，仪器高法更方便一些。

2.2　水准测量的仪器与工具

水准测量所使用的仪器为水准仪，工具主要为水准尺和尺垫(Turning Plate)。

我国对大地测量仪器规定的总代号为“D”，水准仪的代号为“S”，即取汉语拼音的首字母，连接起来即为“DS”，通常可省略“D”而只写“S”。按仪器的精度(即仪器所能达到的每千米水准测量往返测高差中误差，以 mm 计)来划分，可分为 DS05、DS1、DS3、DS10 等不同精度系列。水准仪按其结构又分为微倾式水准仪(Tilting Level)和自动安平水准仪(Automatic Level)。目前，我国工程测量一般使用的是 DS3 型微倾式水准仪和自动安平水准仪。因此，本节着重介绍此类仪器。

2.2.1　水准仪

1. DS3 级微倾式水准仪

根据水准测量的原理，水准仪的主要作用是提供一条水平视线，并能照准水准尺进行读数。因此，水准仪主要由望远镜(Telescope)、水准器(Level Tube)及基座(Tribrach)三部分构成。图 2-2 所示是我国生产的 DS3 型微倾式水准仪。

1) 望远镜及其成像原理

图 2-3(a)为 DS3 型水准仪望远镜的构造图。望远镜主要由物镜、目镜、对光透镜和十字丝分划板所组成。物镜的作用是将所照准的目标成像在十字丝面上形成一个倒立面缩小的实像。它由凸透镜或复合透镜组成。目镜的作用是将物镜所成的实像连同十字丝的影像放大成虚像。此时该实像与目镜之间的距离应小于目镜的焦距。由于目镜也是一个凸透镜，所以能

得到放大的虚像。十字丝(Crosshairs)分划板用于准确瞄准目标和读数。中间一条横线称为中横丝或中丝，上、下对称平行中丝的短线称为上丝和下丝，统称视距丝，用来测量距离。纵向的线称竖丝或纵丝，如图 2-3(b)所示。十字丝分划板压装在分划板环座上，通过校正螺母套装在目镜筒内，位于目镜与调焦透镜之间。十字丝交点与物镜光心的连线，称为视准轴(Sight Axis)(见图 2-3 中的 *C-C*)。水准测量是在视准轴水平时，用十字丝的中丝截取水准尺上的读数。

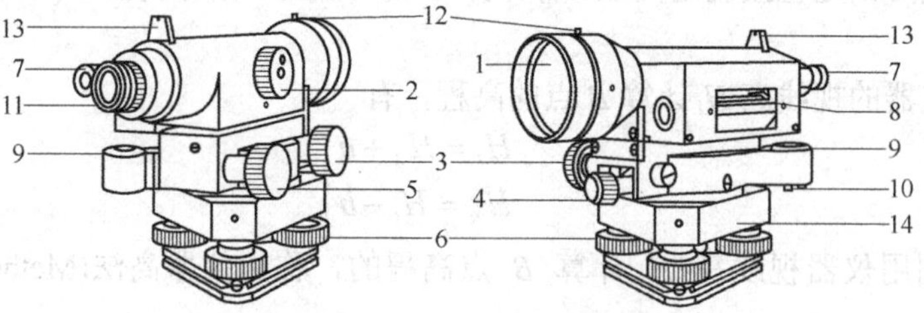

图 2-2 DS3 型微倾式水准仪

1—物镜；2—物镜对光螺旋；3—水平微动螺旋；4—水平制动螺旋；5—微倾螺旋；6—脚螺旋；7—符合气泡观察镜；8—水准管；9—圆水准器；10—圆水准器校正螺母；11—目镜调焦螺旋；12—准星；13—缺口；14—轴座

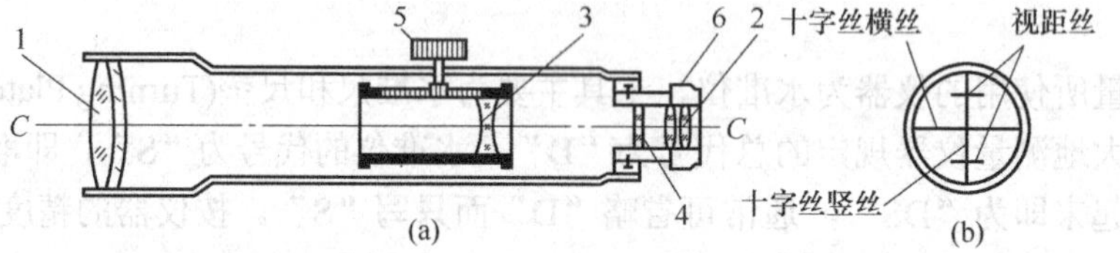

图 2-3 望远镜的构造

1—物镜；2—目镜；3—物镜调焦透镜；4—十字丝分划板；5—物镜调焦螺旋；6—目镜调焦螺旋

图 2-4 为望远镜成像原理图。目标 *AB* 经过物镜后形成一个倒立且缩小的实像 *ab*，移动对光透镜可使不同距离的目标均能成像在十字丝平面上。再通过目镜的作用，便可看到同时放大了的十字丝和目标影像 *a′b′*。

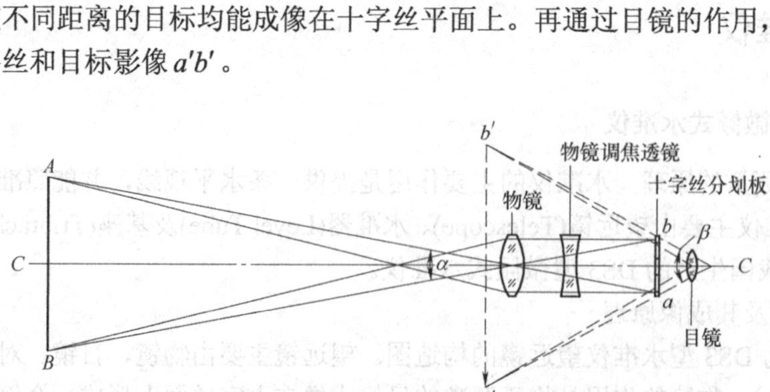

图 2-4 望远镜成像原理

其放大的虚像 $a'b'$，对眼睛的张角 β 与 AB 对眼睛的直接张角 α 的比值称为望远镜的放大率，用 V 表示，即 $v=\beta/\alpha$。DS3 型水准仪一般放大 28 倍。

2) 水准器

水准器是用来衡量仪器视准轴是否水平和仪器竖轴是否铅垂的装置，分为管水准器(又称水准管)和圆水准器两种。

(1) 管水准器。

图 2-5(a)所示为内壁沿纵向研磨成一定曲率的圆弧玻璃管，管内注以乙醚和乙醇混合液体，两端加热融封后形成一气泡。水准管纵向圆弧的顶点 O 称为管水准器的零点。过零点相切于内壁圆弧的纵向切线称为水准管轴，用 L-L 表示。当气泡中心与零点重合时，称为气泡居中。

为了使望远镜视准轴 C-C 水平，水准管安装在望远镜左侧，并满足 $LL//CC$，当水准管气泡居中时，LL 处于水平，CC 也就随之处于水平位置。这是水准仪应满足的重要条件。沿水准管纵向对称于 O 点间隔 2mm 弧长刻一分划线。两刻线间弧长所对的圆心角，称为水准管的分划值，如图 2-5(b)所示，用 τ 表示。它表示气泡移动一格时，水准管轴倾斜的角值，即

$$\tau=(2\text{mm})\cdot\rho/R \tag{2-4}$$

式中，$\rho=206265''$；R 为水准管内壁的曲率半径。一般来说，τ 越小，水准管灵敏度和仪器安平精度越高。DS3 型水准仪的水准管分划值为 20″/2mm。

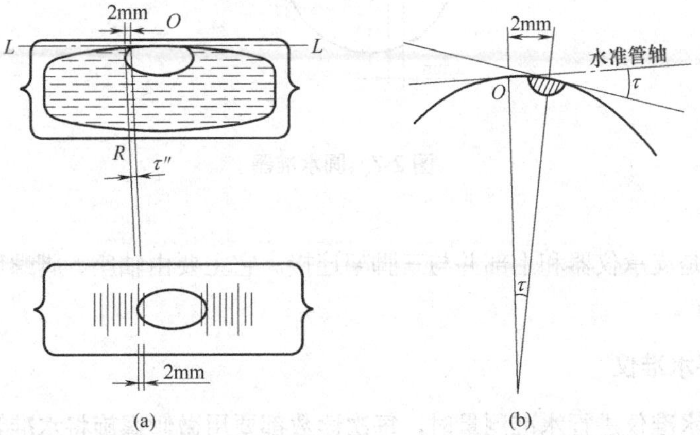

图 2-5　管水准器的构造与分划值

为提高气泡的居中精度和速度，水准管上方安装了符合棱镜系统(见图 2-6(a))，将气泡同侧两端的半个气泡影像反映到望远镜旁的观察镜中。气泡不居中时，两端气泡影像错开(见图 2-6(b))。转动微倾螺旋，左侧气泡移动方向与螺旋转动方向一致，使气泡影像吻合(见图 2-6(c))，表示气泡居中。这种水准器称为附合水准器。

(2) 圆水准器。

如图 2-7 所示，圆水准器(Bull's-eye Level)顶面的内壁是球面，其中有圆分划圈，圆圈的中心为水准器的零点。通过圆水准器零点的球面法线为圆水准器轴线。当圆水准器气泡居中时，设轴线处于竖直位置；当气泡不居中时，气泡中心偏移零点 2mm，轴线所倾斜的角值称为圆水准器分划值，一般为 8′～10′。因其精度较低，它只用作仪器的粗略整平。

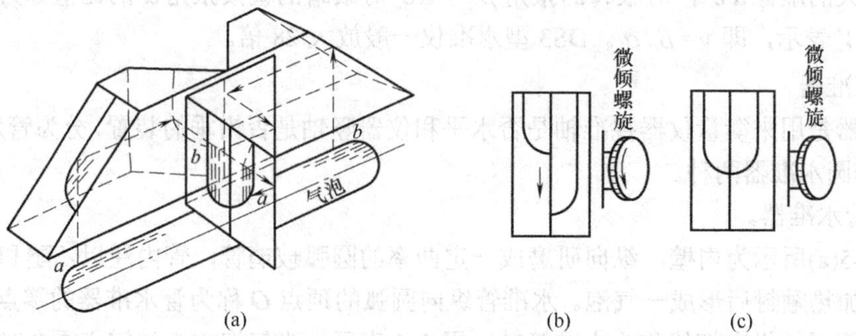

图 2-6　附合水准器棱镜系统

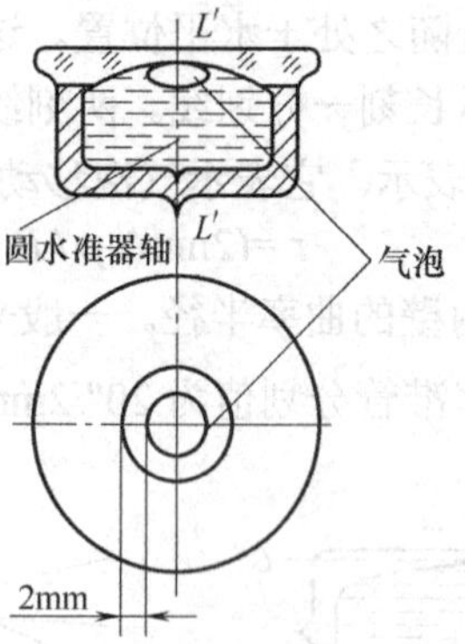

图 2-7　圆水准器

3) 基座

基座的作用是支承仪器和上部并与三脚架连接。它主要由轴座、脚螺旋、底板和三角压板构成(见图 2-2) 。

2. 自动安平水准仪

在用微倾式水准仪进行水准测量时，每次读数都要用微倾螺旋将水准管气泡调至居中位置，这不仅使观测起来十分麻烦，影响观测速度，而且由于延长了测站观测时间，将增加外界因素的影响，使观测成果的质量降低。为此，在 20 世纪 40 年代研制出一种自动安平水准仪。经过不断发展和完善，自动安平水准仪已得到广泛的应用并成为水准仪的发展方向。

如图 2-8 所示，当圆水准器气泡居中后，视准轴仍存在一个微小倾角 α，在望远镜的光路上安置一补偿器，使通过物镜光心的水平光线经过补偿器后偏转一个 β 角，仍能通过十字丝交点，这样十字丝交点上读出的水准尺读数，即为视线水平时应该读出的水准尺读数。显然

$$l = f \cdot \alpha \tag{2-5}$$

$$l = s \cdot \beta \tag{2-6}$$

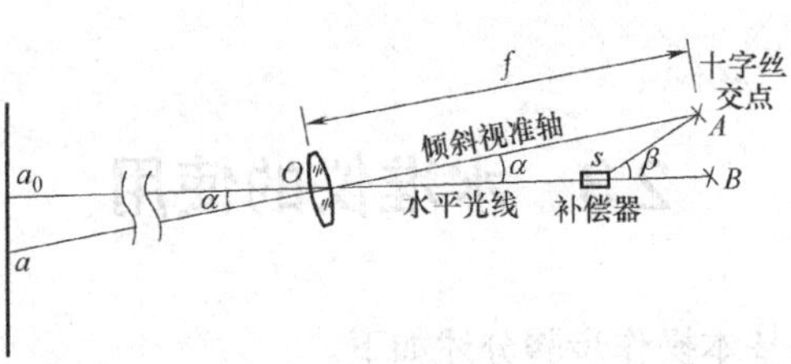

图 2-8 自动安平原理

若要实现此功能，补偿器必须满足：

$$f \cdot \alpha = s \cdot \beta = AB \tag{2-7}$$

式中，f 为物镜等效焦距；s 为补偿器到十字丝交点 A 的距离。

即当视准轴存在一定的倾斜(倾斜角限度为±10′)，在十字丝交点 A 处却能读到水平视线的读数，达到了自动安平的目的。

2.2.2 水准尺和尺垫

水准尺是水准测量时使用的标尺。S3 水准仪所附带的水准尺是用干燥木料或玻璃钢等制成，长度为 3～5m，尺上每隔 1cm 或 0.5cm 涂有黑白或红白相间的分格，每分米注一数字。水准尺按尺型分为塔尺(Sliding Saff)(见图 2-9(a))和直尺(见图 2-9(b))两种。直尺一般为双面尺，多用于三、四等水准测量。其尺的分划一面是黑白相间的，称为黑色面；另一面是红白相间的，称为红色面。双面尺要成对使用。一对尺子的黑色分划，其起始数字都是从零开始，而红色面的起始数字分别为 4687mm 或 4787mm 等。使用双面尺的优点在于可以避免观测中因印象而产生的读数错误，并可检查计算中的粗差。

尺垫(Shoe)是用生铁铸成的，一般为三角形，中央有一个突起的半球体，如图 2-10 所示。突起的半球体的顶点作为竖直水准尺和标志转点之用。尺垫的作用是防止水准尺的位置和高度发生变化而影响水准测量的精度。

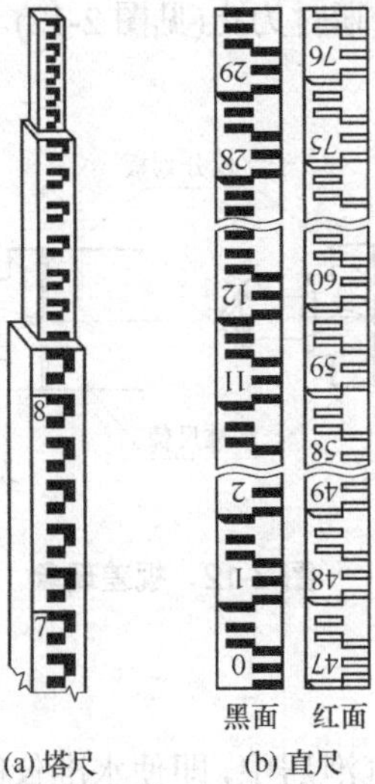

(a) 塔尺　(b) 直尺

图 2-9 水准尺

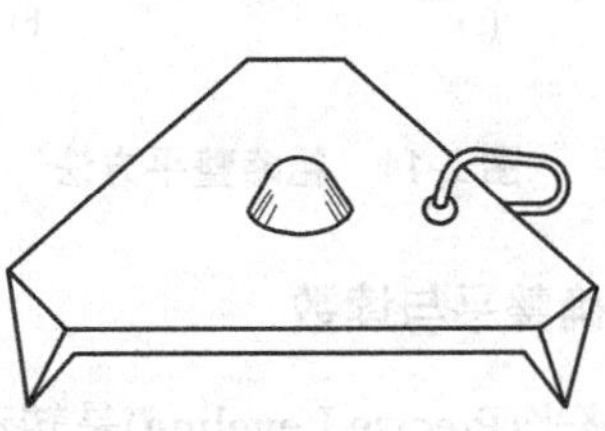

图 2-10 尺垫

2.3 水准仪的使用

现将微倾式水准仪的基本操作步骤分述如下。

1. 水准仪的安置

张开三脚架并使其高度适合观测者的身高，用目估的方法使架头大致水平，稳固地架设在地面上。然后打开仪器箱取出仪器，用中心螺旋将水准仪固连在三脚架头上。

2. 粗略整平

粗略整平(Rough Leveling)是利用圆水准器将气泡居中，使仪器竖轴大致铅垂，从而使视准轴粗略水平。

如图 2-11 所示，操作者双手各执一脚螺旋(第三只脚螺旋居于操作者正前方)。双手同时向内(或向外)旋转脚螺旋。此时圆水准器中的气泡左、右方向移动，移动方向与左手拇指转动脚螺旋的方向一致，如图 2-11(a)所示。当气泡移至两脚螺旋连线方向的中点时，以左手旋转第三只脚螺旋，如图 2-11(b)所示，气泡移动方向与左手拇指动作方向一致。

3. 水准尺的瞄准

瞄准前，先将望远镜对向明亮的背景(如天空)。转动目镜对光螺旋，使十字丝清晰。再用望远镜筒上的缺口和准星瞄准水准尺，拧紧制动螺旋。然后从望远镜中观察，若物像不清晰，则转动物镜对光螺旋进行对光，使目标影像清晰。

当眼睛在目镜端上下微微移动时，若发现十字丝与目标影像有相对运动(见图 2-12)，说明存在视差(Parallax)现象。产生视差的原因是目标成像的平面与十字丝平面不重合。由于视差的存在会影响正确读数，故应加以消除。消除的方法是交替调节目镜、物镜的对光螺旋仔细对光，直到眼睛上下移动而十字丝和目标影像均十分清晰时为止(见图 2-12)。

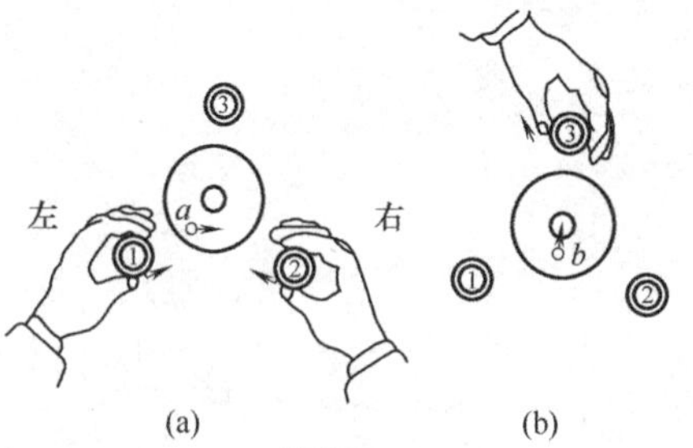

图 2-11 粗略整平方法

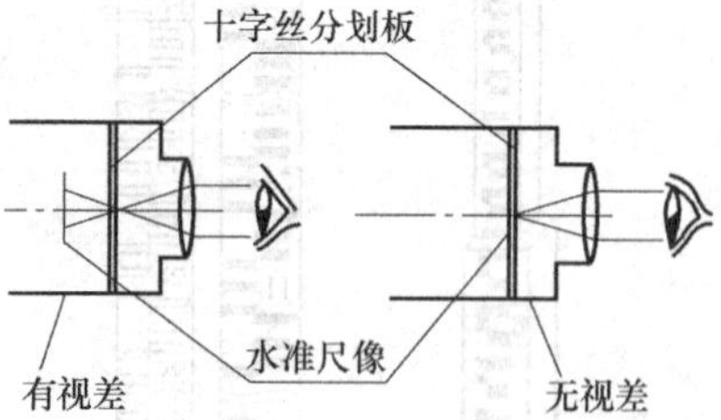

图 2-12 视差现象

4. 精确整平与读数

精确整平(Precise Leveling)是转动微倾螺旋使水准管气泡居中，即使水准仪的视准轴精密水平。如果用附合水准器，则可通过目镜左方的符合气泡观察窗观察气泡影像，右手旋转微倾螺旋，使气泡严格居中(即气泡两端半像严格吻合，如图 2-6(c)所示)。此时可用十字丝的中丝在尺上读数(Reading)。直接读出米、分米和厘米，估读出毫米(见图 2-13)。现在的水准仪多采用倒像望远镜，因此读数时应从小往大，即从上往下读；也有正像望远镜，读数与此相反。

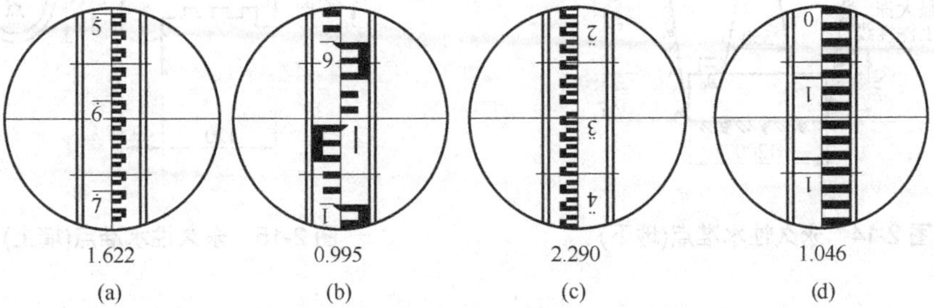

图 2-13 精平后读数

精确整平和读数虽是两项不同的操作步骤，但在水准测量施测过程中却把这两项操作视为一个整体。即精平后再读数，读数后还需检查水准管气泡影像是否完全符合。只有这样，才能保证读出的读数是视线水平时的读数。

如果使用自动安平水准仪进行水准测量，上述操作步骤中则省去了“精确整平”这项操作。即将水准仪安置好后，再用脚螺旋将水准仪圆气泡调至居中位置，此时即可利用十字丝交点读取读数。

2.4 水准测量作业程序

2.4.1 水准点

水准测量通常是从高程为已知值的水准点(Benchmark)开始，引测其他点的高程。国家等级水准点是国家测绘部门为了统一全国的高程系统和满足各种需要，在全国各地埋设且测定了其高程的固定点，这些已知高程的固定点称为水准点，简记为 BM。水准点有永久性和临时性两种。国家等级水准点如图 2-14 所示，一般用整块的坚硬石料或混凝土制成，深埋到地面冻结线以下，在标石顶面设有用不锈钢或其他不易锈蚀的材料制成的半球状标志。有些水准点也可设置在稳定的墙脚上，称为墙上水准点，如图 2-15 所示。

建筑工地上的永久性水准点一般用混凝土或钢筋混凝土制成，其式样如图 2-16(a)所示；临时性的水准点可用地面上突出的坚硬岩石或用大木桩打入地下，桩顶钉入半球形铁钉，如图 2-16(b)所示。

无论是永久性水准点，还是临时性水准点，均应埋设在便于引测和寻找的地方。埋设水准点后，应绘出水准点附近的草图，在图上还要写明水准点的编号和高程，称为点之记(Description of Station)，以便于日后寻找和使用。

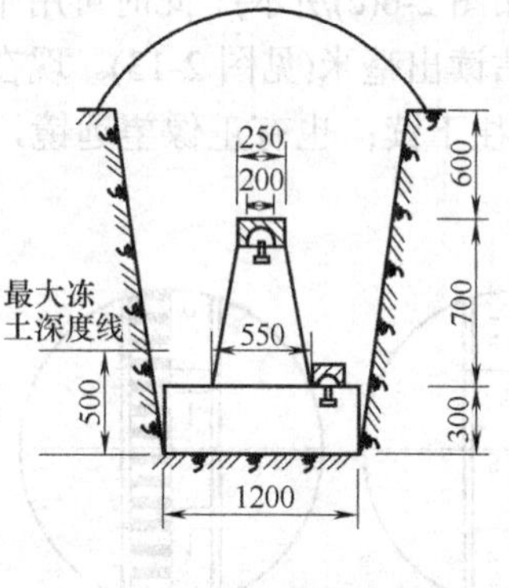

图 2-14　永久性水准点(地下)

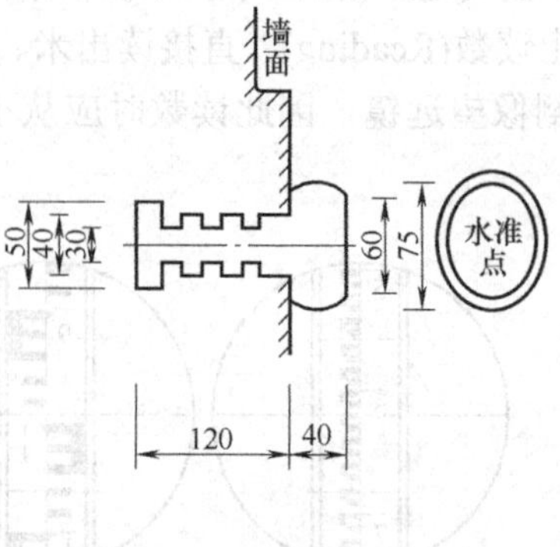

图 2-15　永久性水准点(墙上)

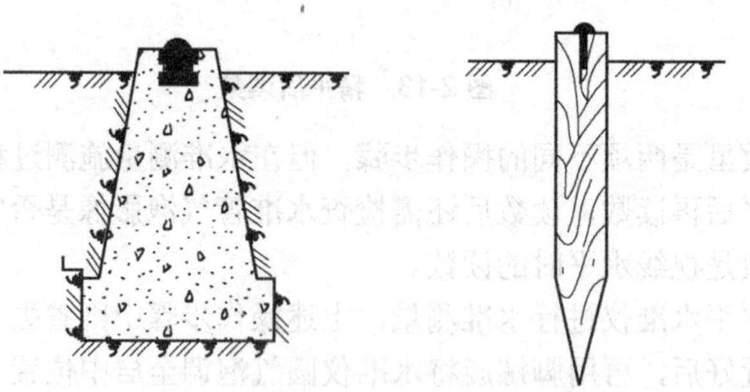
(a) 永久性水准点　　(b) 临时性水准点

图 2-16　建筑工地水准点

2.4.2　水准路线

在水准测量中，通常沿某一路线进行施测。进行水准测量的路线称为水准路线(Leveling Line)。根据测区实际情况和需要，可布置成单一水准路线和水准网。

1. 单一水准路线

单一水准路线(Single Leveling Line)又分为附合水准路线、闭合水准路线和支水准路线。

1) 附合水准路线

附合水准路线(Annexed Leveling Line)是从已知高程的水准点如 BM1 出发，测定 1、2、3 等待定点的高程，最后附合到另一已知水准点 BM2 上，如图 2-17 所示。

2) 闭合水准路线

闭合水准路线(Closed Leveling Line)是由已知高程的水准点如 BM1 出发，沿环线进行水准测量，以测定出 1、2、3 等待定点的高程，最后回到原水准点 BM1 上，如图 2-18 所示。

3) 支水准路线

支水准路线(Spur Leveling Line)是从一已知高程的水准点如 BM5 出发，既不附合到其他水准点上，也不自行闭合，如图 2-19 所示。

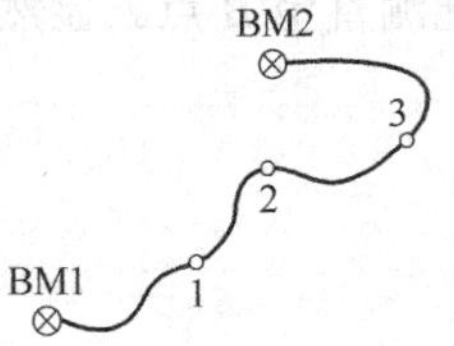

图 2-17　附合水准路线

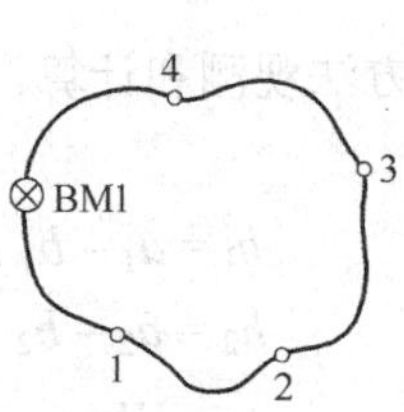

图 2-18　闭合水准路线

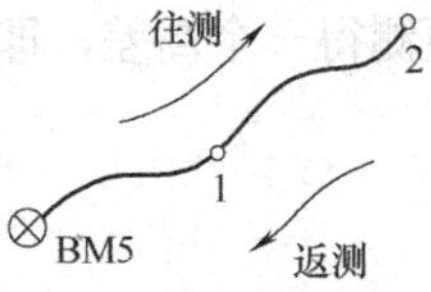

图 2-19　支水准路线

2. 水准网

若干条单一水准路线相互连接构成图 2-20 所示的形状，称为水准网(Leveling Network)。水准网中单一水准路线相互连接的点称为结点(Junction Point)，如图 2-20(a)中的点 4，图 2-20(b)中的点 1、点 2、点 3 和图 2-20(c)中的点 1、点 2、点 3 和点 4 所示。

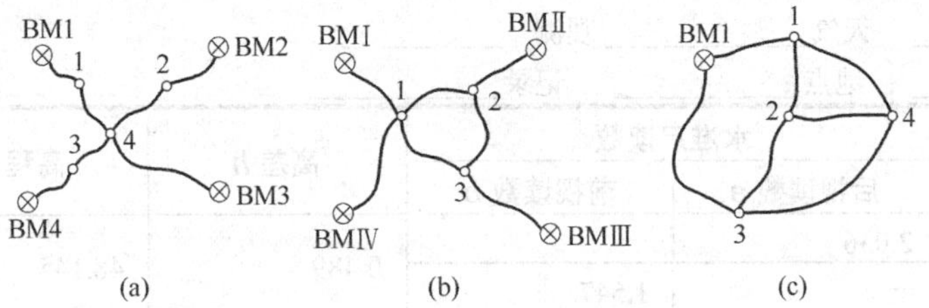

图 2-20　水准网

2.4.3　微差水准测量

当待测高程点距水准点较远或高差很大时，则需要连续多次安置仪器才能测出两点的高差，称为微差水准测量(Differential Leveling)，即连续高程测量。如图 2-21 所示，水准点 *A* 的高程为 48.145m，现拟测量 *B* 点的高程，其观测步骤如下。

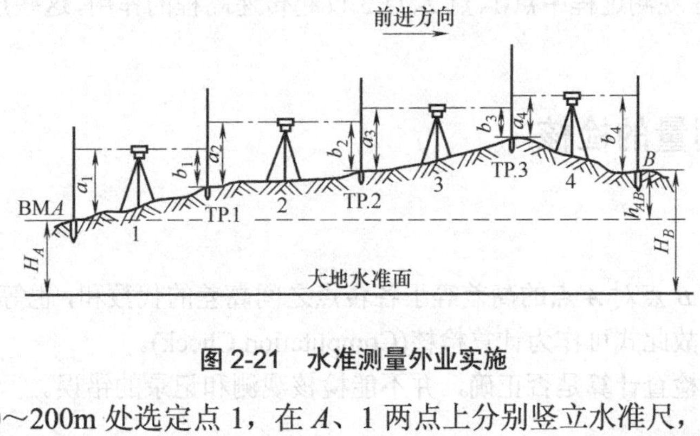

图 2-21　水准测量外业实施

在距 *A* 点 100～200m 处选定点 1，在 *A*、1 两点上分别竖立水准尺，在点 *A* 和点 1 中间等距处安置水准仪。用圆水准器将仪器粗略整平后，后视 *A* 点上的水准尺，精平后读数得 2.036，记入表 2-1 观测点 *A* 的后视读数栏内。旋转望远镜，前视点 1 上的水准尺，同法读数为 1.547，记入点 1 的前视读数栏内。后视读数减前视读数得高差为 0.489，记入高差栏内。

完成上述一个测站上的工作后，点 1 上的水准尺不动，把 *A* 点上的水准尺移到点 2，仪器安置在点 1 和点 2 之间，按照上述方法观测和计算，逐站施测直至 B 点。显然，每安置一次仪器，便测得一个高差，即

$$h_1 = a_1 - b_1$$
$$h_2 = a_2 - b_2$$
$$\cdots$$
$$h_n = a_n - b_n$$

将各式相加，得

$$\sum h = \sum a - \sum b$$

则 B 点的高程为

$$H_B = H_A + \sum h \tag{2-8}$$

表 2-1　水准测量手簿

日期____________　天气____________　观测____________

仪器____________　地点____________　记录____________　　单位：m

测站	测　点	水准尺读数		高差 h	高程 H	备　注
		后视读数 a	前视读数 b			
1	BMA	2.036	—	0.489	48.145	—
	TP.1	—	1.547			
2	TP.1	1.743	—	0.307	—	—
	TP.2	—	1.436			
3	TP.2	1.676	—	0.642	—	—
	TP.3	—	1.034			
4	TP.3	1.244	—	−0.521	49.062	—
	B	—	1.765			
	$\sum$	—	—	0.917	—	—
计算检核	$\sum a - \sum b = 6.699 - 5.782 = 0.917 = \sum h = 0.917 = H_B - H_A = 0.917$					

由上述可知，在观测过程中点 1、点 2、点 3 仅起传递高程的作用，这些点称为转点(Turning Point)。

2.4.4　水准测量的检核

1. 计算检核

由式(2-8)可知 B 点对 A 点的高差等于各转点之间高差的代数和，也等于后视读数之和减去前视读数之和，故此式可作为计算检核(Computation Check)。

计算检核只能检查计算是否正确，并不能检核观测和记录的错误。

2. 测站检核

如上所述，B 点的高程是根据 A 点的已知高程和转点之间的高差计算出来的。其中若测错或记错任何一个高差，则所测 B 点高程就不正确。因此，对每一站的高差均须进行检核，

这种检核称为测站检核(Station Check)。测站检核常采用两次仪器高法或双面尺法。

1) 两次仪器高法

两次仪器高法(Two Instrument Heights Method)是在同一个测站上安置两次不同的仪器高度(一般将仪器升高或降低 0.1m 左右)，用测得的两次高差进行检核。如果两次测得的高差之差不超过容许值(对等外水准规定为 6mm)，则取其平均值作为最后结果，否则须重测。

2) 双面尺法

双面尺法(Double-sided Staff Method)是仪器只安置一次高度不变，而用水准尺的黑、红面两次测量高差进行检核。两次高差之差的容许值和两次仪器高法相同(见表 2-2)。

表 2-2 三(四)等水准观测手簿

测自　　　　至　　　　年　　月　　日

时刻始　　　时　　　分　　天气：

末　　　　　时　　　分　　呈像：

测站编号	后尺 下丝 / 上丝	前尺 下丝 / 上丝	方向及尺号	标尺读数 黑面	标尺读数 红面	K 加黑减红 /mm	高差中数 /m	备注
	后视距	前视距						
	视距差 d	累计差 $\sum d$						
	(1)	(4)	后	(3)	(8)	(14)		
	(2)	(5)	前	(6)	(7)	(13)		
	(9)	(10)	后−前	(15)	(16)	(17)	(18)	
	(11)	(12)						
1	1328	1515	后 BM1	1116	5805	−2		
	0904	1103	前 TP.1	1309	6096	0		
	42.4	41.2	后−前	−193	−291	−2	−0.192	
	1.2	1.2						
2	1586	1153	后 TP.1	1310	6097	0		
	1033	602	前 TP.2	877	5562	2		
	55.3	55.1	后−前	433	535	−2	0.434	
	0.2	1.4						
3	1338	1723	后 TP.2	1110	5798	−1		
	882	1256	前 TP.3	1489	6275	1		
	45.6	46.7	后−前	−379	−477	−2	−0.378	
	−1.1	0.3						
4	1265	2219	后 TP.3	975	5765	−3		
	683	1628	前 *A*	1924	6612	−1		
	58.2	59.1	后−前	−949	−847	−2	−0.948	
	−0.9	−0.6						
			后					
			前					
			后−前					

每页检核				
	$\sum(9)=201.5$	$\sum(3)=4.511$	$\sum(8)=23.465$	$\sum(15)=-1.088$
	$-)\sum(10)=202.1$	$-)\sum(6)=5.599$	$-)\sum(7)=24.545$	$+)\sum(16)=-1.080$
	$=-0.6$	-1.088	-1.080	-2.168
	=4 站(12)	$\sum(15)=-1.088$	$\sum(16)=-1.080$	$2\sum(18)=-2.168$

3. 成果检核

测站检核只能检核一个测站上是否存在错误或误差超限，而对于整条水准路线来说，还不足以说明所求水准点的高程精度符合要求。例如，由于温度、风力、大气折光及立尺点变动等外界条件引起的误差和尺子倾斜、估读误差及水准仪本身的误差等，虽然在一个测站上反映不很明显，但整条水准路线累积的结果将可能超过容许的限差。因此，还须进行整条水准路线的成果检核(Result Check)。成果检核的方法随着水准路线布设形式的不同而不同。

1) 附合水准路线的成果检核

由图 2-16 可知，在附合水准路线中，各待定高程点间高差的代数和应等于两个水准点间的高差。如果不相等，两者之差称为高差闭合差，其值不应超过容许值。用公式表示为

$$f_{\mathrm{h}}=\sum h_{测}-(H_{终}-H_{始}) \tag{2-9}$$

式中，$H_{终}$ 表示终点水准点 BM2 的高程；$H_{始}$表示始点水准点 BM1 的高程。

各种测量规范对不同等级的水准测量规定了高差闭合差的容许值。如我国《工程测量规范》(GB 50026—2007)中，规定四等水准测量路线闭合差不得超过 $20\sqrt{L}$ mm，在起伏地区则不应超过 $6\sqrt{n}$ mm，其中 L 为水准路线的长度(km)，n 为测站数。

当 $|f_{\mathrm{h}}|\leqslant|f_{\mathrm{h}容}|$时，则成果合格，否则须重测。

2) 闭合水准路线的成果检核

如图 2-17 所示，在闭合水准路线中，观测高差的代数和应等于零，即

$$\sum h_{理}=0 \tag{2-10}$$

由于测量误差的影响，实测高差总和$\sum h_{测}$不等于零，它与理论高差总和的差值即为高差闭合差，用公式表示为

$$f_{\mathrm{h}}=\sum h_{测}-\sum h_{理} \tag{2-11}$$

其高差闭合差也不应超过相应的容许值。

3) 支水准路线的成果检核

在如图 2-18 所示的支水准路线中，理论上往测与返测高差的绝对值应相等。即

$$\left|\sum h_{返}=\sum h_{往}\right| \tag{2-12}$$

两者如不相等，其差值即为高差闭合差。故可通过往返测进行成果检核。

2.4.5 水准测量的内业

水准测量外业结束之后即可进行内业计算。计算之前应首先重新复查外业手簿中各项测量数据是否符合要求，高差计算是否正确。水准测量内业计算的目的是调整整条水准路线的高差闭合差，计算各待定高程。

在此，以一条闭合等外水准路线为例，介绍内业计算的方法和步骤。

水准点 A 和待定高程点 1、2、3 组成一闭合等外水准路线，各测段高差及测站数如图 2-22 所示。

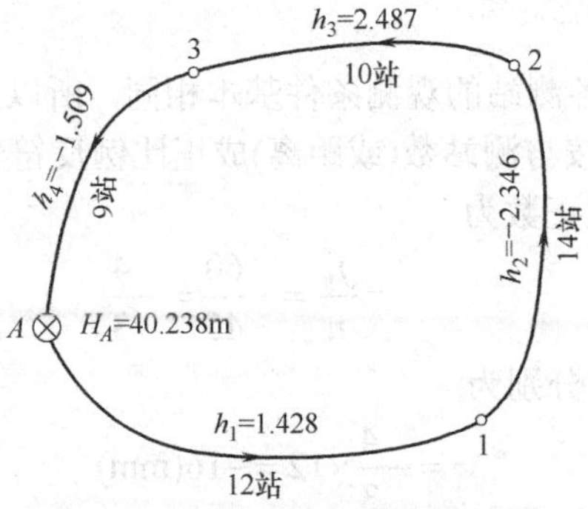

图 2-22　水准测量内业计算略图

计算步骤如下。

1. 将观测数据和已知数据填入计算表格(见表 2-3)

将图 2-21 中的点号、测站数、观测高差与水准点 A 的已知高程填入有关栏内。

2. 计算高差闭合差

根据式(2-11)计算出此闭合水准路线的高差闭合差，即

$$f_h = \sum h = 0.060\text{m}$$

表 2-3　闭合水准路线内业计算

点　号	测段中测站数	实测高差/m	改正数/mm	改正后高差/m	高程/m	点　号
A					40.238	A
	12	1.428	−16	1.412		
1					41.650	1
	14	−2.346	−19	−2.365		
2					39.285	2
	10	2.487	−13	2.474		
3					41.759	3
	9	−1.509	−12	−1.521		
A					40.238	A
$\sum$	45	f_h=0.060	−60	0.000		
辅助计算	$f_{h容} = \pm 12\sqrt{n} = \pm 12\sqrt{45} = \pm 80(\text{mm})$ $\lvert f_h \rvert < \lvert f_{h容} \rvert$					

3. 计算高差闭合差的容许值

等外水准路线的高差闭合差容许值 $f_{h容}$ 可按下式计算：

$$f_{h容} = \pm 12\sqrt{n} = \pm 12\sqrt{45} = \pm 80(\text{mm})$$

$\lvert f_h \rvert < \lvert f_{h容} \rvert$，说明观测成果合格。

4. 高差闭合差的调整

在整条水准路线上由于各测站的观测条件基本相同，所以可认为各站产生误差的机会也是相等的，故闭合差的调整按与测站数(或距离)成正比例反符号分配的原则进行。本例中，测站数 n =45，故每一站的改正数为

$$-\frac{f_h}{n}=-\frac{60}{45}=-\frac{4}{3}$$

则第 1～4 段高差改正数分别为

$$v_1=-\frac{4}{3}\times 12=-16(\text{mm})$$

$$v_2=-\frac{4}{3}\times 14=-19(\text{mm})$$

$$v_3=-\frac{4}{3}\times 10=-13(\text{mm})$$

$$v_4=-\frac{4}{3}\times 9=-12(\text{mm})$$

把改正数填入改正数栏中，改正数总和应与闭合差大小相等、符号相反，并以此作为计算检核。

5. 计算改正后的高差

各段实测高差加上相应的改正数，得改正后的高差，填入改正后高差栏内。改正后高差的代数和应等于零，以此作为计算检核。

6. 计算待定点的高程

由 A 点的已知高程开始，根据改正后的高差，逐点推算 1、2、3 点的高程。算出 3 点的高程后，应再推回 A 点，其推算高程应等于已知 A 点高程；如不相等，则说明推算有误。

2.5 水准仪的检验与校正

水准仪有以下主要轴线：视准轴、水准管轴、仪器竖轴和圆水准器轴，以及十字丝横丝，如图 2-23 所示。根据水准测量原理，水准仪必须提供一条水平视线，才能正确测出两点间的高差。为此，水准仪各轴线间应满足的几何条件是：

(1) 圆水准器轴平行于仪器竖轴即 $L'L' \parallel VV$ 。

(2) 十字丝的中丝(横丝)垂直于仪器竖轴 VV 。

(3) 水准管轴平行于视准轴即 $LL \parallel CC$ 。

上述水准仪应满足的各项条件，在仪器出厂时已经过检验与校正而得到满足，但由于仪器在长期使用和运输过程中受到振动和碰撞等原因，使各轴线之间的关系发生变化，若不及时检验校正，将会影响测量成果的质量。所以，在进行水准测量作业前，应对水准仪进行检验，如不满足要求，应及时对仪器加以校正。

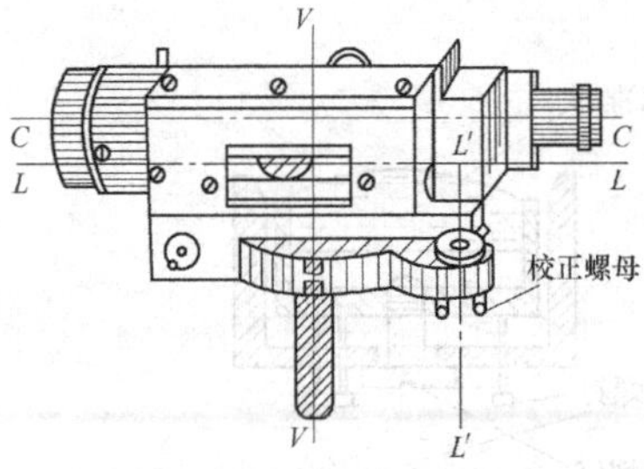

图 2-23 水准仪的主要轴线

2.5.1 圆水准器轴平行于仪器竖轴的检验与校正

1. 检验方法

安置水准仪后，用脚螺旋调节圆水准器气泡居中，然后将望远镜绕竖轴旋转 180°，如气泡仍居中，表示此项条件满足要求(圆水准器轴与竖轴平行)；若气泡不居中，则应进行校正。

检验原理：如图 2-23 所示，当圆水准器气泡居中时，圆水准器轴处于铅垂位置；若圆水准器轴与竖轴不平行，那么竖轴与铅垂线之间出现倾角 δ (见图 2-24(a))。当望远镜绕倾斜的竖轴旋转 180° 后，仪器的竖轴位置并没有改变，而圆水准器轴却转到了竖轴的另一侧。这时，圆水准器轴与铅垂线夹角为 2δ，则圆气泡偏离零点，其偏离零点的弧长所对的圆心角为 2δ (见图 2-24(b))。

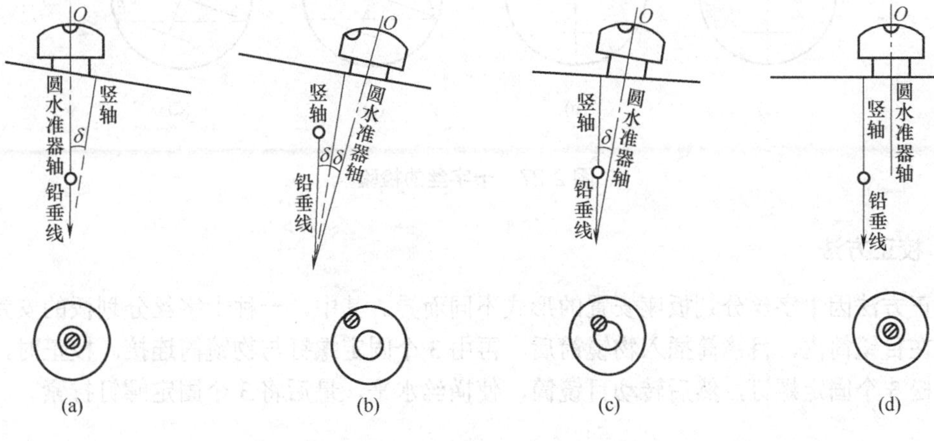

图 2-24 圆水准器检验与校正原理

2. 校正方法

根据上述检验原理，校正时，用脚螺旋使气泡向零点方向移动偏离长度的一半，这时竖轴处于铅垂位置(见图 2-24(c))。然后再用校正针调整圆水准器下面的三个校正螺钉，使气泡居中。这时，圆水准器轴便平行于仪器竖轴(见图 2-24(d))。

圆水准器下面的校正螺钉构造如图 2-25 所示。校正时，一般要反复进行数次，直到仪器旋转到任何位置圆水准器气泡都居中为止。最后要注意拧紧固定螺母，如图 2-26 所示。

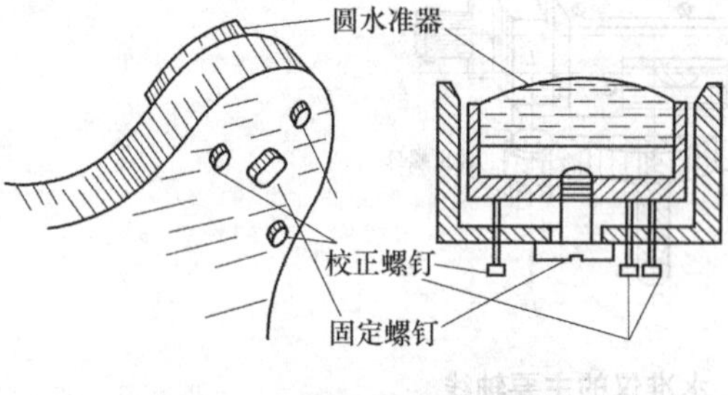

图 2-25 圆水准器校正螺钉

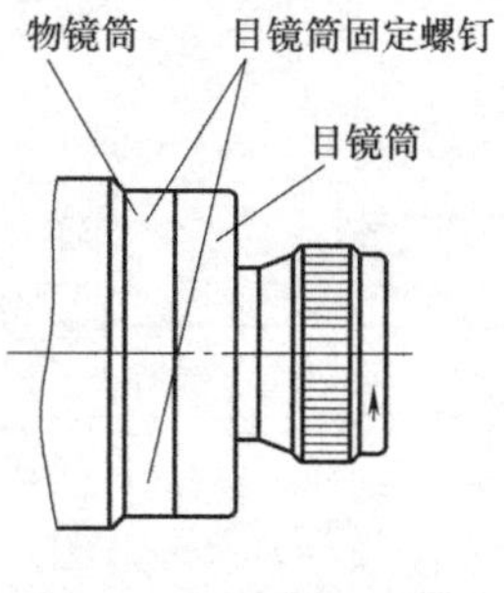

图 2-26 十字丝的校正

2.5.2 十字丝横丝垂直于仪器竖轴的检验与校正

1. 检验方法

安置水准仪并整平后，先用十字丝横丝的一端对准一个点状目标，如图 2-27(a)中的 P 点，然后拧紧制动螺旋，缓缓转动微动螺旋。若 P 点始终在横丝上移动(见图 2-27(b))，说明十字丝横丝垂直于仪器竖轴，条件满足；若 P 点移动的轨迹离开了横丝(见图 2-27(c)、(d))，则条件不满足，需要校正。

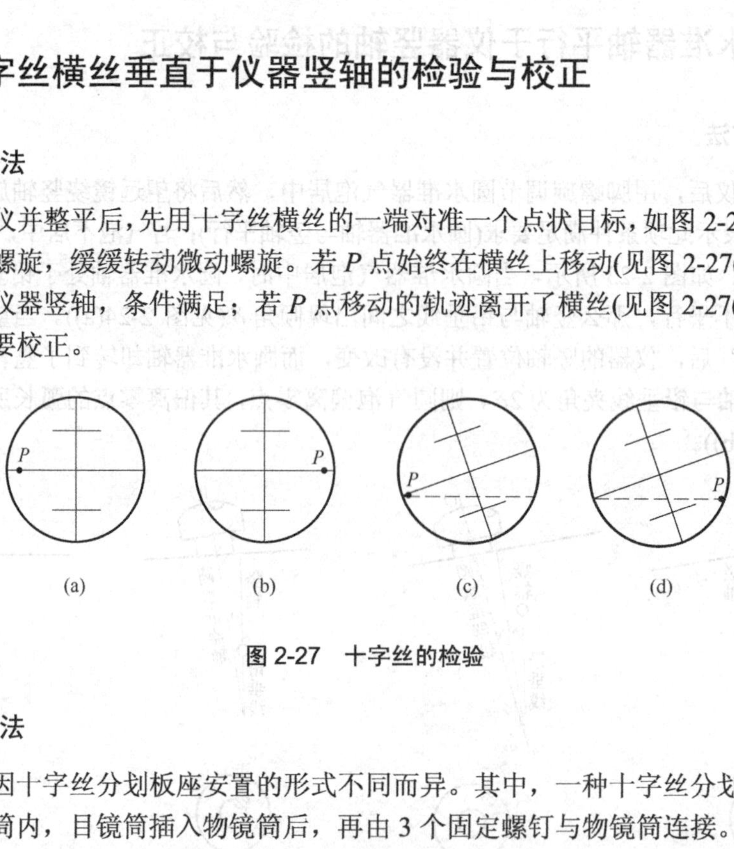

图 2-27 十字丝的检验

2. 校正方法

校正方法因十字丝分划板座安置的形式不同而异。其中，一种十字丝分划板的安置是将其固定在目镜筒内，目镜筒插入物镜筒后，再由 3 个固定螺钉与物镜筒连接。校正时，用螺丝刀放松 3 个固定螺钉，然后转动目镜筒，使横丝水平，最后将 3 个固定螺钉拧紧。

2.5.3 水准管轴平行于视准轴的检验与校正

1. 检验方法

如图 2-27 所示，在高差不大的地面上选择相距 80m 左右的 A、B 两点，打入木桩或安放尺垫。将水准仪安置在 A、B 两点的中点 I 处，用两次仪器高法(或双面尺法)测出 A、B 两点高差，两次高差之差小于 3mm 时，取其平均值 h_{AB} 作为最后结果。

由于仪器距 A、B 两点等距离，从图 2-28 中可看出，不论水准管轴是否平行于视准轴，在Ⅰ处测出的高差 h_1 都是正确的高差。由于距离相等，两轴不平行误差 Δ 可在高差计算中自动消除，故高差 h 不受视准轴误差的影响。

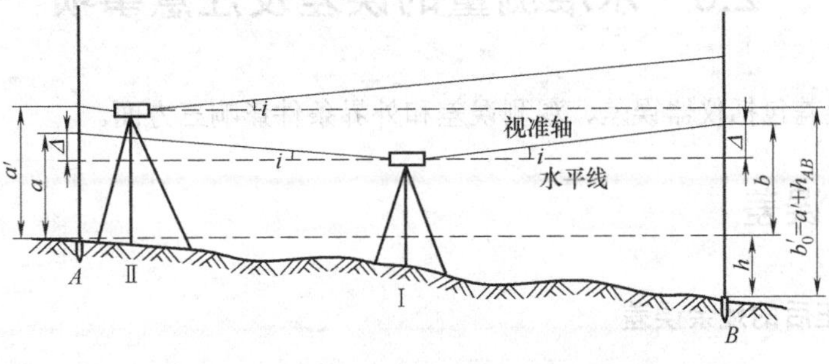

图 2-28　水准管轴平行于视准轴的检验

然后将仪器移至距 A 点 2～3m 的Ⅱ处，精确整平后，分别读取 A 尺和 B 尺的中丝读数 a' 和 b'。因仪器距 A 很近，水准管轴不平行于视准轴引起的读数误差可忽略不计，则可计算出仪器在Ⅱ处时 B 点尺上水平视线的正确读数为

$$b_0' = a' + h_{AB} \tag{2-13}$$

实际测出的 b' 如果与计算得到的 b_0' 相等，则表明水准管轴平行于视准轴；否则，两轴不平行，其夹角为

$$i = \frac{b' - b_0'}{D_{AB}}\rho \tag{2-14}$$

式中，ρ=206265″。

对于 DS3 微倾式水准仪，i 角不得大于 20″，如果超限，则应对水准仪进行校正。

2. 校正方法

仪器仍在Ⅱ处，调节微倾螺旋，使中丝在 B 尺上的中丝读数移到 b_0'，这时视准轴处于水平位置，但水准管气泡不居中(符合气泡不吻合)。用校正针拨动水准管一端的上、下两个校正螺母，先松一个，再紧另一个，将水准管一端升高或降低，使符合气泡吻合(见图 2-29)。再拧紧上、下两个校正螺母。此项校正要反复进行，直到 i 角小于 20″ 为止。

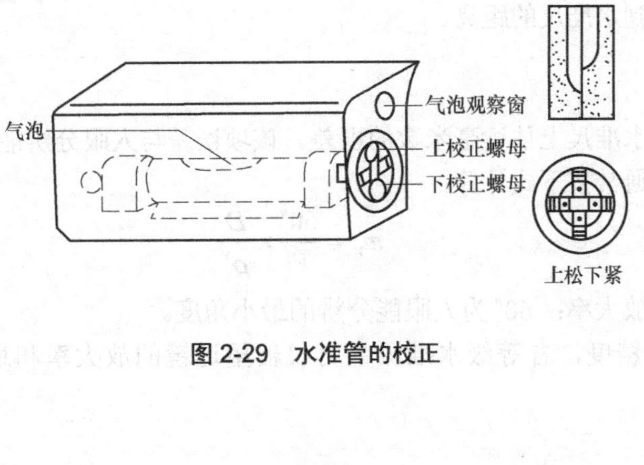

图 2-29　水准管的校正

2.6 水准测量的误差及注意事项

水准测量误差包括仪器误差、观测误差和外界条件影响三方面。

2.6.1 仪器误差

1. 仪器校正后的残余误差

例如，水准仪的水准管轴与视准轴不平行，虽经过校正但仍然残存少量误差，因而使读数产生误差。这项误差与仪器至立尺点的距离成正比。只要在测量中，使前、后视距离相等，在高差计算中就可消除或减少该项误差的影响。

2. 水准尺误差

由于水准尺刻划不准确、尺长变化、弯曲等影响，都会影响水准测量的精度。因此，水准尺须经过检验才能使用。至于水准尺的零点误差，在成对使用水准尺时，可采取设置偶数测站的方法来消除；也可在前、后视中使用同一根水准尺来消除。

2.6.2 观测误差

1. 水准管气泡居中误差

水准管气泡居中误差是指由于水准管内液体与管壁的黏滞作用和观测者眼睛分辨能力的限制，致使气泡没有严格居中引起的误差。水准管气泡居中误差一般为$\pm 0.15\tau''$（τ''为水准管分划值)，采用附合水准器时，气泡居中精度可提高一倍。故由气泡居中误差引起的读数误差为

$$m_\tau = \pm\frac{0.15\tau''}{2\rho''}D \tag{2-15}$$

式中，D为水准仪到水准尺的距离。

2. 读数误差

读数误差是在水准尺上估读毫米数的误差。该项误差与人眼分辨能力、望远镜放大率以及视线长度有关。通常按下式计算：

$$m_V = \frac{60''}{V}\times\frac{D}{\rho''} \tag{2-16}$$

式中，V为望远镜放大率；$60''$为人眼能分辨的最小角度。

为保证估读数精度，各等级水准测量对仪器望远镜的放大率和最大视线长都有相应规定。

3. 视差影响

当存在视差时，十字丝平面与水准尺影像不重合，眼睛观察位置不同，读出的读数便不同，因此产生读数误差。操作中应仔细调焦，避免出现视差。

4. 水准尺倾斜误差

水准尺倾斜将使尺上读数增大，其误差大小与尺倾斜的角度和在尺上的读数大小有关。例如，尺子倾斜 3°30′，视线在尺上读数为 1.0m 时，会产生约 2mm 的读数误差。因此，测量过程中，要认真扶尺，尽可能保持尺上水准气泡居中，将尺立直。

2.6.3 外界条件影响

1. 仪器下沉

仪器安置在土质松软的地方，在观测过程中会产生下沉。由于仪器下沉，使视线降低，从而引起高差误差。若采用“后、前、前、后”的观测程序，可减小其影响。此外，应选择坚实的地面作测站，并将脚架踏实。

2. 尺垫下沉

仪器移站时，如果在转点处尺垫下沉，会使下一站后视读数增大，这将引起高差误差。所以转点也应选在坚实地面并将尺垫踏实，或采取往返观测的方法，取其成果的平均值，可以削减其影响。

3. 地球曲率的影响

如图 2-30 所示，水准测量时，水平视线在尺上的读数 b，理论上应改算为相应水准面截于水准尺的读数 b'，两者的差值 c 称为地球曲率差，有

$$c=\frac{D^2}{2R} \tag{2-17}$$

式中，D 为水准仪到水准尺的距离；R 为地球半径，取 6371km。

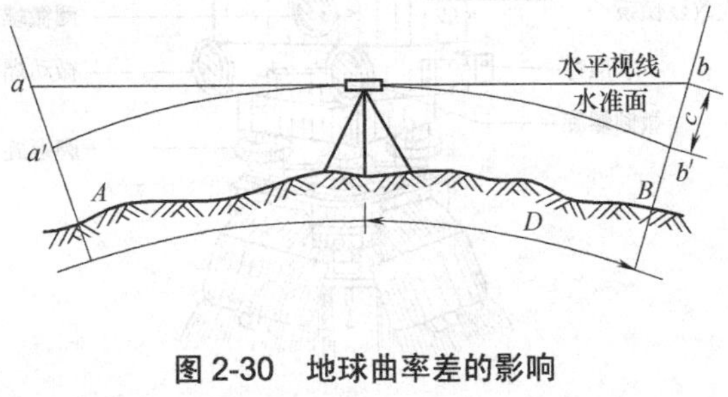

图 2-30 地球曲率差的影响

水准测量中，当前、后视距相等时，通过高差计算可消除该误差对高差的影响。

4. 大气折光影响

由于地面上空气密度不均匀，使光线发生折射。因而水准测量中，实际上尺的读数不是

一水平视线的读数，而是一向下弯曲视线的读数，两者之差称为大气折光差，用γ表示。在稳定的气象条件下，大气折光差约为地球曲率差的1/7，即

$$\gamma = \frac{1}{7}c = 0.07\frac{D^2}{R} \tag{2-18}$$

水准测量中，当前、后视距相等时，通过高差计算可消除该误差对高差的影响。精密水准测量还应选择良好的观测时间(一般认为在日出后或日落前2h为宜)，并控制视线高出地面一定距离，以避免视线发生不规则折射引起误差。

地球曲率差和大气折光差是同时存在的，两者对读数的共同影响可用下式计算：

$$f = c - \gamma = 0.43\frac{D^2}{R} \tag{2-19}$$

5. 温度的影响

温度的变化不仅会引起大气折光变化，造成水准尺影像在望远镜内十字丝面内上、下跳动，难以读数，当烈日直晒仪器时也会影响水准管气泡居中，造成测量误差。因此，水准测量时，应撑伞保护仪器，选择有利的观测时间。

2.7 精密水准仪与电子水准仪

2.7.1 精密水准仪及水准尺

精密水准仪主要用于国家一、二等水准测量和高精度工程测量中，如建筑物沉降观测、大型桥梁施工的高程控制、精密机械设备安装等测量工作。DS05和DS1型水准仪属于精密水准仪。图2-31为我国生产的DS1型精密水准仪。

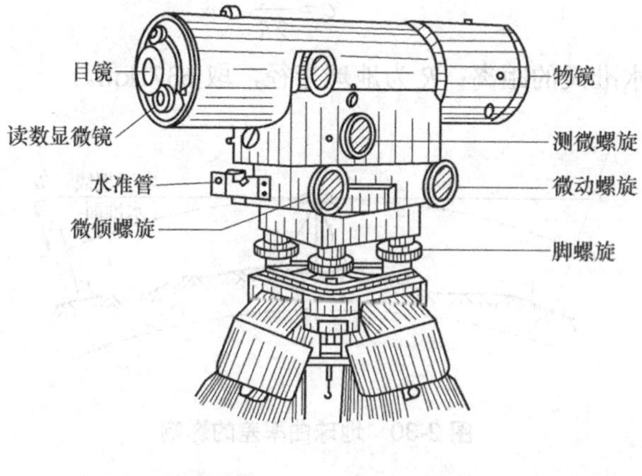

图 2-31　DS1 型精密水准仪

1. 精密水准仪的结构特点

精密水准仪与一般水准仪相比较，其特点是能够精密地使视线水平并能够精确地读取读

数。为此，在结构上应满足以下要求。

(1) 水准器具有较高的灵敏度。例如，DS1 型水准仪的管水准器 τ 值为 10″/2mm。

(2) 望远镜具有良好的光学性能。例如，DS1 型水准仪望远镜的放大倍数为 38 倍，望远镜的物镜有效孔径为 47mm，视场亮度较高。十字丝的中丝刻成楔形，能较精确地瞄准水准尺的分划。

(3) 具有光学测微器装置。可直接读取水准尺一个分格(1cm 或 0.5cm)的 1/100 单位(0.1mm 或 0.05mm)，提高读数精度。

(4) 视准轴与水准轴之间的联系相对稳定。精密水准仪均采用钢构件，并且密封起来，受温度变化影响小。

2．精密水准仪的构造原理

精密水准仪的构造与 DS3 型水准仪基本相同，也是由望远镜、水准器和基座三部分构成，其主要区别是精密水准仪装有光学测微器。此外，精密水准仪较 DS3 型水准仪有更好的光学和结构性能，如望远镜放大率不小于 40 倍，附合水准管分划值较小，一般为 6″/2～10″/2mm，同时具有仪器结构坚固、水准管轴与视准轴关系稳定、受温度影响小等特点。

精密水准仪应与精密水准尺配合使用。精密水准仪的光学测微器构造如图 2-32 所示。它由平行玻璃板 *P*、传动杆、测微轮和测微尺组成。平行玻璃板 *P* 设置在水准仪物镜前，其转动的轴线与视准轴垂直相交，平行玻璃板与测微分划尺之间用带有齿条的传动杆连接。

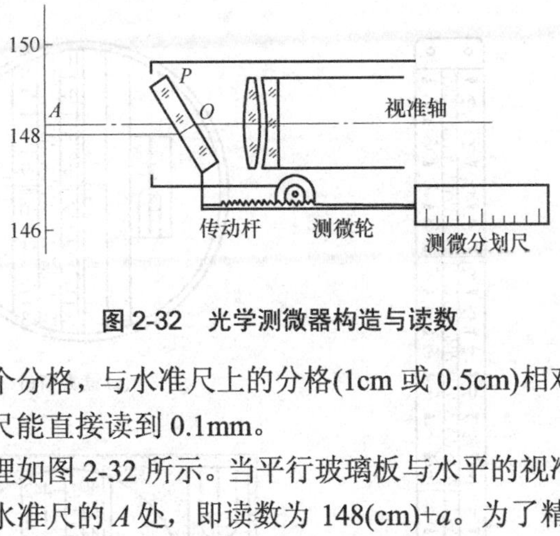

图 2-32 光学测微器构造与读数

测微分划尺有 100 个分格，与水准尺上的分格(1cm 或 0.5cm)相对应，若水准尺上的分划值为 1cm，则测微分划尺能直接读到 0.1mm。

测微分划尺读数原理如图 2-32 所示。当平行玻璃板与水平的视准轴垂直时，视线不受平行玻璃板的影响，对准水准尺的 *A* 处，即读数为 148(cm)+*a*。为了精确读出 *a* 的值，需转动测微轮使平行玻璃板倾斜一个小角，视线经平行玻璃板的作用而上、下移动，准确对准水准尺上 148cm 分划后，再从读数显微镜中读取 *a* 值，从而得到水平视线截取水准尺上 *A* 点的读数。

3．精密水准尺

精密水准仪必须配有精密水准尺。精密水准尺上的分划注记一般有两种形式。

一种是尺身上刻有左、右两排分划，右边为基本分划(0～300cm 注记)，左边为辅助分划(300～600cm 注记)。基本分划的注记从零开始，辅助分划的注记从某一常数 *K* 开始，*K* 称为基辅差。*K* 值因生产厂家不同而异，其主要用途是观测数据的检核。Wild N_3 水准仪的精密水准尺采用的就是此分划值为 1cm 的形式(见图 2-33(a))。

另一种是尺身上两排均为基本划分，其最小分划为 10mm，但彼此错开 5mm。尺身一侧注记米数，另一侧注记分米数。尺身标有大、小三角形，小三角形表示半分米处，大三角形表示分米的起始线。这种水准尺上的注记数字比实际长度增大了一倍，即 5cm 注记为 1dm。因此使用这种水准尺进行测量时，要将观测高差除以 2 才是实际高差。例如，靖江 DS1 型水准仪和 Ni_{004} 水准仪的精密水准尺采用的就是分划值为 0.5cm 的形式(见图 2-33(b))。

4．精密水准仪的操作方法与读数

精密水准仪的操作方法与一般水准仪基本相同，只是读数方法有些差异。在水准仪精确整平后，即用微倾螺旋调节符合气泡居中(气泡影像在目镜视场内左方)，十字丝中丝往往不恰好对准水准尺上某一整分划线，这时就要转动测微轮使视线上、下平行移动，十字丝的楔形丝正好精确夹住一个整分划线，被夹住的分划线读数为 m、dm、cm。此时视线上、下平移的距离则由测微器读数窗中读出(mm)，实际读数为全部读数的一半。如图 2-34(a)所示，从望远镜内直接读出楔形丝夹住的读数为 1.97m，再在读数显微镜内读出厘米以下的读数为 1.54mm。水准尺全部读数为 1.97+0.00154=1.97154(m)，但实际读数为 1.97154÷2=0.98577(m)。

测量时，无须每次将读数除以 2，而是将由直接读数算出的高差除以 2，求出实际高差值。

图 2-34(b)为基辅分划水准尺的读数图。楔形丝夹住的水准尺基本分划读数为 1.48m，测微尺读数为 6.50mm，全读数为 1.48650m。因此，水准尺分划值为 1cm，故读数为实际值，无须除以 2。

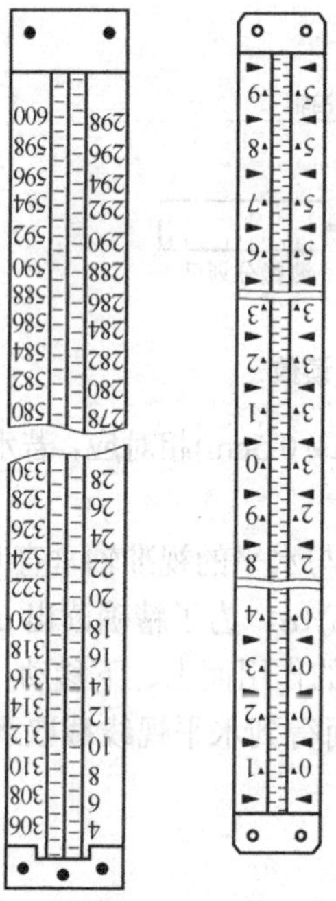

(a) 1cm水准尺 (b) 0.5cm水准尺

图 2-33 精密水准尺

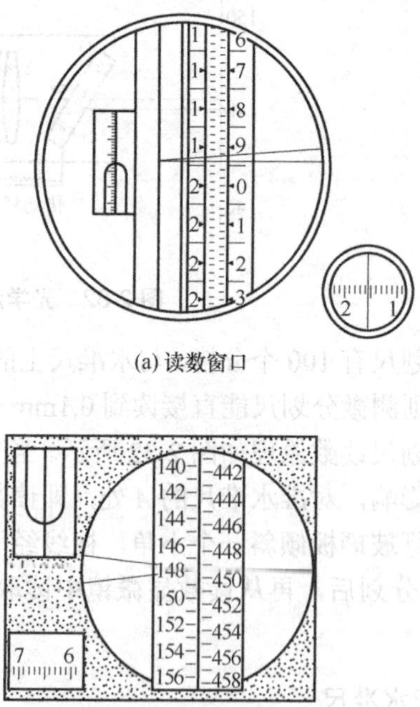

(a) 读数窗口

(b) 水准尺读数图

图 2-34 精密水准尺读数

2.7.2 电子水准仪

电子水准仪又称数字水准仪，如图 2-35 所示，它是在自动安平水准仪的基础上发展起来的。电子水准仪采用条码标尺进行读数，各厂家因标尺编码的条码图案不同，故不能互换使用。目前照准标尺和调焦仍需目视进行。世界上第一台数字水准仪是徕卡公司于 1990 年推出的 NA3000 系列，现已发展到第三代产品。

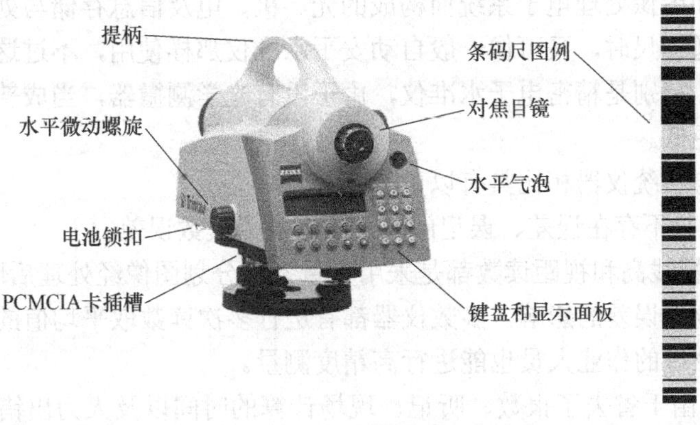

图 2-35 DINI12 电子水准仪及条码尺

1. 电子水准仪的原理

下面以图 2-34 所示的 DINI12 电子水准仪为例，说明其工作原理。

DINI12 装有一组 CCD 图像传感器，即光敏二极管矩阵电路和智能化微处理器(CPU)，它们结合方便灵活的 DOS 操作系统，配以条码铟瓦尺与条码识别系统，实施全自动测量。仪器结构如图 2-36 所示。

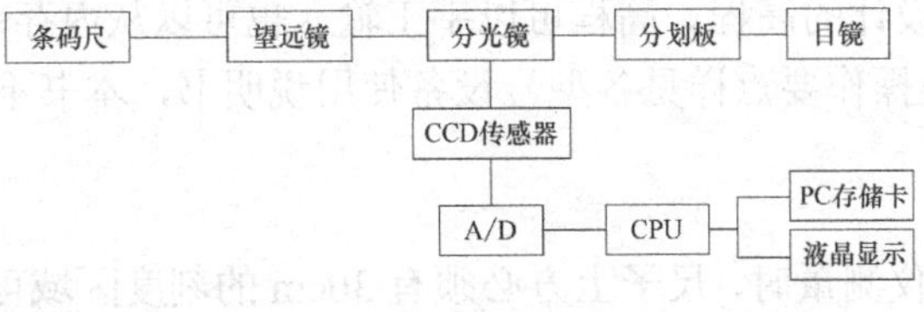

图 2-36 DINI12 电子水准仪的结构

其工作原理如下：望远镜照准目标并启动测量按键后，条码尺上的刻度分划图像在望远镜中成像，通过分光镜分成可见光和红外光两部分，可见光影像成像在十字丝分划板上，供人眼监视；红外光影像成像在 CCD 阵列光电探测器(传感器)上，转射到 CCD 的视频信号被光敏二极管所感应，随后转化成电信号，经整形后进入模数转换系统(A/D)，从而输出数字信号送入微处理器处理(由其操作软件计算)，处理后的数字信号一路存入 PC 卡，一路输出到面板的液晶显示器，从而完成整个测量过程。

当前电子水准仪采用了以下三种电子读数方法。

(1) 相关法(徕卡 NA3002/3003)。

(2) 几何法(蔡司 DINI10/20)(DINI12)。

(3) 相位法(拓普康 DL101C/102C)。

2. 电子水准仪的特点

电子水准仪是以自动安平水准仪为基础，在望远镜光路中增加了分光镜和探测器(CCD)，并采用条码标尺和图像处理电子系统而构成的光、机、电及信息存储与处理的一体化水准测量系统。采用普通标尺时，又可像一般自动安平水准仪那样使用，不过这时的测量精度低于电子测量的精度。特别是精密电子水准仪，由于没有光学测微器，当成普通自动安平水准仪使用时，其精度更低。

电子水准仪与传统仪器相比具有以下特点。

(1) 读数客观。不存在误差、误记问题，没有人为读数误差。

(2) 精度高。视线高和视距读数都是采用大量条码分划图像经处理后取平均值得出来的，因此削弱了标尺分划误差的影响。多数仪器都有进行多次读数取平均值的功能，可以削弱外界条件影响。不熟练的作业人员也能进行高精度测量。

(3) 速度快。由于省去了报数、听记、现场计算的时间以及人为出错的重测数量，测量时间与传统仪器相比可以节省 1/3 左右。

(4) 效率高。只需调焦和按键就可以自动读数，减轻了劳动强度。视距还能自动记录、检核、处理并能输入电子计算机进行后处理，可实现内、外业一体化。

3. 电子水准仪的主要功能

(1) Line：进行水准路线测量，仪器会给出跟踪测量信息并且如果是测量两个已知点的路线时，仪器在最后会自动给出路线的闭合差。

(2) IntM：中间点或者支点测量。这个功能对闭合环外支点高程的测量很有用。

(3) Sout：放样所设计的高程。高程可以手工输入也可以从内存中调出。

仪器的具体使用及操作要点详见各型号设备使用说明书，本书不作一一介绍。

4. 使用注意事项

(1) 使用电子水准仪测量时，尺子上方必须有 30cm 的刻度区域可见，即在十字丝上方必须有大约 15cm 的条码可见。

(2) 电池是 NiMH。一次充电 1.5h 可以连续使用 3 个工作日。

(3) 仪器应经常检查与维护，以保证必要的观测精度。

习 题

1. 试绘图说明水准测量的基本原理。

2. 设 A 点为后视点，B 点为前视点，A 点的高程为 87.452m，当后视读数为 1.267m，前视读数为 1.663m 时，*A*、*B* 两点间的高差是多少？*B* 点的高程为何值？并绘图说明。

3. 简述望远镜主要由哪几部分构成，其作用是什么？何谓视准轴？

4. 何谓视差，视差产生的原因及消除办法是什么？

5. 圆水准器轴和水准管轴是如何定义的？在水准测量中各起到什么作用？何谓水准管分划值？

6. 何谓转点，转点在水准测量的过程中的作用是什么？

7. 水准测量时，通常采用“中间法”，它能消除哪些误差？

8. 将图 2-37 中水准测量的观测数据填入记录手簿(见表 2-4)，计算出各点间的高差及 *B* 点的高程，并进行计算校核。

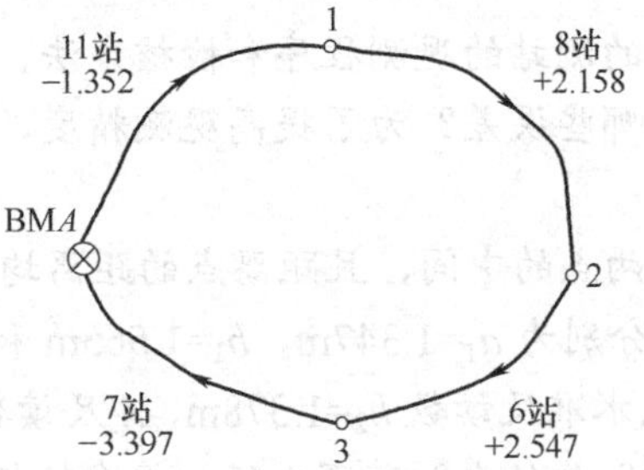

图 2-37　闭合水准路线

表 2-4　水准测量观测计算手簿

测　点	测站数	实测高差/m	高差改正数/m	改正后的高差/m	高程/m	备　注
BM*A*					55.478	
1						
2						
3						
BM*A*						
∑						
辅助计算						

9. 如图 2-38 所示，附合水准路线的观测成果和简图，计算出待定点 1、2 经过误差改正后的高程值。

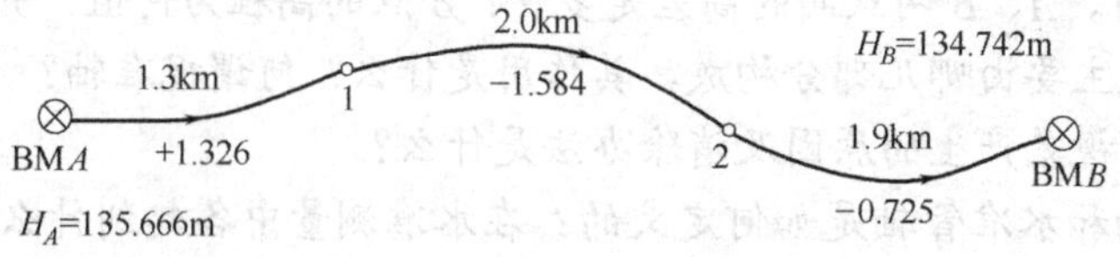

图 2-38 附合水准路线

10. 仪器距水准尺的距离为 100m，水准管分划值为 τ=20″/2mm，若精平后水准管有 0.3 格的误差，则由此引起的水准尺读数误差为多少？

11. 微倾式水准仪有哪几条轴线？各轴线间应满足的几何关系是什么？其中哪个条件是主要条件，为什么？

12. 简述三四等水准测量的测站的观测程序和检核方法。

13. 水准测量中容易产生哪些误差？为了提高观测精度，作业时应注意哪些问题和采取哪些措施？

14. 水准仪安置在 A、B 两点的中间，且距离点的距离均为 38m，用改变仪器高法两次测得 A、B 两点水准尺的读数分别为 a_1=1.347m，b_1=1.565m 和 a_1'=1.536m，b_1'=1.779m。搬动仪器到 B 点附近，测得 B 点水准尺读数 b_2=1.378m，A 尺读数为 a_2=1.267m。画图并计算分析水准管轴是否平行于视准轴？为什么？若不平行，视准轴与水平线夹角 i 值为何值，是否需要校正，怎样校正？

第3章 角度测量

【学习目标】

- 了解角度测量原理；
- 熟悉经纬仪的使用及水平角和竖直角的测量方法；
- 了解水平角的误差来源；
- 熟悉经纬仪的检验与校正；

为确定地面点的空间位置，常常进行角度测量，即水平角和竖直角的测量。水平角测量用于求算点的平面位置，竖直角测量用于将倾斜距离化成水平距离或测算高差。角度测量最常用的仪器是经纬仪，它具有测量水平角和竖直角(简称竖角)的双重功能。

3.1 角度测量原理

角度是确定点位的基本元素之一，角度测量是测量的基本工作。角度测量包括水平角测量和竖直角测量。

3.1.1 水平角和竖直角

地面上某点到两目标的方向线垂直投影到水平面上所成的夹角，称为水平角(Horizontal Angle)。如图 3-1 所示。*O* 点到 *A*、*B* 两目标的方向线 *AB* 和 *AC* 在水平面 *H* 上的垂直投影线 *ab* 和 *ac* 所夹角∠*bac* 即称水平角。

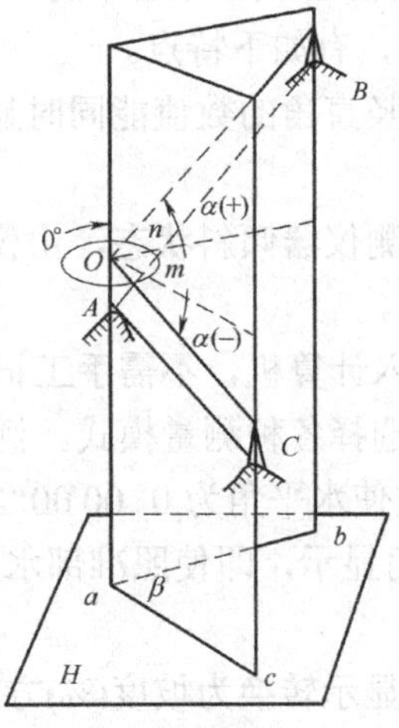

图 3-1 水平角测量原理图

地面上某点到目标点的方向线过该线的竖直面内的水平线之间的夹角，称为该方向线的竖直角(Vertical Angle)，又称垂直角。图 3-1 中，*AB*、*AC* 方向的竖直角分别为视线 *AB*、*AC* 与过点 *A* 的水平线间的夹角。竖直角由水平线起算，视线在水平线之上为正，称仰角(Elevation Angle)；反之为负，称俯角(Depression Angle)。

3.1.2 测角原理

若在过角顶点 *A* 的铅垂线上任一点 *O* 设置一水平且按顺时针 0°～360° 分划的刻度圆盘，使刻度盘圆心正好位于过 *A* 点的铅垂线上，如图 3-1 所示，设 *A* 点到 *B*、*C* 目标方向线在水平刻度盘上的投影读数分别为 *n* 和 *m*，则水平角 $\beta = m - n$，即右目标读数减左目标读数。当 $m<n$ 时，$\beta = m + 360° - n$，即右目标读数加上 360° 后再减左目标读数，切勿倒过来减。测量角度的代表性仪器是经纬仪(Theodolite)。

3.2 经 纬 仪

3.2.1 经纬仪的分类

目前我国工程上常用的经纬仪分为光学经纬仪(Optical Theodolite)和电子经纬仪(Electronic Theodolite) 两大类。通过光学度盘测定角度的仪器称为光学经纬仪，采用电子学的方法测定角度的仪器称为电子经纬仪。

光学经纬仪在我国已经系列化、通用化、标准化。经纬仪按精度分为 DJ07、DJ1、DJ2、DJ6 和 DJ30 等级系列。“D”和“J”分别指“大地测量”、“经纬仪”两个词的汉语拼音第一个字母。“07”、“1”、“2”等阿拉伯数字代表该仪器的精度，即一测回方向观测中误差为 0.7s、1s、2s 等。DJ2 以上精度的经纬仪为精密光学经纬仪。DJ6 经纬仪是普通光学经纬仪。DJ2 和 DJ6 型经纬仪是工程上常用的经纬仪。

电子经纬仪与光学经纬仪相比，有如下特点。

(1) 仅需对准目标，水平角和竖直角的数值能同时显示，角度读数快速显示，消除了读数误差。

(2) 采用双轴倾斜传感器来检测仪器倾斜状态，由仪器倾斜所造成的水平角和竖直角误差，可通过电子系统进行自动补偿。

(3) 角度数据可从仪器直接输入计算机，不需手工记入手簿，避免了记录错误。

(4) 只要按一下操作键，便可选择各种测量模式。例如：

① 水平角置 0——在任意镜位使水平角为 0°00′00″。

② 水平角锁定——固定水平角显示，即使照准部水平旋转，显示仍然不变。

③ 水平角右角或左角转换。

④ 坡度(%)显示——将竖直角显示转换为坡度(%)方式显示。

3.2.2　光学经纬仪的结构与使用

光学经纬仪由基座(Tribrach)、光学度盘(Circle)和照准部(Alidade)组成。如图 3-2 所示为 DJ6 型光学经纬仪的构造。

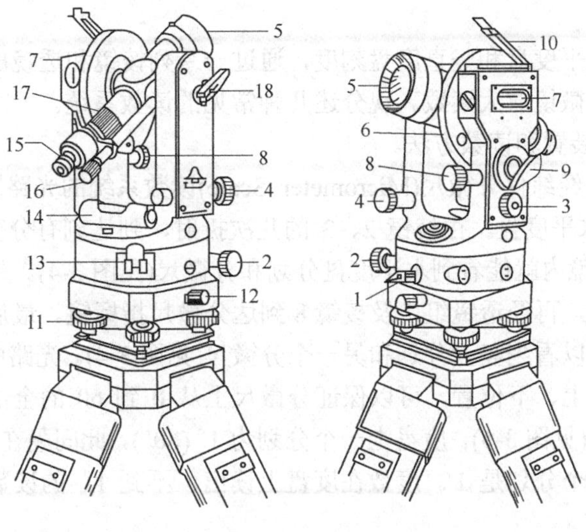

图 3-2　光学经纬仪构造

1—水平制动扳钮；2—水平微动螺旋；3—测微轮；4—望远镜微动螺旋；5—物镜；6—竖直度盘；7—竖盘水准管；8—竖盘水准管微动螺旋；9、10—反光镜；11—脚螺旋；12—轴座固定螺旋；13—复测扳钮；14—水平度盘水准管；15—目镜；16—读数显微镜；17—对光螺旋；18—望远镜制动扳钮

1. 基座

基座是支承仪器的底座，与水平度盘相连的外轴套插入基座的套轴内，并由锁紧螺旋固定，在基座下面用中心螺旋和三脚架相连。如图 3-2 所示，基座上还装有 3 个脚螺旋，调节脚螺旋能使竖轴安置在竖直位置。

2. 度盘

经纬仪度盘分为测量水平角的水平度盘和测量竖直角的竖直度盘，它们分别装在仪器纵、横旋转轴上。光学经纬仪度盘为玻璃制成的圆环，在其圆周上刻有精密的分划，由 0° ～360° 顺时针注记。度盘上相邻分划线间弧长所对圆心角称为度盘分划值，通常有 20′、30′和 1° 等几种。

3. 照准部

照准部的主要部件有望远镜、水准器、转动控制装置、读数设备、竖直度盘等。望远镜、水准器的原理和结构与水准仪的望远镜、水准器的相同。这里主要介绍转动控制装置和读数设备。

1) 转动控制装置

为了控制仪器各部件间的相对运动以便精确地瞄准目标，仪器上一般设有3套控制装置，即照准部的制动螺旋和微动螺旋，望远镜的制动螺旋和微动螺旋，水平度盘转动的控制装置。

水平度盘转动控制装置一般采用水平度盘变换手轮。使用前，将手轮推压进去，转动手轮，则水平度盘随之拨动，待转到需要的位置后将手松开，手轮退出即可。

2) 读数设备

光学经纬仪的水平度盘和竖直度盘刻度，通过一系列棱镜和透镜成像在望远镜旁的读数显微镜内，可通过显微镜放大读数。现分述几种常见的读数系统。

(1) 分微尺读数装置和读数方法。

图3-3为DJ6型经纬仪分微尺(Micrometer Scale)读数系统的光路图。外来光线经棱镜1折射90°，再通过水平度盘，由棱镜2、3的几次折射，到达刻有分微尺的指标镜4，通过棱镜5，在读数显微镜内就能看到水平度盘分划和分微尺(见图3-4)。外来光线经过棱镜6的折射，穿过竖直度盘，再经透镜组7及棱镜8到达分微尺指标镜。最后经过棱镜5折射，同样在读数显微镜内可以看到竖盘分划和另一个分微尺(见图3-4)。光路中的透镜组9、10起放大作用，调节透镜组上、下位置，可以保证分微尺上从0到60的全部分划的间隔和度盘上一个分划的间隔相等(见图3-5)。度盘上一个分划为1°(60′)，此间隔在分微尺上分成60个分划，所以分微尺上一个分划是1′。度数在度盘上读出，不到1°的读数在分微尺上读出，可估读到0.1′。

图3-5中水平度盘的读数为129°53.3′，竖直度盘的读数为86°58.0′。

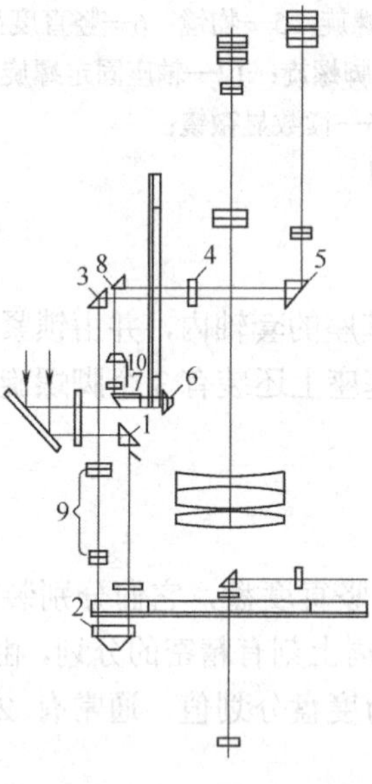

图3-3 DJ6型光学经纬仪光路图

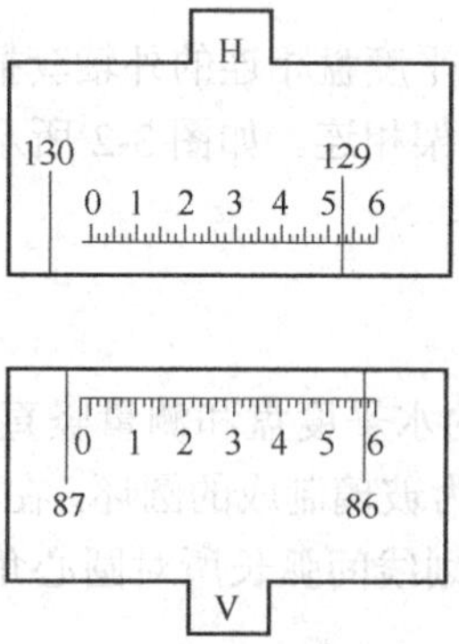

图3-4 读数窗

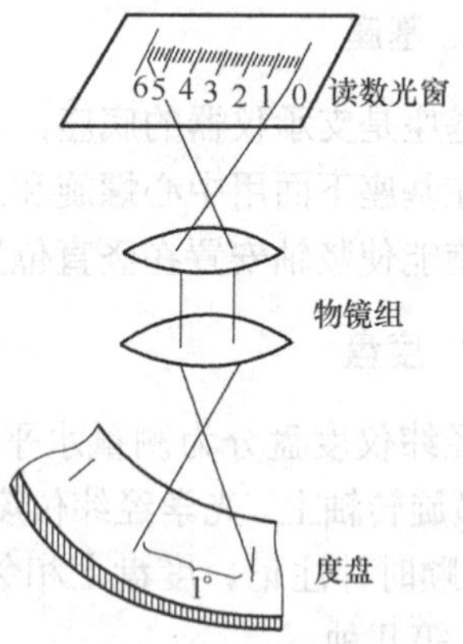

图3-5 透镜组作用原理

(2) 双光楔测微器及符合读数法。

精度较高的DJ2型经纬仪，都采用双光模或双平板玻璃测微器，直接获取度盘对径相差180°处两个读数，取两个对径分划读数平均值作为照准方向的读数。这种读数方法可消除照准部偏心误差的影响，提高读数精度，这种方法称为符合读数法。

3.2.3　电子经纬仪简介

本节以 DT5(5″级)型电子经纬仪为例简介电子经纬仪的使用。

1. DT5 型电子经纬仪的外部构件及名称

图 3-6 所示为 DT5 型电子经纬仪(日本索佳公司产品)的外形、各部构件及其名称。

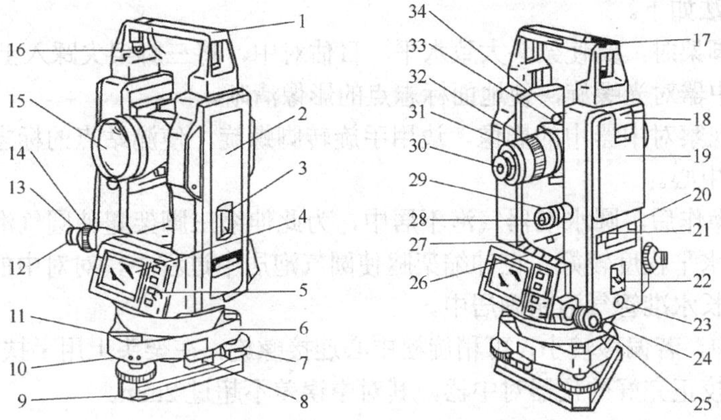

图 3-6　DT5 型电子经纬仪

1—提柄；2—横轴中心；3—内部开关护盖；4—显示窗；5—键盘；6—基座；7—脚螺旋；8—仪器锁定钮；9—基座底板；10—圆水准校正螺母；11—圆水准器；12—光学对中器目镜；13—光学对中器十字丝校正盖；14—光学对中器调焦环；15—物镜；16—提柄制紧螺母；17—管式罗盘仪插口；18—电池解锁钮；19—电池盒；20—水准管校正螺母；21—水准管；22—电源开关；23—数据输出插口；24—水平微动螺旋；25—水平制动钮；26—水准管；27—水准管校正螺丝；28—垂直制动钮；29—垂直微动螺旋；30—望远镜目镜；31—望远镜十字丝校正盖；32—望远镜调焦环；33—瞄准器；34—十字丝照明控制杆

2. DT5 型电子经纬仪的性能和特点

DT5 型电子经纬仪是一种扩级的电子经纬仪，易操作、工效高，并有下列一些特点。

(1) 可以使用任何一种标准的 5 号电池。

(2) 液晶显示窗可以同时显示水平度盘和垂直度盘的读数。

(3) 水平度盘度数注记可以设置成顺时针或逆时针，并可在任何方向上置零(使度盘读数为 0°00′00″)。

(4) 有显示窗和望远镜十字丝照明设备，可在光线不足的室内、地下通道或夜间进行观测。

(5) 有一个 RS-232 数据输出接口，可以把测得的水平角和垂直角数据输出到数据采集器(电子手簿)或电子计算机。

3.3　水平角观测

水平角观测的主要工作内容有经纬仪的安置、竖立标杆、照准目标(觇标)、读数、记录及检校成果等。操作方法分述如下。

3.3.1 经纬仪的安置

在测站上安置经纬仪包括对中和整平两项工作。

对中(Centering)就是将经纬仪的竖轴几何中心线安置到测站的铅垂线上。整平(Leveling)的目的是使经纬仪的竖轴铅直，即使水平度盘水平。整平工作是利用基座上的 3 个脚螺旋，使照准部水准管在相互垂直的两个方向上气泡都能居中。使用光学对中器(Optical Plummet)对中时，具体做法如下。

(1) 摆放三脚架时，要使架头大致水平，目估对中，将三脚架尖踩入土里。

(2) 转动对中器对光螺旋，使地面标志点的影像清晰。

(3) 眼睛边观察对中器中的影像，边用手旋转脚螺旋，使测站点的标志中心的影像位于对中器上的圆圈中心。

(4) 上一步操作后，圆水准器气泡不居中，为此伸缩三脚架腿使圆气泡居中。若摆放三脚架时架头大致水平程度较好，在伸缩架腿使圆气泡居中过程中，对对中的影响甚微。然后转动脚螺旋，使长水准管气泡精确居中。

(5) 检查对中，若偏移较小，可稍旋松中心连接螺旋，在架头上用手扶住基座平移仪器，使其精确对中。校正完好的仪器对中器，其对中误差不超过 2mm。

3.3.2 照准标志及照准目标方法

1. 照准标志及竖立方法

测角用的照准标志一般有标杆(Range Pole)、测钎(Surveyor's Pin)或觇牌(Target)，如图 3-7 所示。标杆多用于稍远的目标。竖立标杆时，要将标杆下面的尖端置于地面标志中心上，上面要铅直。为保持稳定，常用三股细铁丝(或细绳)拉住，铁丝下端系到打入地下的木桩上。测钎多用于较近的目标。觇牌这种标志的下端是与经纬仪相同的基座，基座需安置到三脚架上。在地面标志上面安置此种目标的办法同经纬仪的安置。

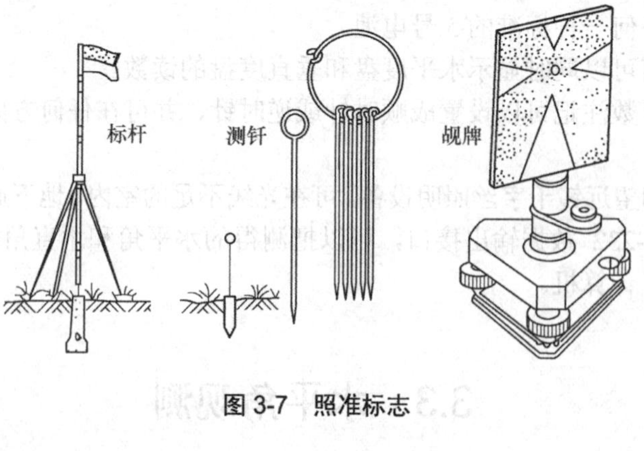

图 3-7 照准标志

2. 照准目标方法

照准目标(或称瞄准目标)的有些操作同水准测量，如目镜对光、粗瞄目标、物镜对光及消除视差的操作完全同水准测量相应的操作。所不同的是，水平角观测是以十字丝交点处的竖丝去照准目标，粗瞄目标时如图 3-8(a)所示情况。标志位于竖丝一侧时，要旋紧水平制动螺旋，为精确照准，需旋转望远镜和水平微动螺旋，使十字丝竖丝精确平分目标(或双丝准确夹住目标)。并且，为防止所立目标不够铅直，照准时应尽可能瞄准目标下部，如图 3-8(b)所示。

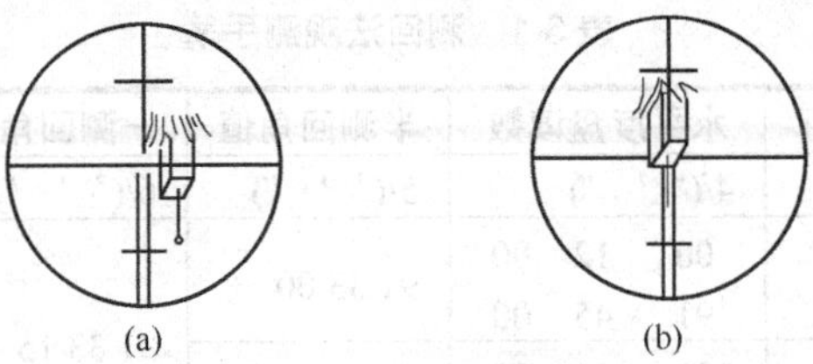

图 3-8　瞄准方法

3.3.3　水平角观测方法

水平角观测方法，一般根据测量工作要求的精度、使用的仪器、观测目标的多少而定。现将常用的两种方法分述如下。

1. 测回法

测回法(Method by Observation Set)用于观测两个方向之间的单角。如图 3-9 所示，欲测量 2-1 与 2-3 两个方向间的水平角，先在测站点 2 上安置仪器，在 1、3 点上设置观测标志，具体观测步骤如下。

图 3-9　水平角观测

(1) 在盘左(Fact Left)位置(竖盘在望远镜左边，又称正镜)用前述方法精确瞄准左方目标点，读取水平度盘读数如 0°12′00″，记入测回法观测手簿(见表 3-1)第 4 栏的相应位置。分微尺读数估读到 6″(即 0.1′)。

(2) 松开水平制动螺旋，转动照准部，同法瞄准右方目标点 3，读取水平度盘读数如 90°45′00″，同样记入表 3-1 第 4 栏中。以上称上半测回(First Half Set)。上半测回水平角值 β_L =91°45′00″−0°12′00″=91°33′30″，记入第 5 栏中。

(3) 松开望远镜制动螺旋，纵转望远镜成盘右(Face Right)位置(竖盘在望远镜右边，也称倒镜)，按上述方法先瞄准右方目标点 3，读取水平度盘读数 271°45′00″，再瞄准左方目标点 1，读取水平度盘读数 180°11′30″。将读数分别记入表 3-1 第 4 栏中。以上称下半测回(Second half Set)。其角值 β_R =271°45′00″−180°11′30″=91°33′30″，记入表 3-1 第 5 栏中。

上、下半测回合称一测回(One Set)。一测回角值为

$$\beta = \frac{1}{2}(\beta_L + \beta_R)$$

本例中，$\beta = \frac{1}{2}(91°33'00'' + 91°33'30'') = 91°33'15''$。

表 3-1 测回法观测手簿

测站	竖盘位置	目标	水平度盘读数	半测回角值	一测回角值	各测回平均角值	备注
1	2	3	4/(° ′ ″)	5/(° ′ ″)	6/(° ′ ″)	7/(° ′ ″)	8
第一测回	左	1	00 12 00	91 33 00	91 33 15	91 33 12	
		3	91 45 00				
	右	1	180 11 30	91 33 30			
		3	271 45 00				
第二测回	左	1	90 11 24	91 33 06	91 33 09		
		3	181 44 30				
	右	1	270 11 48	91 33 12			
		3	01 45 00				

同一测回中，上、下半测回角值之差和各测回间角值之差均不应大于相应细则、规范所规定的容许值，否则应重测。如各较差合乎要求，则分别取平均值记入表 3-1 第 6、7 栏中。

当测角精度要求较高时，往往要观测几个测回，为了减少度盘分划误差的影响，各测回间应根据测回数 n，按 $180°/n$ 变换水平度盘位置。例如，要观测 3 个测回，则第 1 测回的起始方向读数可安置在略大于 0° 处；第 2 测回的起始方向读数应安置在略大于 180°/3=60° 处，第 3 测回则略大于 120°。

2. 方向观测法

方向观测法(Method of Direction Observation)简称方向法，适用于观测两个以上的方向。当方向多于 3 个时，每半测回都从一个选定的起始方向(零方向)开始观测，在依次观测所需的各个目标之后，应再次观测起始方向(称为归零)，称为全圆方向法。其操作步骤如下。

(1) 如图 3-10 所示，安置经纬仪于 O 点，盘左位置，将度盘置于略大于 0° 处，观测所选定的起始方向 A，读取水平度盘读数 a(0°02′12″)记入表 3-2 第 4 栏中。

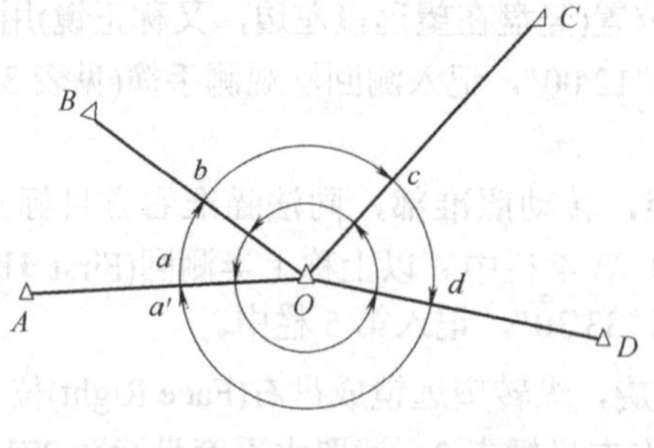

图 3-10 方向观测法

(2) 顺时针方向转动照准部，依次瞄准 B、C、D 各点，分别读取读数 b(37°44′15″)、c(110°29′04″)、d(150°14′51″)，同样记入表 3-2 第 4 栏中。

(3) 为了校核，再次瞄准目标 *A*，读取读数 *a*′(0°02′18″)，此次观测称归零。读数记入表 3-2 第 4 栏中。*a* 与 *a*′之差的绝对值称为上半测回归零差，归零差不超过表 3-3，则进行下半测回观测；如归零差超限，此时半测回应重测。上述操作称为上半测回。

(4) 纵转望远镜成盘右位置。逆时针方向依次瞄准 *A*、*D*、*C*、*B*、*A* 各点，并将读数记入表 3-2 第 5 栏中，称为下半测回。

如需观测几个测回，则各测回仍按 180° /*n* 变动水平度盘起始读数位置。

现就表 3-2 说明全圆方向法的计算步骤。

(1) 计算两倍照准差(2*c*)值，有

$$2c = \text{盘左读数} - (\text{盘右读数} \pm 180°)$$

上式中盘右读数大于 180° 时取“−”号，盘右读数小于 180° 时取“+”号。按各方向计算 2*c* 并填入表 3-2 第 6 栏中。

表 3-2　方向观测法观测手簿

测站	测回数	目标	读数：盘左 (° ′ ″)	读数：盘右 (° ′ ″)	2c = 左−(右±180°) (° ′ ″)	平均读数 $=\frac{1}{2}$[左+(右±180°)] (° ′ ″)	归零后的方向值 (° ′ ″)	各测回归零方向值的平均值 (° ′ ″)	略图及角值
1	2	3	4	5	6	7	8	9	10
O	1					(0 02 10)			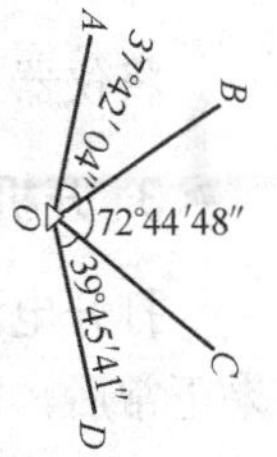
		A	0 02 12	180 02 00	+12	0 02 06	0 00 00	0 00 00	
		B	37 44 15	217 44 05	+10	37 44 10	37 42 00	37 42 04	
		C	110 29 04	290 28 52	+12	110 28 58	110 26 48	110 26 52	
		D	150 14 51	330 14 43	+8	150 14 47	150 12 37	150 12 33	
		A	0 02 18	180 02 08	+10	0 02 13			
	2					(90 03 24)			
		A	90 03 30	270 03 22	+8	90 03 26	0 00 00		
		B	127 45 34	307 45 28	+6	127 45 31	37 42 07		
		C	200 30 24	20 30 18	+6	200 30 21	110 26 57		
		D	240 15 57	60 15 49	+8	240 15 53	150 12 29		
		A	90 03 25	270 03 18	+7	90 03 22			

方向观测法的技术要求如表 3-3 所示规定。超过限差时，应在原度盘位置上重测。

表 3-3　水平角方向观测法的技术要求

仪　器	半测回归零差（″）	一测回内 2c 互差（″）	同一方向值各测回互差（″）
J2	8	13	9
J6	18	—	24

(2) 计算各方向的平均读数，有

平均读数=[盘左读数+(盘右读数±180°)]

计算的结果称为方向值，填入表 3-2 第 7 栏中。起始方向有两个平均值，应将此两数值再次平均，所得的值作为起始方向的方向值，填入表 3-2 第 7 栏上方，并括以括号，如本例中的(0°02′10″)及(90°03′24″)。

(3) 计算归零后的方向值。

将各方向的平均读数减去起始方向的平均读数(括号内)，即得各方向的归零方向值。填入表 3-2 第 8 栏中。起始方向的归零值为零。

(4) 计算各测回归零后方向值的平均值。

取各测回同一方向归零后的方向值的平均值作为该方向的最后结果，填入表 3-2 第 9 栏中。在取平均值之前，应计算同一方向归零后的方向值各测回之间的差值是否超限，如果超限，则应重测。

(5) 计算各目标间水平角值。

将表 3-2 第 9 栏中相邻两方向值相减即可求得，注于表 3-2 第 10 栏略图的相应位置。

3.3.4 电子经纬仪测角的简单操作

本节以 DT5 型电子经纬仪为例，介绍电子经纬仪测角的简单操作。

1. 经纬仪的安置

电子经纬仪的安置与光学经纬仪的安置步骤基本相同。

2. 测前准备

将仪器上电源开关设在 OFF 位置，装上电池盒。

3. 开机和定标

打开电源开关(置于 ON 位置)，听到一声响，仪器执行自检操作。当显示窗显示自检结果正常后，可进行垂直度盘定标：旋转望远镜 360°，发出声响，定标结束，可以开始测角。

4. 角度观测

电子经纬仪的目镜、物镜调焦以及消除视差与光学经纬仪相同。其用水平和垂直微动瞄准目标的方式也与光学经纬仪相同。

电子经纬仪可同时显示目标的水平角和竖直角。观测前按动相应的操作键，选择测水平角的方式(左角、右角或测设设计角度)和竖直角的方式(天顶距、垂直角、高度角)。

电子经纬仪测得的角度均可通过数据输出接口直接输入电子手簿或袖珍型电子计算机，一般无须手工记录。

3.4　竖直角观测

3.4.1　竖直角测量的用途

如前所述，竖直角测量多用于将倾斜距离(Slope Distance)(简称斜距)化成水平距离(Horizontal Distance) 或测算两点间的高差。

1. 将斜距化成水平距离时竖角的应用

测绘工作中，常需要的是直线的水平距离，而实际上大多是沿倾斜地面丈量的斜距，所以存在斜距和水平距离的换算关系。如图 3-11 所示，若知道地面倾斜角度(简称倾角，Slope Angle) α 和斜距 S'，则可将斜距 S' 换算成水平距离，其公式为

$$S = S'\cos\alpha \tag{3-1}$$

2. 在测定两点间高差中的应用(三角高程测量)

测定两点间高差，除用水准测量方法，也可用三角高程测量(Trigonometric Surveying)方法。如图 3-12 所示，若测定 A、B 两点间的倾角 α_{AB} 和斜距 S'_{AB}，便可求得两点间的高差 h_{AB}，其公式为

$$h_{AB} = S_{AB}\tan\alpha_{AB} + i_A - v_B \tag{3-2}$$

式中，S_{AB} 为 A、B 两点间水平距离，由斜距换算而得到；i_A 为仪器高；v_B 为十字丝横丝切到瞄准目标上的高度。

若知道 A 点高程 H_A，便可求得 B 点高程，如下式：

$$H_B = H_A + h_{AB} \tag{3-3}$$

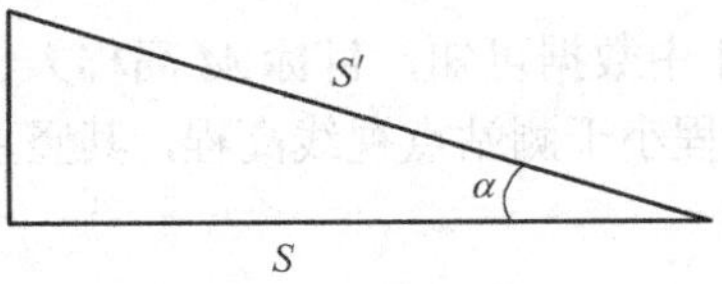

图 3-11　倾角 α

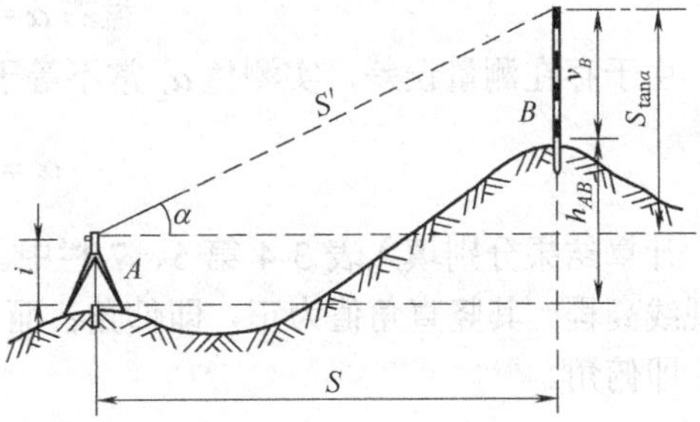

图 3-12　三角高程测量

3.4.2　竖直度盘

光学经纬仪的竖盘装置包括竖直度盘(Vertical Circle)和竖盘读数指标(Index)。竖盘固定在横轴的一端，随望远镜一起在竖直面内转动，而读数指标是不动的。望远镜视准轴水平时，读数指标为 90° 的整倍数，称为始读数，如图 3-13 所示。所以视准轴指向照准目标时的竖

直角，就是气泡居中时的指标读数与该仪器的始读数(已知)之差。

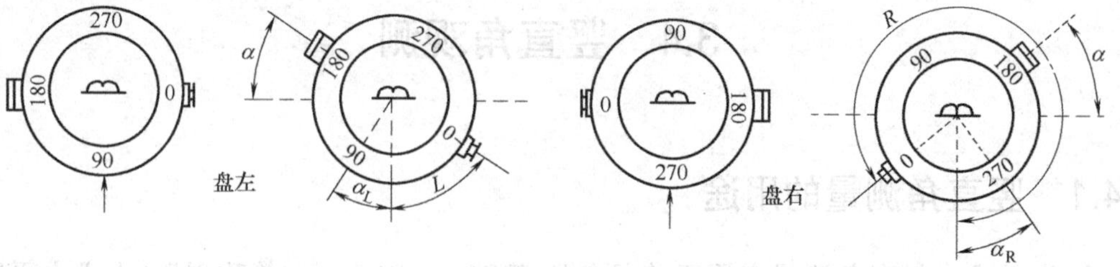

图 3-13　竖盘情况

我国早期生产的经纬仪采用微动螺旋居中指标水准管气泡，使指标架处于正确位置。目前生产的经纬仪多采用竖盘自动安平补偿装置，省略了手工操作，避免了可能发生的错误，提高了观测速度。

3.4.3　竖直角的观测和计算

竖直角观测和计算的方法如下。

(1) 仪器安置于测站点上，盘左瞄准目标点 *M*，使十字丝中丝精确地切于目标顶端。

(2) 读取竖盘读数 *L*(如 81°18′42″)，记入竖直角观测手簿(见表 3-4)第 4 栏中。

(3) 盘右，再瞄准 *M* 点，读取竖盘读数 *R*(如 278°41′30″)，记入表 3-4 第 4 栏中。

(4) 计算竖直角 α。竖直角 α 是始读数与观测目标的读数之差。但哪个是减数，哪个是被减数，应按竖盘注记的形式来确定。为此，在观测之前，将望远镜大致放平，此时与竖盘读数最接近的 90° 的整数倍即为始读数。然后将望远镜上仰，若读数增大，则竖直角等于目标读数减去始读数；若读数减小，则竖直角等于始读数减去目标读数。

对于图 3-14 中这种刻划形式的竖盘，计算公式为

$$盘左\ \alpha = 90° - L = \alpha_L \tag{3-4}$$

$$盘右\ \alpha = R - 270° = \alpha_R \tag{3-5}$$

由于存在测量误差，实测值 α_L 常不等于 α_R，取一测回竖角为

$$\alpha = \frac{1}{2}(\alpha_L + \alpha_R) \tag{3-6}$$

计算结果分别填入表 3-4 第 5、7 栏中。由表 3-4 中数据可知，目标 *M* 高程大于测站仪器视线高程，其竖直角值为正，即仰角；而目标 *N* 高程小于测站点视线高程，其竖直角值为负，即俯角。

表 3-4　竖直角观测手簿

测站	目标	竖盘位置	竖盘读数/(° ′ ″)	半测回数值角/(° ′ ″)	指标差	一测回竖直角/(° ′ ″)
1	2	3	4	5	6	7
O	M	左	81 18 42	8 41 18	6″	8 41 24
		右	278 41 30	8 41 30		
	N	左	124 03 30	−34 03 30	12″	−34 03 18
		右	235 56 54	−34 03 06		

3.4.4　竖盘指标差

上述竖直角的计算，是认为指标处于正确位置上，此时盘左始读数为 90°，盘右始读数为 270°。事实上此条件常不满足，指标不恰好指在 90°或 270°，而与正确位置相差一个小角度 x，x 称为竖盘指标差(Index Error)。

如图 3-14 所示，盘左时始读数为 90°+x，则正确的竖直角应为

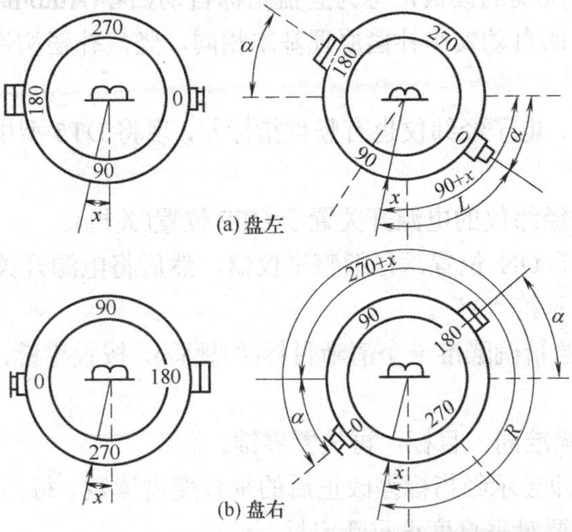

图 3-14　竖盘指标差

$$\alpha=(90°+x)-L \tag{3-7}$$

同样，盘右时正确的竖直角应为

$$\alpha=R-(270°+x) \tag{3-8}$$

将式(3-4)和式(3-5)代入式(3-7)和式(3-8)得

$$\alpha=\alpha_L-x \tag{3-9}$$

$$\alpha=\alpha_R-x \tag{3-10}$$

此时 α_L、α_R 已不是正确的竖直角。

将式(3-9)、式(3-10)相加并除以 2，得

$$\alpha=\frac{1}{2}(\alpha_L+\alpha_R)$$

与式(3-6)完全相同。可见在竖直角观测中，用正倒镜观测取其均值可以消除竖盘指标差的影响，提高成果质量。

将式(3-9)和式(3-10)相减，可得

$$x=\frac{1}{2}(\alpha_R-\alpha_L) \tag{3-11}$$

对于图 3-14 中这种刻划形式的竖盘，将式(3-4)和式(3-5)代入式(3-11)即得

$$x=\frac{1}{2}(R+L-360°) \tag{3-12}$$

指标差 x 可用来检查观测质量。同一测站上观测不同目标时，指标差的变动范围，对 J6

型经纬仪来说不应该超过25″。另外，在精度要求不高或不便纵转望远镜时，可先测定 x 值，以后只作正镜观测，求得 α_L，按式(3-9)计算竖直角。

3.4.5 竖盘指标差自动补偿装置

观测竖直角时，为使指标处于正确位置，每次读数都要将竖盘指标水准管的气泡调节居中，这很不方便。所以有些经纬仪在竖直光路中安装补偿器，用以取代水准管，使仪器在一定的倾斜范围内能读得准确的读数，称为竖盘指标自动归零(Automatically Zero)。这种补偿装置的原理与水准仪中的自动安平补偿原理基本相同。竖盘补偿构造有多种，补偿范围一般为2′。

与光学经纬仪一样，电子经纬仪也有竖盘指标差，现将DT5型电子经纬仪消除指标差的方法叙述如下。

(1) 将DT5型电子经纬仪的电源开关置于OFF位置(关机)。

(2) 将内部开关置于ON位置，仔细整平仪器，然后将电源开关置于ON位置(开机),在垂直角显示部位出现提示符“1”。

(3) 盘左位置用横丝精确瞄准一个清晰目标(如觇牌)，按置零键，在垂直角显示部位出现提示符“2”。

(4) 盘右位置精确瞄准同一目标，再按置零键。

当竖盘被定标后，即显示经指标差改正后的垂直度盘读数。每当DT5型电子经纬仪的电源被关断后再开机，都要对垂直度盘重新定标。

3.5 水平角测量误差

根据经纬仪测角原理，经纬仪的主要轴线应满足：视准轴 CC 垂直于横轴 HH；横轴 HH 垂直于竖轴 VV；竖轴 VV 垂直于水准轴 LL，如图3-15所示。满足了这些条件，用水准管即可将仪器置平，使竖轴处于垂直状态，望远镜俯仰时视准轴就能扫出竖直面，从而测出正确的水平角——两竖直面间的两面角(见图3-1)。

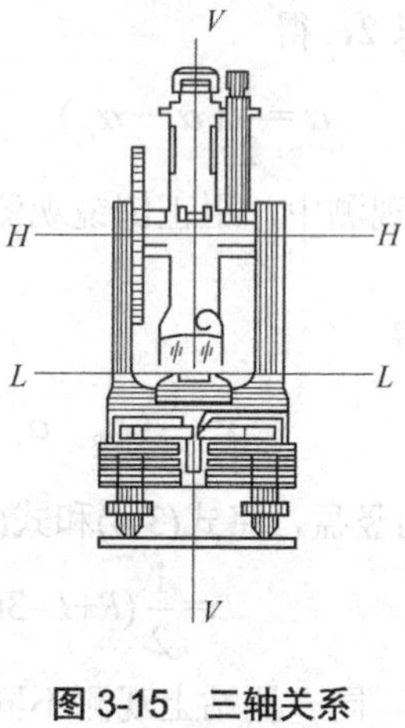

图3-15 三轴关系

下面讨论这些条件不满足时对水平角观测产生的影响。

3.5.1 仪器误差

仪器误差(Instrumental Error)包括视准(轴)误差(Collimation Axis Error)、横轴(倾斜)误差(Horizontal Axis Error)、竖轴(倾斜)误差(Vertical Axis Error)和其他误差。

1. 视准(轴)误差

望远镜视准轴不垂直于横轴时，其偏离垂直位置的角值 C 称为视准轴误差或照准差。如图 3-16 所示，经纬仪整平后，LL 水平，VV 竖直，HH 水平。当视准轴位置正确时，旋转望远镜，它将划出一竖直面 OPB；如其位置不正确，则视准轴划出的是一个圆锥面(过 P_1 的一条曲线，即为平面 Q 与此圆锥面的交线)。如果用该仪器观测同一竖直面内不同竖直角的目标，将有不同的水平度盘读数。

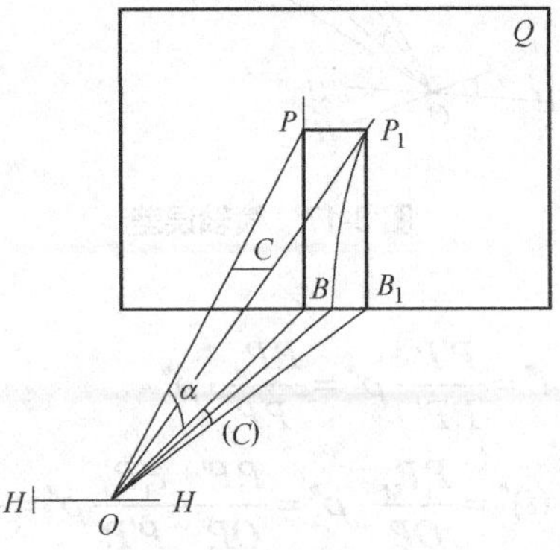

图 3-16　视准轴误差

设欲观测竖直角为 α 的 P 点的水平方向，过 P 点作一竖直面 Q 平行于横轴 HH，当无视准误差时，望远镜抬起 α 角刚好瞄准 P 点；当存在视准误差时，望远镜瞄到的是 P_1 点，$\angle POP_1=C$。要瞄准 P 点，必定要转动照准部，使水平度盘读数改变数值$(C)=\angle BOB_1$(B_1、B 分别为 P_1、P 在过 O 点的水平面上的垂直投影)。由于 C 及(C)都很小，所以有

$$(C)''=\frac{B_1B}{OB}\rho''，\quad C''=\frac{P_1P}{OP}\rho''$$

因为 $B_1B=P_1P$，$OB=OP\cos\alpha$

所以

$$(C)''=\frac{P_1P\cdot\rho''}{OP\cos\alpha}=C''/\cos\alpha \tag{3-13}$$

此值随竖直角 α 而改变，当 $\alpha=0$ 时，$(C)''=C$。水平角是由两个水平方向读数之差算得的，故视准误差对水平角的影响为两个方向$(C)''$值之差。$(C)''$的符号，正、倒镜相反，所以视准误差的影响可用正、倒镜观测取其平均值来消除。

2. 横轴(倾斜)误差

当横轴与竖轴垂直时，仪器整平后，横轴 HH 水平，转动望远镜，视准轴可以划出一个

竖直面 $OP'P_1$，如图 3-17 所示。竖轴与横轴不垂直时，仪器整平后，则横轴 $H'H'$不水平，而有一偏离值 i，称为横轴误差或支架差。转动望远镜，视准轴划出的是一个倾斜平面 OP_1P。OP_1 是水平线，Q 是竖直面且与 HH 平行。$\angle P'P_1P=i$。当无支架差时，望远镜从 OP_1 位置抬起 α 角将瞄准 P'点；有支架差时，从 OP_1 位置抬起望远镜则瞄准的是 P 点。要瞄准 P'点，需要转过一个角度$(i)''=\angle P_1OP_M$。P_M 是 P 点在水平面 HOP_1 上的垂直投影，此(i)角即为支架差 i 对观测方向的水平度盘读数的影响。

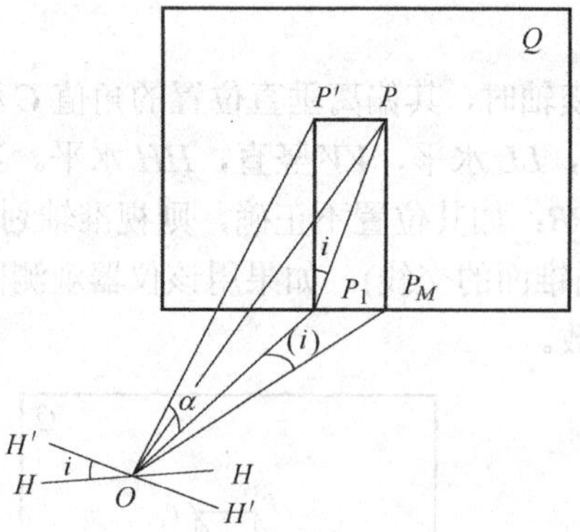

图 3-17 横轴误差

由图 3-18 知

$$i''=\frac{P'P}{P_1P'}\cdot\rho''=\frac{P_1P_M}{P_1P}\cdot\rho''$$

$$(i)''=\frac{P_1P_M}{OP_1}\cdot\rho''=\frac{P_1P'}{OP_1}\cdot\frac{P_1P_M}{P'P_1}\rho''=\frac{P_1P'}{OP_1}\cdot i''$$

因为

$$\frac{P_1P'}{OP_1}=\tan\alpha$$

所以

$$(i)''=i''\tan\alpha \tag{3-14}$$

视线水平时，$\alpha=0$，$(i)=0$，不受影响。横轴误差对水平角的影响，为两个方向的(i)值之差。由于正、倒镜时(i)的符号相反，所以此误差的影响可在正、倒镜观测取平均值时消除。

3. 竖轴(倾斜)误差

观测水平角时，仪器竖轴不处于铅垂方向，而偏离一个 δ 角度，称为竖轴误差。竖轴不垂直于照准部水准管轴或安置仪器时没有严格整平，都会产生竖轴误差。竖轴误差主要是影响横轴水平，其对水平角的影响也可用式(3-14)分析，但其 i'' 值是随横轴的位置而变化的，其范围为 0～δ''(δ'' 是竖轴倾斜以 s 表示的角值)。但是，由于竖轴倾斜方向正、倒镜相同，所以竖轴误差不能用正、倒镜观测取平均值的办法消除。因而观测前应检校仪器，观测时应严格保持照准部水准管气泡居中，偏离量不得超过一格。

4. 其他误差

此外，对于精度较高的角度观测，还要注意另外一些仪器本身不完善给测角带来的影响。例如，水平度盘、基座脚螺旋在仪器旋转时的带动误差；度盘刻划的周期误差；照准部偏心差以及照准部微螺旋隙动差，光学测微器的隙动差等。为了减弱和消除这些误差的影响，测量规范对精密测角应使用的仪器和操作方法都有详细的规定和要求。

3.5.2 对中误差与觇标误差

在安置仪器时，由于对中不准确，使仪器中心与测站点不在同一铅垂线上，称为对中误差(Error of Centring)。

如图3-18所示，A、B为两目标点，O为测站点，O'为仪器中心，OO'的长度称为测站偏心距，用e表示，其方向与OA之间的夹角θ称为偏心角。β为正确角值，β'为观测角值，由对中误差引起的角度误差$\Delta\beta$为

$$\Delta\beta = \beta - \beta' = \delta_1 + \delta_2 \tag{3-15}$$

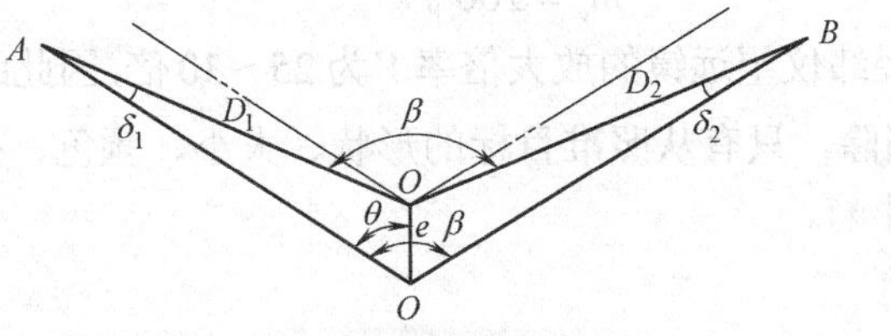

图3-18 经纬仪对中误差

因δ_1和δ_2很小，故

$$\delta_1 \approx \frac{e\sin\theta}{D_1}\rho$$

$$\delta_2 \approx \frac{e\sin\theta(\beta'-\theta)}{D_2}\rho$$

$$\Delta\beta = \delta_1 + \delta_2 = e\rho\left[\frac{\sin\theta}{D_1} + \frac{\sin(\beta'-\theta)}{D_2}\right] \tag{3-16}$$

分析式(3-16)可知，对中误差对水平角的影响有以下特点。

(1) $\Delta\beta$与偏心距e成正比，e越大，$\Delta\beta$越大。

(2) $\Delta\beta$与测站点到目标的距离D成反比，距离越短，误差越大。

(3) $\Delta\beta$与水平角β'和偏心角θ的大小有关，当$\beta'=180°$、$\theta=90°$时，$\Delta\beta$最大，为

$$\Delta\beta = e\rho\left(\frac{1}{D_1} + \frac{1}{D_2}\right) \tag{3-17}$$

例如，当$\beta'=180°$，$\theta=90°$，$e=0.003\text{m}$，$D_1=D_2=100\text{m}$时，有

$$\Delta\beta = 0.003\text{m} \times 206265'' \times \left(\frac{1}{100\text{m}} + \frac{1}{100\text{m}}\right) = 12.4'' \tag{3-18}$$

对中误差引起的角度误差不能通过观测方法消除，所以观测水平角时应仔细对中，当边长较短或两目标与仪器接近在一条直线上时，要特别注意仪器的对中，避免引起较大误差。一般规定对中误差不超过3mm。

当照准的目标与其地面标志中心不在一条铅直垂线上时，两点位置的差异称为觇标误差

(Error of Position)或照准点偏心。其影响类似于对中误差，边长越短，偏心距越大，影响也越大，此处不再推导其具体公式。需要指出的是，当以花杆、测钎等作为观测目标时，必须竖直地立于点的中心，必要时可以悬吊垂球。观测时，应瞄准其底部，以减小误差，边越短越要注意。

3.5.3 观测误差

观测误差(Observation Error)包括瞄准误差(Aiming Error)和读数误差(Reading Error)等。

1. 瞄准误差

人眼分辨两个点的最小视角约为 60″，通常以此作为眼睛的鉴别角。当使用放大倍率为 V 的望远镜瞄准目标时，鉴别能力可提高 V 倍，这时该仪器的瞄准误差为

$$m_v = \pm 60'' / V \tag{3-19}$$

一般 DJ6 型光学经纬仪望远镜的放大倍率 V 为 25～30 倍，因此瞄准误差 m_v 一般为 2.0″～2.4″。瞄准误差无法消除，只有从照准目标的形状、大小、颜色、亮度及照准方法上改进，并仔细瞄准以减小其影响。

2. 读数误差

用分微尺测微器读数，可估读到最小格值的 1/10，以此作为读数误差 m_0，有

$$m_0 = \pm 0.1t \tag{3-20}$$

式中，t 为分微尺最小格值。设 t=1′，则读数误差 $m_0 = \pm 0.1'$。

3.5.4 外界条件的影响

观测在野外进行的，外界条件对观测质量有直接影响。例如，在地面热辐射以及地形、地貌及地类分布的综合影响下，大气密度变化引起空气的垂直或水平方向对流，造成目标影像的垂直方向跳动或水平方向抖动；大气透明度差影响目标的清晰度；大气的局部折光(旁折光)造成视线弯曲；光线照射目标形成的明暗面与目标背景造成相位差；日晒以及温度的变化造成水准气泡偏移、视准轴发生变化以及脚架扭转等。

为了避开不利条件的影响，特别是对于精度要求较高的观测，应选取有利的观测时间，采取相应的方法和措施，以保证采集到合格的观测数据。

3.6 经纬仪的检验与校正

经纬仪的检验、校正项目很多，在此只介绍几项主要轴线间几何关系的检校，即照准部水准管轴垂直于仪器的竖轴($LL \perp VV$)，横轴垂直于视准轴($HH \perp CC$)，横轴垂直于竖轴($HH \perp VV$)，以及十字丝竖丝垂直于横轴的检校。另外，由于经纬仪要观测竖直角，竖盘指标差的检验和校正也在此作一介绍。

3.6.1　照准部水准管的检验与校正

目的：当照准部水准管气泡居中时，应使水平度盘水平，竖轴铅垂。

检验方法：将仪器安置好后，使照准部水准管平行于一对脚螺旋的连线，转动这对脚螺旋使气泡居中。再将照准部旋转 180°，若气泡仍居中，说明条件满足，即水准管轴垂直于仪器竖轴，否则如图 3-19 所示则应进行校正。

校正方法：转动平行于水准管的两个脚螺旋使气泡退回偏离零点的格数的一半，再用拨针拨动水准管校正螺母，使气泡居中。

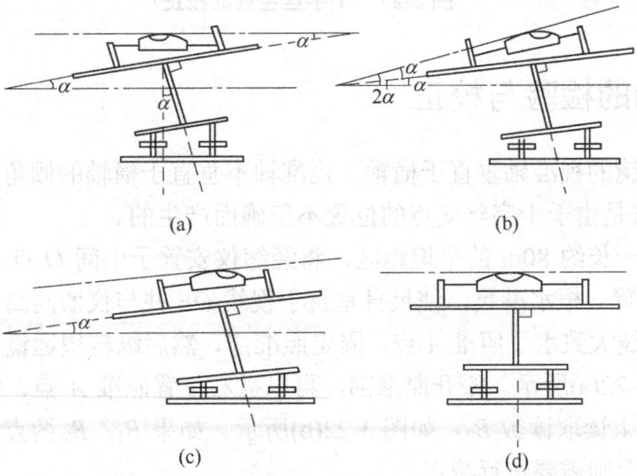

图 3-19　照准部水准管的检验

3.6.2　十字丝竖丝的检验与校正

目的：使十字丝竖丝垂直于横轴。当横轴居于水平位置时，竖丝处于铅垂位置。

检验方法：用十字丝竖丝的一端精确瞄准远处某点，固定水平制动螺旋和望远镜制动螺旋，慢慢转动望远镜微动螺旋。如果目标不离开竖丝，说明此项条件满足，即十字丝竖丝垂直于横轴，否则如图 3-20 所示则需要校正。

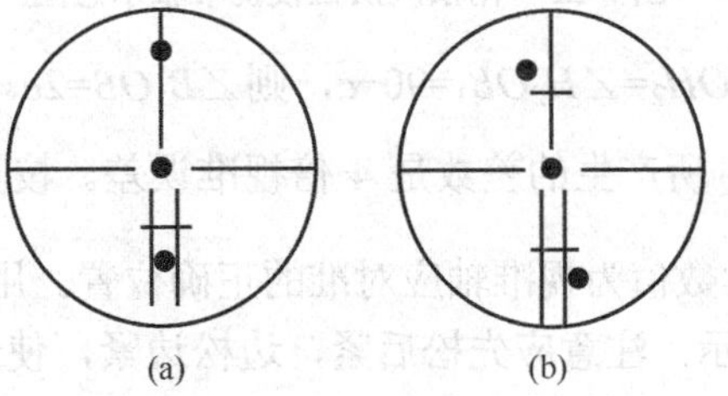

图 3-20　十字丝竖丝的检验

校正方法：要使竖丝铅垂，就要转动十字丝板座或整个目镜部分。图 3-21 所示就是十字丝板座和仪器连接的结构示意图。图中 2 为压环固定螺母，3 为十字丝校正螺母。校正时，首先旋松固定螺母，转动十字丝扳座，直至满足此项要求，然后再旋紧固定螺母。

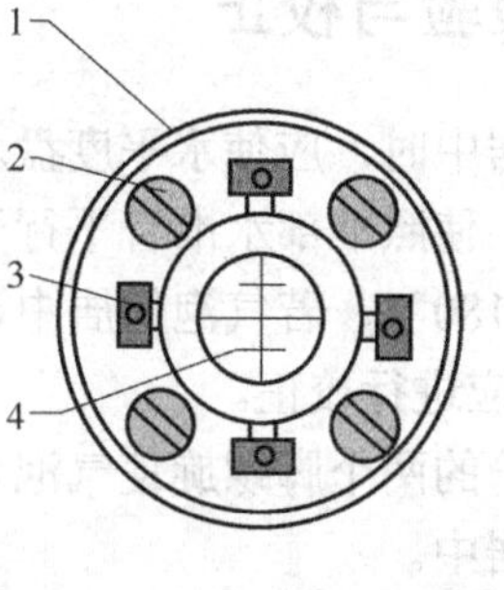

图 3-21　十字丝竖丝的校正

3.6.3　视准轴的检验与校正

目的：使望远镜的视准轴垂直于横轴。视准轴不垂直于横轴的倾角 c 称为视准轴误差，也称为 $2c$ 误差，它是由于十字丝交点的位置不正确而产生的。

检验方法；选一长约 80m 的平坦地区，将经纬仪安置于中间 O 点，在 A 点竖立测量标志，在 B 点水平横置一根水准尺，使尺身垂直于视线 OB 并与仪器同高。

盘左位置，视线大致水平照准 A 点，固定照准部，然后纵转望远镜，在 B 点的横尺上读取读数 B_1，如图 3-22(a)所示。松开照准部，再以盘右位置照准 A 点，固定照准部。再纵转望远镜在 B 点横尺上读取读数 B_2，如图 3-22(b)所示。如果 B_1、B_2 两点重合，则说明视准轴与横轴相互垂直，否则需要进行校正。

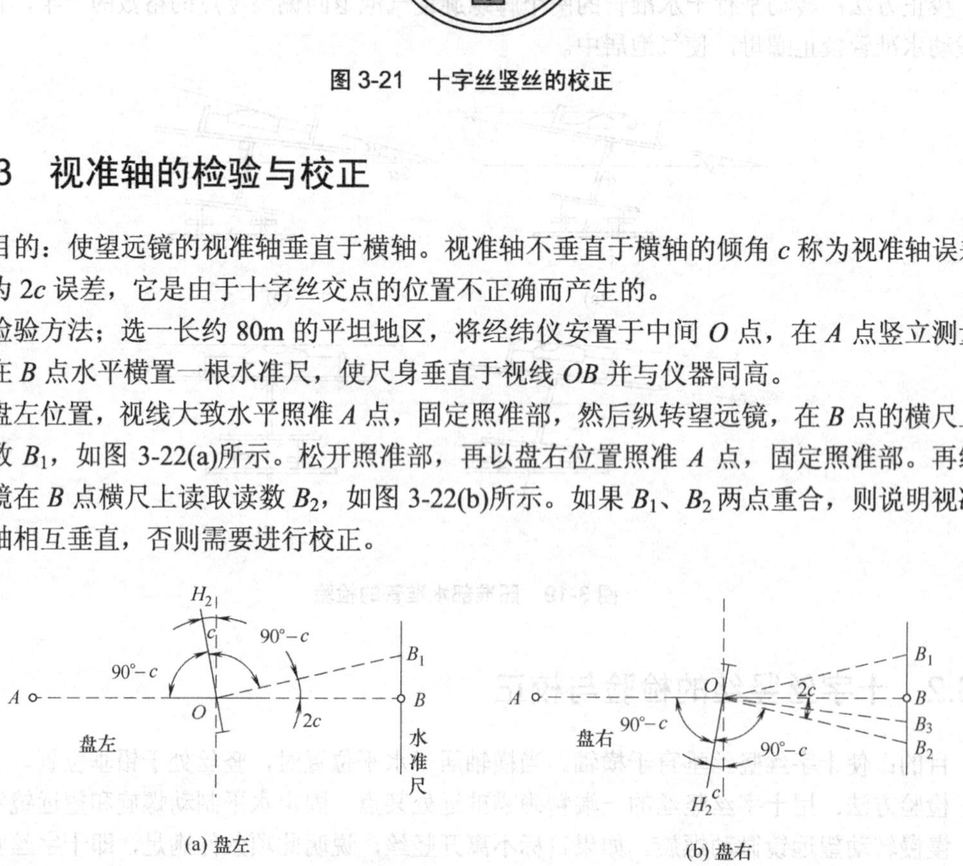

图 3-22　用横尺法检校视准轴示意图

校正方法：盘左时 $\angle AOH_2=\angle H_2OB_1=90-c$，则 $\angle B_1OB=2c$。盘右时，同理 $\angle BOB_2=2c$。由此得到 $\angle B_1OB_2=4c$，B_1B_2 所产生的差数是 4 倍视准误差。校正时从 B_2 起在 $\frac{1}{4}B_1B_2$ 距离处得 B_3 点，则 B_3 点在尺上读数值为视准轴应对准的正确位置。用拨针拨动十字丝的左、右两个校正螺母，如图 3-23 所示，注意应先松后紧，边松边紧，使十字丝交点对准 B_3 点的读数即可。

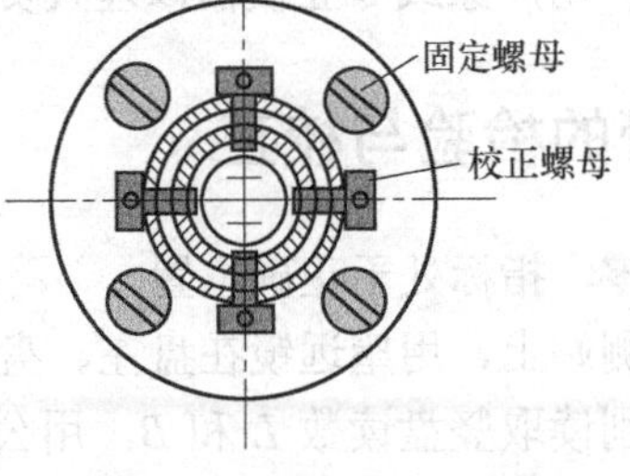

图 3-23 视准轴的校正

要求：在同一测回中，同一目标的盘左、盘右读数的差为两倍视准轴误差，以 2c 表示。对于 DJ2 型光学经纬仪，当 2c 的绝对值大于 30″时，就要校正十字丝的位置。c 值可按下式计算：

$$c = \frac{B_1B_2}{4S} \cdot \rho'' \tag{3-21}$$

式中，S 为仪器到横置水准尺的距离；$\rho''=206265''$。

视准轴的检验和校正也可以利用度盘读数法按下述方法进行。

检验：选与视准轴近于水平的一点作为照准目标，盘左照准目标的读数为 $\alpha_{左}$，盘右再照准原目标的读数为 $\alpha_{右}$，如 $\alpha_{左}$ 与 $\alpha_{右}$ 不相差 180°，则表明视准轴不垂直于横轴，视准轴应进行校正。

校正：以盘右位置读数为准，计算两次读数的平均数 α，即

$$\alpha = \frac{\alpha_{右} + (\alpha_{左} \pm 180^{\circ})}{2} \tag{3-22}$$

转动水平微动螺旋将度盘读数值配置为读数 α，此时视准轴偏离了原照准的目标，然后拨动十字丝校正螺母，直至使视准轴再照准原目标为止，即视准轴与横轴相垂直。

3.6.4 横轴的检验与校正

目的：使横轴垂直于仪器竖轴。

检验方法：将仪器安置在一个清晰的高目标附近，其仰角为 30° 左右。盘左位置照准高目标 M 点，固定水平制动螺旋，将望远镜大致放平，在墙上或横放的尺上标出 m_1 点，如图 3-24 所示。纵转望远镜，盘右位置仍然照准 M 点，放平望远镜，在墙上标出 m_2 点。如果 m_1 和 m_2 相重合，则说明此条件满足，即横轴垂直于仪器竖轴，否则需要进行校正。

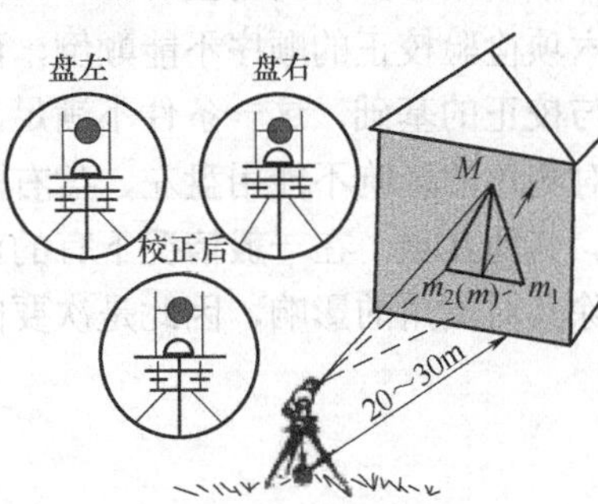

图 3-24 横轴的检验

校正方法：此项校正一般应由厂家或专业仪器修理人员进行。

3.6.5 竖盘指标水准管的检验与校正

目的：使竖盘指标差 x 为零，指标处于正确位置。

检验方法：安置经纬仪于测站上，用望远镜在盘左、盘右两个位置观测同一目标，当竖盘指标水准管气泡居中后，分别读取竖盘读数 L 和 B，用公式计算出指标差 x。如果 x 超过限差，则须校正。

校正方法：按公式求得正确的竖直角 α 后，不改变望远镜在盘右所照准的目标位置，转动竖盘指标水准管微动螺旋，根据竖盘刻划注记形式，在竖盘上配置竖直角为 α 值时的盘右读数 $R'(R'=270°+\alpha)$，此时竖盘指标水准管气泡必然不居中，然后用拨针拨动竖盘指标水准管上、下校正螺母使气泡居中即可。

3.6.6 光学对中器的检验与校正

目的：使光学对中器视准轴与仪器竖轴重合。

检验方法如下所述。

1. 装置在照准部上的光学对中器的检验

精确地安置经纬仪，在脚架的中央地面上放一张白纸，由光学对中器目镜观测，将光学对中器分划板的刻划中心标记于纸上，然后水平旋转照准部，每隔 120° 用同样的方法在白纸上作出标记点，如三点重合说明此条件满足，否则需要进行校正。

2. 装置在基座上的光学对中器的检验

将仪器侧放在特制的夹具上，照准部固定不动，而使基座能自由旋转，在距离仪器不小于 2m 的墙壁上钉贴一张白纸，用上述同样的方法，转动基座，每隔 120° 在白纸上作出一标记点，若三点不重合则需要校正。

校正方法：在白纸的三点构成误差三角形，绘出误差三角形外接圆的圆心。由于仪器的类型不同，校正部位也不同。有的校正转向直角棱镜，有的校正分划板，有的两者均可校正。校正时均须通过拨动对点器上相应的校正螺母，调整目标偏离量的一半，并反复 1 或 2 次，直到照准部转到任何位置时目标都在中心圈以内为止。

必须指出，光学经纬仪这六项检验校正的顺序不能颠倒，而且照准部水准管轴垂直于仪器竖轴的检校是其他项目检验与校正的基础，这一条件不满足，其他几项检验与校正就不能正确进行。另外，竖轴不铅垂对测角的影响不能用盘左、盘右两个位置观测而消除，所以此项检验与校正也是主要的项目。其他几项，在一般情况下有的对测角影响不大，有的可通过盘左、盘右两个位置观测来消除其对测角的影响，因此是次要的检校项目。

习　题

1. 术语解释：①水平角；②竖直角；③度盘分划值；④对中；⑤整平；⑥测回；⑦竖盘指标差；⑧视准误差；⑨横轴误差；⑩竖轴误差；⑪对中误差；⑫觇标误差。

2. 水平角测量的实质是什么？

3. 叙述测回法观测水平角时一个测回的观测顺序。

4. 观测竖直角与水平角的区别何在？

5. 水平角测量中都有哪些误差？

6. 经纬仪一般需要进行哪些项目的检校？

7. 按表 3-5 计算其水平角观测成果。

表 3-5　习题 7 数据表

测站	盘位	目标	水平度盘读数	半测回角值	测回角值	备　注
			° ′ ″	° ′ ″	° ′ ″	
O	左	1	205　50　10			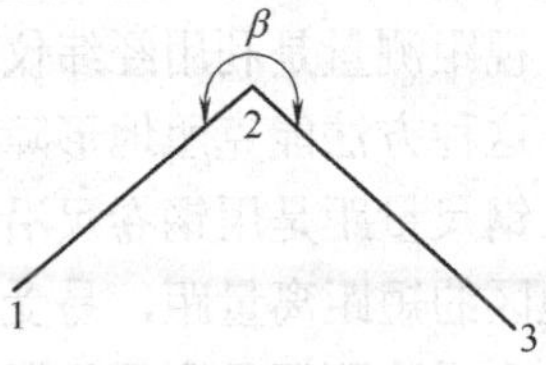
		3	83　33　30			
	右	1	25　50　00			
		3	263　33　40			

8. 按表 3-6 计算其竖直角观测成果。

表 3-6　习题 8 数据表

测站	盘位	竖盘位置	竖盘读数/(° ′ ″)	竖直角		指标差	备　注
				半测回值	一测回值		
O	*A*	左	102 05 48				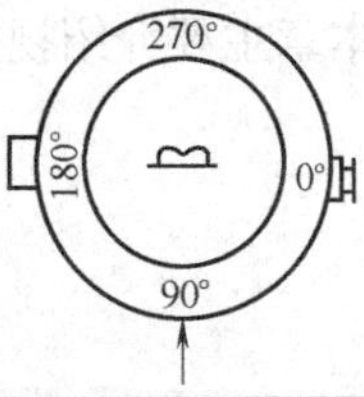
		右	257 54 24				

第4章 距离测量

【学习目标】

- 熟悉距离测量的各种方法。

4.1 距离测量概述

距离测量是测量的三项基本工作之一。距离测量的目的就是测量地面两点之间的水平距离。水平距离指的是地面上两点垂直投影到水平面上的直线距离。根据测量时所使用的工具和方法的不同，测定水平距离的方法也很多，目前在地形测量、工程测量中应用较多的有视距测量、钢尺量距、电磁波测距及GPS测距等。

视距测量是利用经纬仪或水准仪望远镜中的视距丝及视距标尺，按几何光学原理进行测距。这种方法能克服地形障碍，适合于低精度的近距离测量(一般在200m以内)。

钢尺量距是用钢卷尺沿地面进行距离丈量，其精度为1/2000～1/10000；该方法适用于平坦地区的短距离量距，易受地形限制。

电磁波测距是利用仪器发射并接收电磁波，通过测量电磁波在待测距离上往返传播的时间计算出距离。这种方法测距精度高(可达数万分之一)，测程远，又便于自动化操作，因而它和电子经纬仪的结合产生了既能测角又能测距的“电子全站仪”(Electronic Total Stations)。它一般用于高精度的远距离测量和近距离的细部测量，其测量精度由仪器的出厂精度确定。

GPS测距是利用两台GPS接收机接收空间轨道上4颗以上GPS卫星发射的载波信号，通过一定的测量和计算方法，求出两台GPS接收机天线相位中心的距离。

本章主要介绍视距测量、钢尺量距和电磁波测距。

4.2 视距测量

视距测量(Stadia Observation)是一种光学间接测距方法，它利用测量仪器的望远镜内十字丝平面上的视距丝及刻有厘米分划的视距标尺(与普通水准尺通用)，根据光学原理，可以同时测定两点间的水平距离和高差。其测定距离的相对精度一般为1/200～1/300，虽然低于直接量距精度，但能满足测定碎部点位置的精度要求，因此被广泛应用于地形测量中。

4.2.1 视准轴水平时的视距原理

在经纬仪或水准仪的十字丝平面内，与横丝平行且上、下等间距的两根短丝称为视距丝

(Stadia Hairs)。由于上、下视距丝的间距固定，因此从这两根视距丝引出去的视线在竖直面内的夹角 φ 也是一个固定的角度，如图 4-1 所示。

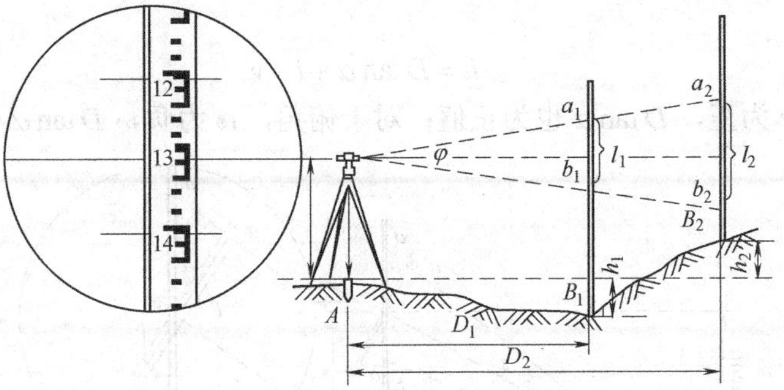

图 4-1　视线水平时的视距测量

在 A 点安置仪器，并使视准轴水平，在 B 点竖立标尺，则视准轴与标尺垂直。下丝在标尺上的读数为 a，上丝在标尺上的读数为 b(设望远镜为倒像)。上、下丝读数之差称为视距间隔 l，即

$$l = a - b \tag{4-1}$$

由于角 φ 是固定的，因此视距间隔 l 和立尺点离开测站的水平距离 D 成正比，即

$$D = Cl \tag{4-2}$$

式中，比例系数 C 称为视距常数(Stadia Constant)，可以由上、下两根视距丝的间距来决定。在仪器制造时使 $C = 100$，因此，当视准轴水平时，计算水平距离的公式为

$$D = 100l = 100(a - b) \tag{4-3}$$

4.2.2　视准轴倾斜时的视距原理

由于地面的高低起伏，测量时，要使经纬仪的视准轴倾斜一个垂直角 α，才能在标尺上进行视距读数，如图 4-2 所示。此时，视准轴倾斜时就不与标尺相垂直，而相交成 $90° \pm \alpha$ 的角度。设想将标尺以中丝读数 v 这一点为中心，转动一个角 α，使标尺仍与视准轴相垂直，如图 4-2 右上角所示。此时，上、下视距丝在标尺上的读数为 a'、b'，视距间隔 $l' = a' - b'$，则倾斜距离为

$$S = Cl' = C(a' - b')$$

倾斜距离化为水平距离为

$$D = S\cos\alpha = Cl'\cos\alpha \tag{4-4}$$

在实际测量时，标尺总是直立的(不可能将标尺转到与经纬仪的倾斜视准轴垂直的位置)，可以读得下丝和上丝的视距读数分别为 a、b，视距间隔 $l = a - b$。为了能利用式(4-4)，必须找出 l 与 l' 的关系。由于角 φ 很小(约 34′)，图 4-2 中的 $\angle aa'v$ 和 $\angle bb'v$ 可以近似地认为是直角，则

$$\frac{l'}{2} = \frac{l\cos\alpha}{2}, \quad l' = l\cos\alpha \tag{4-5}$$

将式(4-5)代入式(4-4)得到视准轴倾斜时计算水平距离的公式为

$$D = Cl\cos^2\alpha = 100(a-b)\cos^2\alpha \tag{4-6}$$

计算出两点间的水平距离后，可以根据垂直角α并量得仪器高i及中丝读数v按下式计算两点间的高差：

$$h = D\tan\alpha + i - v \tag{4-7}$$

对于仰角，α为正，$D\tan\alpha$也为正值；对于俯角，α为负，$D\tan\alpha$也为负值。

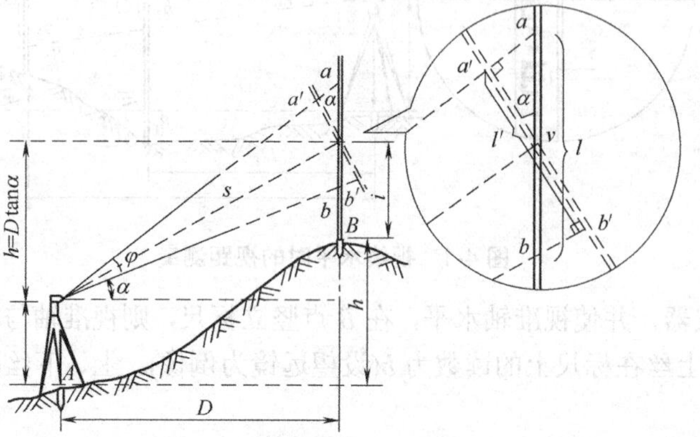

图 4-2 视准轴倾斜时的视距测量

4.3 钢尺量距

用钢卷尺或皮尺进行距离丈量的方法基本相同，以下介绍用钢尺丈量距离的方法。钢尺量距一般需要 3 人，分别担任前尺手、后尺手及记录工作。在地势起伏较大地区或行人、车辆较多地区丈量时，还应增加辅助人员。丈量方法随地面情况有所不同。

4.3.1 钢尺及其辅助工具

1. 钢尺

钢尺是由薄钢制成的带尺，常用钢尺宽 10mm，厚 0.2mm；长度有 20m、30m 及 50m 几种，卷放在圆形尺盒内或金属架上。钢尺的基本分划为厘米，在每米及每分米处有数字注记。一般钢尺在起点处 1dm 内刻有毫米分划；有的钢尺，整个尺长内都刻有毫米分划。由于尺的零点位置的不同，有端点尺和刻线尺的区分。端点尺是以尺的最外端作为尺的零点，当从建筑物墙边开始丈量时使用很方便；刻线尺是以尺前端的一刻线作为尺的零点，如图 4-3 所示。

2. 辅助工具

量距的辅助工具有标杆、测钎、垂球等，如图 4-4 所示。标杆又称花杆，直径 3～4cm，长 2～3m，杆身涂以 20cm 间隔的红、白漆，下端装有锥形铁尖，主要用于标定直线方向；测钎也称测针，用直径 5mm 左右的粗钢丝制成，长 30～40cm，上端弯成环形，下端磨尖，一般以 11 根为一组，穿在铁环中，用来标定尺的端点位置和计算整尺段数；垂球用于在不平坦地面丈量时将钢尺的端点垂直投影到地面。此外，进行精密量距时，还有弹簧秤和温度计，以控制拉力和测定钢尺温度。

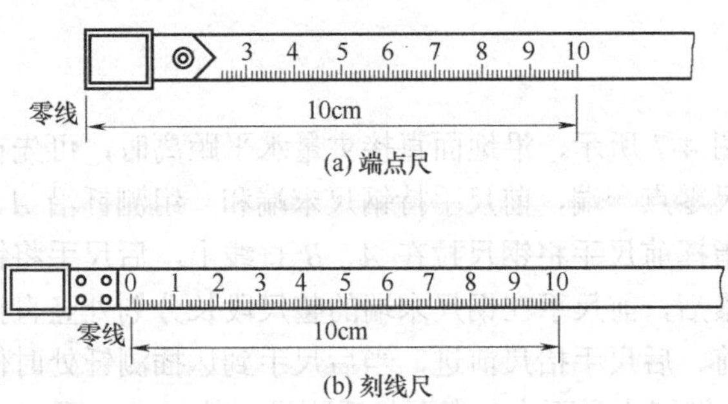

图 4-3　钢尺

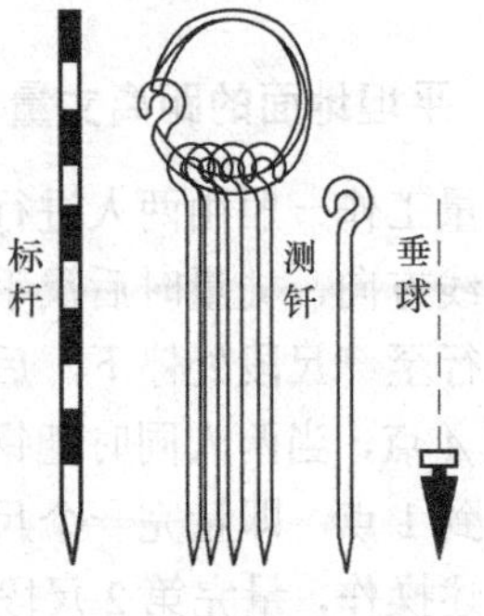

图 4-4　辅助工具

4.3.2　直线定线

当地面两点之间的距离大于钢尺的一个尺段或地势起伏较大时，为方便量距工作，需分成若干尺段进行丈量，这就需要在直线的方向上插上一些标杆或测钎，在同一直线上定出若干点，这种把多根标杆竖立在已知直线上的工作称为直线定线。直线定线的方法通常有以下几种。

1. 两点间目估定线

目估定线适用于钢尺量距的一般方法。如图 4-5 所示，设 *A* 和 *B* 为地面上相互通视、待测距离的两点。现要在直线 *AB* 上定出 1、2 等分段点。先在 *A*、*B* 两点上竖立花杆，甲站在 *A* 杆后约 1m 处，指挥乙左、右移动花杆，直到甲在 *A* 点沿标杆的同一侧看见 *A*、1、*B* 三点处的花杆在同一直线上；用同样的方法可定出 2 点。直线定线一般应由远及近，即先定出 1 点，再定出 2 点。

2. 经纬仪定线

当直线定线精度要求较高时，可用经纬仪定线。如图 4-6 所示，欲在 *AB* 直线上确定出 1、2、3 点的位置，可将经纬仪安置于 *A* 点，用望远镜照准 *B* 点，固定照准部制动螺旋，然后将望远镜向下俯视，将十字丝交点投测到木桩上，并钉小钉，以确定出 1 点的位置；相同方法标定出 2、3 点的位置。

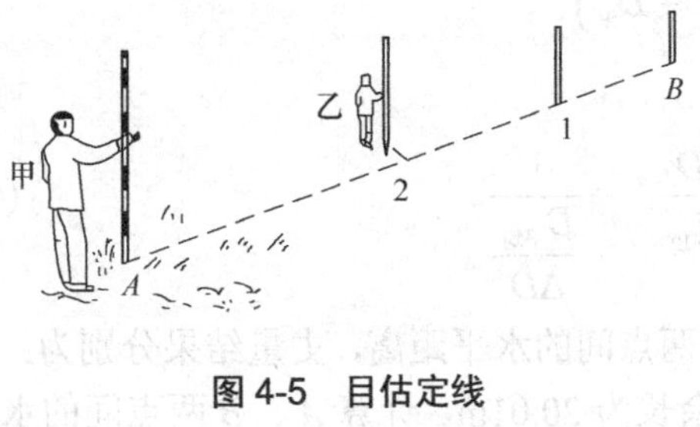

图 4-5　目估定线

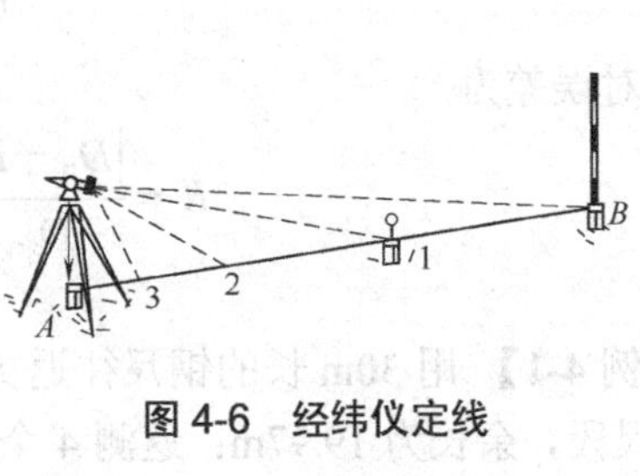

图 4-6　经纬仪定线

4.3.3 钢尺量距的一般方法

1. 平坦地面的距离丈量

丈量工作一般由两人进行。如图 4-7 所示，沿地面直接丈量水平距离时，可先在地面上定出直线方向，丈量时后尺手持钢尺零点一端，前尺手持钢尺末端和一组测钎沿 A、B 方向前进，行至一尺段处停下，后尺手指挥前尺手将钢尺拉在 A、B 直线上，后尺手将钢尺的零点对准 A 点，当两人同时把钢尺拉紧后，前尺手在钢尺末端的整尺段长分划处竖直插下一根测钎得到 1 点，即量完一个尺段。前、后尺手抬尺前进，当后尺手到达插测钎处时停住，再重复上述操作，量完第 2 尺段。如此继续丈量下去，直至最后不足一整尺段(n 至 B)时，前尺手将尺上某一整数分划线对准 B 点，由后尺手对准 n 点在尺上读出读数，两数相减，即可求得不足一尺段的余长，设为 q，后尺手拔起地上的测钎，依次前进，直到量完 AB 直线的最后一段为止。丈量时应注意沿着直线方向进行，钢尺必须拉紧、伸直且无卷曲。直线丈量时尽量以整尺段丈量，最后丈量不足一尺段的余长，以方便计算。丈量时应记清整尺段数，或用测钎数来表示整尺段数。逐段丈量后，则起点至终点的直线水平距离 D 按下式计算：

$$D = nl + q \tag{4-8}$$

式中，l 为钢尺的一整尺段长(m)；n 为整尺段数；q 为不足一整尺段的余长(m)。

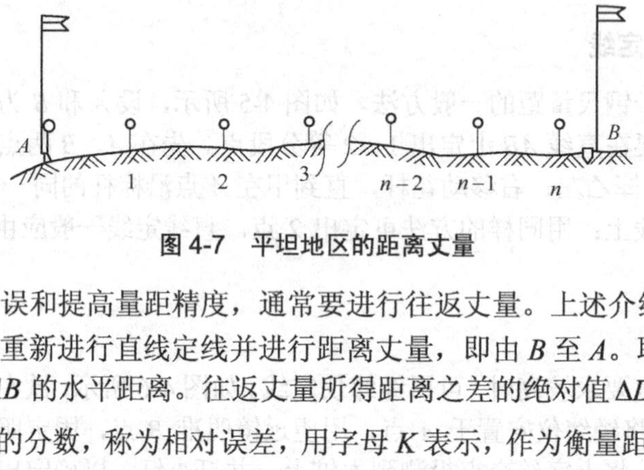

图 4-7 平坦地区的距离丈量

为了防止丈量错误和提高量距精度，通常要进行往返丈量。上述介绍的方法为往测，即由 A 至 B；返测时要重新进行直线定线并进行距离丈量，即由 B 至 A。取往返丈量距离的平均值 $D_{平均}$ 作为直线 AB 的水平距离。往返丈量所得距离之差的绝对值 ΔD 与水平距离 $D_{平均}$ 之比，并化为分子为 1 的分数，称为相对误差，用字母 K 表示，作为衡量距离丈量精度的指标。即 AB 距离为

$$D_{平均} = \frac{1}{2}\left(D_{往} + D_{返}\right) \tag{4-9}$$

相对误差为

$$K = \frac{\left|D_{往} - D_{返}\right|}{D_{平均}} = \frac{\Delta D}{D_{平均}} = \frac{1}{\dfrac{D_{平均}}{\Delta D}} \tag{4-10}$$

【例 4-1】 用 30m 长的钢尺往返丈量 A、B 两点间的水平距离，丈量结果分别为：往测 4 个整尺段，余长为 19.97m；返测 4 个整尺段，余长为 20.01m。计算 A、B 两点间的水平距离 $D_{平均}$ 及其相对误差 K。

解 $D_{往} = nl + q = 30 \times 4 + 19.97 = 139.97(\text{m})$

$D_{返} = nl + q = 30 \times 4 + 20.01 = 140.01(\text{m})$

$D_{平均} = \frac{1}{2}(D_{往} + D_{返}) = \frac{1}{2} \times (139.97 + 140.01) = 139.99(\text{m})$

$K = \frac{|D_{往} - D_{返}|}{D_{平均}} = \frac{\Delta D}{D_{平均}} = \frac{0.04}{139.99} = \frac{1}{3499}$

相对误差的分母越大，说明量距的精度越高；反之，精度越低。在平坦地区，钢尺量距的相对误差一般不应大于 1/3000；在量距困难地区，其相对误差不应大于 1/1000。当量距的相对误差未超过规定值时，可取往返测量结果的平均值作为两点间的水平距离 D。

2. 倾斜地面的距离丈量

1) 平量法

如果地面高低起伏不平，可将钢尺拉平丈量。丈量由 A 向 B 进行，后尺手将尺的零端对准 A 点，前尺手将尺抬高，并且目估使尺子水平，用垂球尖将尺段的末端投于 AB 方向线的地面上，再插以测钎，依次丈量 AB 的水平距离，如图 4-8 所示。

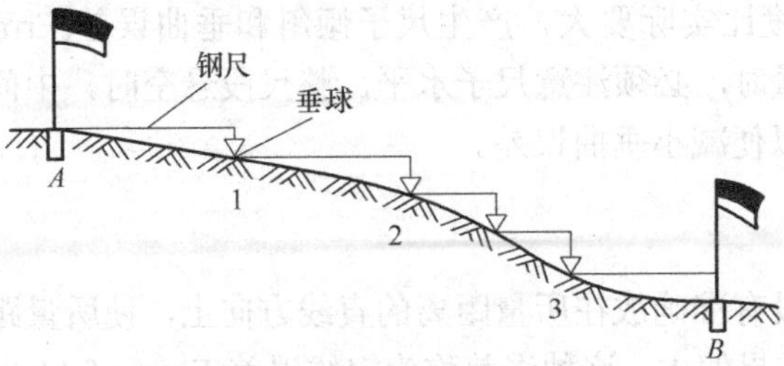

图 4-8 平量法

2) 斜量法

当倾斜地面的坡度比较均匀时，可沿斜面直接丈量出 AB 的倾斜距离 D'，测出地面倾斜角 α 或 AB 两点间的高差 h，如图 4-9 所示，则可按下式计算 AB 的水平距离 D：

$$D = D' \cos\alpha \tag{4-11}$$

或

$$D = \sqrt{D'^2 - h^2} \tag{4-12}$$

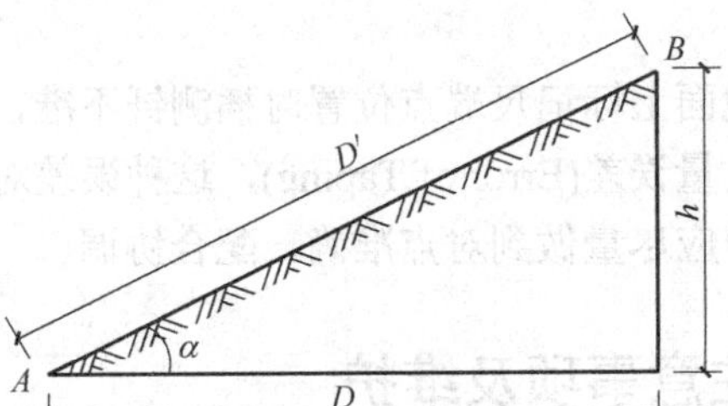

图 4-9 斜量法

4.3.4 钢尺量距的主要误差来源

1. 尺长误差

如果钢尺的名义长度与实际长度不符，则产生尺长误差(Error of Tape Length)。尺长误差是积累的，所量距离越长，误差越大。因此，新购置的钢尺必须经过检定，以求得尺长改正值。

2. 温度误差

钢尺的长度随温度而变化，当丈量时温度和标准温度不一致时，将产生温度误差(Error of Temperature)。按照钢的膨胀系数计算，温度每变化 1℃，其影响长度约为 1/80000。一般量距时，当温度变化小于 10℃时，可以不加改正，但精密量距时，必须加温度改正。

3. 尺子倾斜和垂曲误差

当地面高低不平而按水平钢尺法悬空量距时，若尺子没有处于水平位置或中间下垂而呈曲线，将使量得的长度比实际要大，产生尺子倾斜和垂曲误差(Errors of Tape Sloping and Catenary)。因此，丈量时，必须注意尺子水平，整尺段悬空时，中间应有人托一下尺子，否则须进行垂曲改正，以便减小垂曲误差。

4. 定线误差

由于丈量时尺子没有准确放在所量距离的直线方向上，使所量距离不是直线而是一组折线，因而总是使丈量结果偏大，这种误差称为定线误差(Error of Alignment)。一般丈量时，要求定线偏差不大于 0.1m，可以用标杆目测定线。当直线较长或精度要求较高时，应利用仪器定线。

5. 拉力误差

钢尺在丈量时所受拉力应与检定时拉力相同。若拉力变化 70N，尺长将改变 1/10000，因此在一般丈量中，只要保持拉力均匀即可。而对于较精密的丈量工作，则需使用弹簧秤施以标准拉力，否则须进行拉力改正，以便减小拉力误差(Error of Tension)。

6. 丈量误差

丈量时，若用测钎在地面上标记尺端点位置时插测钎不准，或前、后尺手配合不佳，或余长读数不准，都会引起丈量误差(Error of Taping)，这种误差对丈量结果的影响可正可负，大小不定。因此，在丈量中应尽量做到对点准确、配合协调。

4.3.5 钢尺量距的注意事项及维护

(1) 钢尺易生锈，工作结束后，应用软布擦去尺上的泥和土，涂上机油，以防生锈。

(2) 钢尺易折断，如果钢尺出现卷曲，切不可用力硬拉。

(3) 在行人及车辆多的地区量距时，中间要设专人维护，严防尺被车辆压过而折断。

(4) 不准将尺子沿地面拖拉，以免尺面刻划磨损。

(5) 收卷钢尺时，应按顺时针方向转动钢尺摇柄，切不可逆转，以免折断钢尺。

4.4　电磁波测距

钢尺量距是一项十分繁重的工作，劳动强度大，工作效率低，尤其在山区或沼泽地区，钢尺量距更为困难。为改变这种状况，随着激光技术和电子技术的发展，世界各国相继研制了各种类型的测距仪。

以电磁波为载波的测距仪统称为电磁波测距仪。根据载波的不同，它分为以光波为载波的光电测距仪和以微波为载波的微波测距仪。

光电测距仪按光源的不同又分为普通光测距仪、激光测距仪和红外测距仪。其中，普通光测距仪早已淘汰；激光测距仪多用于远程测距；红外测距仪则用于中、短程测距，在工程测量中应用广泛。微波测距仪的精度低于光电测距仪，在工程测量中应用较少。

测距仪除按载波分类外，还可按测程分为短程(3km 以内)、中程(3～15km)和远程(15km 以上)；按精度可分为Ⅰ级、Ⅱ级和Ⅲ级，Ⅰ级为 1km 的测距中误差小于±5mm；Ⅱ级为±(5～10)mm，Ⅲ级为大于±10mm。

本节主要介绍红外测距仪的基本原理和测距方法。

4.4.1　测距原理

光电测距是以光波运载测距信号量测两点间距离的一种测距方法。如图 4-10 所示，设仪器置于 A 点，反射棱镜置于 B 点。测距仪发射的光波由 A 至 B，经反射回到 A，往返传播的时间 t 被测定，则距离 D 可根据已知光速 c (约 3×10^8 m/s)按下式求得：

$$D=\frac{1}{2}ct \tag{4-13}$$

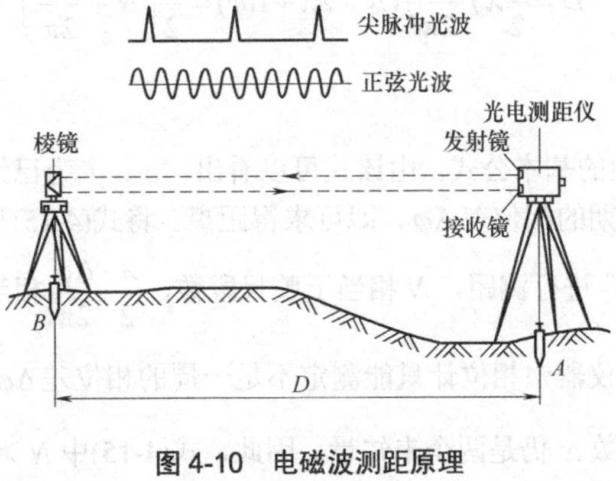

图 4-10　电磁波测距原理

这种测距方法称为脉冲式测距。此方法测定距离的精度取决于时间 t 的量测精度，如果要保证测距精度达到厘米级，量测精度必须准确到 10^{-11}s，目前由于受脉冲宽度和电子计时器分辨率限制，难以达到这样高的时间量测精度。所以在高精度的测距仪上，一般采用相位法测距，如图 4-11 所示。

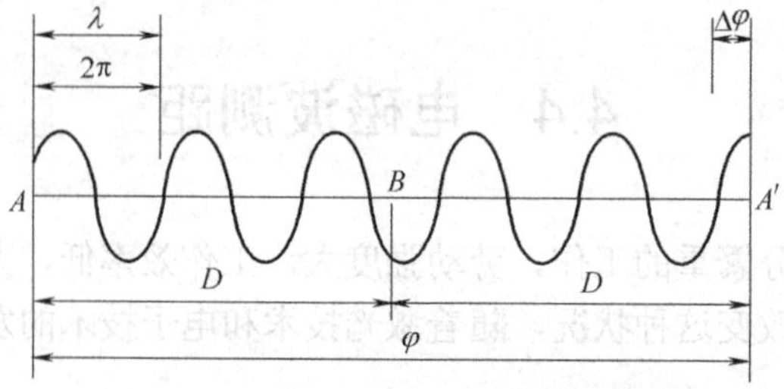

图 4-11 相位式光电测距原理

相位式测距仪是通过测量连续发射的调制光(调幅或调频)在测线上往返传播所产生的相位移来间接测定电磁波传播的时间，然后按式(4-13)计算出仪器到反射棱镜间的距离。如测距仪在 A 点连续发射调制光，到反光镜 B 后经反射回到 A 点被接收，然后由相位计把发射信号(又称参考信号)与接收信号(又称测距信号)进行比较，即能确定调制光经往返传播后产生的相位移。为了便于说明问题，将图中反光镜 B 返回的光波沿测线方向展开画出，如图 4-11 所示。

设测距仪调制光的频率为 f，其光强度变化一个周期的相位差为 2π，波长为 λ，角频率为 ω，从 A 点发出的初相为 0，经 B 点反射回 A 点，接收时的相位比发射时的相位延迟角 φ，则

$$\varphi = N\times 2\pi + \Delta\varphi$$

式中，N 为相位整周数；$\Delta\varphi$ 为不足一个整周(2π)的尾数。

由于 $\varphi = \omega t = 2\pi f t$，则

$$t = \frac{\varphi}{2\pi f} = \frac{1}{2\pi f}(N\times 2\pi + \Delta\varphi) \tag{4-14}$$

将式(4-14)代入式(4-13)得

$$D = \frac{1}{2}\lambda f \frac{1}{2\pi f}(N\times 2\pi + \Delta\varphi) = \frac{\lambda}{2}\left(N + \frac{\Delta\varphi}{2\pi}\right) \tag{4-15}$$

式中，$\lambda = \dfrac{c}{f}$。

式(4-15)为相位测距的基本公式。由该式可以看出，c、f 为已知值，只要知道相位移的整周数 N 和不足一个周期的相位差 $\Delta\varphi$，即可求得距离。将式(4-15)与钢尺量距相比，相当于以半波长 $\dfrac{\lambda}{2}$ 为“光测尺”进行测距，N 相当于整尺段数，$\dfrac{\lambda}{2}\cdot\dfrac{\Delta\varphi}{2\pi}$ 相当于尺长。对于一定频率的测距仪，$\dfrac{\lambda}{2}$ 为已知值，仪器中相位计只能测定不足一周的相位差 $\Delta\varphi$ 值，不能测定整周数 N。

由于距离 D 和整周数 N 仍是两个未知量，因此，式(4-15)中 $N>0$ 时，仍有多值不定解，唯有当距离 D 小于“光测尺”尺长 $\dfrac{\lambda}{2}$ 时，则 $N=0$，式(4-15)就有单一的解。由于仪器存在测相误差，其相对值为 1/1000，测尺越长，测距误差越大。例如，当 $f_1 = 15\text{MHz}$ 时，光尺长

$\frac{\lambda_1}{2}=10m$，则测距误差为 ±0.01m；当 $f_2=150kHz$ 时，$\frac{\lambda_2}{2}=1000m$，则测距误差为 ±1m。为兼顾测程与精度，目前测距仪常采用多个频率(即几个测尺)进行测距。如取 $f_1=15MHz$ 作为“精测尺”，测定距离的米、分米、厘米数值；又取 $f_2=150kHz$ 作为“粗测尺”，可以测定百米、十米、数米。这两种尺子联合使用，以粗尺保证测程，精尺保证精度，可测定 1km 以内的距离。精尺、粗尺频率的变换，计算中大小距离数字的衔接等均由仪器内部的逻辑电路自动完成。

由于电子元件的老化和反射棱镜的更换等原因，往往使仪器显示距离与实际距离不一致，而存在一个与所测距离无关的常数差，称为测距仪的加常数 C。通过测距仪的检定，可以求得加常数 C，必要时在测距计算中加以改正。

4.4.2　红外测距仪及其使用

红外测距仪是指采用砷化镓(GaAs)发光二极管发出的红外光作为光源的相位式测距仪。其波长 $\lambda=0.82\sim0.93\,\mu m$ (作为一台具体的红外测距仪，则为一个定值)，由于影响光速的大气折射率随大气的温度、气压而变，因此，在光电测距作业中，必须测定现场的大气温度和气压，对所测距离作气象改正(Atmospheric Correction)。目前，国内外不同厂家生产的红外测距仪有多种型号，结构和操作也大同小异，下面以国产 D3000 系列(常州大地测距仪厂生产)为例进行简要介绍。如遇不同型号的测距仪，使用时应严格按照随机的操作说明书进行操作。

1. D3000 系列测距仪的主要技术指标

测程：D3000，2000m(单棱镜)，3000m(三棱镜)；D3050，2200m(单棱镜)，3200m(三棱镜)，4500m(九棱镜)。

精度：±(5mm+5ppm D)(ppm 为 1×10^{-6}mm)。

显示：最大显示距离 9999.999m，最小读数 1mm(跟踪 1cm)。

测量时间：标准测距 3s，跟踪测距 0.8s。

温度范围：−20～50℃。

照准望远镜：同轴照准，正像 13 倍，视场角 1°30′。

功耗：≤3.6W。

电源：镍-镉电池，装卸式 6V，1.2A/h，充电时间 14h。

质量：1.8kg(不包括电池)。

2. 仪器结构和操作

D3000 系列测距仪包括主机、电池和反射棱镜。主机可安装在 J2 型电子经纬仪上。

(1) 主机。主机有发射、接收物镜，瞄准目镜，显示屏，操作键盘，数据接口，连接支架和制动、微动螺旋。操作键盘有多个按键，每个按键都具有双功能或多功能。这里主要介绍以下几种测距模式。

① 标准测距：按 DIST 键一次，仪器发出短促音响，开始单次测距，显示屏 3s 后显示测斜距，并处于待测状态。每照准反射棱镜一次进行 4 次标准测距，称为一测回。

② 连续测距：按 DIL 键一次，仪器发出短促音响，开始连续标准测距，显示屏每 3s 显

示单次所测斜距。按 RESET 键停止(否则不停地测下去)，并处于待测状态。

③ 平均测距：先按 SHIFT 键一次，再按 AVE 键一次，开始连续 5 次标准测距，显示屏 15s 后显示 5 次标准测距的平均值，并处于待测状态。若中途停止按 RESET 键。

④ 跟踪测距：按 TRC 键一次，开始连续粗测距，显示屏每 0.8s 显示单次所测斜距，只显示到厘米位。按 RESET 键则停止(否则不停地测下去)，并处于待测状态。

(2) 电池：D3000 系列测距仪的随机电池为 6V、1.2A/h 的镍-镉电池，插在主机下方。如测距工作量大，应配置大容量的外接电池。

(3) 反射棱镜。反射棱镜分为单棱镜和三棱镜，另外还有九棱镜，用于较远距离的测量。

3. 观测步骤

(1) 安置仪器。先将经纬仪安置在测站上，对中整平。然后将测距仪主机安置在经纬仪支架上，将电池插入主机下方的电池盒座内。在目标点安置反射棱镜，对中整平，然后将棱镜对准主机方向。

(2) 观测竖直角和气象元素。用经纬仪望远镜照准棱镜觇板中心，使竖盘指标水准管气泡居中(如有竖盘指标自动补偿装置则无此操作)，读取并记录竖盘读数，计算竖直角。然后读取温度计和气压计的读数。

(3) 测距。调节测距仪主机的竖直制动和微动螺旋，照准棱镜中心。按 ON/OFF 键，显示屏在 8s 内依次显示设置的仪器加、乘常数和电池电压、回光信号强度。仪器自动减光，正常情况下回光强度显示在 40～60，并有连续蜂鸣声，左下方出现“■”，表示仪器进入待测状态。若显示的仪器加、乘常数与实际不符，需重新输入。

测量过程中，如果显示屏左下方不显示“■”，而显示“R”，同时连续蜂鸣声消失，表示回光强度不足。若是在有效测程内，则可能是测线上有物体挡光，此时需清除障碍。

4. 改正计算

测距仪测得的初始值需要进行三项改正计算，以获得所需要的水平距离。

1) 仪器加常数改正

测距仪在标准气象条件、视线水平、无对中误差的情况下，所测得的结果与真实值之间会相差一个固定量，这个量称为加常数。产生加常数的原因主要有：测距仪主机的发射、接收等效中心与几何中心不一致，反射棱镜的接收、反射等效中心与几何中心不一致，主机和棱镜的内、外光路延迟等。仪器加常数包括主机加常数和棱镜常数，棱镜常数由厂家提供，主机加常数需定期检定测得。将加常数在测距前直接输入仪器，仪器可自动改正观测值，否则应进行人工改正。

D3000 系列测距仪的加常数预置：先按 SHIFT 键一次，再按 mm 键一次，然后输入加常数。按 INC 键输入正号，按 DEC 键输入负号，输完所有数值后按 mm 键确认。加常数的输入范围为-999～999mm。

需要注意的是，某些商家的仪器将主机加常数和棱镜常数分开设置，即此时的加常数只指主机加常数；此外，如主机配用不同厂商的棱镜，棱镜常数要按实测值设置。

2) 仪器乘常数改正和气象改正

测距仪在视线水平、无对中误差的情况下，所测得的结果与真实值之间会相差一个比例量，这个量称为比例因子。产生比例因子的主要原因是测距仪的频率漂移和大气折射的影响。其中，由频率漂移所引起的那一部分比例量称为仪器乘常数，它需定期检定测得；而大气折射的影响可由气象改正公式计算，它由厂家提供或内置于仪器。比例因子的改正可直接输入仪器，也可以人工改正。D3000 系列测距仪的气象改正公式为

$$R=278.96-(793.12P)/(273.16+T) \tag{4-16}$$

式中，R 值以 mm/km 为单位；P 为气压值(kPa)；T 为气温值(℃)。

D3000 系列测距仪的比例因子预置：先按 SHIFT 键一次，再按 ppm 键一次，然后输入比例因子值(包括乘常数和气象改正值)。按 INC 键输入正号，按 DEC 键输入负号，输完所有数值后按 ppm 键确认。比例因子的输入范围为-50～130ppm。

需要注意的是，某些厂商的仪器将乘常数和气象改正值分开设置。

3) 倾斜改正

经上述改正后，所得距离值为测距仪主机中心至反射棱镜中心的倾斜距离 S，还需改正为水平距离 D，有

$$D = S\cos\alpha \tag{4-17}$$

5. 注意事项

(1) 在晴天和雨天作业要撑伞遮阳、挡雨，防止阳光或其他强光直接射入接收物镜，损坏光敏二极管；防止雨水浇淋测距仪主机，发生短路。

(2) 测线两侧和镜站背景应避免有反光物体，防止杂乱信号进入接收系统产生干扰；此外，主机和测线还应避开高压线、变压器等强电磁场干扰源。

(3) 测线应保证一定的净空高度，尽量避免通过发热体和较宽水面的上空。

(4) 仪器用完后要注意关机，保存和运输中需注意防潮、防震、防高温，长久不用要定期通电干燥。

(5) 电池要及时进行充电；当仪器不用时，电池仍需充电后再存放。

(6) 仪器要定期进行必要的检验，以保证测量成果的精度及延长使用寿命。

4.4.3　测距误差和标称精度

顾及大气折射率和仪器加常数 K，相位式测距的基本公式可写为

$$D = \frac{c_0}{2fn}\left(N + \frac{\Delta\varphi}{2\pi}\right) + K \tag{4-18}$$

式中，c_0 为真空中的光速值；n 为大气的群折射率，它是载波波长、大气温度、大气湿度、大气压力的函数。

由式(4-18)可知，测距误差由光速值误差 m_{c_0}、大气折射率误差 m_n、调制频率误差 m_f 和测相误差 $m_{\Delta\varphi}$、加常数误差 m_K 决定；但实际上，除上述误差外，测距误差还包括仪器内部信号窜扰引起的周期误差 m_A、仪器的对中误差 m_g 等。这些误差可分为两大类：一类与距离成正比，称为比例误差，如 m_{c_0}、m_n、m_f、m_g；另一类与距离无关，称为固定误差，如 $m_{\Delta\varphi}$、m_K。因此，测距仪的标称精度表达式一般可写为

$$m_D = \pm(a + bD) \tag{4-19}$$

式中，a 为固定误差(mm)；b 为比例误差系数(mm/km)；D 为距离(km)。

【例 4-2】某测距仪的标称精度为±(5mm+5ppm·D)，现用它观测一段 1000m 的距离，则测距中误差是多少？

解 $m = \pm(5\text{mm} + 5\text{mm}/\text{km} \times 1.0\text{km}) = \pm 10\text{mm}$

4.5 电子全站仪的使用

4.5.1 概述

电子全站仪(Electronic Total Station)是一种集测角、测距和微处理计算机于一体，由微处理机控制仪器，自动测距、测角，自动归算水平距离、高差、坐标，观测结果能自动显示、记录、存储、变换、预处理及输出的智能化测绘仪器。电子全站仪按照仪器结构分为整体式和组合式两种。整体式全站仪是由电子经纬仪和电磁波测距仪安装在一起，共用一个望远镜的全站型仪器；组合式全站仪是在电子经纬仪的结合器上安装电磁波测距仪，再通过标准接口与电子手簿连接的全站型仪器。自 20 世纪 70 年代联邦德国生产出世界上第一台全站仪以来，日本、欧洲各国竞相生产，使全站仪在性能、实用性、稳定性各方面取得了长足发展。全站仪既可人工操作，也可自动操作；既可远程遥控运行，也可在机载应用程序控制下使用，现已广泛应用于地上大型建筑和地下隧道施工或变形监测等领域。

4.5.2 全站仪的使用

下面以沈阳金图数码科技有限公司代理经营的 TOPCON GTS-335N 全站仪为例进行简单介绍。

1. GTS-335N 全站仪的主要技术指标

1) 望远镜

长度：150mm。

物镜：45mm。

放大倍率：30X。

视场角：1°30′。

分辨率：2.5″。

最短视距：1.3m。

十字丝照明：已装备。

2) 距离测量

测程：3000m(单棱镜)，4000m(三棱镜)，5000m(九棱镜)。

精度：±(2mm+2ppm.D)，D 为距离观测值。

显示：最大显示距离 99999999.9999m，最小读数 1mm(跟踪和粗测 1cm)。

测量时间：精测模式 1.2s(首次 4s)，粗测模式 0.7s(首次 3s)，跟踪模式 0.4s(首次 3s)。

大气改正范围：−999.9～999.9ppm，步长 0.1ppm。

棱镜常数改正范围：−99.9～99.9mm，步长 0.1mm。

3) 电子角度测量

读数方式：绝对法读数。

探测系统：水平角——对径，垂直角——单面。

最小读数：5s；

精度：5s；

测量时间：小于 0.3s。

4) 倾斜改正(自动指标)

倾斜传感器：自动垂直和水平补偿器。

方式：液态补偿器。

补偿范围：±3′。

改正单位：1″。

5) 其他

圆水准器：10′/2mm。

长水准器：30″/2mm。

质量：4.9kg。

环境温度范围：−20～50℃。

2. 仪器结构和各部件名称

全站仪由照准部、基座、水平度盘等部分组成，采用编码度盘或光栅度盘，读数方式为电子显示；有功能操作键及电源，并配有数据通信接口。GTS-335N 全站仪的外观及各部件名称如图 4-12 和图 4-13 所示。

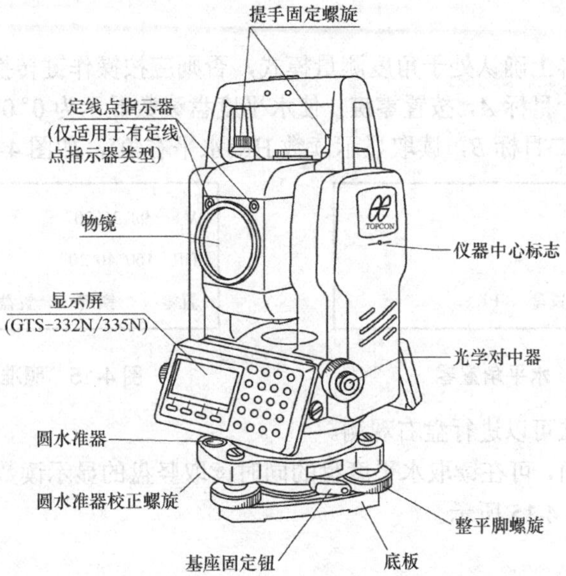

图 4-12 GTS-335N 全站仪外观图(1)

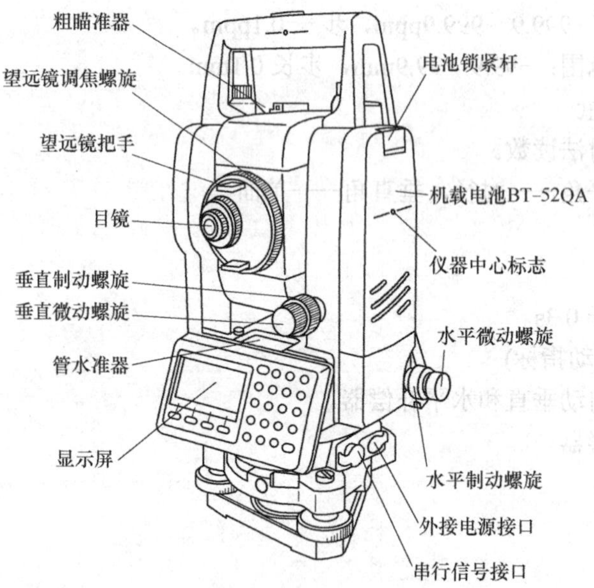

图 4-13 GTS-335N 全站仪外观图(2)

3. GTS-335N 全站仪的使用

1) 测量前的准备工作

(1) 仪器的安置。在实习场地上选择一点作为测站，另外两点作为观测点，将全站仪安置于测站点，对中、整平并在两观测点分别安置反射棱镜。

(2) 调焦与照准目标。操作方法同光学经纬仪，注意消除视差。

(3) 开机。打开电源开关(POWER 键)，确认显示窗有足够的电源电量，如电量不足应及时充电。

2) 角度测量

(1) 首先从显示屏上确认处于角度测量模式，否则应按操作键转换成测角模式。

(2) 盘左照准第一目标 *A*，按置零键，使水平度盘读数显示为 0°00′00″，如图 4-14 所示，旋转照准部，瞄准第二目标 *B*，读取显示读数 HR(水平右角)，如图 4-15 所示。

V: 90°10′20″
HR 0°0′0″
置零 锁定 置盘 P1

图 4-14 水平角置零

V: 98°36′20″
HR 160°40′20″
置零 锁定 置盘 P1

图 4-15 照准目标 B 读数

(3) 以同样的方法可以进行盘右观测。

(4) 如果测竖直角，可在读取水平度盘的同时读取竖盘的显示读数。“V”表示竖直度盘读数，如图 4-14 和图 4-15 所示。

3) 距离测量

(1) 首先从显示屏上确认处于测角模式，按[◢]键进入距离测量模式。

(2) 照准棱镜中心，此时显示屏上能显示箭头前进的动画，如图 4-16 所示；前进结束则完成距离测量，显示出距离，HD 为水平距离，VD 为垂直距离，如图 4-17 所示；再按[◢]，显示角度及斜距 SD，如图 4-18 所示。

HR:	120°30′40″			
HD * [r]		<<m		
VD :		m		
测量	模式	S/A	P1	↓

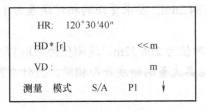

图 4-16　距离测量

HR:	120°30′40″			
HD * [r]	123.456	m		
VD :	5.678	m		
测量	模式	S/A	P1	↓

图 4-17　显示平距与垂距

V:	90°10′40″			
HR * [r]	120°　30′40″	m		
SD :	131.678	m		
测量	模式	S/A	P1	↓

图 4-18　显示角度与斜距

4) 坐标测量

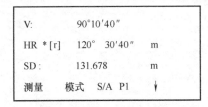

(1) 首先从显示屏上确认处于坐标测量模式，否则应按操作键转换为坐标测量模式。

(2) 输入测站点坐标及后视点坐标(或方位角)，以及仪器高、棱镜高。

(3) 照准棱镜中心，这时显示屏上显示箭头前进的动画，前进结束则完成坐标测量，得出待测点的坐标。详见随机说明书。

4. 仪器使用注意事项

(1) 距离测量前，要进行棱镜常数设置及气象改正(详见仪器说明书)。

(2) 搬运仪器要抓住仪器的提手或支架，切不可拿仪器的镜筒，否则会影响仪器的内部固件从而降低精度。

(3) 电池的安装、充电、放电一定严格按照说明书要求去做，否则会影响使用寿命，测量前必须保证电量充足。

(4) 近距离将仪器和脚架一起搬动时，应保持仪器竖直向上。

(5) 避免仪器长时间在高温、潮湿及剧烈振动的环境下工作。

(6) 仪器装箱时确保仪器与箱内的白色安置标志相吻合，且仪器的目镜向上。

(7) 仪器和棱镜任何形式的温度突变(如将仪器从很热的车辆中搬出)，都可能导致测程的缩短。要使仪器适应周围的温度后方可使用。

习　　题

1. 距离测量的方法主要有哪几种？
2. 视准轴倾斜时，如何将视距测量的斜距换算为平距？

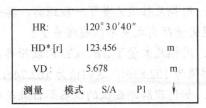

3. 用钢尺丈量倾斜地面的距离有哪些方法，各适用于什么情况？

4. 何谓直线定线，目估定线通常是如何进行的？

5. 用钢尺往返丈量了一段距离，其平均值为 184.26m，要求量距的相对误差为 1/5000，则往返丈量距离之差不能超过多少？

6. 用钢尺丈量了 *AB*、*CD* 两段距离，*AB* 的往测值为 206.32m，返测值为 206.17m；*CD* 的往测值为 102.83m，返测值为 102.74m。这两段距离丈量的精度是否相同，为什么？

7. 如何理解测距仪的仪器加常数与乘常数？

8. 相位法光电测距的基本原理是什么？

9. 简述全站仪角度测量和距离测量的操作要点。

第5章　测量误差的基本知识

【学习目标】

- 了解测量误差的基本概念；
- 熟悉偶然误差的特性及评定精度的标准。

5.1　测量误差的概念

5.1.1　测量误差产生的原因

测量工作的实践表明，对于某一客观存在的量，如地面某两点之间的距离或高差、某三点之间构成的水平角等，尽管采用了合格的测量仪器和合理的观测方法，测量人员的工作态度也是认真负责的，但是多次重复测量的结果总是有差异，这说明观测值中存在测量误差，或者说，测量误差是不可避免的。产生测量误差的原因概括起来有以下三个方面。

1. 仪器的原因

测量工作是需要用测量仪器进行的，而每一种测量仪器只具有一定的精(确)度(Precision)，因此使测量结果受到一定影响。例如，用J6级经纬仪，它的水平度盘分划误差可能达到3″，由此使所测的水平角产生误差。另外，仪器结构的不完善，如水准仪的视准轴不平行于水准管轴，也会使观测的高差产生误差。

2. 人的原因

由于观测者的感觉器官的鉴别能力存在局限性，所以，对于仪器的对中、整平、瞄准、读数等操作都会产生误差。例如，在厘米分划的水准尺上，由观测者估读毫米数，则1mm以下的估读误差是完全有可能产生的。另外，观测者技术熟练程度也会给观测成果带来不同程度的影响。

3. 外界环境的影响

测量工作进行时所处的外界环境中的空气温度、风力、日光照射、大气折光、烟雾等客观情况时刻在变化，使测量结果产生误差。例如，温度变化使钢尺产生伸缩，风吹和日光照射使仪器的安置不稳定，大气折光使望远镜的瞄准产生偏差等。

人、仪器和环境是测量工作得以进行的必要条件，但是这些观测条件都有其本身的局限性和对测量的不利因素。因此，测量成果中的误差是不可避免的。观测条件相同的各次观测称为“等精度观测”，观测条件不相同的各次观测称为“不等精度观测”。

5.1.2 测量误差的分类与处理原则

测量误差按其产生的原因和对观测结果影响性质的不同，可以分为系统误差和偶然误差两类。

1. 系统误差

在相同的观测条件下，对某一量进行一系列的观测，如果出现的误差在符号和数值上都相同，或按一定的规律变化，这种误差称为“系统误差”(Systematic Error)。例如，用名义长度为 30m 而实际正确长度为 30.004m 的钢卷尺量距，每量一尺段就有使距离量短 0.004m 的误差，其量距误差的符号不变，且与所量距离的长度成正比。因此，系统误差具有积累性。

系统误差对观测值的影响具有一定的数学或物理上的规律性。如果这种规律性能够被找到，则系统误差对观测值的影响可加以改正，或者用一定的测量方法加以抵消或削弱。

2. 偶然误差

在相同的观测条件下，对某一量进行一系列的观测，如果误差出现的符号和数值大小都不相同，从表面上看没有任何规律性，这种误差称为“偶然误差”(Random Error)。偶然误差是由人力所不能控制的因素或无法估计的因素(如人眼的分辨能力、仪器的极限精度和气象因素等)共同引起的测量误差，其数值的正负、大小纯属偶然。例如，在厘米分划的水准尺上读数，估读毫米数时，有时估读过大，有时估读过小；大气折光使望远镜中目标成像不稳定，使瞄准目标时有时偏左、有时偏右。因此，多次重复观测，取其平均数，可以抵消掉一些偶然误差。

偶然误差是不可避免的。在相同的观测条件下观测某一量，所出现的大量偶然误差具有统计的规律，或称为具有概率论的规律(Law of Probability)。关于这方面内容，以后再作进一步分析。

3. 误差处理原则

在测量工作中，除了上述两种误差以外，还可能发生错误，如瞄错目标、读错大数等。错误是一种特别大的误差，是由于观测者的粗心大意所造成的。错误应该可以避免，包含有错误的观测应该舍弃，并重新进行观测。

为了防止错误的发生和提高观测成果的精度，在测量工作中，一般需要进行多余必要的观测，称为“多余观测”(Abundant Observations)。例如，一段距离采用往返丈量，如果将往测作为必要观测，则返测就属于多余观测；又如，由 3 个地面点构成一个平面三角形，在 3 个点上进行水平角观测，其中两个角度属于必要观测，则第 3 个角度的观测就属于多余观测。有了多余观测，就可以发现观测值中的错误，以便将其剔除或重测。由于观测值中的偶然误差不可避免，有了多余观测，观测值之间必然产生矛盾(往返差、不符值、闭合差)。根据差值的大小，可以评定测量的精度。差值如果大到一定程度，就认为观测值中有错误(不属于偶然误差)，称为误差超限(Permissible Error Excess)，应予重测(返工)。差值如果不超限，则按偶然误差的规律加以处理，称为闭合差的调整(Closures Adjustment)，以求得最可靠的数值。

至于观测值中的系统误差，应该尽可能按其产生的原因和规律加以改正、抵消或削弱。

例如，用钢卷尺量距时，按其检定结果，对量得长度进行尺长改正；用经纬仪测角时，采用盘左、盘右观测，以抵消视准轴误差、水平轴误差和垂直度盘指标差；用中间法水准测量，以削弱水准仪的 i 角误差对水准尺读数的影响。但是，在观测值中也有可能存在情况不明的系统误差，无法加以改正或削弱，则观测结果将同时受到偶然误差和系统误差的影响。不同时间的多次观测，有可能削弱部分情况不明的系统误差的影响。

5.2　偶然误差的特性

测量误差理论主要讨论具有偶然误差的一系列观测值中如何求得最可靠的结果和评定观测成果的精度。为此，需要对偶然误差的性质作进一步讨论。

设某一量的真值为 X，对此量进行 n 次观测，得到的观测值为 $l_1, l_2, \cdots, l_n$，在每次观测中产生的偶然误差(又称“真误差”(True Error))为 $\Delta_1, \Delta_2, \cdots, \Delta_n$，则定义为

$$\Delta_i = X - l_i (i = 1, 2, \cdots, n) \tag{5-1}$$

从单个偶然误差来看，其符号的正负和数值的大小没有任何规律性。但是，如果观测的次数很多，观察其大量的偶然误差，就能发现隐藏在偶然性下内在的必然规律。进行统计的数量越大，规律性也越明显。下面，结合某观测实例，用统计方法进行分析。

在某一测区，在相同的观测条件下共观测了 358 个三角形的全部内角。由于每个三角形内角之和的真值(180°)为已知，因此，可以按式(5-1)计算每个三角形内角之和的偶然误差 Δ_i(三角形闭合差)，将它们分为负误差、正误差和误差绝对值，按绝对值由小到大排列次序。以误差区间 $d\Delta = 3''$ 进行误差个数 k 的统计，并计算其相对个数 $k/n(n = 358)$，k/n 称为误差出现的频率，偶然误差的统计如表 5-1 所示。

表 5-1　偶然误差的统计

误差区间	负误差		正误差		误差绝对值	
dΔ (")	k	k/n	k	k/n	k	k/n
0～3	45	0.126	46	0.128	91	0.254
3～6	40	0.112	41	0.115	81	0.226
6～9	33	0.092	33	0.092	66	0.184
9～12	23	0.064	21	0.059	44	0.123
12～15	17	0.047	16	0.045	33	0.092
15～18	13	0.036	13	0.036	26	0.073
18～21	6	0.017	5	0.014	11	0.031
21～24	4	0.011	2	0.006	6	0.017
24 以上	0	0	0	0	0	0
$\sum x$	181	0.505	177	0.495	358	1.000

为了直观地表示偶然误差的正负和大小的分布情况，可以按表 5-1 所示数据作图(见图 5-1)。图中以横坐标表示误差的正负和大小，以纵坐标表示误差出现于各区间的频率 (k/n) 除以区间 $(d\Delta)$，每一区间按纵坐标做成矩形小条，则每一小条的面积代表误差出现于该区间的

频率，而各小条的面积总和等于 1。该图在统计学上称为“频率直方图”(Bar Graph)。

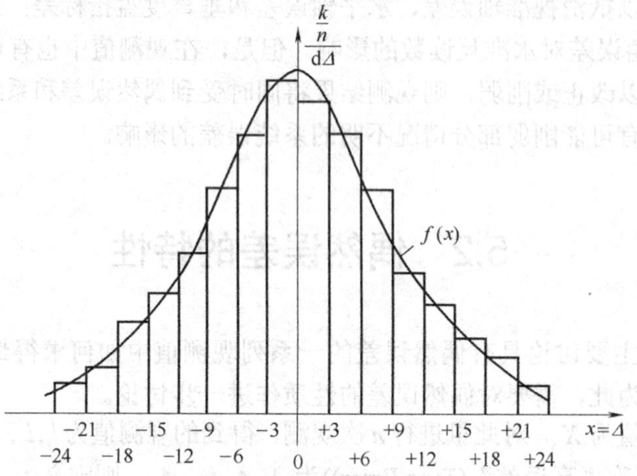

图 5-1 频率直方图

从表 5-1 的统计中，可以归纳出偶然误差的特性如下：

(1) 在一定观测条件下的有限次观测中，偶然误差的绝对值不会超过一定的限值。

(2) 绝对值较小的误差出现的频率大，绝对值较大的误差出现的频率小。

(3) 绝对值相等的正、负误差具有大致相等的频率。

(4) 当观测次数无限增大时，偶然误差的理论平均值趋近于零，即偶然误差具有抵偿性。用公式表示为

$$\lim_{n\to\infty}\frac{\Delta_1+\Delta_2+\cdots+\Delta_n}{n}=\lim_{n\to\infty}\frac{[\Delta]}{n}=0 \tag{5-2}$$

式中，[] 表示取括号中数值的代数和。

以上根据 358 个三角形角度观测值的闭合差作出的误差出现频率直方图的基本图形，表现为中间高、两边低并向横轴逐渐逼近的对称图形，并不是一种特例，而是统计偶然误差时出现的普遍规律，并且可以用数学公式来表示。

若误差的个数无限增大($n\to\infty$)，同时又无限缩小误差的区间 $\mathrm{d}\Delta$，则图 5-1 中各小长条顶边的折线就逐渐成为一条光滑的曲线。该曲线在概率论中称为“正态分布曲线”(Normal Distribution Curve)，它完整地表示了偶然误差出现的概率 P。即当 $n\to\infty$ 时，上述误差区间内误差出现的频率趋于稳定，称为误差出现的概率。

正态分布曲线的数学方程式为

$$y=f(\Delta)=\frac{1}{\sqrt{2\pi}\sigma}\mathrm{e}^{-\frac{\Delta^2}{2\sigma^2}} \tag{5-3}$$

式中，$\pi=3.1416$，为圆周率；$\mathrm{e}=2.7183$，为自然对数的底；σ 为标准差(Standard Error)，标准差的平方 σ^2 为方差(Variance)。方差为偶然误差平方的理论平均值

$$\sigma^2=\lim_{n\to\infty}\frac{\Delta_1^2+\Delta_2^2+\cdots+\Delta_n^2}{n}=\lim_{n\to\infty}\frac{[\Delta^2]}{n} \tag{5-4}$$

标准差为

$$\sigma = \pm\lim_{n\to\infty}\sqrt{\frac{[\Delta^2]}{n}} = \pm\lim_{n\to\infty}\sqrt{\frac{[\Delta\Delta]}{n}} \tag{5-5}$$

由式(5-5)可知，标准差的大小决定于在一定条件下偶然误差出现的绝对值的大小。由于在计算标准差时取各个偶然误差的平方和，因此，当出现有较大绝对值的偶然误差时，在标准差的数值中会得到明显反映。

式(5-3)称为“正态分布的密度函数”(Density Function of Normal Distribution)，以偶然误差Δ为自变量，以标准差σ为密度函数的唯一参数，也是曲线拐点的横坐标值。

5.3　评定精度的标准

5.3.1　中误差(Mean Square Error)

为了统一衡量在一定观测条件下观测结果的精度，取标准差σ作为依据是比较合适的。但是，在实际测量工作中，不可能对某一量作无穷多次观测，因此，定义按有限的几次观测的偶然误差求得的标准差为“中误差”m，即

$$m = \pm\sqrt{\frac{\Delta_1^2 + \Delta_2^2 + \cdots + \Delta_n^2}{n}} = \pm\sqrt{\frac{[\Delta\Delta]}{n}} \tag{5-6}$$

例如，对 10 个三角形的内角进行了两组观测，根据两组观测值中的偶然误差(三角形的角度闭合差——真误差)分别计算其中误差，列于表 5-2 中。

表 5-2　按观测值的真误差计算中误差

次　序	第 1 组观测			第 2 组观测		
	观测值 l	真误差 Δ/(″)	Δ^2	观测值 l	真误差 Δ/(″)	Δ^2
1	180°00′03″	−3	9	180°00′00″	0	0
2	180°00′02″	−2	4	179°59′59″	1	1
3	179°59′58″	2	4	180°00′07″	−7	49
4	179°59′56″	4	16	180°00′02″	−2	4
5	180°00′01″	−1	1	180°00′01″	−1	1
6	180°00′00″	0	0	179°59′59″	1	1
7	180°00′04″	−4	16	179°59′52″	8	64
8	179°59′57″	3	9	180°00′00″	0	0
9	179°59′58″	2	4	179°59′57″	3	9
10	180°00′03″	−3	9	180°00′01″	−1	1
$\sum\lvert x\rvert$		24	72		24	130
中误差	$m_1 = \pm\sqrt{\frac{\sum\Delta^2}{10}} = \pm 2.7''$			$m_2 = \pm\sqrt{\frac{\sum\Delta^2}{10}} = \pm 3.6''$		

由此可见，第 2 组观测值的中误差m_2大于第 1 组观测值的中误差m_1。虽然这两组观测

值的误差绝对值之和是相等的，可是在第 2 组观测值中出现了较大误差$(-7'', +8'')$，因此计算出来的中误差就较大，或者相对来说其精度较低。

在一组观测值中，如果标准差已经确定，就可以画出它所对应的偶然误差的正态分布曲线。按式(5-3)，当$\Delta=0$时，$f(\Delta)$有最大值。如果以中误差代替标准差，则其最大值为$\frac{1}{\sqrt{2\pi}m}$。

因此，当m较小时，曲线在纵轴方向的顶峰较高，在纵轴两侧迅速逼近横轴，表示小误差出现的频率较大，误差分布比较集中；当m较大时，曲线的顶峰较低，曲线形状平缓，表示误差分布比较离散。以上两种情况的正态分布曲线如图 5-2 所示。

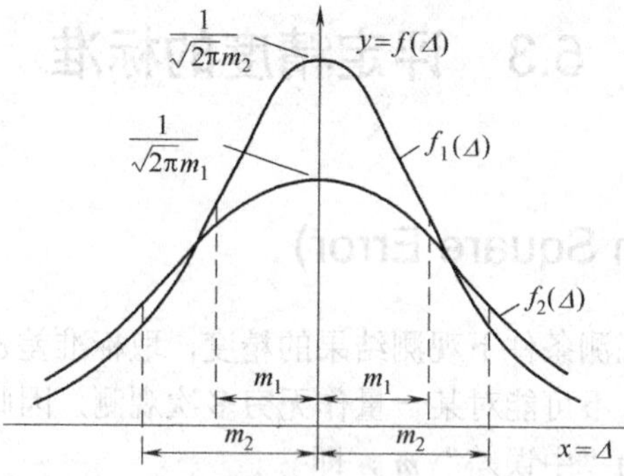

图 5-2　不同中误差的正态分布曲线

用公式(5-6)计算中误差，需要知道观测值的真误差Δ，而在通常情况下，观测量的真值X往往不易知道，所以真误差Δ也求不出。这时，就只有采用观测值的算术平均值L来计算观测值的最或然误差v，通常叫做改正数(Correction)。即

$$\left.\begin{array}{c} v_1 = L - l_1 \\ v_2 = L - l_2 \\ \cdots \\ v_n = L - l_n \end{array}\right\} \tag{5-7}$$

若该量真值X已知，则其真误差为

$$\left.\begin{array}{c} \Delta_1 = X - l_1 \\ \Delta_2 = X - l_2 \\ \cdots \\ \Delta_n = X - l_n \end{array}\right\}$$

将以上两组误差公式对应相减，消去观测值，即得

$$\left.\begin{array}{c} \Delta_1 - v_1 = X - L \\ \Delta_2 - v_2 = X - L \\ \cdots \\ \Delta_n - v_n = X - L \end{array}\right\}$$

移项后，则

$$\left.\begin{aligned}\Delta_1 &= X - L + v_1 \\ \Delta_2 &= X - L + v_2 \\ &\cdots \\ \Delta_n &= X - L + v_n\end{aligned}\right\} \tag{5-8}$$

取和

$$[\Delta] = n\left(X - L\right) + [v] \tag{5-9}$$

将式(5-8)分别平方并取和，得

$$[\Delta\Delta] = n\left(X - L\right)^2 + 2[v]\left(X - L\right) + [vv] \tag{5-10}$$

将式(5-7)取和，得

$$[v] = nL - [l]$$

因 $L = \dfrac{[l]}{n}$，代入上式，得

$$[v] = n\frac{[l]}{n} - [l] = 0 \tag{5-11}$$

于是，式(5-9)为

$$[\Delta] = n(X - L) \tag{5-12}$$

式(5-10)为

$$[\Delta\Delta] = [vv] + n(X - L)^2 \tag{5-13}$$

将式(5-12)代入式(5-13)，得

$[\Delta\Delta] = [vv] + n\dfrac{[\Delta]^2}{n^2}$，展开后为

$$[\Delta\Delta] = [vv] + \frac{\Delta_1^2 + \Delta_2^2 + \cdots + \Delta_n^2}{n} + \frac{2}{n}\left(\Delta_1\Delta_2 + \Delta_1\Delta_3 + \cdots + \Delta_1\Delta_n + \cdots + \Delta_{n-1}\Delta_n\right)$$

由于 $\Delta_1, \Delta_2, \cdots \Delta_n$ 是偶然误差，故 $\Delta_1\Delta_2, \Delta_1\Delta_3, \cdots$ 也具有偶然误差的性质。根据偶然误差第四特性，上式右边第三项为零。故上式为

$$[\Delta\Delta] = [vv] + \frac{[\Delta\Delta]}{n}$$

移项，整理后得

$$\frac{[\Delta\Delta]}{n} = \frac{[vv]}{n-1}$$

由中误差定义可得以改正数表示的中误差为

$$m = \pm\sqrt{\frac{[vv]}{n-1}} \tag{5-14}$$

例如：对某段长度丈量 6 次，其结果如表 5-3 所示，现按改正数计算其观测值的中误差。

$$L = \frac{[l]}{n} = \frac{248.13 + 248.08 + 248.20 + 247.98 + 248.17 + 248.04}{6} = 248.10\text{m}$$

$$m = \pm\sqrt{\frac{(-0.03)^2 + (0.02)^2 + (-0.10)^2 + (0.12)^2 + (-0.07)^2 + (0.06)^2}{6-1}} = \pm 0.083\text{m}$$

表 5-3 某段距离丈量成果

次 序	观测值/m	算术平均值	改正数/m
1	248.13		−0.03
2	248.08	248.10m	0.02
3	248.20		−0.10
4	247.93		0.12
5	248.17		−0.07
6	248.04		0.06

5.3.2 相对误差(Relative Error)

在某些测量工作中，对观测值的精度仅用中误差来衡量还不能正确反映出观测的质量。例如，用钢卷尺丈量 200m 和 40m 两段距离，量距的中误差都是±2cm，但不能认为两者的精度是相同的，因为量距的误差与其长度有关。为此，用观测值的中误差与观测值之比的形式，称为“相对中误差”，描述观测的质量。上述例子中，前者的相对中误差为 0.02/200=1/10000，而后者则为 0.02/40=1/2000，前者的量距精度高于后者。

5.3.3 极限误差(Limit Error)

由频率直方图(见图 5-1)可知，图中各矩形小条的面积代表误差出现在该区间中的频率，当统计误差的个数无限增加、误差区间无限减小时，频率逐渐趋于稳定而成为概率，直方图的顶边即形成正态分布曲线。因此，根据正态分布曲线，可以表示出误差出现的微小区间 dΔ 的概率

$$P(\Delta)=f(\Delta)\mathrm{d}\Delta=\frac{1}{\sqrt{2\pi}m}\mathrm{e}^{-\frac{\Delta^2}{2m^2}\mathrm{d}\Delta} \tag{5-15}$$

根据式(5-15)的积分，可以得到偶然误差在任意大小区间中出现的概率。设以 k 倍中误差作为区间，则在此区间中误差出现的概率为

$$P(|\Delta|<km)=\int_{-km}^{+km}\frac{1}{\sqrt{2\pi}m}^{-\frac{\Delta^2}{2m^2}\mathrm{d}\Delta} \tag{5-16}$$

分别以 k=1，k=2，k=3 代入式(5-16)，可得到偶然误差的绝对值不大于中误差、2 倍中误差和 3 倍中误差的概率

$$P(|\Delta|\leqslant m)=0.683=68.3\%$$
$$P(|\Delta|\leqslant 2m)=0.954=95.4\%$$
$$P(|\Delta|\leqslant 3m)=0.997=99.7\%$$

由此可见，偶然误差的绝对值大于 2 倍中误差的约占误差总数的 5%，而大于 3 倍中误差的仅占误差总数的 0.3%。一般，进行的测量次数有限，3 倍中误差应该很少遇到，因此一般以 2 倍中误差作为允许的误差极限，称为“允许误差”(Permissible Error)，或称为“限差”，即

$$\Delta_{允}=2m \tag{5-17}$$

5.4 误差传播定律及应用

在实际测绘工作中，某些量的大小并非是直接测量的，而是通过观测值按照一定的函数关系求得的。研究观测值中误差与函数中误差关系的定律称为误差传播定律(Law of Propagation of Error)。

设有独立观测值 $x_1, x_2, \cdots, x_n$，其中误差分别为 $m_{x_1}, m_{x_2}, \cdots, m_{x_n}$，今有 n 个独立观测值的函数 $Z = f(x_1, x_2, \cdots, x_n)$，如何确定函数的中误差 m_Z 呢？

对函数 $Z = f(x_1, x_2, \cdots, x_n)$ 求全微分得

$$\mathrm{d}Z = \frac{\partial f}{\partial x_1}\mathrm{d}x_1 + \frac{\partial f}{\partial x_2}\mathrm{d}x_2 + \cdots + \frac{\partial f}{\partial x_n}\mathrm{d}x_n \tag{5-18}$$

因真误差 Δx_i、ΔZ 均很小，故可代替式(5-18)中的微分 $\mathrm{d}x_i$ 及 $\mathrm{d}Z$，从而有真误差关系

$$\Delta Z = \frac{\partial f}{\partial x_1}\Delta x_1 + \frac{\partial f}{\partial x_2}\Delta x_2 + \cdots + \frac{\partial f}{\partial x_n}\Delta x_n$$

注意，$\frac{\partial f}{\partial x_1}$ 可以用 x_i 的观测值代入求得，因而是一常数，故上式实际是一线性表达式。

设对函数 Z 进行了 N 组观测，将上式平方求和，再取均值，得

$$\frac{[\Delta Z^2]}{N} = \left(\frac{\partial f}{\partial x_1}\right)^2 \frac{[\Delta x_1^2]}{N} + \left(\frac{\partial f}{\partial x_2}\right)^2 \frac{[\Delta x_2^2]}{N} + \cdots + \left(\frac{\partial f}{\partial x_n}\right)^2 \frac{[\Delta x_n^2]}{N} +$$
$$\frac{2}{n}\left(\frac{\partial f}{\partial x_1}\frac{\partial f}{\partial x_2}[\Delta x_1 \Delta x_2] + \frac{\partial f}{\partial x_1}\frac{\partial f}{\partial x_3}[\Delta x_1 \Delta x_3] + \cdots + \frac{\partial f}{\partial x_{n-1}}\frac{\partial f}{\partial x_n}[\Delta x_{n-1} \Delta x_n]\right)$$

不难证明，独立观测值 x_i、x_j 的偶然误差 Δx_i、Δx_j 的乘积 $\Delta x_i \Delta x_j$ 也必然表现为偶然误差，依大量偶然误差的抵偿性则有

$$\lim_{\substack{N\to\infty \\ i\neq j}} \left(\frac{\partial f}{\partial x_i}\right)\left(\frac{\partial f}{\partial x_j}\right)\frac{[\Delta x_i \Delta x_j]}{N} = 0$$

由中误差定义式(5-6)得

$$m_Z^2 = \left(\frac{\partial f}{\partial x_1}\right)^2 m_{x_1}^2 + \left(\frac{\partial f}{\partial x_2}\right)^2 m_{x_2}^2 + \cdots + \left(\frac{\partial f}{\partial x_n}\right)^2 m_{x_n}^2 \tag{5-19}$$

依据式(5-19)，可导出表 5-4 所示线性函数式的中误差传播关系式。

表 5-4 线性函数式的中误差传播关系式

函 数	函数表达式	误差传播定律
倍数	$Z = kx$	$m_Z^2 = k^2 m_x^2$
和差	$Z = \pm x_1 \pm x_2 \pm \cdots \pm x_n$	$m_Z^2 = m_{x_1}^2 + m_{x_2}^2 + \cdots + m_{x_n}^2$
线性	$Z = \pm k_1 x_1 \pm k_1 x_2 \pm \cdots \pm k_1 x_n$	$m_Z^2 = k_1^2 m_{x_1}^2 + k_2^2 m_{x_2}^2 + \cdots + k_n^2 m_{x_n}^2$
均值	$Z = \frac{[x]}{n} = \frac{1}{n}x_1 + \frac{1}{n}x_2 + \cdots + \frac{1}{n}x_n$	$m_Z^2 = m_x^2 / n$（x_i 为等精度观测）

【例 5-1】 在 1∶1000 的地形图上量得两点之间距 d=237.5mm，已知丈量中误差为 $m_d=\pm0.2\text{mm}$，问该两点的地面水平距离 D 及中误差 m_D 为多少？

解 D=1000 d=237.5m

m_D=1000 m_D=±0.20m

【例 5-2】 设对某一平面三角形的两内角 α、β 进行了观测，其测角中误差分别为 $m_\alpha=\pm3''$，$m_\beta=\pm4''$，问依 $\gamma=180-(\alpha+\beta)$ 求得的第三角 γ 的中误差为多少？

解 $m_\gamma=\sqrt{m_\alpha^2+m_\beta^2}=\pm5''$

【例 5-3】 今用测距仪对某段距离进行了 16 次同精度观测，每次测距中误差 $m_s=\pm4\text{mm}$，问这段距离算术平均值的中误差 m_{s_0} 为多少？

解 $s_0=[s]/n$

$m_{s_0}=m_s/\sqrt{n}=\pm4/\sqrt{16}=\pm1(\text{mm})$

【例 5-4】 设 D、α 为距离、方位角的独立观测值，其中误差分别为 m_D、m_α(以″为单位)，问由 m_D、m_α 引起的纵横坐标增量 ΔX、ΔY 及待定点 P 的位置中误差 $m_{\Delta X}$、$m_{\Delta Y}$、m_P 为多少？

解 $\Delta X=D\cos\alpha$

$\Delta Y=D\sin\alpha$

$\dfrac{\partial\Delta X}{\partial D}=\cos\alpha$，$\dfrac{\partial\Delta X}{\partial\alpha}=-D\sin\alpha=-\Delta Y$

$\dfrac{\partial(\Delta Y)}{\partial D}=\sin\alpha$，$\dfrac{\partial(\Delta Y)}{\partial\alpha}=-D\cos\alpha=\Delta X$

依式(5-19)得

$$m_{\Delta X}^2=\cos^2\alpha m_D^2+(\Delta Y)^2\left(\frac{m_\alpha''}{\rho''}\right)^2$$

$$m_{\Delta Y}^2=\sin^2\alpha m_D^2+(\Delta X)^2\left(\frac{m_\alpha''}{\rho''}\right)^2$$

$$m_P^2=m_{\Delta X}^2+m_{\Delta Y}^2=m_D^2+D^2\left(\frac{m_\alpha''}{\rho''}\right)^2$$

式中，$\rho''=206265''$。

【例 5-5】 视距测量中，设有独立观测值倾角 δ、尺间隔 l，其中误差分别为 m_δ''(以″为单位)、m_l，设视距乘常数 $k=100$，无误差， 问视距高差主值 h、平距 D 的中误差为多少？

解 $h=\dfrac{1}{2}kl\sin2\delta$

$D=kl\cos^2\delta$

$\dfrac{\partial h}{\partial l}=\dfrac{1}{2}k\sin2\delta=(h/l)$，$\dfrac{\partial h}{\partial\delta}=kl\cos2\delta$

$\dfrac{\partial D}{\partial l}=k\cos^2\delta=(D/l)$，$\dfrac{\partial D}{\partial\delta}=-kl\sin2\delta=-2h$

依式(5-19)得

$$m_h^2 = (h/l)^2 m_l^2 + (kl\cos 2\delta)^2 (m_\delta'' / \rho'')^2$$

$$m_D^2 = (D/l)^2 m_l^2 + 4h^2 (m_\delta'' / \rho'')^2$$

【例 5-6】 水准测量中，已知每站高差测量的中误差为 m_h，设每站高差均等精度观测，试导出每千米高差中误差与 S(km)高程中误差的关系式。

解　$H = H_0 + h_1 + h_2 + \cdots + h_n$ (a)

依题意得：$m_{h_1} = m_{h_2} = \cdots = m_{h_n} = m_h$，由式(5-10)得($H_0$ 为无误差的起始高程)

$$m_H = \sqrt{n} m_h \qquad \text{(b)}$$

设每站水准路线长度为 s，n 站水准路线共观测 S 千米，则 $n = S/s$，将 n 代入式(b)得

$$m_H = \frac{m_h}{\sqrt{s}} \sqrt{S} \qquad \text{(c)}$$

显然，若 S =1km，则 $m_H = m_h / \sqrt{s}$，故称 $m_h / \sqrt{s}$ 为每公里高差中误差，定义 $m_{h_0} = m_h / \sqrt{s}$，则

$$m_H = m_{h_0} \sqrt{S} \qquad \text{(d)}$$

式(d)即为所求关系式。如已知 $m_h = \pm 4\text{mm}, s = 250\text{m} = 0.250\text{km}$，则 $m_{h_0} = m_h / \sqrt{s} = \pm 8\text{mm}$；观测 $S = 4\text{km}$ 时，终点高程的中误差为 $m_H = m_{h_0} / \sqrt{S} = \pm 16\text{mm}$。

习　题

1. 术语解释：①等精度观测；②不等精度观测；③系统误差；④偶然误差；⑤多余观测；⑥中误差；⑦相对误差；⑧允许误差。

2. 偶然误差都有哪些特性？试根据其第四特性解释等精度直接观测值的算术平均值是最可靠值。

3. 三角高程测量求高差 $h = D\tan\alpha$，已知 $D = 118.093\text{m}$，$\alpha = 57^\circ 28' 32''$，$m_D = \pm 0.007\text{mm}$，$m_\alpha = \pm 40''$，试求高差 h 及其中误差 m_h。

4. 量得一圆的半径 $R = 31.3\text{mm}$，其中误差为 ±0.3mm，求其圆面积及其中误差。

5. 已知用某经纬仪测角时，一测回角值的中误差为 ±20″，若需角值精度达到 ±10″，至少应测几个测回取平均值其精度才能满足要求？

6. 对某直线丈量了 6 次，观测结果为 246.535m、246.548m、246.520m、246.529m、246.550m、246.537m，试计算其算术平均值、算术平均值的中误差及相对误差。

7. 某水平角以等精度观测 4 个测回，观测值分别为 55°40′47″、55°40′40″、55°40′42″、55°40′46″，试求观测值的一测回的中误差、算术平均值及其中误差。

第6章 控制测量

【学习目标】

- 了解控制测量的作用及其布网原则;
- 熟悉导线测量的外业工作及内业计算步骤;
- 熟悉三角测量的外业工作及内业计算步骤;
- 熟悉高程控制测量的方法;
- 了解 GPS 卫星定位测量的基本知识。

测量工作必须遵守“从整体到局部，先控制后碎部”的原则，即进行任何的测量工作，首先都要建立控制网，然后根据控制网进行碎部测量或测设工作。控制网分为平面控制网和高程控制网两种，控制测量便是为建立控制网而服务的。

6.1 控制测量概述

6.1.1 控制测量的作用和布网原则

在大地上进行的各种测绘和测设工作，都需要一定数量其点位(坐标)已知、埋设稳固的固定点作为展开测量工作的基准点。这些坐标(或高程)已知、埋设稳固的基准点，测量上称为控制点(control Point)。建立这些控制点的工作称为控制测量(control survey)。控制测量的作用可以归纳为：

(1) 控制测量是各项测量工作的基础。例如，在测图时，由控制测量提供测站点；又如，在放样道路曲线时，由控制点提供标准方向测设曲线偏角等。

(2) 控制测量具有控制全局的作用。例如，统一坐标系统的控制网在测绘地形图时，保证各图幅之间的正确拼接；在大型设备安装时，可使各部件之间准确地安装到设计要求的相对位置。

(3) 限制测量误差的传递和积累。任何测量都不可避免地带有误差，如水准测量、导线测量等，每站都会产生误差。这些误差也会站站传递下去、累积起来，使后面点的点位误差变得越来越大。控制测量使工程的待测点附近都有了控制点，而无须通过遥远的路线去引测坐标。

控制测量是通过建立控制网精确测定控制点坐标的。用以确定点的平面位置 X、Y 的控制网为平面控制网(Plane Control Network)。平面控制网以三角网(Triangulation Net-work)、导线网(Traverse Network)应用最多，此外还有三边网(Trilateration Network)、边角网(Network with Angles and Sides Measured)等。确定点的高程位置 H 的控制网称为高程控制网(Vertical

Control Network)。高程控制网以水准网为主，在布设水准网困难地区也可使用三角高程测量的方法传递高程。

为了在建网和使用过程中最大限度地节约人力、物力资源和时间，满足不同地区经济建设对控制网精度、密度、急缓的不同需求，同时满足我国国家控制网对全国定位起到全局的、整体的、统一的基准作用，我国国家控制网的建设遵循如下建网原则：①先整体、后局部，分级布网、逐级控制；②要有足够的精度；③要有足够的密度；④要有统一的规格。国家有关部门专门制定了各种测量规范，作为测绘工作的法规性文件，以保证上述原则的贯彻和实施。

6.1.2 国家控制网

1. 国家平面控制网(National Plane Control Network)

国家平面控制网分为一、二、三、四等四个等级。一等控制以三角锁(Network of Chains)为主，在全国范围内按经纬度布设成锁网状，如图 6-1 所示；二等平面控制在一等锁环内布设成全面网(Continuous Network)，如图 6-2 所示；三、四等平面控制分别是上一级网的加密，如图 6-3、图 6-4 所示。一等锁在全国范围内统一完成，以下各级网的加密或改造根据使用的主次缓急逐级分期进行。

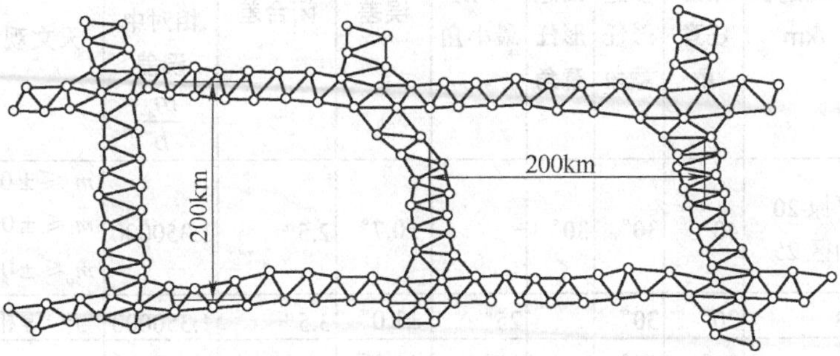

图 6-1 国家一等控制网(锁)

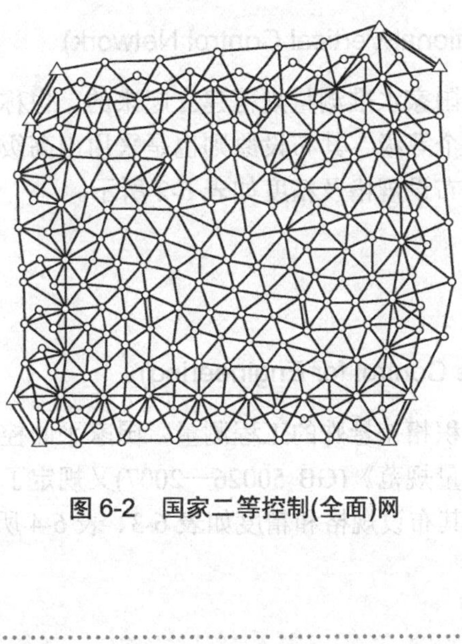

图 6-2 国家二等控制(全面)网

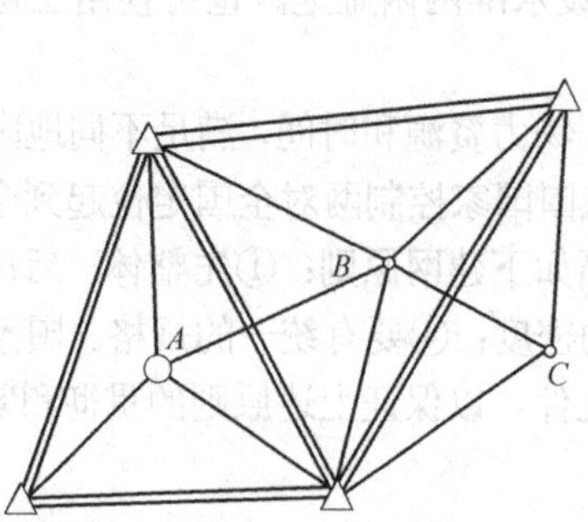

图 6-3 三、四等插点控制网

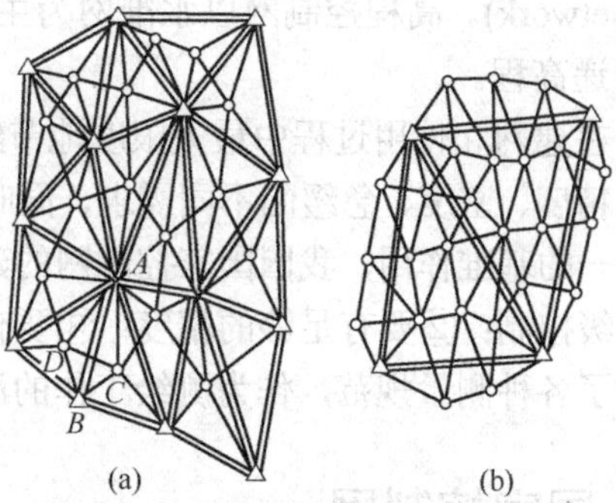

图 6-4 三、四等加密控制网

国家平面控制网的布设规格及其精度如表 6-1 所示。

表 6-1 国家平面控制网的布设规格及精度

等级	边长		图形强度限制				测角中误差	角形最大闭合差	起算元素精度		
	边长范围/km	平均边长/km	单三角形任意角	中点多边形任意角	大地四边形任意角	个别最小角			起算边边长相对中误差 $\frac{m_b}{b}$	天文观测	最弱边边长相对中误差 $\frac{m_S}{S}$
一等	15～45	平原 20 山区 25	40°	30°	30°	—	±0.7°	2.5″	1:350000	$m_\alpha \leqslant \pm 0.5''$ $m_\gamma \leqslant \pm 0.3''$ $m_\varphi \leqslant \pm 0.3''$	1：150000
二等	10～8	13	30°	30°		25°	±1.0°	3.5″	1:350000	与一等相同	1：150000
三等		8	30°	30°		25°	±1.8°	7.0″	—	—	1：80000
四等		2～6	30°	30°		25°	±2.5°	9.0″	—	—	1：40000

2. 国家高程控制网(National Vertical Control Network)

国家高程控制网是按照国家水准测量规范建立起来的，也称为国家水准网。国家水准网布设成一、二、三、四等四个等级。其布设原则也是采用由高级到低级、从整体到局部、逐渐控制、逐级加密的原则。布设规格及精度如表 6-2 所示。

6.1.3 工程控制网

1. 工程平面控制(Plane Control for Engineering)

对于种类繁多、测区面积相差悬殊的工程测量，国家平面控制网的等级、密度等往往显得不适应。因此，《工程测量规范》(GB 50026—2007)又规定了工测网的布设方案。工测网的布设原则与国家网相同，其布设规格和精度如表 6-3、表 6-4 所示。与国家网相比，工测网具有如下特点。

(1) 工测网等级多。

(2) 各等级控制网的平均边长较相应等级的国家网的边长短，即点的密度大。

(3) 各等级控制网均可以作为首级控制。

(4) 三、四等三角网起算边的相对中误差，按首级网和加密网分别对待。

这样，独立建网时，起始边精度与电磁波测距精度相适应；在上一级网的基础上加密建网时，可以利用上一级网的最弱边作为起始边。

表 6-2　我国各级水准网布设规格及精度

等级		环线周长/km	附合路线长/km	M_Δ /mm	M_ω /mm
一等	平原、丘陵	1000～1500	—	≤±0.5	≤±1.0
	山地	2000	—		
二等		500～750	—	≤±1.0	≤±2.0
三等		300	200	≤±3.0	≤±6.0
四等		—	80	≤±5.0	≤±10.0

表 6-3　三角测量的主要技术要求

等级		平均边长/km	测角中误差/(″)	起始边边长相对中误差	最弱边边长相对中误差	测回数 DJ1	测回数 DJ2	测回数 DJ3	三角形最大闭合差/(″)
二等		9	1	≤1/250000	≤1/120000	12			3.5
三等	首级	4.5	1.8	≤1/150000	≤1/70000	6	9	—	7
	加密			≤1/120000					
四等	首级	2	2.5	≤1/100000	≤1/40000	4	6	—	9
	加密			≤1/70000					
一级小三角		1	5	≤1/40000	≤1/20000	—	2	4	15
二级小三角		0.5	10	≤1/20000	≤1/10000	—	1	2	30

表 6-4　导线测量的主要技术要求

等级	导线长度/km	平均边长/km	测角中误差/(″)	测距中误差/mm	测距相对中误差	测回数 DJ1	测回数 DJ2	测回数 DJ6	方位角闭合差/(″)	相对闭合差
三等	14	3	1.8	20	≤1/150000	6	10	—	$3.6\sqrt{n}$	≤1/55000
四等	9	1.5	2.5	18	≤1/80000	4	6	—	$5\sqrt{n}$	≤1/35000
一级	4	0.5	5	15	≤1/30000		2	4	10	≤1/15000
二级	2.4	0.25	8	15	≤1/14000	—	1	3	$16\sqrt{n}$	≤1/10000
三级	1.2	0.1	12	15	≤1/7000	—	1	2	$24\sqrt{n}$	≤1/5000

2. 工程高程控制(Vertical Control for Engineering)

较小区域或工程的高程控制，根据《工程测量规范》(GB 50026—2007)分为二、三、四、五等四个等级水准测量。它是大比例尺测图以及各种工程测量的高程控制，其主要技术要求如表 6-5 所示。水准点间的距离，一般地区应为 1～3km，工厂区应不小于 1km。一个测区至少设立 3 个水准点。在山区无法进行水准测量时，也可以在一定数量水联点(水准联测点)的控制下，布设三角高程路线或三角高程网作为高程控制测量。

表 6-5　水准测量的主要技术要求

等级	每千米高差全中误差/mm	路线长度/km	水准仪的型号	水准尺	观测次数		往返较差、附合或环线闭合差/mm	
					与已知点联测	附合或环线	平地	山地
二等	2	—	DS1	因瓦	往、返各一次	往、返各一次	$4\sqrt{L}$	—
三等	6	≤50	DS1	因瓦	往、返各一次	往一次	$12\sqrt{L}$	$4\sqrt{n}$
			DS3	双面		往、返各一次		
四等	10	≤16	DS3	双面	往、返各一次	往一次	$20\sqrt{L}$	$6\sqrt{n}$
五等	15	—	DS3	双面	往、返各一次	往一次	$30\sqrt{L}$	—

6.1.4　图根控制网(Mapping Control Network)

直接为测图目的建立的控制网，称为图根控制网。图根控制网的控制点称为图根点(Mapping Control Point)。图根控制网应尽可能与国家网、工程网相连接，形成统一的坐标系统。个别地区连接有困难时，也可以建立独立的图根控制网。图根点的密度和精度主要根据测图比例尺和测图方法确定。表 6-6 为对平坦开阔地区、平板仪测图图根点密度所作的规定。对山地或通视困难，地貌、地物复杂地区，图根点密度可适当增大。图根控制网测量的主要技术要求如表 6-7、表 6-8 所示。

表 6-6　图根点密度的规定

测图比例尺	1∶500	1∶1000	1∶2000	1∶5000
图根点个数 / km^2	150	50	15	5
每幅图图根点个数/个	9~10	12	15	20

表 6-7　图根三角测量的主要技术要求

边长/m	测角中误差/(″)	三角形个数/个	DJ6 测回数	三角形最大闭合差/(″)	方位角闭合差/(″)
≤1.7 测图最大视距	20	≤1.3	1	60	$40\sqrt{n}$

表 6-8　图根导线测量的主要技术要求

导线长度/m	相对闭合差	边　长	测角中误差/(″)		DJ6 测回数	方位角闭合差/(″)	
			一般	首级控制		一般	首级控制
≤1000	≤1/2000	≤1.5 测图最大视距	30	20	1	$60\sqrt{n}$	$40\sqrt{n}$

6.2 导线测量

6.2.1 概述

将测区内相邻控制点连成直线而构成的折线，称为导线(Traverse)。这些控制点，称为导线点。导线测量就是依次测定各导线边的长度和各转折角值，根据起始点坐标和起始边的坐标方位角，推算各边的坐标方位角，从而求出各导线点的坐标。用经纬仪测量转折角，用钢尺测定边长的导线，称为经纬仪导线(Theodolite Traverse)；若用光电测距仪测定导线边长，则称为电磁波测距导线(EDM Traverse)。

导线测量是建立小区域平面控制网常用的一种方法。特别是地物分布较复杂的建筑区、视线障碍较多的隐蔽区和带状地区，多采用导线测量(Traversing)的方法。根据测区的不同情况和要求，导线可布设成下列三种形式。

1. 闭合导线(Closed Traverse)

起讫于同一已知点的导线，称为闭合导线。如图 6-5 所示，导线从已知高级控制点 B 和已知方向 BA 出发，经过 1、2、3、4、5、6、7 点，最后仍回到起始点 B，形成一闭合多边形。它本身存在着严密的几何条件，具有检核作用。

2. 附合导线(Annexed Traverse)

布设在两已知点间的导线，称为附合导线。如图 6-6 所示，导线从一高级控制点 A 和已知方向 AB 出发，经过 1、2、3、4 点，最后附合到另一已知高级控制点 C 和已知方向 CD。此种布设形式，具有检核观测成果的作用。

3. 支导线(Spur Traverse)

由一已知点和已知边的方向出发，既不附和到另一已知点，又不回到原起始点的导线，称为支导线。因支导线缺乏检核条件，故其边数一般不超过 4 条。

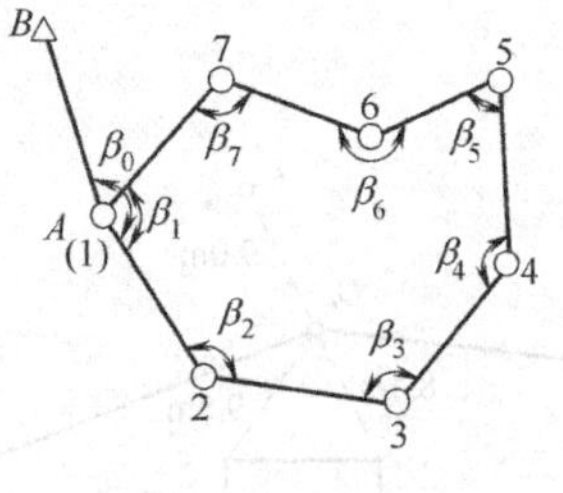

图 6-5 闭合导线

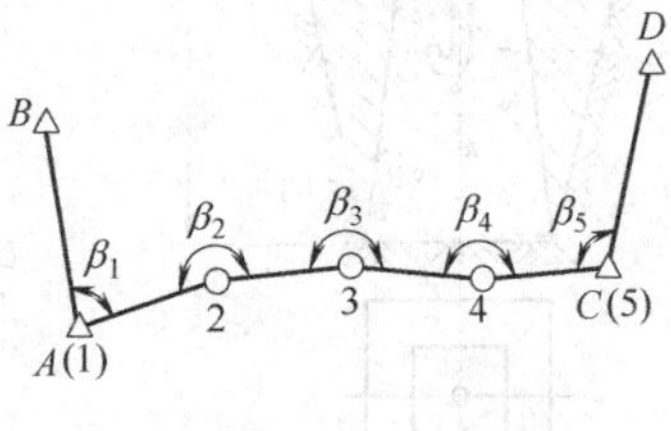

图 6-6 附合导线

6.2.2 导线测量的外业工作

导线测量的外业工作(Field Work)包括踏勘、选点及建立标志、量边、测角和联测，分述如下。

1. 踏勘、选点及建立标志(Reconnaissance)

选点前应调查搜集测区已有地形图和高一级的控制点的成果资料，把控制点展绘在地形图上，然后在地形图上拟定导线的布设方案，最后到野外去踏勘，实地核对、修改、落实点位和建立标志。如果测区没有地形图资料，则需详细踏勘现场，根据已知控制点的分布、测区地形条件及测图和施工需要等具体情况，合理地选定导线点的位置。实地选点时，应注意下列几点。

(1) 相邻点间通视良好，地势较平坦，便于测角和量距。

(2) 点位应选在土质坚实处，便于保存标志和安置仪器。

(3) 视野开阔，便于施测碎部。

(4) 导线各边的长度应大致相等。

(5) 导线点应有足够的密度，分布较均匀，便于控制整个测区。

导线点选定后，要在每一点位上打一大木桩，其周围浇灌一圈混凝土(见图 6-7)，桩顶钉一小钉，作为临时性标志。若导线点需要保存的时间较长，就要埋设混凝土桩(见图 6-8)或石桩，刻“十桩顶”字，作为永久性标志。导线点应统一编号。

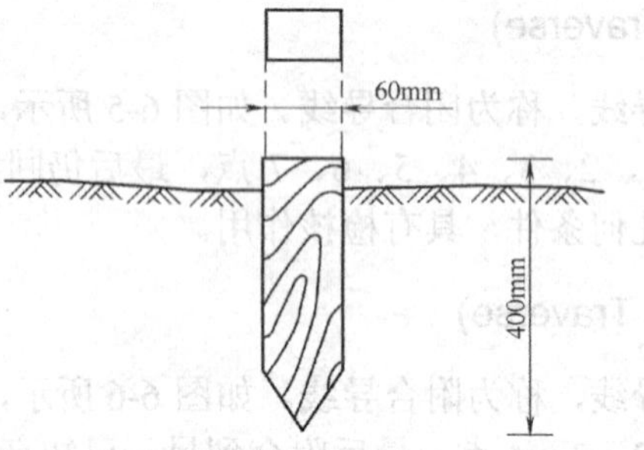

图 6-7　导线点标识

为了便于寻找，应量出导线点与附近固定而明显的地物点的距离，绘一草图，注明尺寸，称为点之记(Description of Stations)，如图 6-9 所示。

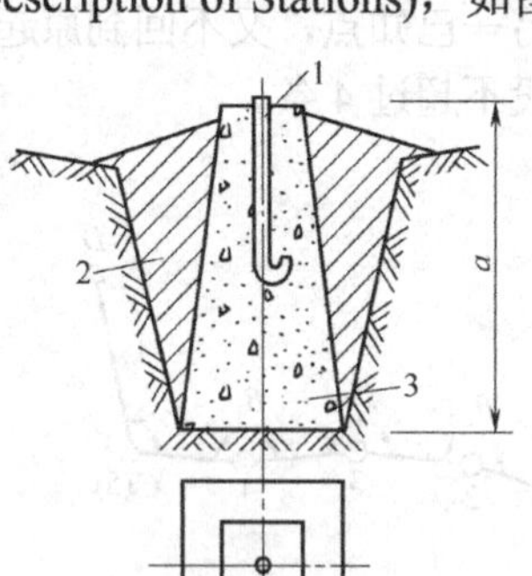

图 6-8　永久导线点

1—粗钢筋；2—回填土；3—混凝土

a、b 视埋设深度而定

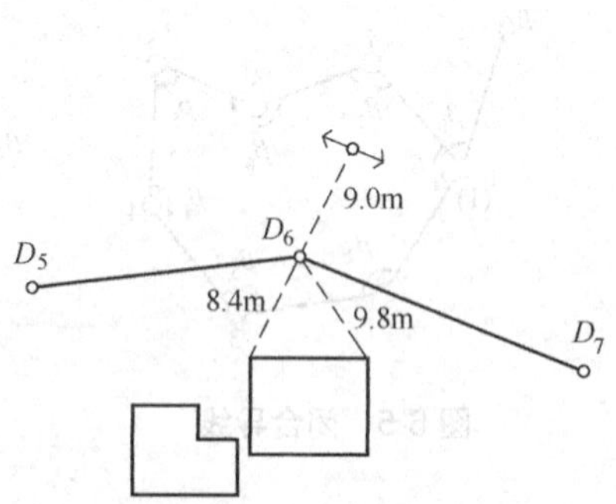

图 6-9　点之记

2. 量边(Distance Measuring)

导线边长(Lenth of Polygon Leg)可用光电测距仪测定，测量时要同时观测竖直角，供倾斜改正之用。若用钢尺丈量，钢尺必须经过检定。对于图根导线，用一般方法往返丈量或同一方向丈量两次；当尺长改正数大于 1/10000 时，应加尺长改正；量距时平均尺温与检定时温度相差±10℃时，应进行温度改正；尺面倾斜大于 1.5%时，应进行倾斜改正；取其往返丈量的平均值作为成果，并要求其相对误差不大于 1/3000。

3. 测角(Angle Measuring)

用测回法施测导线左角(位于导线前进方向左侧的角)或右角(位于导线前进方向右侧的角)。在附和导线中，一般量测导线左角；在闭合导线中均测内角。若闭合导线按逆时针方向编号，则其左角就是内角。测角时，为了便于瞄准，可在已埋设的标志上用 3 根竹竿吊一个大垂球(见图 6-10)，或用测钎、觇牌作为照准标志。

4. 联测(Tie Survey)

如图 6-11 所示导线与高级控制点连接。必须观测连接角 β_A、β_1，连接边 D_{A1}，作为传递坐标方位角和坐标之用。如果附近无高级控制点，则应用罗盘仪施测导线起始边的磁方位角，并假定起始点的坐标作为起算数据。

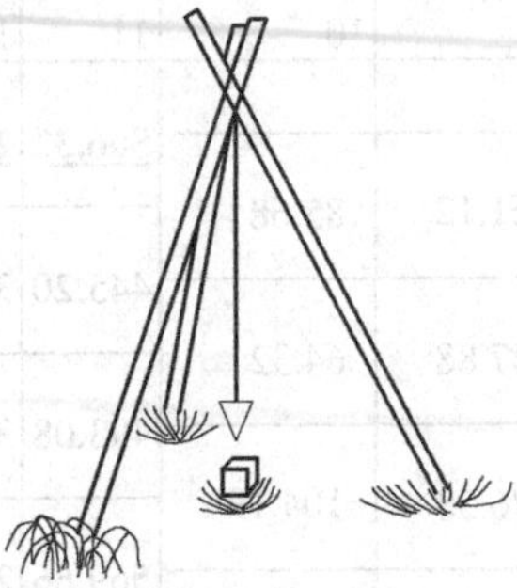

图 6-10　照准标

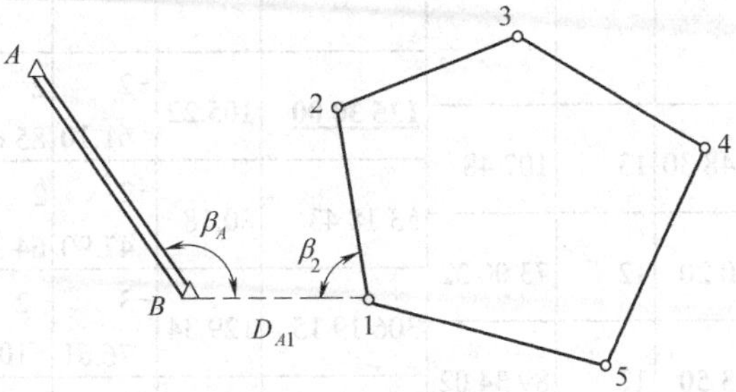

图 6-11　导线联测

6.2.3　导线测量的内业计算

导线测量内业(Office Work)计算的目的就是计算各导线点的坐标。计算之前，应全面检查导线测量外业记录，数据是否齐全，有无记错、算错，成果是否符合精度要求，起算数据是否准确。然后绘制导线略图(Sketch of Traverse)，把各项数据注于图上相应位置，如图 6-12 所示。

1. 内业计算中数字取位的要求

内业计算中数字的取位，对于四等以下的小三角及导线，角值取至秒(s)，边长及坐标取至毫米(mm)。对于图根三角锁及图根导线，角值取至秒(s)，边长和坐标取至厘米(cm)。

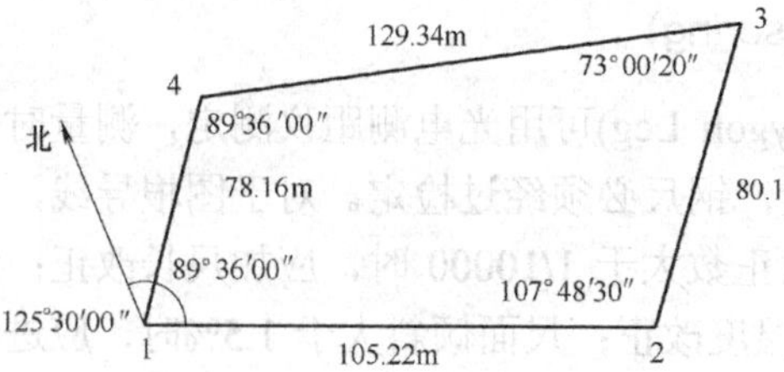

图 6-12 导线测量的内业计算

2. 闭合导线的坐标计算

现以图 6-12 中的实测数据为例，说明闭合导线坐标计算的步骤。

1) 准备工作

将校核过的外业观测数据及起算数据填入“闭合导线坐标计算表”(见表 6-9)中，起算数据用双线标明。

表 6-9 闭合导线坐标计算表

点号	观测角左角/(° ′ ″)	改正数/(″)	改正角/(° ′ ″)	坐标方位角/(° ′ ″)	距离/m	坐标增量		改正后的坐标增量/m		坐标值/m		点号
						Δx	Δy	$\Delta\hat{x}$	$\Delta\hat{y}$	$\hat{x}$	$\hat{y}$	
1	2	3	4	5	6	7	8	9	10	11	12	13
1										**506.32**	**215.65**	1
				125 30 00	105.22	−2 −61.10	2 85.66	−61.12	85.68			
2	107 48 30	13	107 48							445.20	301.33	2
				53 18 43	80.18	−2 47.90	2 64.30	47.88	64.32			
3	73 00 20	12	73 00 32							493.08	365.64	3
				306 19 15	129.34	−3 76.61	2 −104.21	76.58	−104.19			
4	89 33 50	12	89 34 02							569.66	261.46	4
				215 53 17	78.16	−2 −63.32	1 −45.82	−63.34	−45.81			
1	89 36 30	13	89 36 43							**506.32**	**215.65**	1
				125 30 00	—	—	—	—	—			
2	—	—	—									
				—	392.90	0.09	−0.07	0.00	0.00			
总和	359 59 10	+50	—							—	—	—
辅助计算	$\sum\beta_{测} = 359°\ 59'10''$ $\sum\beta_{理} = 360°$ $f_\beta = \sum\beta_{理} - \sum\beta_{测} = 50°$ $f_{\beta容} = \pm 60°\sqrt{n} = \pm 120°$			$f_x = \sum\Delta x_m = 0.09m$　　$f_\beta = \sum\Delta y_m = -0.07m$ 导线全长闭合差 $f = \sqrt{f_x^2 + f_y^2} = 0.11m$ 导线相对闭合差 $K = \dfrac{1}{\sum D/f} \approx \dfrac{1}{3500}$ 允许相对闭合差 $K_{容} = 1/2000$								

2) 角度闭合差的计算与调整

n 边形闭合导线内角和的理论值为

$$\sum \beta_{理} = (n-2)\times 180^{\circ} \tag{6-1}$$

由于观测角不可避免地含有误差，致使实测的内角之和$\sum \beta$不等于理论值，而产生角度闭合差(Angular Closure) f_β，即

$$f_\beta = \sum \beta_{测} - \sum \beta_{理} \tag{6-2}$$

各级导线角度闭合差的容许值$f_{\beta容}$，如表 6-4 和表 6-8 所示。f_β超过$f_{\beta容}$，则说明所测角度不符合要求，应重新检测角度。若f_β不超过$f_{\beta容}$,可将闭合差反符号平均分配到各观测角中。改正后的内角和应为$(n-2)\times 180^{\circ}$，本例应为 360°，以作计算校核。

3) 用改正后的导线左角或右角推算各边的坐标方位角(Grid Azimuth)

根据起始边的已知坐标方位角及改正角按下列公式推算其他各导线边的坐标方位角：

$$\alpha_{前} = \alpha_{后} + 180^{\circ} + \beta_{左}\ (适用于测左角) \tag{6-3}$$

$$\alpha_{前} = \alpha_{后} + 180^{\circ} - \beta_{右}\ (适用于测右角) \tag{6-4}$$

本例观测左角，按式(6-3)推算出导线各边的坐标方位角，列入表 6-9 所示第 5 栏。在推算过程中必须注意：

(1) 如果算出的$\alpha_{前}$>360°，则应减去 360°。

(2) 用式(6-4)计算时，如果$(\alpha_{后} + 180^{\circ}) < \beta_{右}$，则应加 360°再减$\beta_{右}$。

(3) 闭合导线各边坐标方位角的推算，最后推算出起始边坐标方位角，它应与原有的已知坐标方位角值相等，否则应重新检查计算。

4) 坐标增量(Increment of Coordinate)的计算及闭合差的调整

(1) 坐标增量的计算。

如图 6-13 所示，设点的坐标x_1、y_1和 1-2 边的坐标方位角α_{12}均为已知，边长D_{12}也已测得，则点 2 的坐标为

$$\begin{cases} x_2 = x_1 + \Delta x_{12} \\ y_2 = y_1 + \Delta y_{12} \end{cases}$$

式中，Δx_{12}、Δy_{12}称为坐标增量，也就是直线两端点的坐标值之差。上式说明，欲求待定点的坐标，必须先求出坐标增量，根据图 6-13 中的几何关系，可写出坐标增量的计算公式

$$\left.\begin{aligned} \Delta x_{12} &= D_{12}\cos\alpha_{12} \\ \Delta y_{12} &= D_{12}\sin\alpha_{12} \end{aligned}\right\} \tag{6-5}$$

式中，Δx及Δy的正负号，由$\cos\alpha$及$\sin\alpha$的正负号决定。本例按式(6-5)所算得的坐标增量填入表 6-9 的第 7、8 两栏中。

(2) 坐标增量闭合差的计算与调整。

从图 6-14 中可以看出，闭合导线纵、横坐标增量代数和的理论值应为零，即

$$\left.\begin{aligned} \sum \Delta x_{12} = 0 \\ \sum \Delta x_{12} = 0 \end{aligned}\right\} \tag{6-6}$$

实际上由于量边的误差和角度闭合差调整后的残余误差(Residual Error)，往往使$\sum \Delta x_{测}$、$\sum \Delta y_{测}$不等于零，而产生纵坐标增量闭合差f_x与横坐标增量闭合差f_y，即

$$\left.\begin{aligned} f_x &= \sum \Delta x_{12} \\ f_y &= \sum \Delta y_{12} \end{aligned}\right\} \tag{6-7}$$

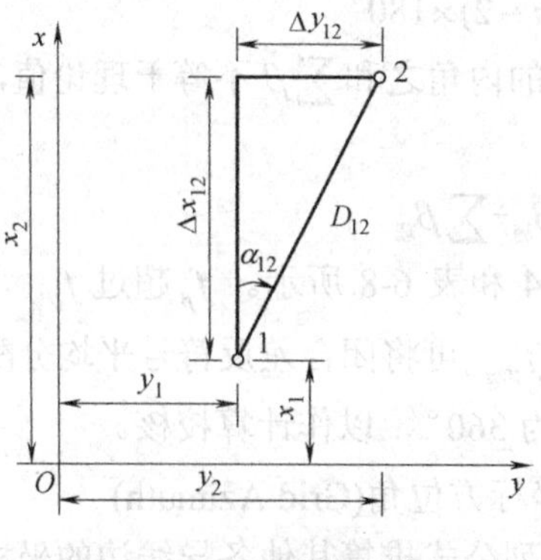

图 6-13　坐标增量计算(1)

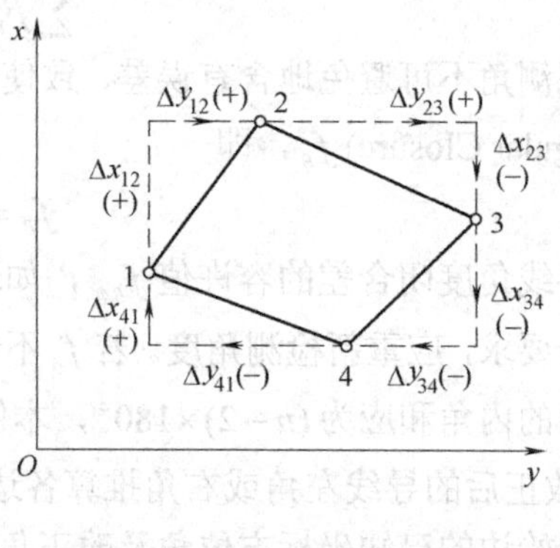

图 6-14　坐标增量计算(2)

从图 6-15 中明显看出，由于 f_x、f_y 的存在，使导线不能闭合，1-1′的长度 f_D 称为导线全长闭合差(Linear Closure)，并用下式计算：

$$f_D=\sqrt{f_x^2+f_y^2} \tag{6-8}$$

仅从 f_D 值的大小还不能显示导线测量的精度，应当将 f_D 与导线全长 $\sum D$ 相比，以分子为 1 的分数来表示导线全长相对闭合差，即

$$K=\frac{f_D}{\sum D}=\frac{1}{\dfrac{\sum D}{f_D}} \tag{6-9}$$

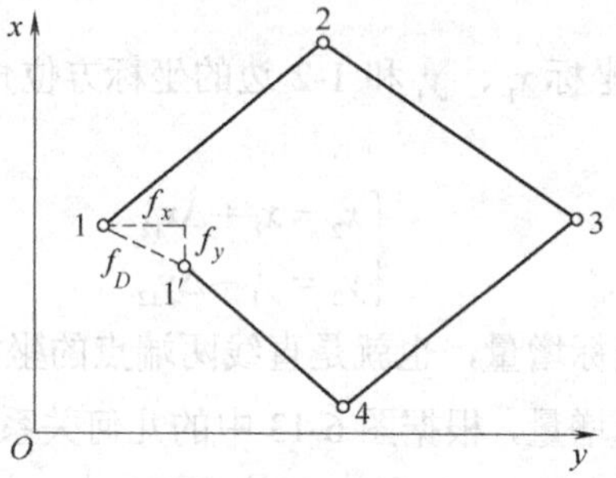

图 6-15　坐标闭合差

以导线全长相对闭合差 K 来衡量导线测量的精度，K 的分母越大，精度越高。不同等级的导线全长相对闭合差的容许值 $K_{容}$ 已列入表 6-4 和表 6-8。若 $K>K_{容}$，则说明成果不合格，首先应检查内业计算有无错误，然后检查外业观测成果，必要时重测；若 $K\leqslant K_{容}$，则说明符合精度要求，可以进行调整，即将 f_x、f_y 反其符号按边长成正比分配到各边的纵、横坐标增量中去。以 V_{xi}、V_{yi} 分别表示第 i 边的纵、横坐标增量改正数，即

$$\left.\begin{aligned}V_{xi}&=\frac{f_x}{\sum D}D_i\\V_{yi}&=\frac{f_y}{\sum D}D_i\end{aligned}\right\} \tag{6-10}$$

纵、横坐标增量改正数之和应满足下式：

$$\left.\begin{aligned}\sum V_x=-f_x\\ \sum V_y=-f_y\end{aligned}\right\}\tag{6-11}$$

算出的各增量改正数(取位到 cm)填入表 6-9 中的第 7、8 两栏增量计算值的右上方(如-2、2 等)。各边增量值加改正数，即得各边的改正后增量。改正后纵、横坐标增量的代数和应分别为零，以作计算校核。

5) 计算各导线点的坐标

根据起点 1 的已知坐标(本例为假定值：x_1=506.32m，y_1=215.65m)及改正后增量，用下式依次推算 2、3、4 各点坐标：

$$\left.\begin{aligned}x_2=x_1+\Delta x_{12}\\ y_2=y_1+\Delta y_{12}\end{aligned}\right\}\tag{6-12}$$

最后还应推算起点 1 的坐标，其值应与原有的数值相等，以作校核。在此顺便指出，上面所介绍的根据已知点的坐标、已知边长和已知坐标方位角计算待定点坐标的方法，称为坐标正算。如果已知两点的平面直角坐标，反算其坐标方位角和边长，则称为坐标反算(见 1.4 节)。

3. 附合导线的坐标计算

附合导线的坐标计算步骤与闭合导线相同。仅由于两者形式不同，致使角度闭合差与坐标增量闭合差的计算稍有区别。下面着重介绍其不同点。

1) 角度闭合差的计算

设有附合导线如图 6-16 所示，用式(6-3)根据起始边已知坐标方位角 α_{BA} 及观测的右角(包括连接角 β_A 和 β_C)可以算出终边 CD 的坐标方位角 α'_{CD}。

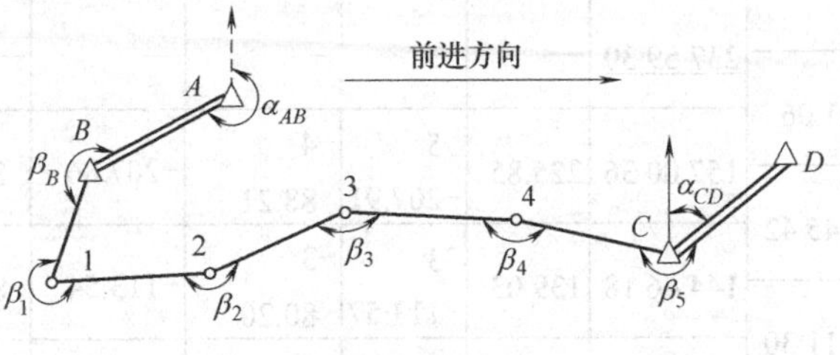

图 6-16　附合导线

$$\begin{aligned}
\alpha_{A1}&=\alpha_{BA}+180^\circ-\beta_A\\
\alpha_{12}&=\alpha_{A1}+180^\circ-\beta_1\\
\alpha_{23}&=\alpha_{12}+180^\circ-\beta_2\\
\alpha_{34}&=\alpha_{BA}+180^\circ-\beta_3\\
\alpha_{4C}&=\alpha_{34}+180^\circ-\beta_4\\
+)\alpha'_{CD}&=\alpha_{4C}+180^\circ-\beta_C\\
\hline
\alpha'_{CD}&=\alpha_{BA}+6\times180^\circ-\sum\beta_{测}
\end{aligned}$$

写成一般公式为

$$\alpha'_{终}=\alpha_{始}+n\times180^\circ-\sum\beta_{测}\tag{6-13}$$

若观测左角，则 $\alpha'_{终}$ 按下式计算：

$$\alpha'_{终} = \alpha_{始} + n \cdot 180° + \sum \beta_{测} \tag{6-14}$$

角度闭合差 f_β 用下式计算：

$$f_\beta = \alpha'_{终} - \alpha_{终} \tag{6-15}$$

关于角度闭合差 f_β 的调整，当用左角计算 $\alpha'_{终}$ 时，改正数与 f_β 反号；当用右角计算 $\alpha'_{终}$ 时，改正数与 f_β 同号。

2) 坐标增量闭合差的计算

按附合导线的要求，各边坐标增量代数和的理论值应等于终、始两点的已知坐标之差，即

$$\left.\begin{aligned}\sum \Delta x_{12} = x_2 - x_1 \\ \sum \Delta y_{12} = y_2 - y_1\end{aligned}\right\} \tag{6-16}$$

按式(6-5)计算 $\Delta_{x测}$ 和 $\Delta_{y测}$，则纵、横坐标增量闭合差按下式计算：

$$\left.\begin{aligned}f_x = \sum \Delta x_{12} - (x_2 - x_1) \\ f_y = \sum \Delta y_{12} - (y_2 - y_1)\end{aligned}\right\} \tag{6-17}$$

附合导线的导线全长闭合差、全长相对闭合差和容许相对闭合差的计算，以及坐标闭合差的调整，与闭合导线相同。附合导线坐标计算的全过程，如表 6-10 所示。

表 6-10 附合导线坐标计算

点号	观测角(左)	改正数	改正后角值	坐标方位角	边长/m	坐标增量/m		改正后坐标增量/m		坐标/m	
						Δx	Δy	Δx	Δy	x	y
1	2	3	4	5	6	7	8	9	10	11	12
B	° ′ ″	″	° ′ ″	° ′ ″	—	—	—	—	—	—	—
				237 59 30	—		—	—	—		
A	99 01 00	6	99 01 06							2507.69	1215.63
				157 00 36	225.85	5 −207.91	−4 88.21	−207.86	88.17		
1	167 45 36	6	167 45 42							2299.83	1303.80
				144 46 18	139.03	3 −113.57	−3 80.20	−113.54	80.17		
2	123 11 24	6	123 11 30							2186.29	1383.97
				87 57 48	172.57	3 6.13	−3 172.46	6.16	172.43		
3	189 20 36	6	189 20 42							2192.45	1556.40
				97 18 30	100.07	2 −12.73	−2 99.26	−12.71	99.24		
4	179 59 18	6	179 59 24							2179.74	1655.64
				97 17 54	102.48	2 −13.02	−2 101.25	−13.00	101.23		
C	129 27 24	6	129 27 30							2166.74	1757.27
				46 45 24	—	—	—	—	—		
D	—	—	—							—	—
Σ	**888 45 18**	**−36**	**888 54 54**	—	**740.00**	**−341.10**	**541.78**	**−340.95**	**541.64**		

续表

辅助计算	$\alpha_{BA}=237°59'30''$ $+\sum\beta_{测}=888°45'18''$ $1126°44'48''$ $-\alpha_{CD}=46°25'24''$ $f_{\beta}=-36''$ $f_x=-0.15$　　$f_y=0.14$ 导线全长闭合差 $f_D=\sqrt{f_x^2+f_y^2}\approx\pm0.20\text{m}$ 相对闭合差 $K=0.20/740.00=1/3700$ 容许相对闭合差 $K_{容}=\dfrac{1}{2000}$	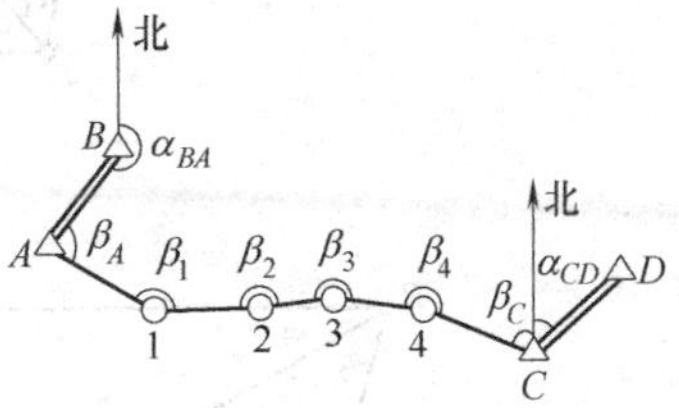

6.3　三 角 测 量

6.3.1　三角测量的概念

三角测量(Triangulation)的原理，是将地面上的控制点相互连接成三角形而形成三角网，如图 6-17 所示。三角网中的控制点称为三角点(Triangulation Point)。如果网中 A、B 两点坐标值已知，即 AB 边的坐标方位角和边长已知，又用经纬仪测出网中所有三角形的内角，则可用正弦公式求得所有三角形的边长，由 AB 边的坐标方位角推得所有边的方位角，进而用推算导线点坐标的方法推求所有三角点的坐标。在三角测量中，已知一点的坐标(x, y)，一条边长 D 及其坐标方位角 α_D 是三角测量的必要已知数据。只有必要已知数据的三角网，称为自由网(Free Net)。如果三角网中有多于必要的已知数据的已知数据，则称三角网为非自由网，也叫做附合三角网(Annexed Triangulation Net)。构成三角网的图形有三种基本形式：单三角锁(Single Triangulation Chain)(见图 6-18(a))，中心多边形(Central-Point Polygon)(见图 6-18(b))，大地四边形(Geodetic Quadrangle)(见图 6-18(c))。

三角测量适合在较大面积或山区作控制，可以避免繁重的量距工作。但是，近十几年来，由于光电测距技术的迅速发展，精度越来越高，使得直接丈量地面两点间距离的工作变得简单快捷，因而三角网的观测方法也随之发生了很大变化。一种情况是由过去全部测角改为全部测边，称为三边测量(Trilateration)；另一种情况是在测角的同时，加测部分边长，称为边角网或边角同测三角测量(Combination of Triangulation and Trilateration)。

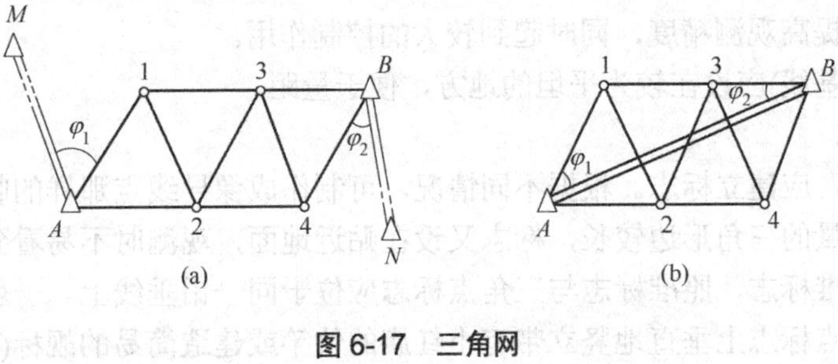

图 6-17　三角网

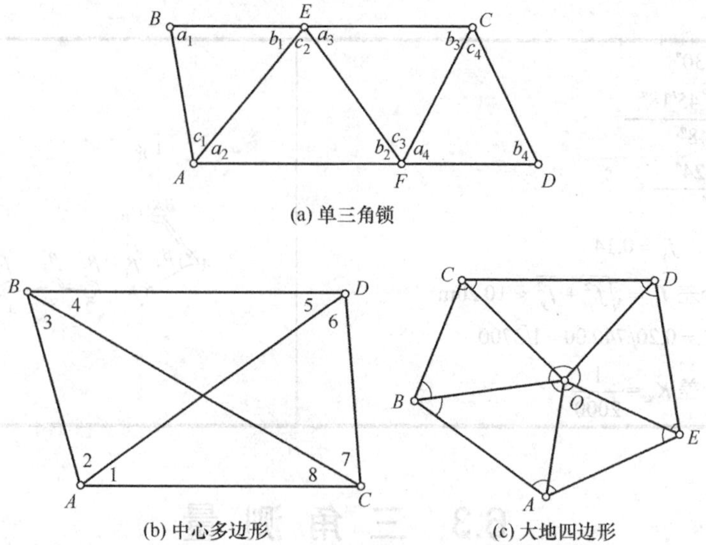

(a) 单三角锁

(b) 中心多边形　　(c) 大地四边形

图 6-18　三角网布设的基本形式

本节重点介绍小三角测量。所谓小三角测量(Minor Triangulation)，就是在面积小于 15km^2 的测区建立边长较短的三角测量。

6.3.2 小三角测量

1. 小三角测量的技术要求

小三角测量也应根据测区面积和精度要求分级建立。各级小三角测量的技术要求可参见表 6-3 所示一级小三角、二级小三角及表 6-7。

2. 小三角测量的外业工作

小三角测量的外业工作包括：选点、建立标志、测角、丈量起始边(又称基线(Baseline))。

1) 选点

首先，可利用测区内现有地形图进行图上选点，然后到实地踏勘定点。为了保证测量精度，要求小三角网具有一定的图形强度。因此，选点时应注意以下几点：

(1) 三角形应为近似等边三角形，最小角度不小于 30°，最大角度不超过 120°，边长应满足表 6-6 的要求。

(2) 三角点应置于土质坚硬、视野开阔、通视良好的地方，目的在于安置仪器稳定与方便观测，有利于提高观测精度，同时起到较大的控制作用。

(3) 起始边(基线)应设在较为平坦的地方，便于量距。

2) 建立标志

确定点位后，应建立标志。根据不同情况，可制作成像导线点那样的临时性和永久性标志。由于三角测量的三角形边较长，标志又设在贴近地面，观测时不易看到，所以三角点标志上又要设立照准标志，照准标志与三角点标志应位于同一铅垂线上。一般小三角测量的照准标志是在三角点标志上垂直地竖立带有小红旗的竹竿或建造简易的觇标(Target)。

3) 起始边的丈量

起始边长是推算三角形边长。用于坐标计算的起始数据，要求比较精确，所以要求用经过检验的钢尺进行精密丈量，并加三项改正。其他要求应满足表 6-3。如果有条件，用光电测距仪测量更便捷。

4) 角度观测

角度观测是三角测量的主要工作。测单角时用测回法，当测站具有 3 个方向以上(包括 3 个方向)时，应采用方向测回法(只有 3 个方向时，可以不归零)。测角中误差可按下列公式计算：

$$m_\beta = \pm\sqrt{\frac{[\varpi\varpi]}{3n}} \tag{6-18}$$

式中，ϖ 为三角形闭合差；n 为三角形个数。

3. 小三角测量的内业计算

小三角测量的内业计算，就是根据已知数据和观测数据，结合图形条件，通过科学的数据处理，合理分配误差，求出观测值的最或是值(Most Probable Value)，最后通过最或是值求出三角点的坐标值，同时对观测精度进行评定。三角测量平差(Adjustment)计算分为严密和近似两种方法，对小三角测量可采用近似法计算。图 6-19 为一实测单三角锁，其中 A 点的坐标值、AB 边的坐标方位角为已知。AB 边长 D_0 和 FG 边长 D_5 用精确方法丈量，也作为已知。另外，观测了所有三角形内角。欲求除 A 点以外的所有三角点的平面坐标，下面结合这个实例，说明小三角测量近似平差计算方法和步骤。

(1) 从三角锁的始边向终边方向对三角形进行统一编号，如图 6-19 中 Ⅰ，Ⅱ，…所示。另外，对三角形的 3 个内角作如下规定：已知边所对角用 b 表示，所求边所对的角用 a 表示，b 和 a 是用来向前推算边长的，所以它们又叫作传距角(Angle for Transfering Length)，它们所对的边叫作传距边(side for Transfering Length)。第 3 个角叫作间隔角(Interval Angle)，用 c 表示，它所对边叫作间隔边(Interval Side)。根据上述规定，用 a_i、b_i、c_i 把所有三角形内角标出，并将其角值填入表 6-11 中相应栏内。

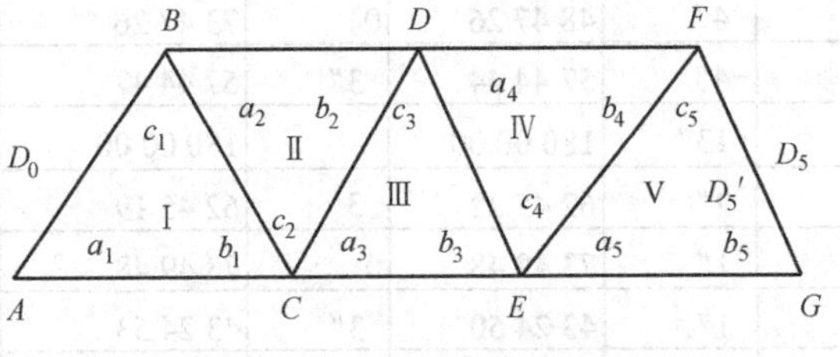

图 6-19　单三角锁近似平差

(2) 三角形闭合差计算及其调整观测的任一个三角形的内角之和与理论值之差，叫作三角形闭合差(Triangular Closure)，即

$$f_{\beta_i} = a_i + b_i + c_i - 180° \tag{6-19}$$

式中，f_{β_i} 为第 i 个三角形的角度闭合差。当 f_{β_i} 不超过表 6-3 所示规定时，要对三角形角度闭合差进行调整，其调整方法是将 f_{β_i} 反符号平均分配。即

$$v'_{a_i}=v'_{b_i}=v'_{c_i}=-\frac{f_{\beta_i}}{3}$$

式中，v'_{a_i}，v'_{b_i}，v'_{c_i} 分别表示 a_i、b_i、c_i 的第一次改正数，因此，改正后的角值为

$$\begin{aligned}a'_i&=a_i-\frac{f_{\beta i}}{3}\\ b'_i&=b_i-\frac{f_{\beta i}}{3}\\ c'_i&=c_i-\frac{f_{\beta i}}{3}\end{aligned}\tag{6-20}$$

此时须满足

$$a'_i+b'_i+c'_i=180°$$

以此作为检核。这项计算填入表 6-11 中第 3、4、5 栏。

表 6-11　小三角(单三角锁)平差计算

三角形编号	角号	角度观测值	第 1 次改正	第 1 次改正后角度值	第 2 次改正	第 2 次改正后角度值	边长	边名	点号
1	2	3	4	5	6	7	8	9	10
I	b_1	57 09 09	5″	57 09 14	−3″	57 09 11	250.368	*AB*	—
	c_1	74 34 54	5″	74 34 59	0	74 34 59	287.290	*AC*	—
	a_1	48 15 42	5′	48 15 47	3″	48 15 50	222.383	*AC*	—
	$\sum x$	179 59 45	5″	180 00 00		180 00 00	—	—	—
II	b_2	66 44 10	3″	66 44 13	−3″	66 44 10	222.383	*BC*	*D*
	c_2	59 45 57	3″	59 46 00	0	59 40 00	209.139	*BD*	*C*
	a_2	53 29 44	3″	53 29 47	3″	53 29 50	194.578	*CD*	*B*
	$\sum x$	179 59 51	9″	180 00 00		180 00 00	—	—	—
III	b_3	48 22 55	−5″	48 22 50	−3″	48 22 47	194.578	*CD*	*E*
	c_3	73 47 30	−4″	48 47 26	0	73 47 26	249.614	*CE*	*D*
	a_3	57 44 48	−4″	57 44 44	3″	57 44 47	219.836	*DE*	*C*
	$\sum x$		−13″	180 00 00		180 00 00	—	—	—
IV	b_4	62 45 20	2″	62 45 22	−3′	62 45 19	219.834	*DE*	*F*
	c_4	73 49 47	1″	73 49 48	0	73 49 48	237.486	*DF*	*E*
	a_4	43 24 49	1″	43 24 50	3″	43 24 53	169.941	*EF*	*D*
	$\sum x$	179 59 56	4″	180 00 00		180 00 00	—	—	—
V	b_5	53 38 38	−6″	53 38 29	−3″	53 38 29	169.941	*EF*	*G*
	c_5	48 27 19	−6″	48 27 13	0	48 27 13	179.837	*EG*	*F*
	a_5	17 54 20	−5″	67 54 18	3″	67 54 18	195.525	*FG*	*E*
	$\sum x$	180 00 17	−17″	180 00 00		180 00 00	—	—	—
辅助计算	$W_D=\dfrac{D_0\sin a'_1\sin a'_2\sin a'_3\sin a'4\sin a'_5}{D_5\sin b'_1\sin b'_2\sin b'_3\sin b'_4\sin b'_5}-1=-0.00010469$ $v''_{a_i}=-v''_{b_i}=-\dfrac{W_D\rho''}{\sum x(\cos a'_i+\cos b'_i)}=\dfrac{0.00010469\times 206265}{6.94}=3''$								

(3) 边长闭合差计算及调整。

从起始边 D_0 开始，根据 a_i' 、b_i' 利用正弦公式就可以推算 D_1' 、D_2' 、D_3' 、D_4' 和 D_5' 。

$$\left.\begin{aligned}
D_1' &= D_0 \frac{\sin a_1'}{\sin b_1'} \\
D_2' &= D_1' \frac{\sin a_2'}{\sin b_2'} = D_1' \frac{\sin a_1' \sin a_2'}{\sin b_1' \sin b_2'} \\
&\cdots \\
D_5' &= D_1' \frac{\sin a_1' \sin a_2' \sin a_3' \sin a_4'}{\sin b_1' \sin b_2' \sin b_3' \sin b_4'}
\end{aligned}\right\} \tag{6-21}$$

即如果没有测量误差的影响，理论上应该是

$$\left.\begin{aligned}
D_5' &= D_5 \\
\frac{D_5'}{D_5} &- 1 = 0
\end{aligned}\right\} \tag{6-22}$$

而事实上存在测量误差，因此导致式(6-22)不等，二者之差称为边长闭合差(Linear Closure)，若用 W_D 表示，并将式(6-21)代入式(6-22)，即有

$$W_D = \frac{D_0 \sin a_1' \sin a_2' \sin a_3' \sin a_4'}{D_5 \sin b_1' \sin b_2' \sin b_3' \sin b_4'} - 1 \tag{6-23}$$

由式(6-23)可以看出 D_0、D_5 是以精确方法直接丈量出的，可视为真值(True Value)。这样，W_D 就是由 a_i' 和 b_i' 的误差引起的。为了消除边长闭合差，对 a_i' 和 b_i' 进行改正，也就是对 a_i 和 b_i 进行第 2 次改正。设其改正数分别为代入式(6-22)中,则必然是

$$\frac{D_0 \sin(a' + v_{a_1}'') \cdot \sin(a_2' + v_{a2}'') \cdots \sin(a_5' + v_{a_5}'')}{D_5 \sin(b' + v_{b_1}'') \cdot \sin(b_2' + v_{b_1}'') \cdots \sin(b_5' + v_{b_5}'')} \tag{6-24}$$

现令式(6-24)左边为 f, 又考虑到 v_{a_i}'' 和 v_{b_i}'' 都很小，所以将 f 按台劳级数展开，取至一次项，则

$$f = f_0 + \frac{\partial f}{\partial_{a_1'}} \cdot \frac{v_{a_1'}''}{\rho''} + \frac{\partial f}{\partial_{a_2'}} \cdot \frac{v_{a_2'}''}{\rho''} + \cdots + \frac{\partial f}{\partial_{a_5'}} \cdot \frac{v_{a_5'}''}{\rho''} + \frac{\partial f}{\partial_{b_1'}} \cdot \frac{v_{b_1'}''}{\rho''} + \frac{\partial f}{\partial_{b_1'}} \cdot \frac{v_{b_1'}''}{\rho''} + \cdots + \frac{\partial f}{\partial_{b_1'}} \cdot \frac{v_{b_1'}''}{\rho''} \tag{6-25}$$

式中

$$\left.\begin{aligned}
\frac{\partial f}{\partial_{a_i'}} &= f_0 \cot a_i' \\
\frac{\partial f}{\partial_{b_i'}} &= f_0 \cot b_i'
\end{aligned}\right\} \tag{6-26}$$

将式(6-23)、式(6-26)代入式(6-25)，经整理便得

$$\sum_{\substack{x \\ i=1}}^{5} \frac{v_{a_i'}''}{\rho''} \cot a_i' - \sum_{\substack{x \\ i=1}}^{5} \frac{v_b''}{\rho''} \cot b_i' + W_D = 0 \tag{6-27}$$

考虑到误差的均等性，又要满足三角形角度闭合条件，则必然是

$$v''_{a_i} = -v''_{b_i} = -\frac{W_D \rho''}{\sum_{i=1}^{5} \frac{v''_{a'_i}}{\rho''}\cot a'_i + \sum_{i=1}^{5} \frac{v''_{b}}{\rho''}\cot b'_i} \tag{6-28}$$

若令经过第2次改正后三角形三内角值为 A_i、B_i、C_i，则有

$$A_i = a_i + v'_{a_i} + v''_{a_i} = a'_i + v''_{a_i}$$
$$B_i = b_i + v'_{b_i} + v''_{b_i} = b'_i + v''_{b_i}$$
$$C_i = c_i + v'_{c_i} = a'_i \tag{6-29}$$

(4) 三角形边长计算。

根据 D_0、A_i、B_i、C_i 按正弦公式即可求得三角形各边长，此项计算填入表6-11中第8栏，并以计算的 FG 长度应与实测 D_5 相等作检核。

(5) 三角点坐标值计算。

在三角网中，各边长已求出，再根据起始边的方位角和 A_i、B_i、C_i 即可求得各边的坐标方位角。进而根据已知点的坐标值，即可求得各三角点的坐标值。其实，可以把图6-19看成是 $A \to C \to E \to G \to F \to D \to B \to A$ 的闭合导线，其坐标计算可按导线计算进行，故略去不作介绍。

6.4 交会法测定点位

平面控制网是同时测定一系列点的平面坐标。但在测量中往往会遇到只需要确定一个或两个点的平面坐标，如增设个别图根点。这时可以根据已有控制点，采用交会法(Inter-section)确定点的平面坐标。

6.4.1 前方交会法(Forward Intersection)

所谓前方交会法，就是在两个已知控制点上观测角度通过计算求得待定点的坐标值。在图6-20中，A、B 为已知控制点，P 为待定点。为了确定 P 点的坐标，在已知控制点上安置经纬仪，测出 α 和 β 角，则 P 点坐标计算方法如下。

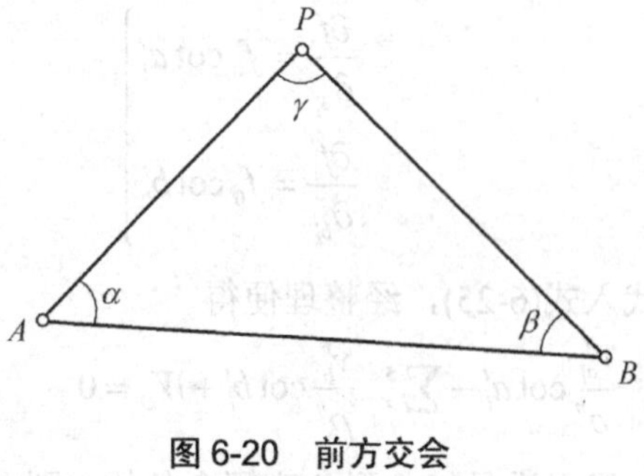

图6-20 前方交会

根据坐标反算，求得 AB 的坐标方位角及其长度。

$$\alpha_{AB}=\arctan\frac{y_B-y_A}{x_B-x_A}$$

$$D_{AB}=\sqrt{(y_B-y_A)^2+(x_B-x_A)^2}$$

即由图 6-20 可以看出 AP 和 BP 的坐标方位角为

$$\alpha_{AP}=\alpha_{AB}-\alpha$$

$$\alpha_{BP}=\alpha_{AB}+180^\circ+\beta=\alpha_{BA}+\beta$$

在△ABP 中，动用正弦公式可求得 AP 和 BP 的长度，即

$$D_{AP}=\frac{D_{AB}\sin\beta}{\sin(\alpha+\beta)}$$

$$D_{BP}=\frac{D_{AB}\sin\alpha}{\sin(\alpha+\beta)}$$

所以，运用极坐标计算公式求得 P 点坐标。当然可以从不同的点分别计算，即

$$\left.\begin{aligned}x'_P&=x_A+D_{AP}\cos\alpha AP\\y'_P&=y_A+D_{AP}\sin\alpha AP\end{aligned}\right\}\tag{6-30}$$

同理可得

$$\left.\begin{aligned}x''_P&=x_B+D_{BP}\cos\alpha BP\\y''_P&=y_B+D_{BP}\sin\alpha BP\end{aligned}\right\}\tag{6-31}$$

如果计算无误，应该是 $x'_P=x''_P$，$y'_P=y''_P$，以此作为检核。为了适合计算机计算，也可以用余切公式计算 P 点的坐标

$$\left.\begin{aligned}x_P&=\frac{x_A\cot\beta+x_B\cot\alpha-y_A+y_B}{\cot\alpha+\cot\beta}\\y_P&=\frac{y_M\cot\beta+y_N\cot\alpha-x_M+x_N}{\cot\alpha+\cot\beta}\end{aligned}\right\}\tag{6-32}$$

为了防止角度测错，提高交会精度，前方交会一般应在 3 个已知控制点上安置经纬仪测角，如图 6-21 所示。在两个三角形中测得 α_1 和 β_1 以及 α_2 和 β_2，通过两个三角形分别计算待定点 P 的坐标。若两组坐标差在允许范围内，可取其平均值作为待定点 P 的坐标值。图 6-21 为一实测交会图形，现根据测得的交会角，采用余切公式进行计算，全过程如表 6-12 所示。

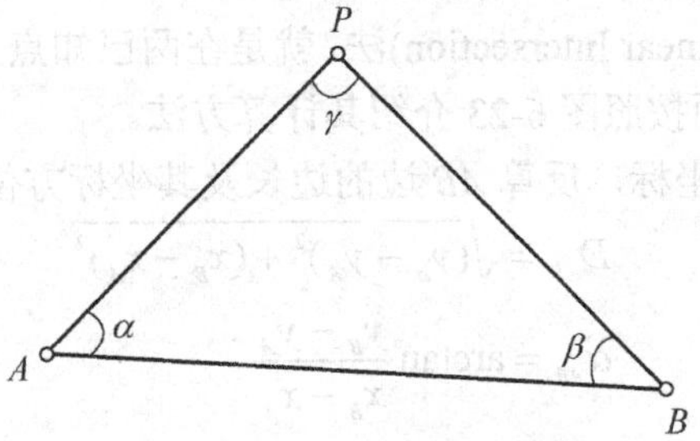

图 6-21　三点前方交会

表 6-12 前方交会计算表

点 名	$^{\alpha}_{\beta}$观测值	x		余 切		y	
P *A* *B*	40° 41′45″ 75° 19′02″	x'_P x_A x_B	37194.57 37477.54 37327.20	$\cot\alpha_1$ $\cot\beta_1$	1.162641 0.262024 $\sum$1.424665	y'_P y_A y_B	16226.42 16307.24 16078.90
P *B* *C*	59° 11′35″ 69° 06′23″	x'_P x_B x_C	37194.54 37477.20 37163.69	$\cot\alpha_2$ $\cot\beta_2$	0.596284 0.381735 $\sum$0.978019	y'_P y_B y_C	16226.42 16078.90 16046.65
	—	x_P	37194.56	—	—	y_P	16226.42

6.4.2 侧方交会法(Side Intersection)

侧方交会是在一个已知控制点和待定点上安置经纬仪测角来计算待定坐标的一种方法。在图 6-22 中，*A*、*B* 为已知点，*P* 为待定点，α(或β)和γ为实测角。那么由图可以看出

$$\beta = 180° - (\alpha + \gamma)$$

或

$$\alpha = 180° - (\beta + \gamma)$$

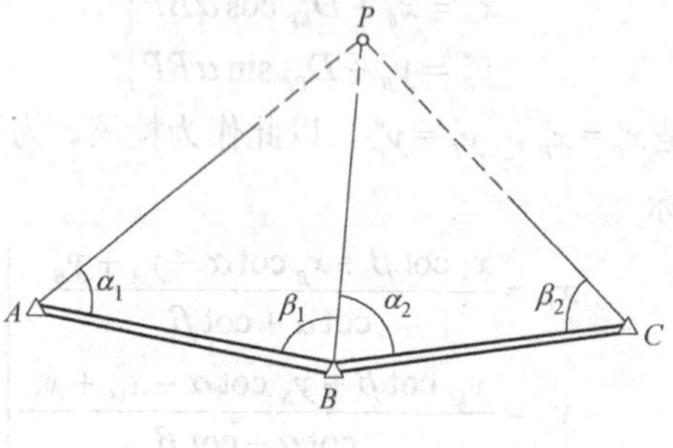

图 6-22 侧方交会

如果观测了α(或β)和γ，又算出了β(或α)，则可按前方交会计算待定点 *P* 的坐标。

6.4.3 距离交会法

距离交会(边长交会，Linear Intersection)法，就是在两已知点上分别测定到待定点的距离，进而求待定点的坐标。下面按照图 6-23 介绍其计算方法。

(1) 根据已知 *A*、*B* 点坐标，反算 *AB* 边的边长及其坐标方位角，即

$$D_{AB} = \sqrt{(y_B - y_A)^2 + (x_B - x_A)^2}$$

$$\alpha_{AB} = \arctan\frac{y_B - y_A}{x_B - x_A}$$

(2) 根据测得的 D_{AP}、D_{BP} 和计算出的 D_{AB}，运用余弦公式，即可求得α、β

$$\alpha = \arccos\frac{D_{AB}^2 + D_{AP}^2 - D_{BP}^2}{2D_{AP}D_{AB}}, \qquad \beta = \arccos\frac{D_{AB}^2 + D_{BP}^2 - D_{AP}^2}{2D_{BP}D_{AB}}$$

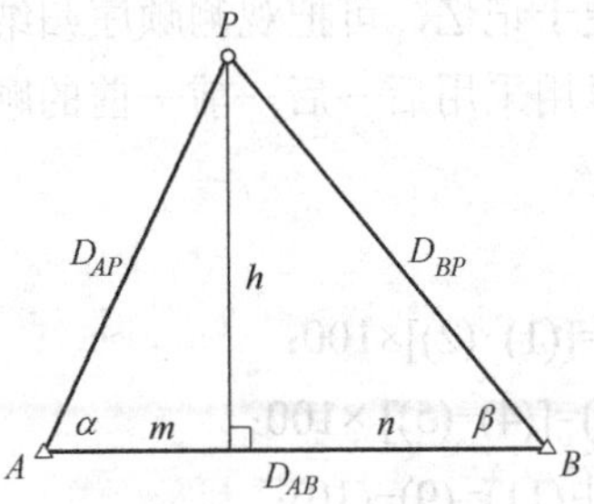

图 6-23 边交会

(3) 按式(6-32)所示余切公式计算 P 点坐标。为了检核与防止粗差，可采用三边或四边进行交会。

6.5 高程控制测量

高程控制测量主要采用水准测量方法。小区域高程控制测量，根据情况可采用三、四等水准测量(Direct leveling)和三角高程测量(Trigonometric Leveling)。本节仅就三、四等水准测量和三角高程测量予以介绍。

6.5.1 三、四等水准测量

在 6.1 节中曾经提到三、四等水准测量是作为国家高程控制网的一种加密方法，一般在小区域建立首级高程控制网也采用三、四等水准测量方法。三、四等水准点可以埋设标石，也可以用平面控制点标志代替，即平面控制点和高程控制点共用。三、四等水准测量应从二等水准点上进行引测。有关三、四等水准测量的技术要求，如表 6-5 所示。

三、四等水准测量的观测方法、计算和检核说明如下。

1. 双面标尺法(Double Sides Method)

双面标尺在第 2 章已作介绍。这里只强调两点：一是两根标尺的两面零点差不相同，一般是一根为 4687，另一根为 4787；二是两根标尺应成对同时使用。

1) 一个测站上的观测顺序、记录。

三等水准测量中一个测站上的观测顺序为：

第 1 步，观测后标尺黑面，读上、下、中三丝的读数并记录在表 6-13 中的(1)、(2)、(3)位置；

第 2 步，观测前标尺的黑面，读中、上、下三丝的读数并记录在表 6-13 中的(6)、(4)、(5)位置；

第 3 步，观测前标尺的红面，只读中丝的读数并记录在表 6-13 中(7)位置；

第 4 步，观测后标尺的红面，也只读中丝的读数并记录在表 6-13 中的(8)位置。

上述 4 步共 8 个读数。为便于记忆，可把观测顺序归纳为：后—前—前—后。四等水准测量，由于精度较低，因此可以用采用后—后—前—前的顺序。

2) 一个测站上的计算与检核

视距计算与检核；

后视距离，即表 6-13 中(9)=[(1)−(2)]×100；

后视距离，即表 6-13 中(10)=[(4)−(5)] ×100；

前、后视距差，即表 6-13 中(11)=(9)−(10)；

视距累差，即表 6-13 中(12)本=上一站的(12)+本站(11)；

限差检核，三等水准(9)或(10)≤75m，(11)≤3m，(12)≤6m；四等水准的(9)或(10)≤80m，(11)≤5m，(12)≤10m。

同一根标尺黑、红面零点差检核计算：黑面中丝读数，加黑、红面零点差 K(±100 mm)，减去红面中丝读数，理论上应为零；但由于误差的影响，一般不为零，根据误差理论，在水准测量规范中作了如下规定：

$$\left\{\begin{aligned}(14)=(3)+K-(8)\\(13)=(6)+K-(7)\end{aligned}\right\}\leqslant 2\text{mm(三等)，或}\leqslant 3\text{mm(四等)}$$

高差计算与检核：

黑面高差为(15)=(3)−(6)；

红面高差为(16)=(8)−(7)；

检核：(17)=(15)−[(16)±0.100]=(14)−(13)≤3mm(三等)或≤5mm(四等)。

±0.100 为两根标尺零点之差。当检核符合要求后，取黑、红高差的平均值作为该站的高差，即

$$(18)=\frac{1}{2}\{(15)+[(16)\pm 0.100]\}$$

3) 测段计算与检核

两水准点之间为测段(Segment of Leveling)，测段计算与检核的内容包括测段总长度、总高差和视距累差。

总长度计算 $$D=\sum[(9)+(10)]$$

总高差计算与检核

$$\frac{1}{2}\{\sum[(3)+(8)]-\sum[(6)+(7)]\}=\frac{1}{2}\sum[(15)+(16)]$$

或

$$h=\frac{1}{2}\{\sum[(3)+(8)]-\sum[(6)+(7)]\}=\frac{1}{2}\sum[(15)+(16)]=\sum(18)\pm 0.100$$

上面两个公式，前者适用于测段总站数为偶数，后者适用于测站总数为奇数。视距累差检核：最后一站的视距累差为$\sum(9)-\sum(10)$。

4) 线路成果检核与计算

三、四等水准测量成果的检核限差如表 6-5 所示，计算方法与步骤同第 2 章。

表 6-13 三、四等水准测量记录

测站编号	点号	后尺 上丝 下丝 后视距 视距差/m	前尺 上丝 下丝 前视距 累积差 $\sum d$/m	方向及尺号	水准尺读数 黑面	水准尺读数 红面	K+黑 −红 /mm	平均高差 /mm
		(1) (2) (9) (11)	(4) (5) (10) (12)	后尺 前尺 后－前	(3) (6) (15)	(8) (7) (16)	(14) (13) (17)	(18)
1	BM2 | TP1	1426 0995 43.1 0.1	0801 0371 43.0 0.1	后 106 前 107 后－前	1211 0586 0.625	5998 5273 0.725	0 0 0	0.6250
2	TP1 | TP2	1812 1296 51.6 0.2	0570 0052 51.8 −0.1	后 107 前 106 后－前	1554 0311 1.243	6241 5097 1.144	0 1 −1	1.2435
3	TP2 | TP3	0889 0507 38.2 −0.2	1713 1333 38.0 0.1	后 106 前 107 后－前	0698 1523 −0.825	5486 6210 −0.724	−1 0 −1	−0.8245
4	TP3 | BM1	1891 1525 36.6 −0.2	0758 0390 36.8 −0.1	后 107 前 106 后－前	1708 0574 1.134	6395 5361 1.034	0 0 0	1.1340
检核计算	$\sum(9)=169.5$ $\sum(10)=169.6$ $\sum(9)-\sum(10)=-0.1$ $\sum(9)+\sum(10)=339.1$			$\sum(3)=5.171$ $\sum(6)=2.994$ $\sum(15)=2.177$ $\sum(15)+\sum(16)=4.356$			$\sum(8)=24.120$ $\sum(7)=21.941$ $\sum(16)=2.179$ $2\sum(18)=4.356$	

2. 变动仪器高法(Method by two Instrument Heights)

变动仪器高法多用于四等及四等以下水准测量。该方法就是在同一测站上，仪器在某一高度测量两点间的高差后，又把仪器的高度变动约 0.1m，再测定两点间的高差。若两次高差之间不超过 5mm，则取平均值作为两点间的高差。变动仪器高法中用单面标尺，仪器在第 1 高度时的观测顺序和读数与双面尺法中黑面观测顺序和读数相同；第 2 高度时的观测顺序和读数与双面尺法中红面观测和读数相同。由于尺子不存在零点差，所以计算、检核较简单。为便于两种方法的对比，现将变动仪器高法的记录及计算形式列于表 6-14 中。

表 6-14 变动仪器高法水准测量记录表

天气： 日期： 年 月 日 记录者：

测站编号	点号	后尺 上丝 / 下丝；后视距 / 视距差	前尺 上丝 / 下丝；前视距 / 视距累差	水准尺读数		高差	平高	备注
				后视	前视			
1	BM_1	1541	0709	1241	—	0833	0832	
		0941	0107	1363	—			
	P_1	60.0	60.2	—	0408	0831		
		−0.2	−0.2	—	0532			
2	P_1	1142	1756	0850	—	−0624	−0623	
		0558	1192	1000	—			
	P_2	58.4	56.4	—	1474	−0622		
		2.0	1.8	—	1622			

6.5.2 三角高程测量(Trigonometric Leveling)

在山区当无法采用水准测量作图根高程控制测量时，可采用三角高程测量作为高程控制测量,精度可以满足测图要求。但是，三角高程测量的起始点高程需要用水准测量引测。三角高程测量是根据两点间的水平距离和竖直角度求得两点间的高差，如图 6-24 所示。假设 A、B 间水平距离为 D 是已知的，在 A 点上安置经纬仪，在 B 点上立一标尺，经纬仪中丝在标尺上的读数为 v，此时测得的竖角度为 α ，又用尺子量出经纬仪横轴至 A 点的距离。

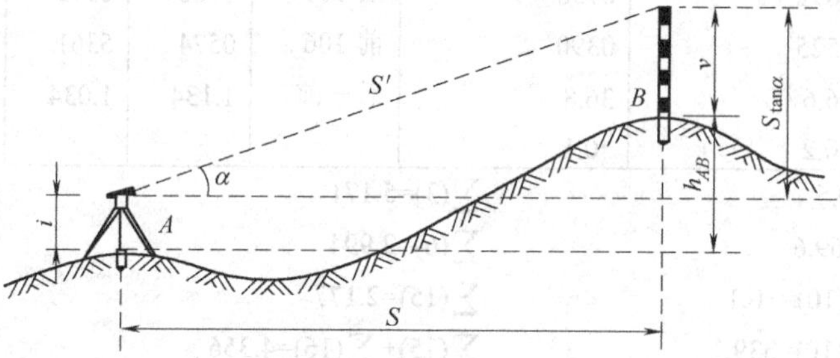

图 6-24 三角高程测量

i 为仪器高，则 A、B 间的高差为

$$h_{AB} = D\tan\alpha + i - v \tag{6-33}$$

如果 A 点的高程已知，则 B 点的高程为

$$H_B = H_A + h_{AB} = H_A + D\tan\alpha + i - v$$

为了消除地球曲率在大气折光对高差的影响，三角高程测量应进行往、返观测，即所谓对向观测(Bilateral Observation)。也就是由 A 观测 B，又由 B 观测 A。往、返所测高差之差不大于限差时，取平均值作为两点间的高差。用三角高程测量作图根高程时，应组成闭合或附合三角高程路线。最后用改正后的高差，由已知高程点开始推算各点高程。三角高程测量算

例如表 6-15 所示。

表 6-15 三角高程测量算例

所求点	B		—
起算点	A		—
观测	往(正)	返(反)	—
已知水平距离 D/m	341.33	341.33	实测或图解取至厘米
实测竖直角 α /(° ′ ″)	+14°06′30″	−13°19′00″	测一测回，上、下半测回差≤30″
$D\tan\alpha$ /m	85.79	−80.79	—
仪器高 i/m	1.31	1.43	量至厘米
经纬仪中丝读数/m	−3.80	−4.00	读至厘米
高差 h/m	83.30	−83.36	—
平均高差 h/m	83.33		—
起算点高程/m	279.25		—
所求点高程/m	362.58		—

6.5.3 光电三角高程测量(Electro-optical Trigonomeric Leveling)

在三角高程测量时，水平距离是从图上量得或通过间接的方法求得的。现在有了红外测距仪与全站仪，就可以在测定竖直角的同时，直接测得 A、B 点的斜距，在求得平距的同时也就确定了高程。

图 6-25 表示了光电三角高程测量的原理。通常也是采用对向观测(往返观测)，竖直角的观测应在盘左、盘右两个盘位进行，观测 2 或 3 个测回。当采用组合式红外测距仪时，应使测距仪中心与经纬仪水平轴之间的距离等于反光镜中心与照准觇牌中心之间的距离。光电三角高程计算公式为

$$H_B = H_A + i + p + S'\sin\alpha - r - v \tag{6-34}$$

式中，S'为用测距仪测得的斜距；α 为竖直角；i 为仪器高；v 为觇牌中心高；r 为大气折光影响因子；p 为地球曲率改正值。以上计算通常可由测距仪或全站仪的有关功能自动计算并显示结果。

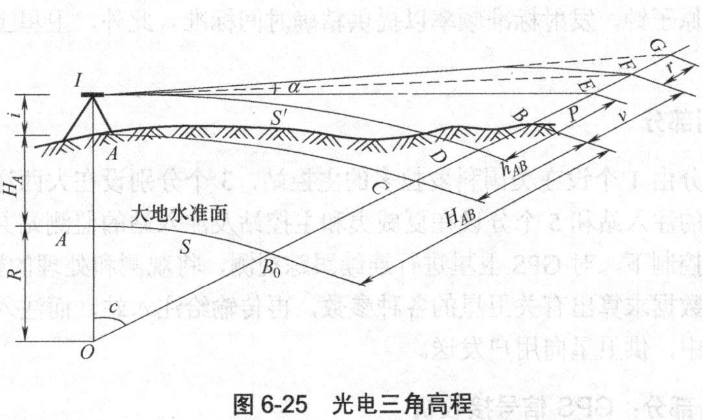

图 6-25 光电三角高程

众多的试验研究表明，如果精心地组织工作，光电三角高程测量能达到三、四等水准测

量的精度要求，这就使光电三角测量扩大了其使用范围。

6.6 GPS 卫星定位测量简介

GNSS 中应用最为广泛的当属美国的 GPS。GPS 卫星定位系统即“Navigation by Satellite Timing And Ranging Global Positioning System”(缩写为 NAVSTAR)应用卫星定时和测距进行导航的全球定位系统的简称。应用 GPS 定位技术进行控制测量，具有精度高、速度快、费用低等优点。目前，GPS 测量方法正在取代三角测量，成为建立平面控制网的一种先进手段；另外，随着 GPS 理论和技术及有关数据处理软件的不断完善，再结合水准测量的部分成果，GPS 定位也将成为建立高程控制网的一种方法。

6.6.1 GPS 的产生及其发展

1973 年 12 月，美国国防部出于军事目的批准其海陆空三军联合研制 GPS 系统，并投资 300 亿美元，在洛杉矶设立专门办公室开始研制。从 1978 年 2 月第一颗 GPS 试验卫星发射成功，至 1993 年 8 月已发射了 24 颗 GPS 工作卫星，从而建成了居于 20000km 高空均匀分布在 6 个轨道平面内(21+3)颗卫星组成的 GPS 工作星座。

当地球自转 360° 时，GPS 卫星绕地球运行两圈。对地面观测者而言，每天将提前 4min 见到同一颗 GPS 卫星，见到卫星在地平线上运行时间为 5h 左右，最少可同时见到 4 颗，最多时可见到 11 颗。在进行 GPS 定位时，为了解算测站点的三维坐标，必须观测 4 颗 GPS 卫星(定位星座)。

6.6.2 GPS 系统的组成

1. 空间部分：GPS 卫星及其星座

卫星主体呈圆柱形，直径约 1.5m，重约 845kg，两侧各有一块双叶太阳能板。每颗卫星装有 4 台高精度原子钟，发射标准频率以提供精确时间标准。此外，卫星上还设有发动机和动力推进系统。

2. 地面控制部分

地面控制部分由 1 个设在美国科罗拉多的主控站，3 个分别设在大西洋、印度洋和太平洋美国军事基地的注入站和 5 个分设在夏威夷和主控站及注入站的监测站共同组成。监测站在主控站的直接控制下，对 GPS 卫星进行连续跟踪观测，将观测和处理的数据送到主控站。主控站根据这些数据求算出有关卫星的各种参数，再传输给注入站，而注入站再将这些参数注入卫星存储器中，供卫星向用户发送。

3. 用户设备部分：GPS 信号接收机

GPS 接收机(Receiver)的硬件主要包括主机、天线、微处理机及其终端设备、电源等。其主要功能是接收、跟踪、变换和测量GPS信号，再经过软件的数据处理，才能完成导航和定位任务。

6.6.3 GPS定位的基本原理

GPS测量有两种基本的观测量，即“伪距”(Pseudodistance)和载波相位(Carrier Phase)，接收机利用相关分析原理测定调制码(Modulated Code)由卫星传播至接收机的时间，再乘以磁波传播的速度便得距离，由于所测距离受大气延迟和接收机时钟与卫星时钟不同步的影响，它不是几何距离，故称为“伪距”。载波相位测量是把接收到的卫星信号和接收机本身的信号混频，从而得到拍频信号，再进行相位差测量，相位测量装置只能测量载波波长的小数部分，因此所测的相位可能看成是波长整数未知(也称整周模糊度(Integer Cycle Ambiguity))的“伪距”。由于载波的波长短(L_1为19.03cm，L_2为24.42cm)，所以测量的精度比“伪距”高。

GPS定位时，把卫星看成是“飞行”的已知控制点，利用测量的距离进行空间后方交会，便得到接收机的位置。卫星的瞬时坐标可以利用卫星的轨道参数计算。

GPS定位包括单点定位和相对定位两种方式。单点定位确定点在地心坐标系中的绝对位置。相对定位则利用两台以上的接收机同时观测同一组卫星，然后计算接收机之间的相对位置。定位测量时，许多误差对同时观测的测站有相同影响。因此，在计算时，大部分误差相互抵消，从而大大提高了相对定位的精度。影响GPS定位的精度有两个因素：一个是观测误差，另一个是定位时卫星位置的几何图形，后者称为定位几何因素，用DOP(Dilution of Precision)表示，设σ为定位误差，σ_0为测量误差，则有

$$\sigma = \mathrm{DOP} \cdot \sigma_0$$

DOP取何种形式，σ取决于所代表的精度的含义，目前，GPS单点定位的精度为几十米，而相对定位精度可达(1～0.01)ppm。

6.6.4 GPS接收机的基本类型

目前GPS接收机已成为众家厂商竞相生产的高技术电子设备，但尚未形成统一的分类标准。按接收机工作原理不同，可分为有码接收机和无码接收机两类。有码接收机直接利用GPS卫星的信息参数进行定位，而无码接收机不能直接获得导航信息参数，必须利用载波或码率波采集数据而进行定位。按接收机接收的卫星信号频率分类，又可分为单频接收机和双频接收机两类。单频接收机虽然可利用导航信息参数，但数据处理中改正模型不完善，只能接收经调制的L_1信号，进行10km之内的相对定位。双频接收机可同时接收L_1和L_2信号，利用双频技术有效地减弱电离层折射影响，因此其定位精度较高，不受距离限制，并节省时间。

6.6.5 GPS网的布设

我国《全球定位系统(GPS)测量范围》将GPS网依其精度分为A至E共5个等级。其精度和密度标准如表6-16所示。

表 6-16 不同等级 GPS 网的精度标准

等级	A	B	C	D	E
固定误差/mm	≤5	≤8	≤10	≤10	≤10
比例误差系数	≤0.1	≤1	≤5	≤10	≤10
相邻点最小距离/km	100	15	5	2	1
相邻点最大距离/km	1000	250	40	15	10
相邻点平均距离/km	300	70	15~10	10~5	5~2

1. 布网特点

GPS 网与传统的控制网布设之间存在很大区别：

(1) GPS 网大大淡化了“分级布网，逐级控制”的布设原则，不同等级间依赖关系不明显。高级网对低级网只起定位和定向作用，不再发挥整体控制作用。

(2) GPS 网中各控制点是彼此独立直接测定的，因此网中各起算元素、观测元素和推算元素无依赖关系。

(3) GPS 网对点的位置和图形结构没有特别要求，不强求各点间通视。

(4) 各接收机采集的是从卫星发出的各种信息数据，而不是常规方法获得的角度、距离、高差等观测数据，因此点位无须选在制高点，也不用建造觇标。

2. 布网原则

(1) 新布设的 GPS 网应尽量与已有平面控制网联测，至少要联测 2 个已有控制点。

(2) 应利用已有水准点联测 GPS 点高程。

(3) GPS 网应构成闭合图形，以便进行检核。

(4) 当用常规测量方法进行加密控制时，GPS 网内各点尚需考虑通视问题。

6.6.6 GPS 技术的应用

由于 GPS 技术可以在全球的任意地点为任意多个用户提供精确、全天候、连续和实时的三维定位、三维测速和时间基准，因此它在测绘和导航方面具有广泛的应用价值。目前，GPS 技术主要应用领域有：地球动力学研究、大地测量、工程测量与工程变形观测、海洋测量、车船精密导航、运动载体的测速及时间传递等。

1. 在地球动力学(Geodynamics)方面的应用

地球动力学的基本任务是应用大地测量学、地球物理学(Geophysics)、大地构造学(tectonics)和天体测量学(Celestial Body Surveying)等学科方法来研究地球的动力学现象及其机制，主要涉及地球自转和极移、地球重力场变化、潮汐及地壳运动等。其研究目的一是减灾，二是找矿。由于地壳形变、海洋面升降、板块位移等运动过程非常缓慢，如板块运动速率每年仅为几毫米到几十毫米，海平面年变化量也是在 1mm 左右，这样采用经典的测量方法由于其观测误差较大，效率低，无法进行深入研究。而目前 GPS 的测距精度可达到 1×10^{-8}～

1×10^{-9}，并具有长距离和复测的高采样率，就可以检测到微小的数据变化量。

1994 年 1 月 17 日，美国洛杉矶发生地震。在地震前两天，NASA 和 JPL 实验室根据 GPS 大地测量数据变化。及时作出了地震预报，而其他地震仪均未发生异常。尤其在探察矿产资源、监测地球温室效应包括洪水、雨涝、干旱、海啸等自然灾害方面，GPS 技术将发挥越来越大的作用，以造福人类。

2. 在大地测量(Geodesy)方面的应用

从 6.1 节了解到，一般情况下各国采用常规方法分别建立自己的大地控制网，只能在两国边界进行近距离联测，其工作十分艰巨，且只能局限在大陆范围内。而采用 GPS 技术，建立全球的大地控制网已成为可能。国际大地测量协会(International Geodetic Association，IGA)已经决定在全球范围内建立一个 IGS 观测网，分别在七大洲分布共计 180 多个测站，其中有 32 个测站为核心跟踪站(亚洲 3 个)。这样，可以进一步精确地确定地球的形状与大小，建立最合理的国际参考椭球。同时，应用 GPS 技术建立、改造或加密各种大地控制网，具有精度高且均匀、布设方便、对点位要求条件低、成本小和效率高等优点。

3. 在工程测量(Engineering Survey)方面的应用

长期以来，在各种工程测量作业中，主要采用测角、测距、测水准为主体的常规地面定位方法。而使用 GPS 技术，则可以一次性地确定点位的三维坐标，优点不言而喻。目前，在各种工程控制网布设、石油勘探、公路修建、管线敷设等工程中正得到广泛应用。

4. 在工程变形观测(In formation Observation of Construction)方面的应用

由于自然和人为等原因，建筑物、大坝、桥梁等工程设施或资源开采地表可能会发生位移、升降、倾斜等形变，给国家和人类带来很大的经济和安全损失。采用 GPS 技术进行监测，则可以有效地提供精确数据进行预测预报，以便及时采取措施处理。

5. 在海洋测绘(Hydrography)方面的应用

海洋的区域辽阔，矿产资源丰富，因此对海洋的开发成为各国的热门方向，而从全球政治格局和军事战略角度出发，海洋更有其重大意义。在海洋资源勘探方面，主要以海洋重力测量和磁力测量为手段，而这些工作都需以精密的导航和定位为基础，因此 GPS 相对定位技术是一种经济和可靠的方法；在海洋大地测量方面，对于海洋大地水准面的建立、海岛和礁石的定位、海界的精确划定、大陆与海岛联测等工作，GPS 技术均有着无可比拟的优点。

6. 在摄影测量与遥感(Photogrammetry and Remote Sensing)方面的应用

GPS 技术在摄影测量与遥感方面的应用主要是：航空摄影飞行的导航控制，实现精确定点摄影；高精度动态相机定位，辅助进行空中三角测量；与其他遥感器组合，确定载体的位置、状态和速度。

7. 在导航(Navigation)方面的应用

在车辆、舰船、飞机和航天器运行中，不仅要测得运动载体的实时位置，而且还要测得其速度、时间和方位等参数，进而引导该运动载体准确地驶向预定的后续位置，这项工作称为导航。在历史上，导航技术相继采用天文定位和无线电导航定位，现在 GPS 技术得到广泛应用。例如，在我国北京、天津等大城市，出租车公司都已采用 GPS 导航系统；1991 年海湾战争后，美军官兵一致的结论是“GPS 赢得了战争”。目前，联合国维和部队的车辆全部配备了 GPS 接收机。

6.6.7 GPS 高程及其应用

采用 GPS 技术精确测定高程，需要一定密度且布设均匀的 GPS 观测点，同时尚需与精密水准测量资料相配合。随着 GPS 相对定位技术的精度不断提高，采用 GPS 高程可以代替困难地区三、四等水准测量和跨越障碍的高程测量，并可以建立高精度的三维变形监测网。

6.7 GNSS 接收机实例简介

以上海华测导航技术有限公司的华测 i60GNSS 系统为例(见图 6-26)加以介绍。

(a) (b)

图 6-26 接收机外观及分解

1. 华测 i60GNSS 主要技术指标

1) 测量精度

静态测量精度：

平面精度：$\pm(2.5+0.5\times10^{-6}D)$mm；

高程精度：$\pm(5+0.5\times10^{-6}D)$mm；

快速静态测量精度：

平面精度：$\pm(5+1\times10^{-6}D)$mm；

高程精度：$\pm(10+1\times10^{-6}D)$mm

实时动态 RTK 精度：

平面精度：$\pm(10+1\times10^{-6}D)$mm；

高程精度：±(20+1×10^{-6}D)mm；

单机定位精度：1.5m；

码差分定位精度：0.45m；

初始化时间：5s。

2) 存储和记录

存储格式：HCN、DAT、RINEX；

内存存储器：4G，可扩展32G；

原始数据记录率：1Hz，最高可达50Hz；

传输数据方式：即插即用USB传输数据方式。

3) 接收机特性

220通道接收机；

先进的定制测量全卫星多系统GNSS芯片；

未经过滤与平滑的伪距观测值数据用于低噪声、低多路径误差、低时域相关和高动态响应；

极低的L_1和L_2载波相位观测值误差；

1Hz频宽内，优于1mm的精度；

支持以dB-Hz为单位的信噪比，可靠的低高度角跟踪技术。

4) 电气参数

主机功耗：2.3W；

单块电池容量：2600mA·h；

电池电压：7.2V；

电池寿命：1000次充放电过程；

电池工作时间：13h；

可外接直流电，内、外电源自动切换；

外接电源：9-13.8VDC。

5) 环境参数

工作温度：−45℃ ~75℃；

存储温度：−50℃ ~85℃；

湿度：100%无冷凝；

防水防尘：IP67标准，可浸入水下1m，可漂浮；

冲击震动：抗3m跌落。

2. RTK测量

移动站在固定状态下就可以进行测量，打开测地通，选择【测量】→【点测量】，在实际作业过程中，一般都采用当地坐标，在移动站得到固定解进行测量时，手簿“测地通”里所记录的点是未经过任何转换得到的平面坐标。若要得到和已有成果相符的坐标，需要做“点校正”，获取转换参数，或者直接采用七参数。

1) 点校正

参与点校正的控制点一定要分布合理，最好能覆盖整个测区，避免短边控制长边。

假设测区内有 K4、K5、K7 3 个已知点具有地方坐标，但不具有 WGS84 坐标，已知条件如下：

(1) 坐标系统：北京 54 坐标系统。

(2) 中央子午线：120°。

(3) 投影高度：0。

(4) 已知点数据：

K4	*X*：3846323.456	*Y*：471415.201	*h*：116.345
K5	*X*：3839868.970	*Y*：474397.852	*h*：109.932
K7	*X*：3840713.658	*Y*：473917.956	*h*：108.419

测量已知点，找到 K4、K5、K7 的实地位置，选择【测量】→【测量点】，测量出 3 个点的坐标，分别命名为 K4-1、K5-1、K7-1，3 个点必须在同一个 BASE 下，测量后开始进行点校正。

2) 校正方法(见图 6-27)

选择【测量】→【点校正】。

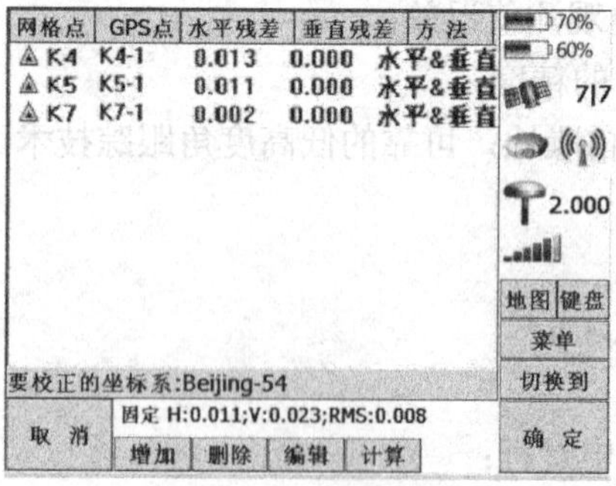

图 6-27 点校正界面

有 3 个或以上控制点参与平面“点校正”后才有水平参差，水平参差一般不要大于 0.015m；有 4 个或以上的控制点参与垂直“点校正”后才有垂直参差，垂直参差一般不要大于 0.02m。

点校正结束，就可以直接进行测量工作。

3)七参数的应用

下面以一个七参数应用的例子作演示。

坐标系统：北京 54 坐标系统；

半径 *R*：6378245.000；

扁率 1/*e*：298.3；

投影参数：中央子午线，121°；

原点：0；

Y 加常数=0；

X 加常数=−3400000.000；

七参数：$\Delta X=170.000$，$\Delta Y=150.000$，$\Delta Z=100.000$，$RX=1.666666$s，$RY=0.872222$s，$RZ=-8.648888$s，$K=0.99999814$。

打开测地通，选择【配置】→【坐标系管理】，分别选择【投影】和【基准转换】→【七参数】，根据以上数据对应一一输入，而【水平平差】、【垂直平差】都选无即可，确定后参数保存到此处(见图 6-28)。

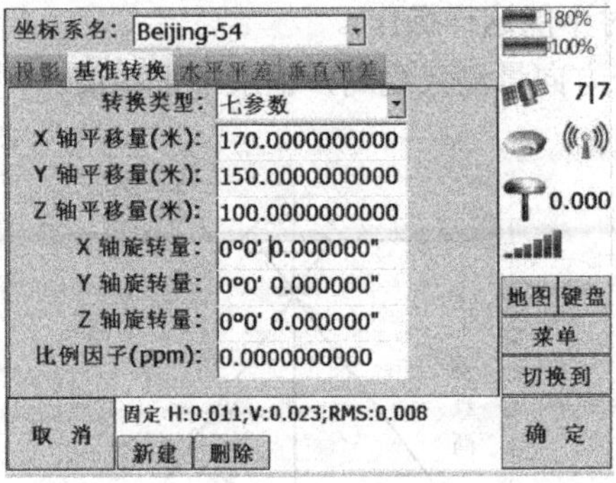

图 6-28　七参数界面

4)数据导出

打开测地通，选择【文件】→【导出】，根据所需要的格式导出坐标，一般选用“点坐标”，输入文件名，显示方式和导出的文件类型一般选用默认，导出数据，再将手簿和计算机连接在一起(需先安装微软同步软件和 USB 驱动)，打开【移动设备】→Program Files→RTKCE→Projects，将文件复制出来即可(见图 6-29)。

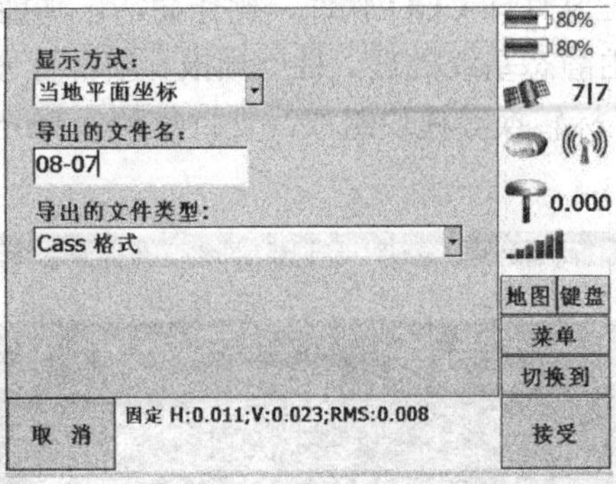

图 6-29　数据导出

3. 静态工作模式

1) 安置仪器

将仪器安置在测量点上，高度适中，脚架踏实，对中整平。

2) 测量天线高

测量天线高时通常采用量测斜高，到天线护圈中心(接收机蓝线位置)，并且通过 3 个方向测量取平均值(见图 6-30)。

3) 采集静态数据

打开接收机后，按住切换键不放直到数据灯熄灭时松开，收到足够卫星后开始记录静态；若设置为自动记录静态模式，则开机后直接进入静态模式。

记录静态时不能触动仪器，尽量避免人为干扰，安排人员专门看守。

4) 结束静态采集

结束采集时，可按住电源键直接关机，也可再次按住切换键不放直到 4 个灯闪结束静态模式(设置为自动静态模式时不能这样操作)。

在结束之前再次从 3 个方向量测天线高，记录下平均值。

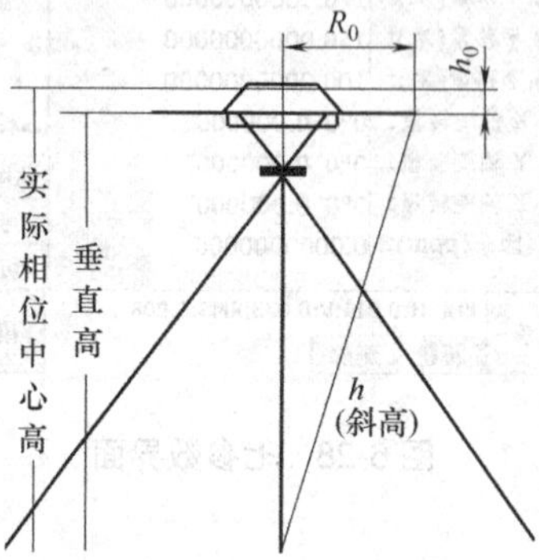

图 6-30　测量天线高

5) 静态处理

在 GPS 测量的过程中，其数据处理软件性能的好坏，直接影响 GPS 测量成果的精度和可用性。华测 GPS 数据处理软件即 CGO 软件，操作简洁，功能强大，以项目的方式管理及处理 GPS 观测数据，主要由静态基线处理、星历预报、项目管理、闭合差搜索、网平差、成果输出、坐标系统管理及坐标转换等模块组成。支持华测、Trimble、Ashtech、Leica 等多种格式(见图 6-31)。

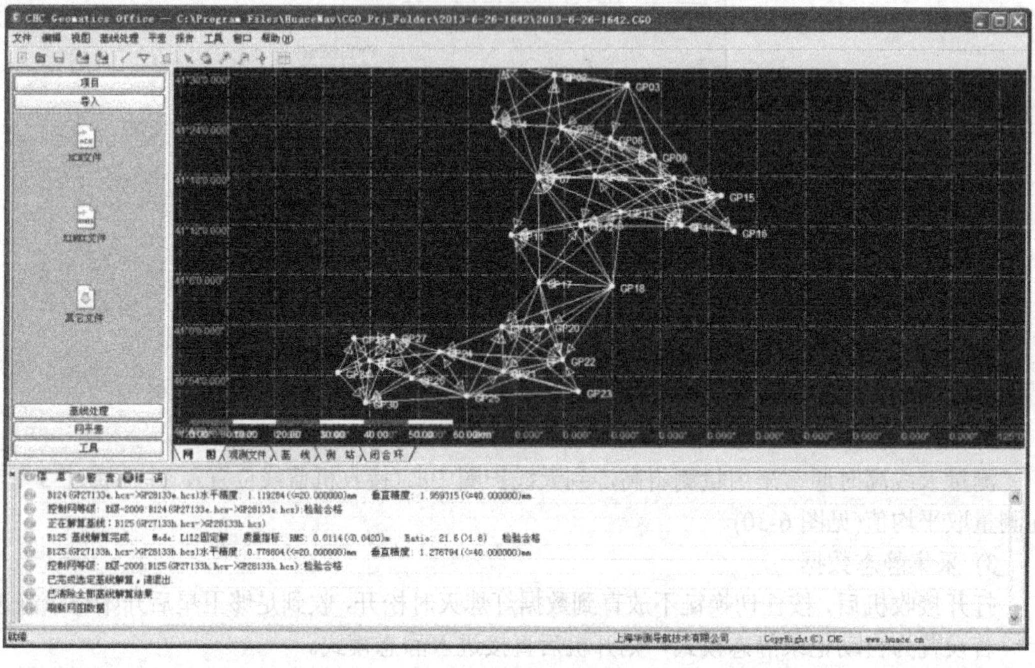

图 6-31　数据解算

6.8 手持 GPS 接收机的应用

手持 GPS 接收机由于其具有体积小、质量小、易于携带、使用简便等优点，在地质勘探、车船导航、粗略定位、行军作战等领域日益受到有关专业人员的青睐。下面仅以麦哲伦(Magellan)公司生产的 GIX3315/320 型个人 GPS 卫星定位导航仪为例予以简单介绍。

6.8.1 概述

GPS 315/320 接收机体积为 15.75cm×5.08cm×3.30cm，质量仅为 198.45g (包括两节 AA 电池)，液晶显示屏为 5.59cm×3.38cm，工作温度为-10℃～60℃，存放温度为-40℃～75℃，使用 2 节 5 号电池(寿命>15h)或者 9～16V 直流电源。它具备 12 个接收通道，冷启动时间小于 1min，热启动仅需 15s，刷新速率为 1s。该仪器的定位精度为±15m，但在 2000 年 5 月以前，由于美国国防部在卫星中引入了误差信号，其实际定位精度为±(15～50)m。接收工作时，运行载体(船、车等)最大速度应小于 1530km/h，高程应小于 17500.000m。

6.8.2 开机与使用

接收机需要接收卫星发出的信息，因此其内置天线不要受到高大建筑物、树木等遮挡。否则定位时间将延长。

1. 开机

按下 PWR 键后则开机。如果开机后 10s 内未按 ENTER 键，则接收机将自动关机。

2. 初始化

当第一次使用该机，或者机内存放信息已被清除，或者移动距离大于 483km 时，则需要初始化操作。开机后如果没有显示初始化屏面，说明已经进行了初始化；否则操作如下：PWR→上、下方向键选择语言→ENTER→进入初始化屏面→ENTER→上、下方向键选择区域(region)→ENTER，上、下方向键选择地区(area)→ENTER→方向键输入高程(elevation)→ENTER→方向键输入时间(time)→ENTER→方向键输入日期(date)→ENTER。当高程未知时，直接按下 ENTER 键即可。接下来显示询问使用方式是海域(MARINE)还是陆地(LAND)，默认值为海域。操作者可以使用上、下方向键来选择，然后按下 ENTER 键。此时初始化操作结束，接着显示卫星状态屏(STATUS)。

有关屏面上出现的一些缩写术语如表 6-17 所示。

表 6-17 常用缩写术语说明

	Land(陆地)	Marine(海域)
Speed(速度)	SPD	SOG
Bearing(方位角)	BRG	BRG

续表

	Land(陆地)	Marine(海域)
Distance(距离)	DST	DST
Heading(航向)	HDG	COG
Velocity Made Good(正常速率)	VMG	VMG
Course To Steer(行驶的正确航线)	CTS	CTS
Estimated Time of Arrival(预计到达时间)	ETA	ETA
Time To Go(尚需进行时间)	TTG	ETE
Cross Track Error(航线偏差)	XTE	XTE
Recorded Position(已记录的位置)	Landmark(路标)	Waypoint(航线点)
Units of Measure(计量单位)	MILES/MPH(mile/h)Or KM/KPH(km/h)	NM/KNOTS(海里/h)

3. 固定点的定位

当接收机完成以上操作之后，就可以将接收机拿到户外的任意固定点上进行定位操作。在卫星状态屏(STATUS)下显示卫星接收情况后，则在位置屏面(POSITION)显示该固定点的坐标信息。

4. 航线点的保存

当接收机完成当前固定点的定位之后，可以使用 MARK 键来保存该点数据，作为一个航线点。该机可以存储 500 个航线点，并可以随时被调用：①由接收机给该点命名，操作为 MARK→MARK；②由使用者给该点命名，操作为 MARK→ENTER→4 个方向键输入数据→ENTER。

5. 建立导航路线

使用 GOTO 功能可以指引操作者从当前点位行进到接收机内存的任意一个航线点位处。操作为：GOTO→上、下方向键选择目录(category)→ENTER→上、下方向键选择航线点→ENTER。

6.8.3 基本操作与用途

该机可以显示 9 个导航屏面，即卫星状态(STATUS)、位置(POSITION)、导航 1(NAV1)、罗盘(COMPASS)、导航 2(NAV2)、绘图(PLOT)、公路(ROAD)、速度(SPEED)和时间(TIME)，为操作者提供必要的信息。操作者可以在任何屏面上通过按下 NAV 键进入导航屏面，也可以在任意导航屏面使用 NAV 或 QUIT 键顺序进入各导航屏面。除去 STATI 和 POSITION 两个屏面外，其他所有屏面都可以在导航屏面(NAV SCREEN)的设置(SETUP)中关闭。时间(TIME)屏面的默认值为 OFF(关闭)，操作者可以在 SETUP 中将其打开(ON)。

1. 卫星状态屏面(STATUS)

该屏显示当前收到的天空中 GPS 卫星的数目、方位和信号强度、电池电量等情况。其中，卫星信号表中空心柱条为刚收到的卫星信号，其星历锁定后则为黑色柱条，柱条越高接收信号越强；卫星相对位置图中外圆表示地平线，内圆与地平线呈 45° 角，圆心为 90° 角。当锁定足够的卫星并计算出位置数据后，将自动转入位置屏面(POSITION)。

2. 位置屏面(POSITION)

该屏面显示当前点位的坐标值和基本导航数据。机内软件系统默认坐标系为 WGS-84，操作者可以按动左、右方向键来显示第 2 个坐标系中的数值。位置标识为当前位置在罗盘中的方向；当接收机处于静止状态时，显示当前位置的平均坐标值；一旦开始移动，数值平均化自动停止。

3. 导航 1 屏面(NAV1)

该屏显示 4 个导航参数和图表式罗盘，引导操作者向目标行进。当目标点标志与当前位置标志重叠时，表示操作者已经到达目标点；否则，继续按显示的箭头方向行进。而 4 个导航参数可以根据操作者的需要进行改变，操作为：NAVl 屏面→MENIJ→CUSTOMIZE 选择→ENTER→上、下方向键选择参数→ENTER→上、下方向键选择数据类型→ENTER→QUIT。

4. 罗盘屏面(COMPASS)

与上屏面相似，该屏显示的指针式罗盘指引操作者行进。其 4 个参数的改变操作为：罗盘屏面→MENU→CUSTOMIZE 选择→ENTER→上、下方向键选择参数→ENTER→上、下方向键改变参数→ENTER→QUIT。

5. 导航 2 屏面(NAV2)

该屏以大号字体显示 4 个导航参数，以便使操作者和接收机存在一定距离时能清晰读看。改变参数的操作为：NAV2 屏面→MENU→CUSTOMIZE 选择→ENTER→上、下方向键选择参数→ENTER→上、下方向键选择参数→ENTER→QUIT。

6. 绘图屏面(PLOT)

该屏显示一幅微型地图，表示操作者已经行进过和将要行进的路线。从中可以看到行进路线、当前位置、其他航线点和目标点。其中图形比例尺(Plot Scale)可以使用左或右方向键来改变，从 lmile 到 200mile。

7. 公路导航屏面(ROAD)

该屏显示一条模拟公路、4 个导航参数和导航中模拟操作者的位置。改变导航参数的操作为：ROAD 屏面→MENU→CUSTOMIZE 选择→ENTER 4 个方向键选择参数→ENTER→上、下方向键选择参数→ENTEI→QUIT。

8. 速度屏面(SPEED)

该屏显示图形式时速表、里程表和航模表，还包括方位角、航向及实时速度。这些数值都可以在总菜单(MENU)下进行清除或重新设置。

9. 时间屏面(TIME)

该屏显示当前时间、预计行驶剩余时间、预计到达时间和已行驶时间。时间格式化操作为：TIME 屏面→MENU→FORMAT(格式)选择→ENTER→上、下方向键选择格式→ENTER→4 个方向键选择数据→ENTER。

习 题

1. 控制测量分为哪两类，各有什么作用？
2. 建立平面控制网的主要方法有哪些，各有什么优缺点？
3. 导线的布设形式有哪几种，导线外业选点时应该注意哪些问题？
4. 导线内业计算的目的是什么，计算的基本步骤是什么？
5. 计算图 6-32 所示闭合导线各点的坐标值。

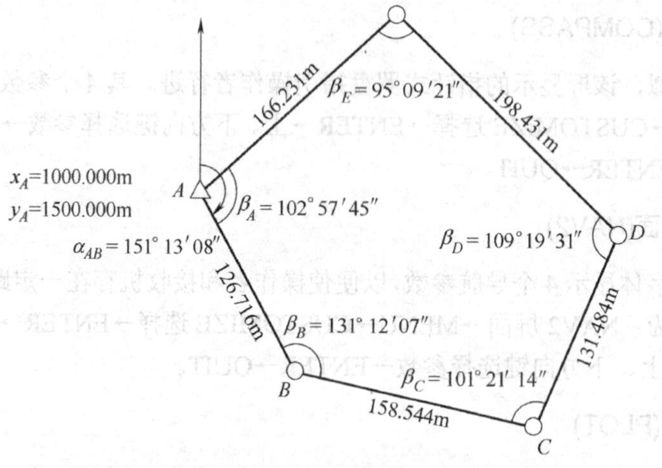

图 6-32 习题 5 图

6. 计算图 6-33 所示附合导线各点的坐标值。

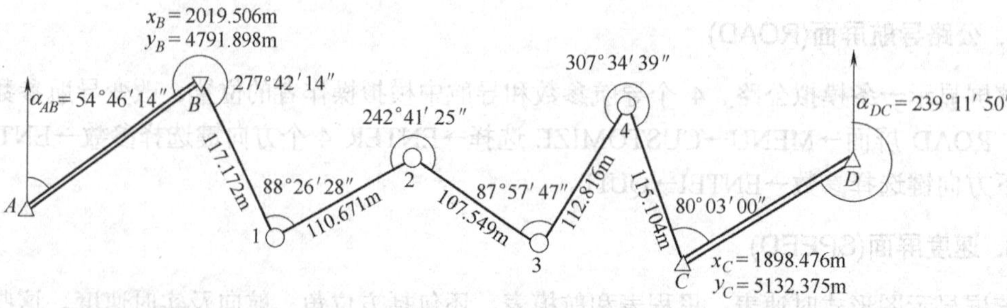

图 6-33 习题 6 图

7. 小三角网的布设形式有哪几种，其内业计算的步骤是什么？
8. 前方交会、后方交会、侧方交会、测边交会各需要哪些已知数据，各适用于什么场合？
9. 全球导航卫星系统由哪些部分组成，各部分的作用是什么？
10. 卫星绝对定位和相对定位的基本原理各是什么？
11. GPS外业测量时，在选点和观测时都应注意哪些问题？
12. 三、四等水准测量与等外水准测量在观测和计算方面有哪些异同之处？
13. 三角高程测量的基本原理是什么？

第 7 章　大比例尺地形图的测绘和应用

【学习目标】

- 了解地形图的基本知识;
- 熟悉图根点加密方法及测图前的准备工作;
- 熟悉大比例尺地形图测绘的方法;
- 熟悉地形图的应用;

为研究地球表面物体(地物)、地面起伏(地貌)状况及地面点之间的相互位置关系，可采用两种表示方法：一种是用数据表示；另一种是用绘图的方法表示，即将地面点位的测量成果绘在图上。以地图(Map)表示地物(Object)和地貌(Relief)，可以增加对地面点位及其相互位置关系了解的直观性、全面性、似真性、方便性与清晰性。例如，某一地区内有山地、丘陵、平地、河流、居民地、道路等，在图上可以同时表示出这些地物、地貌的情况及其分布与相互位置关系，使整个地区和局部范围内地面情况都呈现在用图者眼前，便于研究和使用。此外，地图还有便于携带等优点。现代测绘科学可以生产多种数字地图(如“4D”产品)，也可以生产不同比例尺的各种用途的纸质图。地形图(Topographic Map)就是将地面一系列地物与地貌点的位置，通过综合取舍，把它们垂直投影到一个水平面上，再按比例缩小后绘制在图纸上得到的一种地图。这种投影称为正形投影(Orthomorphic Projection)，即投影后的角度不变，图纸上的地物、地貌与实地上相应的地物、地貌相比，其形状是相似的。

7.1　地形图的基本知识

7.1.1　地形图的比例尺(Scale)

1. 地形图的比例尺

为方便测图和用图，需将实际地物、地貌按一定比例缩绘在图上，故每张地形图是按比例缩小的图，且同一张图内各处比例一致。地形图比例尺的定义：图上任意线段长度(d)与实地相应线段的水平长度(D)之比，用分子为 1 的整分数表示，即 $d/D=1/M$，M 称为比例尺分母，M 越大，比例尺越小。规定地形图使用的比例尺有如下几种：1∶500，1∶1000，1∶2000，1∶5000，1∶10000，1∶25000，1∶50000。只有在特殊用途时方可采用任意比例尺(见表 7-1)。

表 7-1　常用的比例尺

	小比例尺	中比例尺	大比例尺
国家基本地形图	1∶50000	1∶25000，1∶10000	1∶5000，1∶2000，1∶1000，1∶500
工程地形图	1∶50000，1∶25000	1∶10000，1∶5000	1∶2000，1∶1000，1∶500

2. 比例尺的精度(Accuracy)

地形图上所表示的地物、地貌细微部分与实地有所不同，其精确度与详尽程度也受比例尺影响。地形图的传统绘制方法是经过人眼用绘图工具将测量成果绘于图上，测量中有误差，人眼和绘图中也有误差。人眼分辨角值为 60″，在明视距离(25cm 内)辨别两条平行线间距为 0.1mm，区别两个点的能力为 0.15mm。通常将 0.1mm 称为人眼分辨率(Visual Resolution)。

地形图上 0.1mm 所表示的实地水平长度，称为地形图的比例尺精度。由此可见，不同比例尺的地形图其比例尺精度不同。大比例尺地形图上所绘地物、地貌比小比例尺图上的更精确且详尽。地形图比例尺精度数值列于表 7-2。

表 7-2　地形图比例尺精度

地形图比例尺	1∶500	1∶1000	1∶2000	1∶5000
地形图比例尺精度/cm	5	10	20	50

据上所述，地形图的比例尺精度与量测关系为：其一，根据地形图比例尺确定实地量测精度，如在 1∶500 地形图上测绘地物，量距精度只达到±5cm 即可；其二，可根据用图要求需表示地物、地貌的详细程度，确定所选用地形图的比例尺，如要求能反映出量距精度为±10cm 的图，应选 1∶1000 地形图。同一测区范围的大比例尺测图比小比例尺测图更费工时。

7.1.2　地形图的图幅、图号和图廓

1. 图幅(Sheet)

地图的量词为“幅”，一张地形图称为一幅地形图。图幅指图的幅面大小，即一幅图所测绘地貌、地物范围。图幅形状有梯形和矩形两种，其确定图幅大小方法不同。现将大比例尺地形图矩形图幅大小及其代表实地面积列于表 7-3。

表 7-3　大比例尺地形图图幅

比例尺	图幅大小/cm	实地面积/km^2	在 1∶5000 图幅内的分幅
1∶5000	40×40	4	1
1∶2000	50×50	1	4
1∶1000	50×50	0.25	16
1∶500	50×50	0.0625	64

2. 图名、图号、接图表(Title，Numbering，Sheet Index)

地形图的图名，一般是用本幅图内最大的城镇、村庄、名胜古迹或突出的地物或地貌的名字来表示的，并且注写在图幅上方中央，如图 7-1 所示。在保管、使用地形图时，为使图纸有序存放和检索，要将地形图进行统一编号，此编号称为地形图图号。图号标注在图幅上方图名之上，如图 7-1 所示。地形图编号方法详见 7.7 节。接图表是本幅图与相邻图幅之间位置关系的示意图，供查找相邻图幅之用。接图表位置是在图幅左上方，绘出本幅与相邻四幅图的图名(见图 7-1)。

3. 图廓(Margin)

图廓有内、外图廓之分，内图廓线就是测图边界线。内图廓之内绘有 10cm 间隔互相垂直交叉的短线，称为坐标格网(Coordinate Grid)。矩形图幅内图廓线也是公里格网线。梯形分幅图廓线为经纬线。因受子午线收敛角影响，经纬线方向与坐标网格方向不一致。故在 1∶100000 及其以下比例尺地形图图廓内既有公里格网又有经纬线，大于 1∶50000 比例尺地形图上则不绘经纬线。其图廓点坐标用查表方法找出。外图廓线是一幅图最外边界线，以粗实线表示。有的地形图(如 1∶10000，1∶25000 图)在内、外图廓线间尚有一条分图廓线。在外图廓线与内图廓线空白处，与坐标格网线对应地写出坐标值，如图 7-1 所示。

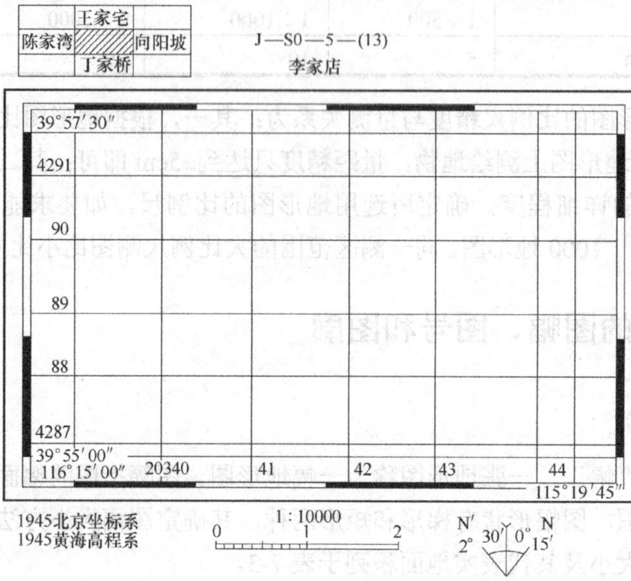

图 7-1 地形图图幅

外图廓线外，除了有接图表、图名、图号，尚应注明测量所使用的平面坐标系、高程坐标系、比例尺、测绘方法、测绘日期及测绘单位、人员等。

7.2　地形图的符号

地球表面的形状是极为复杂的。通常把形态比较固定的物体叫作地物，又按它的成因不同分为人工地物(Artificial Feature)和自然地物(Natural Feature)。前者如房屋、道路、桥梁等，后者如河流、矿泉、森林等。把高低起伏的地面各种形态叫作地貌，如山峰、河谷、平原等。地物与地貌统称为地形(Landform)。为了既真实又概括地表示这些地理现象，地形图是以一些特定的符号在图上表示的，这些符号就叫作地形图符号(Map Symbols)。

7.2.1　地物符号(Object Symbol)

地物符号分为比例符号、半比例符号和非比例符号。

比例符号即按照测图的比例尺，将地物缩小、用规定的符号画出的地物符号，以面状地物为主，例如房屋、旱田、林地等，也有部分线状地物，如桥梁。不同使用类型的土地一般以虚线确定某种土地使用类型的范围，以相对应的符号按照一定的分布原则进行填充。

半比例符号适用于长度能够按照比例尺缩小后画出，而宽度不能按照比例尺表示的地物，以线状地物为主，例如围墙、篱笆、栅栏等。

非比例符号用来表示轮廓较小，无法按照比例缩小后画出的地物，例如三角点、水井、电线杆等，只能用特定的符号表示它的中心位置。非比例符号多以点状地物为主。不同地物符号定位点即符号表示地物的中心位置也有所区别，一般分为符号中心、符号底线中心、符号底线拐点等。

7.2.2　地貌符号(Relief Symbol)

地貌是指地表面的高低起伏状态，它包括山地、丘陵和平原等。在图上表示地貌的方法很多，而测量工作中通常用等高线(Contour)表示，因为用等高线表示地貌，不仅能表示地面的起伏形态，并且还能表示出地面的坡度和地面点的高程。

1. 等高线显示地貌的原理

如图 7-2 所示，有一座山，假想从山底到山顶，按相等间隔把它一层层地水平切开后，呈现各种形状截口线。然后再将各截口线垂直投影到平面图纸上，并按测图比例缩小，就得出用等高线表示该地貌的图形。该图形特点是同一条曲线上各点高程都相等。

2. 等高距和等高线平距

等高距(Vertical Interval)是相邻等高线之间的高差，也称等高线间距，即图 7-2 中所示的水平截面间的垂直距离。同一幅地形图中等高距是相同的。

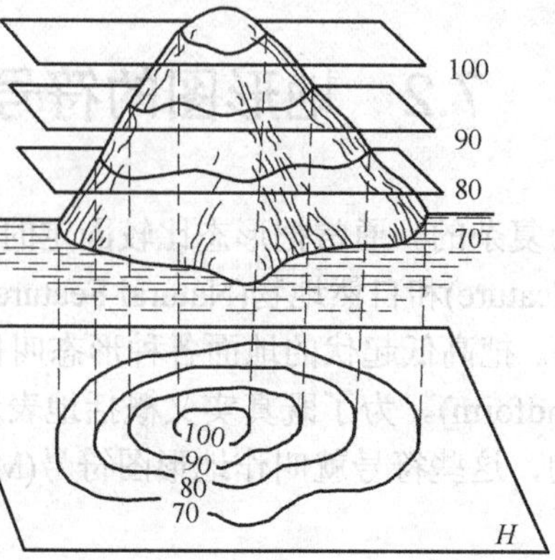

图 7-2　等高线

等高线平距(Horizontal Interval)是相邻等高线之间的水平距离。因为同一幅地形图上等高距是相同的，故等高线平距的大小将反映地面坡度的变化。如图 7-3 所示，地面段坡度平缓，其平距大；地面段坡度陡，则平距小；若坡度相同，其相应等高线间的平距也相等。另外也可看出，等高距越小，显示地貌就越详细。但等高距过小，图上的等高线就过于密集，就会影响图面的清晰醒目。因此，在测绘地形图时，如何确定等高距是根据测图比例尺与测区地面坡度来确定的。国家测绘部门在地形测量规范中规定了不同比例尺地形图的基本等高距值，如表 7-4 所示。

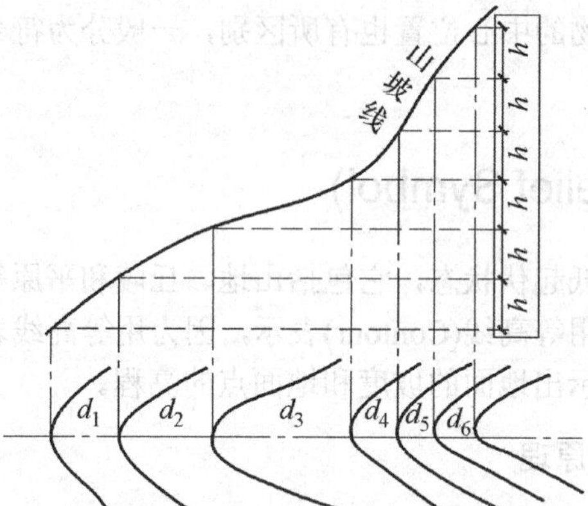

图 7-3　等高距

表 7-4　地形图等高距

等高距/m 比例尺 坡面倾斜角	1：500	1：1000	1：2000	1：5000
0°～6°	0.5	0.5	1	2
6°～15°	0.5	1	2	5
15°以上	1	1	2	5

续表

编号	符号名称	1∶500　1∶1000　1∶2000
3	测量控制点	
3.1	**平面控制点**	
3.1.1	三角点 凤凰山——点名 394.468——高程	凤凰山 / 394.468　3.0
3.1.2	土堆上的三角点	3.0
3.1.3	小三角点 横山——点名 95.930——高程	3.0　横山 / 95.93
3.1.4	土堆上的小三角点	
3.1.5	导线点 116——等级、点号 84.460——高程	2.0　116 / 84.46
3.1.6	土堆上的导线点	
3.1.7	埋石图根点 16——点号 24.460——高程	1.6　2.6　16 / 24.46
3.1.8	不埋石图根点 25——点号 62.740——高程	1.6　25 / 62.74
3.2	**高程控制点**	
3.2.1	水准点 Ⅱ京石 5——等级、点名、点号 32.804——高程	2.0　Ⅱ京石5 / 32.804
3.3	**GPS 控制点** B14——级别、点号 495.267——高程	B14 / 495.267　3.0
3.4	**其他控制点**	
3.4.1	天文点 275.310——高程	4.0　275.31

编号	符号名称	1∶500　1∶1000　1∶2000
4	居民地和垣栅	
4.1	**普通房屋**	
4.1.1	一般房屋 混——房屋结构 1——房屋层数	混3　2
4.1.2	简单房屋	
4.1.3	建筑中的房屋	建
4.1.4	破坏房屋	破
4.1.5	棚房	
4.3	**房屋附属设施**	
4.3.1	廊	
4.3.1.1	柱廊 a. 无墙壁的 b. 一边有墙壁的	a　b
4.3.1.2	门廊	混5
4.3.1.3	檐廊	混凝土4
4.3.1.4	悬空通廊	混凝土4　混凝土4
4.3.2	建筑物下的通道	混凝土　3
4.3.3	台阶	0.4　1.0　0.8
4.3.4	室外楼梯 a. 上楼方向	混凝土8　a　不表示
4.3.5	地下建筑物的天窗 a. 地下室 b. 其他通风口	a　1.0　2.0　b　2.6　1.6　不表示

续表

编号	符号名称	1∶500 1∶1000 1∶2000	编号	符号名称	1∶500 1∶1000 1∶2000
4.3.6	院门 a. 围墙门 b. 有门房的	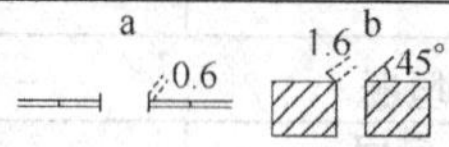	5.5.2.2	照射灯 a. 杆式 b. 桥式 c. 塔式	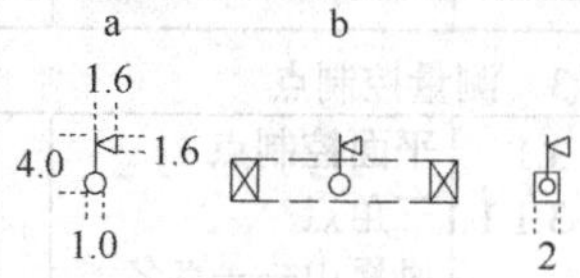
4.3.7	门墩 a. 依比例尺的 b. 不依比例尺的	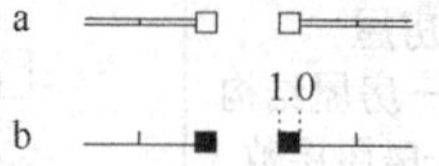	5.5.3	喷水池	
4.3.8	门顶	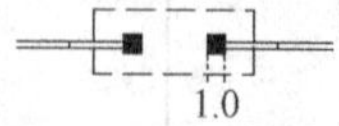	5.5.4	假石山	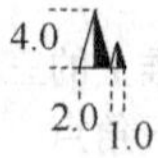
4.3.9	支柱(架)、墩 a. 依比例尺的 b. 不依比例尺的	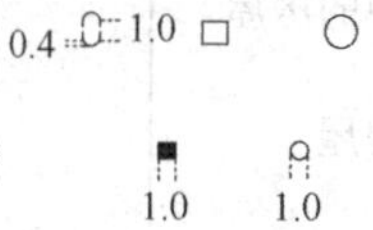	5.5.5	垃圾台	
4.4 4.4.1 4.4.1.1	**垣栅** 长城及砖石城墙 完整的 a. 城门和城堡 b. 台阶	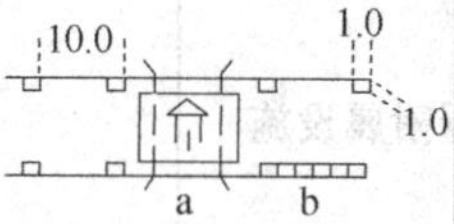	5.5.6	岗亭、岗楼	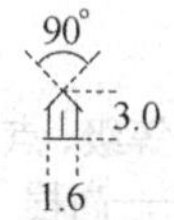
4.4.1.2	破坏的	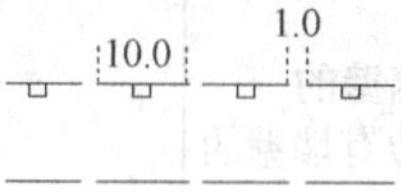	5.5.7	无线电杆、塔 a. 依比例尺的 b. 不依比例尺的	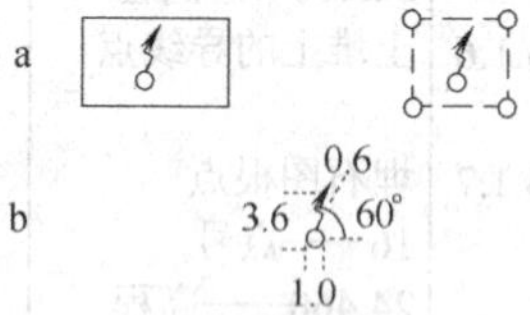
4.4.2	土城墙 a. 城门 b. 豁口	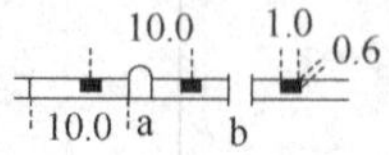	5.5.8	电视发射塔	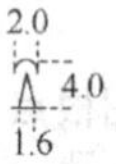
			5.5.9	避雷针	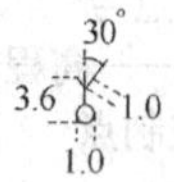
4.4.3	围墙 a. 依比例尺的 b. 不依比例尺的	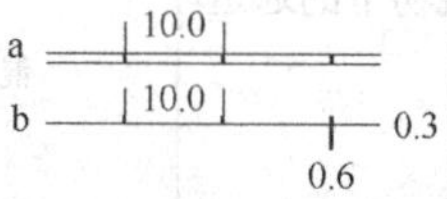	5.6 5.6.1	**有纪念意义建筑物** **纪念碑** a. 依比例尺的 b. 不依比例尺的	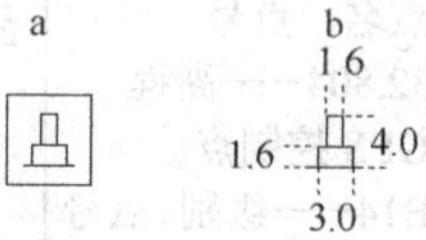
4.4.4	栅栏、栏杆	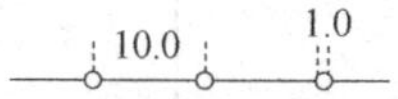	5.6.2	碑、柱、墩 a. 依比例尺的 b. 不依比例尺的	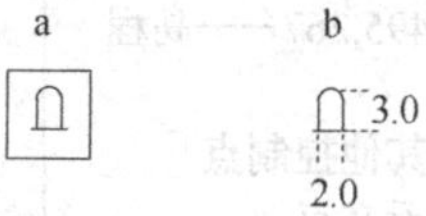
4.4.5	篱笆	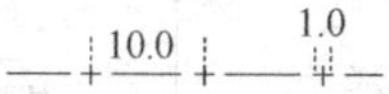	5.6.3	塑像 a. 依比例尺的 b. 不依比例尺的	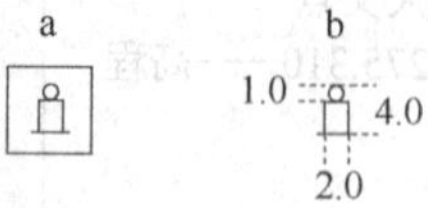
4.4.6	活树篱笆	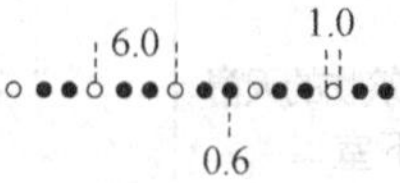			
4.4.7	铁丝网	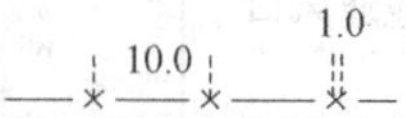	5.6.4	旗杆	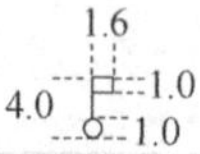
			5.6.5 5.6.6	彩门、牌坊、牌楼 亭 a. 依比例尺的 b. 不依比例尺的	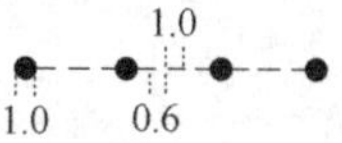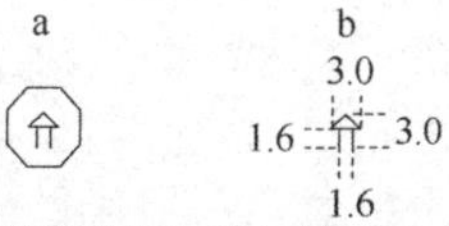

续表

编号	符号名称	1∶500 1∶1000	1∶2000	编号	符号名称	1∶500　1∶1000 1∶2000
6　交通及附属设施						
6.1	铁路和其他轨道			6.3	公路	
6.1.1	一般铁路	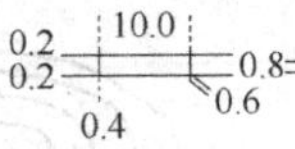		6.3.1	高速公路 a. 收费站 0——技术等级代码	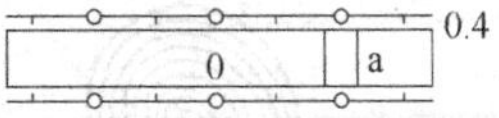
6.1.2	电气化铁路	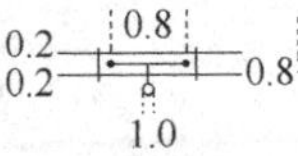	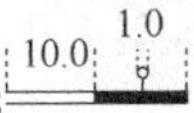	6.3.2	等级公路 2——技术等级代码 (GJ01)——国道路线编号	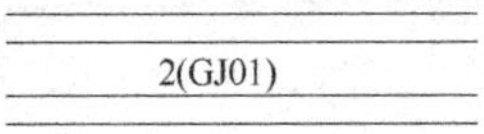
6.1.3	窄轨铁路	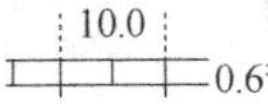	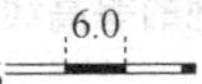			
6.1.4	建筑中的铁路	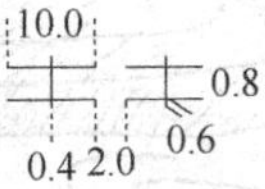	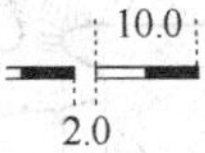	6.3.3	等外公路 9——技术等级代码	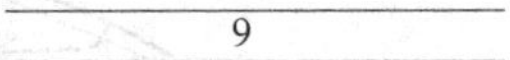
				6.3.4	建筑中的高速公路 0——技术等级代码	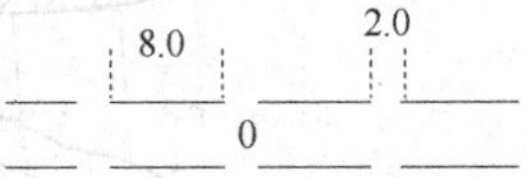
6.1.5	轻便轨道	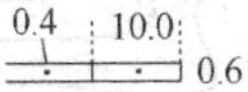		6.3.5	建筑中的等级公路 2——技术等级代码	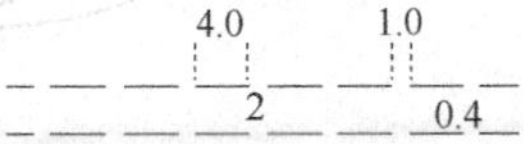
6.1.6	电车轨道	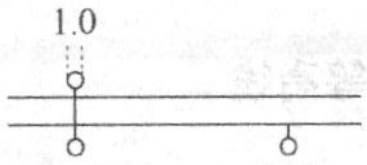		6.3.6	建筑中的等外公路 9——技术等级代码	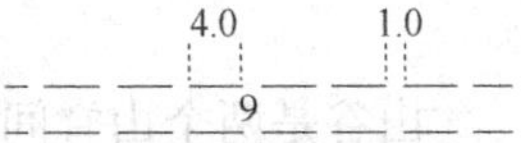
6.2.8	转车盘					

3. 典型地貌的等高线

将地面起伏和形态特征分解观察，不难发现它是由一些地貌组合而成的。会用等高线表示各种典型地貌，才能够用等高线表示综合地貌。

1) 山头和洼地(Hill and Depression)

凡是凸出而且高于四周的单独高地叫作山。大的称为山岭，小的称为山丘，山岭和山丘最高部位称作山头。比周围地面低下，且经常无水的地势较低的地方称为凹地。大范围低地称为盆地，小范围低地称为洼地。

山顶与洼地的等高线都是闭合环形，如图 7-4 所示。为区别山头与洼地等高线，使用示坡线(Depression Line)。示坡线是指示地面斜坡下降方向线，它是一短线，一端与等高线连接并垂直于等高线，表示此端地形高，不与等高线连接端地形低。示坡线指示坡度下降，用作判别谷地、山头的斜坡方向。图 7-4(a)为山丘，图 7-4(b)为洼地。

2) 山脊与山谷(Ridge and Gully)

山脊是从山顶到山脚凸起部分，很像脊背状。山脊最高点连线称山脊线。以等高线表示的山脊是等高线凸向低处，雨水以山脊为界流向两侧坡面，故山脊线又称分水线，如图 7-5 所示。

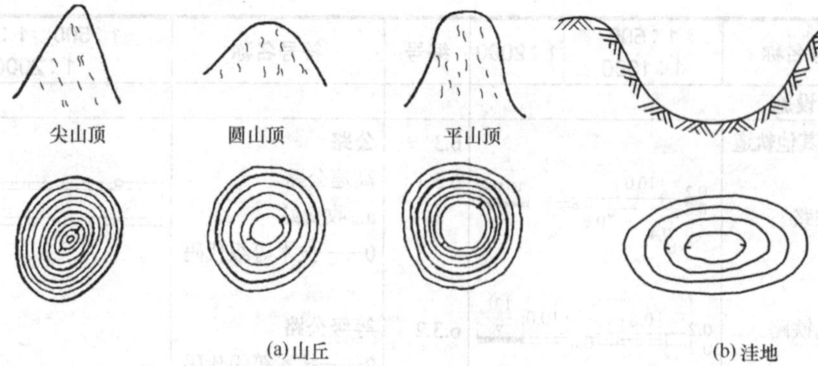

图 7-4 山头与洼地的等高线

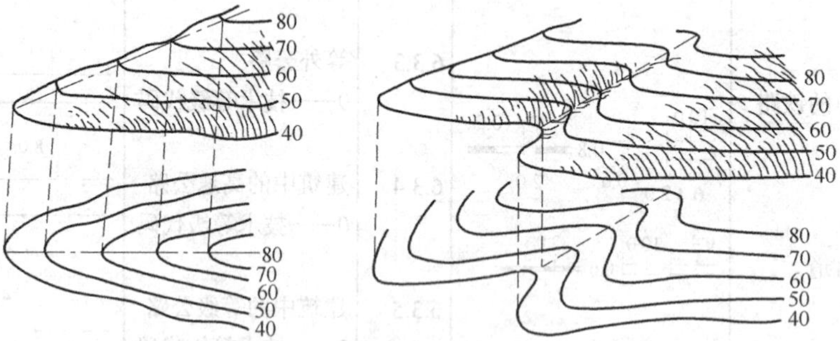

图 7-5 山脊与山谷的等高线

山谷是两个山脊间的低凹部分，表示山谷等高线是凹向低处(或凸向高处)。雨水从山坡面汇流在山谷。山谷最低点连线称为山谷线，又称合水线。分水线(山脊线)和合水线(山谷线)统称为地性线(Bone Line)。

3) 鞍部(Saddle)

鞍部是连接两山之间呈马鞍形的凹地，如图 7-6 所示。鞍部在地性线上的位置，既处于两山顶的山脊线连接处，又是两合水线的顶端。

4) 陡坡和悬崖(Steep Slope and Cliff)

陡坡是地面坡度大于 70° 的山坡，等高线在此处非常密集，绘在图上几乎呈重叠状。为便于绘图和识图，地形图图式中专门列出表示此类地貌的符号；悬崖是上部突出、中间凹进的地貌，其等高线投影在平面上呈交叉状，如图 7-7 所示。

图 7-6 鞍部

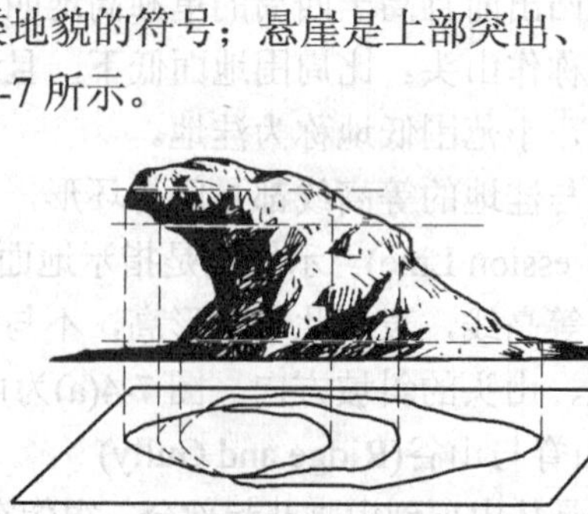

图 7-7 悬崖

4. 等高线的种类

(1) 首曲线(Intermediate Contour)，也称为基本等高线，即为按规定等高距测绘的等高线。大比例尺地形图上首曲线的线划宽度为 0.15mm 的实线。

(2) 计曲线(Index Contour)，也称为加粗等高线，为便于查看等高线所示高程值，由零米起算，每隔 4 条基本等高线绘一条加粗等高线，即线划宽度 0.25mm 的实线。

(3) 间曲线(Supplementary Contour)，又称为半距等高线，即为按基本等高距一半而绘制的等高线，用长虚线表示。线划直径与首曲线相同。用半距等高线可以补充表示基本等高线显示不出的重要而较小的地貌形态。

(4) 助曲线(Extra Contour)，又称为辅助等高线。助曲线是按基本等高距 1/4 而绘制的等高线，用短虚线表示，线划直径与首曲线相同。用助曲线可以补充间曲线表示不完全的地貌形态。图 7-8 为各种等高线。图 7-9 为用等高线表示地貌的形态。

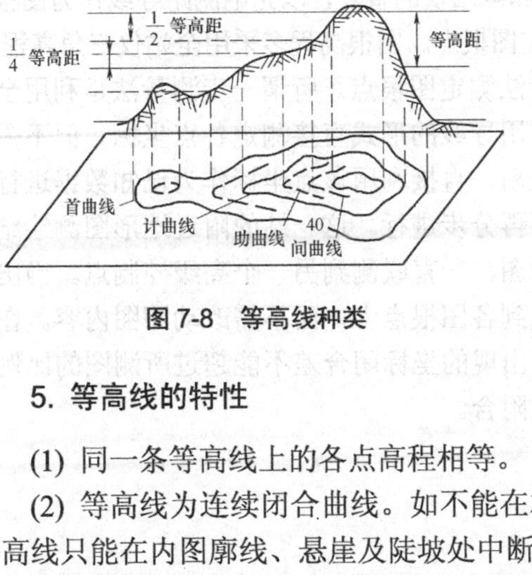

图 7-8　等高线种类

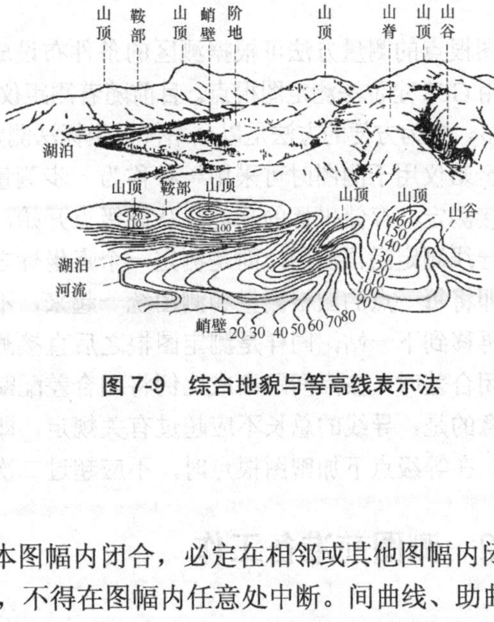

图 7-9　综合地貌与等高线表示法

5. 等高线的特性

(1) 同一条等高线上的各点高程相等。

(2) 等高线为连续闭合曲线。如不能在本图幅内闭合，必定在相邻或其他图幅内闭合。等高线只能在内图廓线、悬崖及陡坡处中断，不得在图幅内任意处中断。间曲线、助曲线在表示完局部地貌后，可在图幅内任意处中断。

(3) 相同高程的等高线不能相交。不同高程的等高线除悬崖、陡坡处不得相交也不能重合。

(4) 同一幅图内，等高距相同时，平距小表示坡度陡，平距大则坡度缓，平距相等则坡度相等。

(5) 跨越山脊、山谷的等高线，其切线方向与地性线方向垂直。

7.2.3　注记符号(Letter Symbol)

注记是对地物和地貌符号的说明与补充。它包括：

(1) 名称注记。例如，村镇名、机关单位名、山名、河流名等。

(2) 说明注记。例如，地物或管线的性质、经济林木或作物的品种，以及大面积土质、植被等的说明。

(3) 数字注记。例如，山峰的高程、河流的深度等。

7.3 图根点加密与测图前准备工作

地形测图的工作程序，一般是先在测区内加密各等级控制点；各作业组再依据高级控制点加密图根点，当图根点不能满足测图需要时，再增补测站点。而后充分利用各级控制点和测站点作测图时的测站测绘地形图。对分幅测绘的每幅图经过拼接、全面检查、验收和清绘与整饰，连同技术总结一起移交。在第 6 章已介绍过各级控制点(含图根点的)测量方法和技术要求，本节重点介绍图根点的加密与测图前准备工作。

7.3.1 图根点的测量和加密方法

图根点的测量方法可根据测区的条件布设成线形锁、中点多边形、交会、导线等形式，也可用 GPS 定位法测定图根点。目前随着测距仪和全站仪的普及，以光电测距导线作为图根控制居多。更为方便的方法是以全站仪极坐标法测定图根点。图根高程多采用全站仪三角高程。

全站仪用于测图时可采用一种称为一步测量法测定图根点。所谓一步测量法是利用全站仪直接测定、存储坐标的功能，从高级点开始，用导线的形式直接测定各点坐标。但不需将全部导线测定后再测图，而是测定一个点坐标之后，直接利用该点坐标作为已知数据进行测图，即将每一点的图根测量和测图统一起来，不再分步进行。这一站的附近地形图测绘结束后，再移到下一站，同样是测定图根之后直接测图，一直联测到另一个高级控制点。当出现坐标闭合差时，按点间距离成比例将闭合差配赋到各图根点上，而不需改动测图内容。在此要注意的是，导线的总长不应超过有关规定，即出现的坐标闭合差不能超过所测图的比例尺精度。在等级点下加密图根点时，不应超过二次附合。

7.3.2 测图前准备工作

1. 图纸准备

图纸准备是将各类控制点坐标展绘在图纸上以供测图之用。目前广泛采用透明聚酯薄膜片(Polyester Drawing Sheet)作为图纸。经热定型处理的聚酯薄膜片在常温时变形小，不影响测图精度。膜片表面光滑，使用前需经磨版机打毛，使其毛面能吸附绘图墨水及便于铅笔绘图。膜片是透明图纸，测图前在膜片与测图板之间衬以白纸或硬胶板，透明膜片与图板用铁夹或胶纸带固定。小地区大比例尺测图时，往往测区范围只有一两幅图，则可用白纸作为图纸。将图纸用胶带固定在图板上，图纸与图板间不能存有空气。

2. 绘制坐标格网

将各种控制点根据其平面直角坐标值 x、y 展绘在图纸上。为此需在图纸上选绘出 10cm×10cm 正方形格网，作为坐标格网(Square Grid)(又称方格网(Trammel)。用坐标展点仪(直角坐标仪(Coordinate Graph))绘制方格网，是快速而准确的方法。现介绍在白纸上用圆规和直尺绘制坐标格网的方法。其步骤如下：

连接图纸两对角线交于 O 点，大约在图幅左下角处确定点 A，以 OA 为半径，在对角线上分别截取 $OA=OB=OC=OD$，并连续连接 $ABCD$，$\angle DAC$…为直角。在矩形四条边上每 10cm 量取一分点，连接对边分点，形成互相垂直的坐标格网线及矩形或正方形内图廓线，如图 7-10 所示。

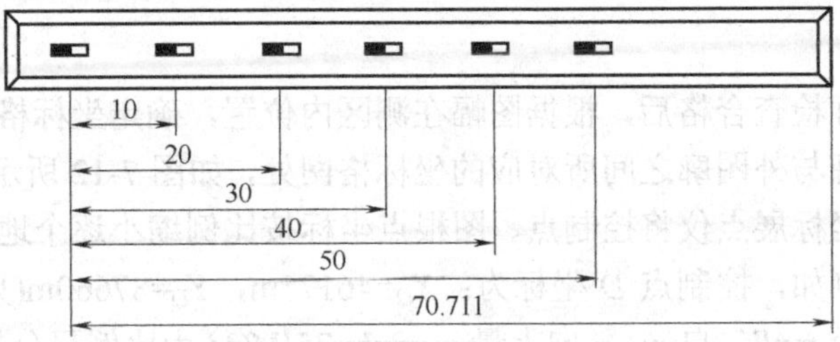

图 7-10　坐标格网尺(单位：cm)

图 7-10 所示为五四型格网尺，它是一根金属尺，适用于绘制 50cm×50cm 的方格网。格网尺上每隔 10cm 有一方孔；每孔有一斜边，最左端的孔为起始孔，起始孔的斜边是一直线。其上刻有一细线为指示零点的指标线。其余各孔及尺的末端(右端)的斜边均是以零点为圆心，各以 10cm、20cm、30cm、40cm、50cm 及 70.711cm 为半径的短弧线。70.711cm 为 50cm×50cm 正方形对角线的长度。用坐标格网尺绘制方格网的方法和步骤如图 7-11 所示。

(1) 用削尖的铅笔在图纸的下边缘画一直线(并目估使其与下边缘平行)。在直线上定出左端点 a，将尺的零点对准 a，测各孔与直线相交的短线，最后定出右端点 b(见图 7-11(a))。为了保留图廓外整饰所需宽度，应使绘制的方格网位于图板中央，为此，要先大致确定 a、b 两点图上的概略位置。

(2) 将尺的零点对准 a，目估尺子垂直于直线 ab，测各孔画短线(见图 7-11(b))。

(3) 将尺的零点对准 b，目估使尺子垂直于直线 ab，沿各孔画短线(见图 7-11(c))。

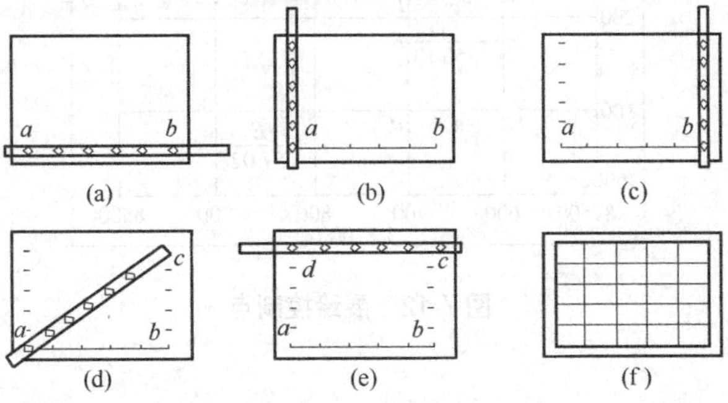

图 7-11　用坐标格网尺绘制坐标格网

(4) 将尺的零点对准 a，使尺子沿对角线放置，依尺子末端斜边画弧线，使之与右上方第一条短弧线相交得 c 点(见图 7-11(d))。

(5) 目估使尺子与图纸上边缘平行，将尺子的零点对准 c，使尺子的末端与左上方第一条短弧线相交得 d 点，并沿各孔画短线(见图 7-11(e))。

(6) 连接 a、b、c、d 各点，测得每边为 50cm 的正方形。再连接正方形两对边的相应分点，即得每边为 10cm 的坐标方格网(见图 7-11(f))。绘出坐标格网后，应检查方格的正确性。首先用整个图幅对角线 *AM*、*LN* 检查，*AM* 应等于 *LN*。并检查对角线长度是否正确，其误差允许值不超过图上 0.2mm。超过此值应重新绘制格网。另外，检查每一方格角顶点是否在同一直线上。用直尺沿与 *AM* 及 *LN* 平行方向推移，若角顶点不在同一直线上，其偏差值应小于图上 0.2mm(图上 *ab*)。超过允许偏差值时，应改正或重绘。

3. 展绘控制点

坐标格网绘制并检查合格后，根据图幅在测区内位置，确定坐标格网左下角坐标值，并将此值注记在内图廓与外图廓之间所对应的坐标格网处，如图 7-12 所示。然后，进行点的坐标展绘。展点可用坐标展点仪将控制点、图根点坐标按比例缩小逐个地绘在图纸上。下面介绍人工展点方法。例如，控制点 *D* 坐标为：X_D=46175m，Y_D=87660m(见图 7-12)。首先确定 *D* 点所在方格位置为 *mnlk*。自 *m*、*n* 向上量 *ma*=*nb*=75/*M*(*M* 为比例尺分母)，再用 *ka*=*lb*=25/*M* 检查，得出 *a*、*b* 两点。同样用 *y* 值得出 *c*、*d* 两点。*ab* 与 *cd* 交点即为 *D* 点在图上位置。以同样的方法将图幅内所有控制点展绘在图上。用实地长度与图上长度对比检查，其边长不符值应小于图上 0.3mm。展绘完控制点平面位置并检查合格后，擦去图幅内多余线划。图纸上只留下图廓线、四角坐标、图号、比例尺以及方格网十字交叉点处 5mm 长的相互垂直短线，用符号标出控制点及其点号和高程。现在，利用计算机和绘图仪已能高质量完成方格网绘制及展点工作。

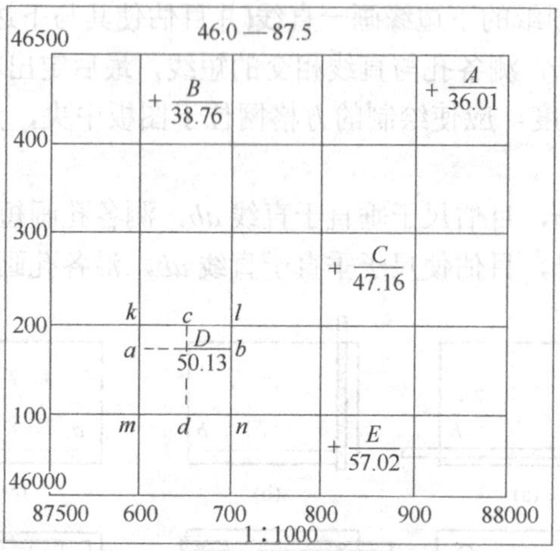

图 7-12　展绘控制点

7.4 大比例尺地形图的测绘

测图时将安置仪器的控制点称为测站点(Station)。测图的方法较多，下面介绍一些常用的测图方法。

7.4.1　经纬仪测绘法(Method of Transit Mapping)

经纬仪测绘法是将经纬仪置于测站上，并用经纬仪测定至碎部点(Detail)的方向与已知方向之间的夹角，用视距法或皮尺丈量控制点到碎部点的距离。根据测量数据用量角器在图板上以极坐标远离确定地面点位，并进行勾绘成图，称为经纬仪测绘法。下面将经纬仪测绘法测图步骤叙述如下。

(1) 将经纬仪安置在测站上并量出仪器高。以盘左 0°00′00″。对准相邻任一图根点，作为起始方向读数。自起始方向顺时针转动照准部，逐个照准碎部点。读出测站点至碎部点方向值。并用视距法求出测站与碎部点间距离和高差。

(2) 在图板上用量角器将碎部点与起始方向间夹角绘在图上，也就是将测站至碎部点方向线绘在图上。在此方向线上按比例截取测站至碎部点所测的距离，得出碎部点平面位置。再将用视距法求出碎部点的高程注记在图上碎部点位置旁。

(3) 参照地面情况，用地物符号将碎部点连接起来；根据碎部点高程，绘出表示地貌的等高线。至此完成一个测站的测图工作。

测图时需注意以下事项。

(1) 测图前应检查经纬仪竖盘指标差，其值不应大于 2″，否则应进行校正或在视距计算中加入指标差改正数。

(2) 设站时应进行必要的检查：①测站点检查。用视距法测绘另一测站点，水平距离较差不应大于图上 0.2mm，高程较差不应大于 1/5 等高距。②重合点检查。测定上一测站所测绘的明显地物点，其平面位置较差不应大于图上 $2\sqrt{2}\times0.6$mm，高程较差不应大于 $2\sqrt{2}\times1/3$ 等高距。③观测过程中每测 20～30 个碎部点应检查一下零方向，观察水平度盘位置是否发生变动。测站工作结束时，应再作一次定向检查。

7.4.2　小平板仪与经纬仪联合测图法(Topographic Mapping with Plane-table and Transit)

小平板仪由脚架、图板、对点器、罗盘、照准仪组成，如图 7-13 所示。图板与脚架用中心螺旋或球窝连接螺旋连接。对点器为夹式对点器，可使图纸与地面对应点在同一铅垂线上。小平板照准仪又称测斜仪。其构造为：在有刻划的直尺两端连接两块可折叠的觇板。接物觇板上有 3 个小孔，称为觇孔。接物觇板中间有一竖丝作照准目标用。直尺刻划供量取长度用。直尺边供绘方向线用。直尺中央有一小管状气泡供整平图板用。小平板仪为古老传统测图仪器。由于其较灵便，一直保留至今，现在通常只利用其描绘方向。在一测站上的施测方法及步骤如下。

(1) 经纬仪或水准仪安置于测站点旁 2～3m 处。在测站点立视距尺，求出经纬仪视线高程与距测站点的水平长度。

(2) 测站点上安置小平板仪。其顺序是粗略定向→安平→对中→精确整平→精确定向。粗略定向可用磁针定向；粗略安平用目估即可；对中是用铁夹对点器，使地面与图纸上相应控制点在同一条铅垂线上；精密整平可用活动球窝调平，也可用基座螺旋整平，精确整平时将测斜仪放在图板上，使照准仪直尺上的管水准器气泡在两个正交方向上居中即可；精确定向是在图纸上先将照准仪直尺边切准测站点与定向用的图根点(如图 7-14 中 1，2 点所示)。然后松开图板连接螺旋，转动图板，从觇孔观察。使觇板照准丝对准 2 点上所立的花杆，此时觇孔、照准丝与花杆在同一直线上。图上 1、2 点与实地 1、2 点在同一竖直面内，从而达到图板方向与实地方向一致的定向目的。定向完毕再用另一已知方向检查，允许偏离值小于图上 0.1mm。

(3) 在图纸上标出经纬仪或水准仪位置。图板定向后，用测斜仪照准小平板旁的经纬仪或水准仪中心，在尺边画出方向线，按比例定出经纬仪或水准仪在图纸上的位置，如图 7-13 中 1′点所示。

(4) 测绘碎部点。欲测碎部点 1(见图 7-14)，可在小平板上用测斜仪照准 1 点，同时用测斜仪直尺边切准 1 点，沿尺边描方向线 1-*A*。用经纬仪或水准仪以视距法求出碎部点的高程及到经纬仪的水平距离 *d*′。以经纬仪(水准仪)在图纸上位置 *A* 点为圆心，以 *d*′/*M* 为半径画弧交 1-*A* 于 1′点。1′点就是地面 1 点在水平面上的垂直投影位置。并在 *A* 点旁注出所测 1 点高程值。

图 7-13　小平板与经纬仪联合测图法

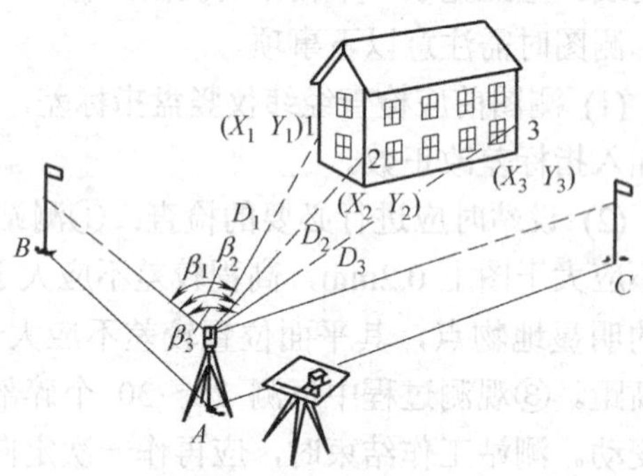

图 7-14　碎步点测绘

7.4.3　大平板仪测图法(Topographic Mapping with Plane-table)

1. 大平板仪构造

大平板仪由脚架、基座、图板与照准仪构成。基座在脚架与图板之间，三者可以连接在一起。基座上的基座螺旋用于整平。照准仪(见图 7-15)由望远镜、竖直度盘、支柱、底板与平行尺组成。照准仪可以进行视距测量，以及照准碎部点，用平行尺描绘方向线。附件有：叉架式对中器(与小平板仪对点器类似)，方盒罗盘及独立水准器。大平板仪在测站上安置步骤与小平板仪安置步骤相同，只是整平时用独立水准器。

2. 大平板仪的施测方法及步骤

将大平板仪正确安置在测站后，将照准仪置于图纸上测站点左侧，对准碎部点所立的标尺，用视距测量方法求出测站点至碎部点间的水平距离及高差。再打开底板上的平行尺，使平行尺边切准图纸上的测站点并描绘方向线，且按所测水平距离在图上标出碎部点位置，最后在碎部点旁注记该点高程。大平板仪这种确定点平面位置的方法仍属于极坐标原理测图的方法。在大比例尺地形图测绘中常用极坐标法测图。

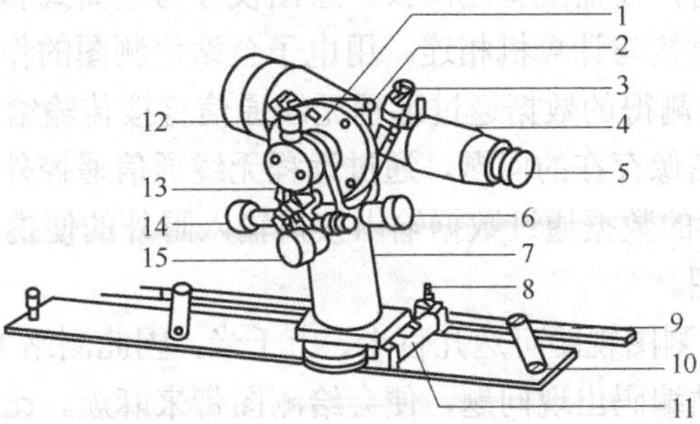

图 7-15　大平板仪构造

1—竖盘；2—管水准器；3—读数显微镜；4—物镜对光螺旋；5—目镜对光螺旋；6—望远镜微动螺旋；7—支柱；8—校正螺旋；9—平行尺；10—直尺；11—横向水准器；12—望远镜制动螺旋；13—入光孔及反光镜；14—竖盘水准管微动螺旋；15—横轴调节螺旋

7.4.4　全站仪数字化测图法(Topographic Mapping with Total Station)

随着电子计算机技术的发展和电子全站仪的出现，应用电子全站仪进行数字化测图，正在得到大力开发和推广应用。传统的纸质测图，其实质是图解法测图。在测图过程中，将测得的观测值——数字值按图解法转化为静态的线划地形图，这种转化使得所测数据精度大大降低，设计人员用图时又要产生解析误差。数字化测图技术的展开使得上述问题迎刃而解。

数字化测图的实质是解析法测图，将地形图信息通过测绘仪器或数字化仪转化为数字量，输入计算机，以数字形式在硬盘或软盘上存储，从而便于传输与直接获得地形的数量指标，需要时通过显示屏显示或用绘图仪绘制出纸质地形图。因其数据成果易于存取，便于管理，所以是今后建立地理信息系统(GIS)的基础。

电子全站仪测图的主要设备配置如下。

1. 电子全站仪(Electronic Total-Stations)

电子全站仪照准镜站目标后，可以自动测距、测角，也可以得到高差、高程、坐标等。由于电子全站仪可以对采集到的数据进行预处理和自动存储，避免了读数、计算、记录数据的误差和可能发生的错误。又由于电子全站仪测距精度高，测定碎部点时其视距长度可以大大增加，因而大大减少了图根控制点，极大地减少了控制测量工作量。

2. 电子计算机和绘图软件(Computer and Drawing Software)

电子全站仪在野外采集的数据，可以通过数据输出接口与电子计算机相连接，将野外采集的数据直接输入计算机，避免了大量数据转抄可能发生的错误。测图软件装在计算机内对外业数据进行处理并生成数字地图。

3. 绘图仪(Plotter)

当需要使用纸质图时，还需配备绘图仪。绘图仪分为滚筒式和平台式，有多种类型和幅面。使用时用专用接口直接与计算机相连。用电子全站仪测图的作业模式还有：

(1) 野外电子全站仪测得的数据通过远程无线通信直接传输给室内计算机。内业操作人员根据计算机上生成的图像存在的问题，通过远程无线通信遥控外业人员及时修测和补测。

(2) 电子全站仪测得的数据通过数据输出接口输入野外的便携式电子计算机，在野外直接修测、补测，完成测图。

(3) 由于电子全站仪测图视距可达几百米、上千米，因此测站上的人员对镜站处的地形、地物不甚清楚，一旦镜站编码出现问题，便会给测图带来麻烦。比较先进的方法是电子全站仪把测得的数据通过无线通信传输给镜站的便携式计算机——电子平板。由镜站人员将实地地形与站板上的图形相对照，边走边测，避免了可能发生的丢测、错测，提高了精度和速度。由此，还有在全站仪上安装伺服马达由镜站人员遥控全站仪进行跟踪操作的，如此测图，全部工作只需镜站上一个人，故也称为“一人系统”。

7.5 地形图的分幅与编号

在地形图测绘、使用和管理中，需将各种比例尺地形图按统一方法分成许多幅图，并按某种系统编号。常用的有梯形和矩形两种分幅与编号方法。

7.5.1 梯形分幅与编号(Trapeze and Numbering)

梯形分幅是指按经纬线度数与经差、纬差值进行地形图分幅，其图幅形状为梯形。我国采用全球统一分幅编号方法，即各种比例尺地形图是以百万分之一地图图幅为基础，顺序逐次分幅与编号。现将各比例尺地形图图幅的经纬差列入表 7-5。

表 7-5 地形图梯形分幅

比例尺	1：100 万	1：50 万	1：20 万	1：10 万	1：5 万	1：2.5 万	1：1 万	1：5000	1：2000
纬差	4°	2°	40′	20′	10′	5′	2′ 30″	1′ 15″	25″
经差	6°	3°	1°	30′	15′	7.5′	3′ 45″	1′ 52.5″	37.5″

1. 国际百万分之一地形图分幅与编号

国际分幅是将整个地球用经纬线分成格网状。自赤道向两极纬差每隔 4° 为一横行，每一横行用大写英文字母表示。即从纬度 0° 开始至南北纬 88° 为止，南北半球各 22 横行，分别用 A～V 表示。以极点为圆心，纬度 88° 的圆用 Z 表示。北半球在英文字母前加 N，南半球加 S。我国国土皆在北半球，故省去“N”字母。用每隔 6° 的经线从经度 180° 起自西向东将地球分成 60 纵行，用阿拉伯数字 1～60 表示其顺序。西经编号 1～30，东经编号 31～60。这样每个梯形格网(纬差 4° ，经差 6°)可用英文字母与阿拉伯数字进行编号。编号写法：英文字母在前用“-”连接阿拉伯数字。分幅方法如图 7-16 所示。

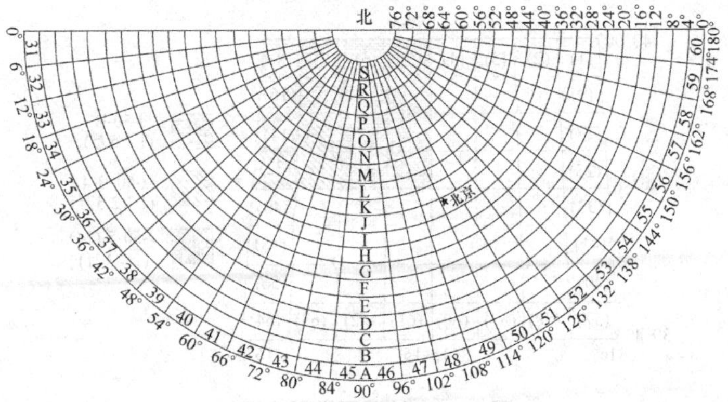

图 7-16　地形图梯形分幅(1)

已知 A 点经度是：北纬 36° 52′58″，东经 118° 17′40″。求 A 点所在 1∶100 万图幅编号。横行号=纬度÷4 取进位后整数，等于 10，用相应英文字母顺序 J 表示；纵行号=经度÷6 取整数加 1，再加 30 等于 50。故 A 点所在百万分之一图幅编号为 J-50。注意：取整计算时，小数只能进而不能舍。

2. 五十万分之一、二十万分之一、十万分之一地形图分幅编号

此三种比例尺地形图是在百万分之一地形图基础上分幅。根据经纬差(见表 7-6)，可知每幅百万分之一图幅可分别分为 4 幅 1∶50 万图幅，16 幅 1∶25 万图幅，144 幅 1∶10 万地形图图幅。其编号方法分别用 ABCD、(1)～(16)及 1～144 表示，从左到右、自上而下按顺序编排。书写图幅时，应先写出该幅所在百万分之一图幅编号，再用“-”连续接该幅图在百万分之一图幅中的编号(见图 7-17)。

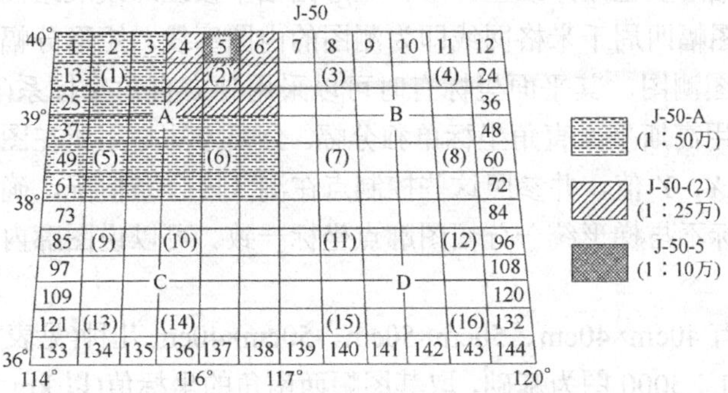

图 7-17　地形图梯形分幅(2)

3. 五万分之一、二万五千分之一、万分之一地形图的分幅编号

此三种比例尺图是以 10 万分之一为基础，在 1∶10 万图幅编号内继续分幅编号。其分幅方法也是按经差、纬差将 1∶10 万地形图图幅分成四等份。用 A～D、(1)～(64)表示 1∶5 万、1∶1 万比例尺图在 1∶10 万地形图中的编号。编号顺序也采用从左到右、自上而下依次排列(见图 7-18)。书写图幅号时，选写出所在百万分之一图幅号，再用“-”连接本幅图在 1∶10 万图幅内编号。

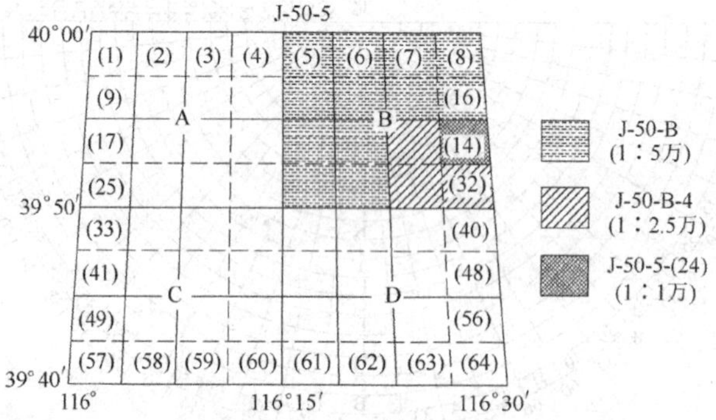

图 7-18 地形图梯形分幅(3)

如 B 点所在 1∶5 万比例尺地形图编号为 J-50-5-B，1∶1 万比例尺地形图图幅编号为 J-50-5-(24)。1∶2.5 万比例尺地形图则是将 1∶5 万图幅分成四份并用 1～4 编号。故 B 点所在 1∶2.5 万比例尺地形图的编号为 J-50-5-B-4。

4. 五千分之一、二千分之一地形图的分幅编号

将每幅 1∶1 万比例尺地形图分成四幅 1∶5000 图，其编号是在 1∶1 万图编号后加“-”后，再加小写英文字母 a、b、c 或 d。1∶5000 图幅的 1/9 即为 1∶2000 地形图图幅。其编号是在 1∶5000 图幅编号后加“-”，再分别加 1～9。由于统一分幅是梯形分幅，图廓点坐标是按经纬度查表得出，故各种比例尺的图廓尺寸不尽相同。

7.5.2 矩形分幅与编号(Rectangular Sheet and Numbering)

矩形分幅指图幅形状呈矩形或正方形。矩形图幅不按经纬线展绘图廓线。千米格网线构成直角坐标格网，图幅四周千米格网线即为测图的内图廓线。矩形分幅适用于小面积或独立地区大比例尺地形图测图。其平面坐标有时可以采用独立直角坐标系(即假定平面直角坐标系)，更多的场合使用高斯平面直角坐标单独分幅。分幅方法是用所在图幅内按高斯平面坐标系计算出的控制点 X、Y 值，并参照这些控制点在测区内分布情况，确定图幅左下角坐标。此种分幅图廓点坐标不与梯形统一分幅图廓点坐标一致。可以说图廓内测绘面积是跨梯形图幅的测绘面积。

矩形图幅大小有 40cm×40cm、50cm×50cm、50cm×40cm 几种(见表 7-3)。

矩形分幅是以 1∶5000 图为基础，取其图幅西南角的坐标值(以 km 为单位)作为 1∶5000 图的编号。如图 7-19 所示的 1∶5000 图的编号为 20-60。每幅 1∶5000 图可分成 4 幅 1∶2000 图，分别以 I、II、III、IV编号。每幅 1∶2000 图又分成 4 幅 1∶1000 图，每幅 1∶1000 图再分成 4 幅 1∶500 图，它们的编号均用罗马数字 I、II、III、IV表示。另外，各种比例尺图编号的编排顺序均为自西向东、自北向南。在图 7-19 中，绘有阴影线的 1∶2000 图号为 20-60-I，绘有阴影线的 1∶1000 图号为 20-60-III-IV，而绘有阴影线的 1∶500 图号为 20-60-IV-IV-II。由于矩形分幅不是全球统一分幅，其编号方法较灵活，可以根据实用性自行拟定图号以便于使用。

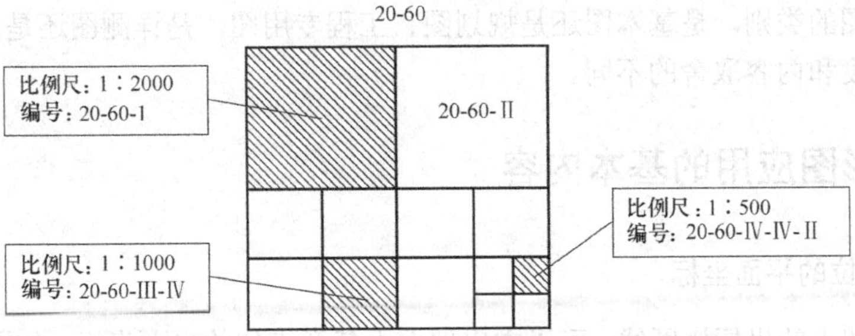

图 7-19　矩形分幅

7.6　地形图的应用

地形图是包含丰富自然地理要素、社会、政治、经济、人文要素的载体，是经济建设和国防建设中获取各种地理信息的重要依据。对于各种工程建设，地形图是必不可少的基本资料。在每一项工程建设之前，都要先进行地形测量工作，以获得规定比例尺的现状地形图。对于有关工程专业人员，能够正确地判读和使用地形图具有十分重要的意义。

7.6.1 地形图应用概述

1. 用图比例尺的选择

各种不同比例尺地形图，所提供信息的详尽程度不同，要根据使用地形图的目的来选择。例如，对于一个城市的总体规划或一条河流的开发规划，都可能涉及大片地区，需要的是宏观信息，就得使用较小比例尺的地形图。对于居民小区和水利枢纽区的设计，则多使用 1∶10000 和 1∶5000 地形图。详细规划和工程项目的初步设计，可以用 1∶2000 地形图。对于小区的详细规划，工程的施工图设计，地下管线和地下人防工程的技术设计，工程的竣工图，为扩建和管理服务的地形图，城镇建筑区的基本图，多用 1∶1000 和 1∶500 比例尺图。对于国家基本图幅地形图，如 1∶10000、1∶5000、1∶2000 梯形分幅的国家基本图，一般采用国家统一规定的高斯平面直角坐标系。要注意区分其坐标系统是 1954 年北京坐标系还是 1980 年国家大地坐标系。有些城市地形图使用城市坐标系，有些工程建设用的地形图是使用的独立坐标系。至于高程系统，要注意区分高程基准是采用“1956 年黄海高程系统”还是“1985 年国家高程基准”。地形图的信息是通过图例符号传达的，图例符号是地形图的语言。用图时，首先要了解该幅图使用的是哪一种图例，并对图例进行认真阅读，了解各种符号的确切含义。此外，若要正确判读地形图还须在了解地形图符号的含义后对其正确理解，将其具体化、形象化，使符号所表达的地物、地貌在头脑中形成立体概念。

2. 了解图的施测时间等要素

地形图反映的是测绘时的现状，读图、用图时要注意图纸的测绘时间。对于未能在图纸上反映的地物、地貌变化，应予以修测、补测，选择最近测绘的、现势性强的图纸为好。另外，还要注意图的类别，是基本图还是规划图、工程专用图，是详测图还是简测图等，注意区别这些图精度和内容取舍的不同。

7.6.2 地形图应用的基本内容

1. 求解点位的平面坐标

根据地形图上的坐标格网线，可以求出地面上任意点位的平面坐标。如图 7-20 所示，求 A 点坐标。可先将 A 点所在小方格用直线连接，即得正方形 $abcd$，然后过 A 点分别作平行于 ab、ad 的直线 gh、ef。则 A 点坐标为

$$\left.\begin{aligned} X_A &= X_a + ag \\ Y_A &= Y_a + ae \end{aligned}\right\} \tag{7-1}$$

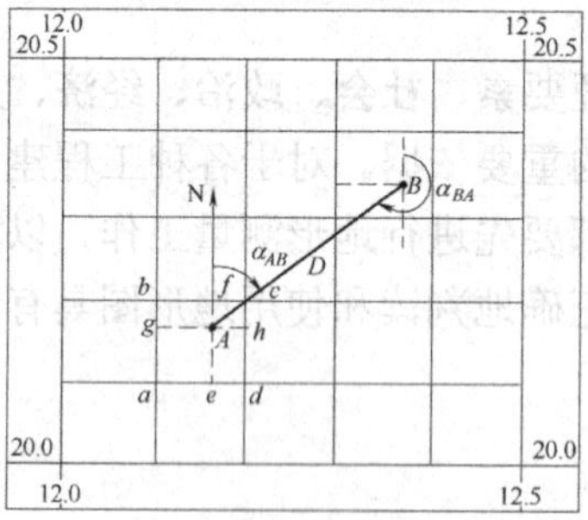

图 7-20 求解点的坐标

如果精度要求高，则应考虑图纸伸缩，按线性内插法计算。

$$\left.\begin{aligned} X_A &= X_a + \frac{ag}{ab} \times 0.1 \\ Y_A &= Y_a + \frac{ae}{ad} \times 0.1 \end{aligned}\right\} \tag{7-2}$$

2. 求解点位的高程

如果某点位置恰好位于某条等高线上，则此点的高程就等于该等高线的高程。如果所求点位于两条等高线之间，则可用线性比例内插法计算。如图 7-21 中 M 点，过 M 点作一条大致垂直于相邻等高线的线段 PQ。设等高距为 h，则有

$$H_M = H_P + \frac{PM}{PQ} h \tag{7-3}$$

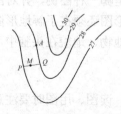

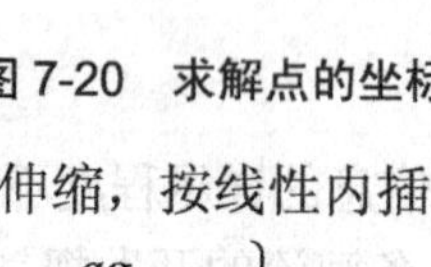

图 7-21 求解点的高程

实际应用中可据式(7-3)原理目估定出某点高程。

3. 求解两点间距离

如图 7-20 所示，要确定 AB 直线的水平距离，可采用解析法或图解法求算。

1) 图解法

用卡规在图上直接卡出 AB 长度，再与图上图示比例尺比量。如果没有图示比例尺，且精度要求不高时，也可用三棱尺按相应比例尺读数，直接在图上量测。

2) 解析法

当精度要求较高或两点不在同一幅图上，可用解析法量测。即首先按前述方法分别求出 A、B 点平面坐标，再按两点间距离公式计算。

$$D_{AB} = M\sqrt{(X_B - X_A)^2 + (Y_B - Y_A)^2} \tag{7-4}$$

4. 求解直线坐标方位角

如图 7-20 所示，求直线 AB 的坐标方位角，可采用图解法和解析法。

1) 图解法

如图 7-21 所示，分别过 A、B 点作平行于坐标纵线的直线，然后用量角器量测 $\alpha_{AB} = \alpha_{BA} \pm 180°$，即为所求；如果不等，可取其中数作为最后结果。

2) 解析法

当精度要求高或 A、B 点不在同一幅图上时，可用解析法计算，即先求出 A、B 两点的平面坐标，则有

$$\alpha_{AB} = \arctan\left(\frac{Y_B - Y_A}{X_B - X_A}\right) = \arctan\frac{\Delta Y_{AB}}{\Delta X_{AB}} \tag{7-5}$$

坐标方位角在哪一个象限及其数值，可根据 ΔX_{AB} 和 ΔY_{AB} 的正负号来判断或直接在图上确定。

5. 求解直线的坡度

如图 7-22 所示，要确定图中地面线 AB 的坡度 i，可先量测出两点间水平距离 D 与高差 h。设图示比例尺为 M，则

$$i = \tan\alpha = \frac{h}{D} = \frac{h}{dM} \tag{7-6}$$

式中，d 为图上两点间的长度。坡度值的结果往往用百分率或千分率来表示。一般情况下，一条直线上的坡度是变化的，通常所谓直线的坡度是指该直线的平均坡度。

6. 按限制坡度选定最短路线

在某些工程建设(如道路、渠道、管线等)的工程设计时，常遇到坡度限制的问题。利用地形图，就可以在图上规划设计线路位置、走向和坡度，计算工程量，进行方案间的比较。如图 7-23 所示，要从山底 A 点到山顶 B 点修一条公路，限制坡度 i 为 5%。图的比例尺为 1∶2000，等高距 h 为 2m。要满足设计要求，可先求出路线在相邻等高线之间的最小平距 d。

$$d = \frac{h}{iM} = \frac{2}{0.05 \times 2000} = 0.02\text{m}$$

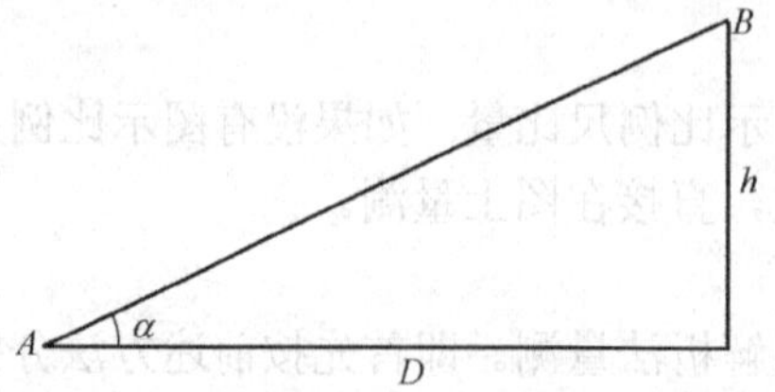

图 7-22　求解坡度

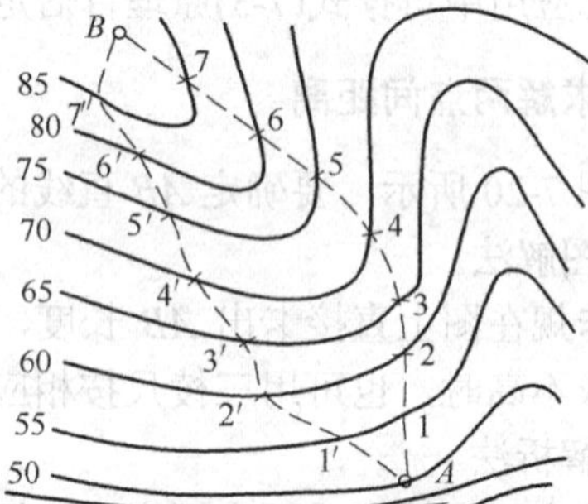

图 7-23　路线选择

然后，以 A 点为圆心、d 为半径作弧，交 55m 等高线于 1 及 1′点，再分别以 1 及 1′点为圆心、d 为半径作弧交 60m 等高线于 2 及 2′点，如此直到线路到达山顶 B 点，然后把相邻点连接起来，即为所求最短线路。如果相邻等高线间平距大于 d 时，说明地面坡度小于限制坡度，路线可按实际情况，反复比较不同方案，选择其中施工方便、经济合理的一条。

7. 绘制断面图

所谓断面图(Vertical Section)，就是用一个竖直平面与地面相截，其交线反映在图纸上就称为断面图。它能直观地表示一定方向的地形起伏变化，在线路、管线、隧道、桥梁等工程设计时，常用到断面图。

如图 7-24 所示，AB 方向的断面图，绘制方法如下：首先在方格纸或绘图纸上绘一坐标系，横轴表示水平距离，纵轴表示高程，水平距离的比例尺与地形图的比例尺一致。为了能更明显地表示出地面起伏状况，高程的比例尺为水平距离比例尺的 10～20 倍。然后以 A 点作为原点，分别在原地形图上量取 AB 方向线上各等高线各交点到起点 A 的距离，按所量距离分别在横轴上标出 1，2，3，…各点。再在地形图上读取各交点的高程，如图 7-24(b)所示。对于一些特殊点位如断面过山脊和山谷处的方向变化点的高程，可用内插法求出。这样根据各点的高程在纵坐标线上标出相应点位，最后用光滑曲线把相邻点连接起来，就可得到 AB 方向线的断面图。

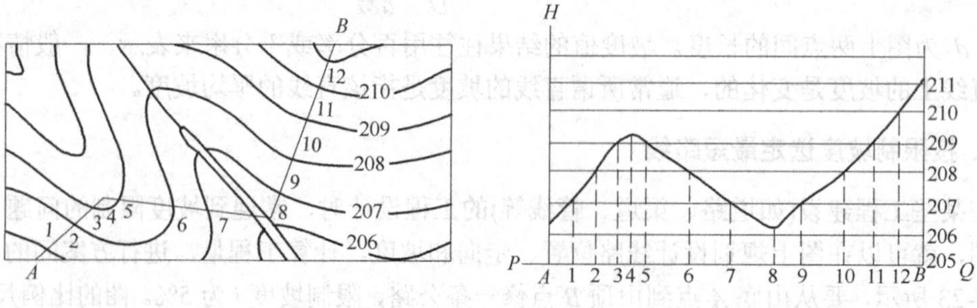

(a)　　(b)

图 7-24　断面图的绘制

7.6.3 在地形图上求算平面面积

1. 图解法(Graphical Method)

图解法是将欲计算的复杂图形分割成简单图形如三角形、平行四边形、梯形等再量算。如果图形的轮廓线是曲线，则可把它近似当作直线看待，精度要求不高时，可采用透明方格网法、平行线法等计算。

1) 透明方格网法(Perspective Grid Method)

如图 7-25 所示，用透明的方格纸蒙在图纸上，统计出图纸所围的方格整格数和不完整格数，然后用目估法对不完整的格数凑整成整格数，再乘以每一小格所代表的实际面积，就可得到图形的实地面积。也可以把不完整格数的一半凑成整格数参与计算。

2) 平行线法(Parallel Lines Method)

用绘有间隔为 1mm 或 2mm 平行线的透明纸或膜片(见图 7-26)覆盖在图上，则图形被分割成许多高为 h 的等高梯形，再量测各梯形的中线 l(图中虚线)的长度，则该图形面积为

$$S = h\sum_{i=1}^{n} l_i \tag{7-7}$$

式中，h 为梯形的高；n 为等高梯形的个数；l_i 为各梯形的中线长。

最后将图上面积 S 依比例尺换算成实地面积。

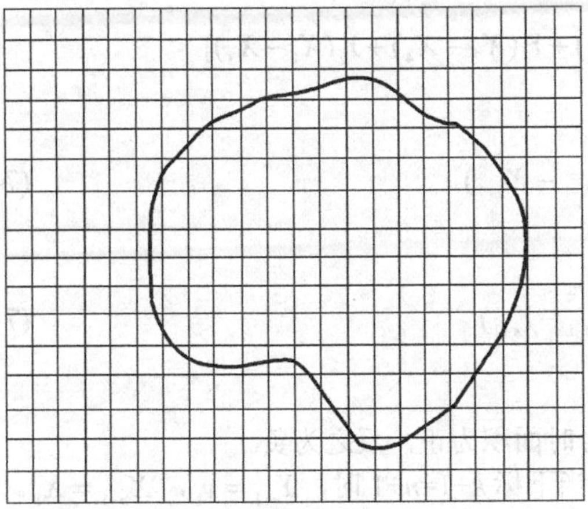

图 7-25　透明方格网

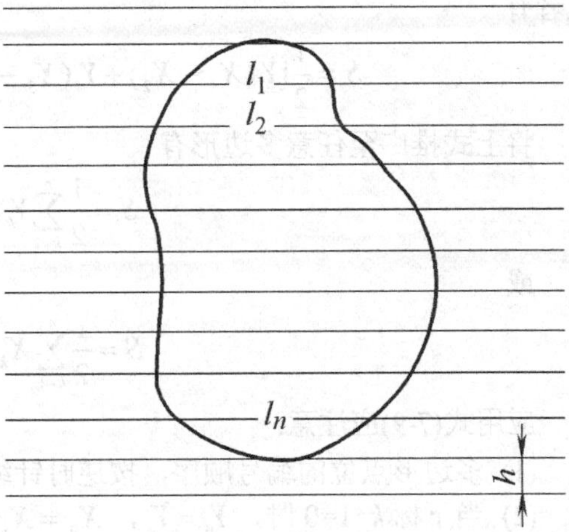

图 7-26　平行线法

2. 解析法(Analytical Method)

对于三角形或任意多边形，如果知道各顶点的坐标，则可采用解析法来计算。如图 7-27 所示，求四边形 1234 的面积 S。

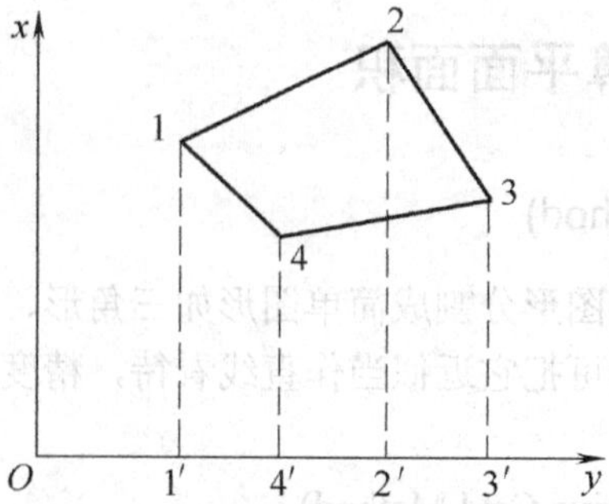

图 7-27 解析法

从图 7-27 中可以看出，四边形 1234 的面积 S 等于梯形 11′2′2 加梯形 22″3′3 的面积减去梯形 11′4′4 和梯形 44′3′3 的面积。则有

$$S=(S_{11'2'2}+S_{22'3'3})-(S_{11'4'4}+S_{44'3'3})=\frac{1}{2}[(X_1+X_2)(Y_2-Y_1)+(X_2+X_3)(Y_3-Y_2)]-\frac{1}{2}[(X_4+X_1)(Y_4-Y_1)+(X_3+X_4)(Y_3-Y_4)]$$

将上式展开整理后有

$$S=\frac{1}{2}[X_1(Y_2-Y_4)+X_4(Y_1-Y_3)+X_3(Y_4-Y_2)+X_2(Y_3-Y_1)]$$

或者有

$$S=\frac{1}{2}[Y_1(X_4-X_2)+Y_4(X_3-X_1)+Y_3(X_2-X_4)+Y_2(X_1-X_3)]$$

将上式推广至任意多边形有

$$S=\frac{1}{2}\sum_{k=1}^{n}Y_k(X_{k+1}-X_{k-1}) \tag{7-8}$$

或

$$S=\frac{1}{2}\sum_{k=1}^{n}X_k(Y_{k-1}-Y_{k+1}) \tag{7-9}$$

应用式(7-9)应注意：

(1) 多边形点位的编号顺序，按逆时针编号时面积为正，反之为负。

(2) 当下标 k−1=0 时，$Y_0=Y_n$，$X_0=X_n$；当下标 k+1=n+1 时，$Y_{n+1}=y_1$，$X_{n+1}=X_1$。

3. 求积仪法(Instrument Method)

1) 机械式求积仪(Mechanic Integrating Instrument)

(1) 构造求积仪有多种，常用的有极点求积仪，它由极臂及计数器组成，如图 7-28 所示。极臂的一端有一重锤，中心有一短针，称为极点；极臂的另一端有一插销，可插入描迹臂一端的插销孔中，使极臂同描迹臂成为一个整体。在描迹臂的另一端有一个描迹针，描迹针旁有一个支撑描迹针的小圆柱和一个手柄，用制动螺旋和微动螺旋把接合套和描迹臂连接在一起。

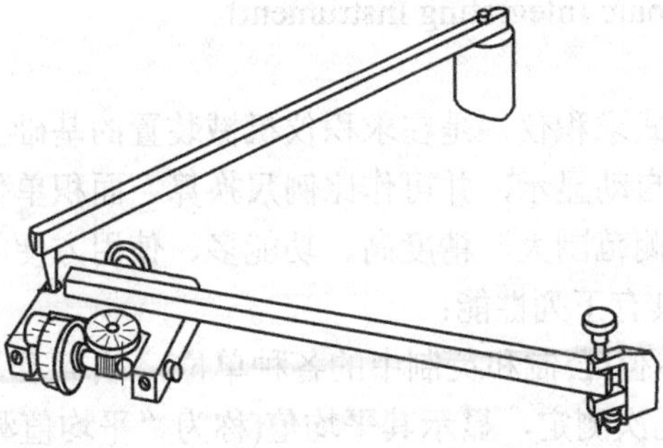

图 7-28　机械式求积仪

计数器主要由计数圆盘、计数小轮和游标 3 部分组成。计数圆盘分为十大格。计数轮刻有 100 格，计数轮转动一周(即变化 100 格)时，计数圆盘则转动一格。在计数轮旁还有一个游标，利用游标可以读出计数轮一小格的 1/10，这样在计数器上可以读出四位数，即从圆盘上读出千位数，在计数轮上可读出百位数和十位数，最后按游标读出个位数。

(2) 使用方法。

如果所求图形的面积不大时，将极点定在图形外，利用接合套的制动和微动螺旋定好描迹臂的长度。再用描迹针对准图形边界的某一点，做好记号，作为起始点，从计数器上读数 n_1。然后手持描迹针旁边的手柄，以均匀的速度使描迹针沿图形绕行一周，最后回到起始点，读数 n_2，则图形面积为

$$S = C(n_2 - n_1) \tag{7-10}$$

式中，C 为求积仪的乘常数。再将 S 依比例换算为实地面积。如果所测图形面积范围较大时，需将极点放在图形内才能量测面积。其计算公式为

$$S = Q + C(n_2 - n_1) \tag{7-11}$$

式中，Q 为求积仪的加常数。使用求积仪时注意以下几点：

① 待测面积较大时，可将图形分块，分别测定各块面积，最后相加即得图形的总面积；

② 图纸应平整，无折皱；

③ 应选好极点位置，使两臂夹角最好不超过 150°，也不得小于 30°；

④ 为了提高量测精度，对每一个图形的面积，必须将求积仪极点放在图形的左、右侧各测一次，两次相差不得超过 2 或 3 个分划值，取其平均值作为最后值；

⑤ 求积仪常数 C、Q 的求法。从计算公式中可以看到，乘常数 C 和加常数 Q 是两个重要的参数，其值的正确与否将直接影响所求面积的精度。可从说明书中直接查找，也可反算出来。先在图纸上绘一已知边长的正方形，已知面积为 S，将极点放在图形之外量测，则

$$C = S/(n_2 - n_1) \tag{7-12}$$

一般求积仪由生产厂配置一条检验尺，旋转一周的面积为 100cm²，可用来求常数 C。再绘一图形较大的正方形，已知面积为 S，极点放在图形内量测，则

$$Q = S - C(n_2 - n_1) \tag{7-13}$$

求积仪的加常数 Q 一般由生产厂家在说明表上给出。多次测定 C、Q，取其平均值作为最后结果。

2) 电子求积仪(Electronic Integrating Instrument)

(1) 构造与性能。

电子求积仪又称数字式求积仪，是在求积仪机械装置的基础上，增加电子脉冲计数设备和微处理器，量测结果能自动显示，并可作比例尺换算、面积单位换算等。因此，其性能较机械求积仪优越，具有量测范围大、精度高、功能多、使用方便等优点。

KP-90N 电子求积仪具有下列性能：

① 选择面积显示的单位(公制和英制中的各种单位)，并可作单位换算；

② 对某一图形重复几次测定，显示其平均值(称为“平均值测量”)；

③ 对某几块图形分别测定后，显示其累加值(称为“累加测量”)；

④ 同时进行累加和平均值测量。

图 7-29 所示为 KP-90N 电子求积仪的各功能键和显示窗口。除 0～9 的数字键和小数点键外，其他各键的名称如下：

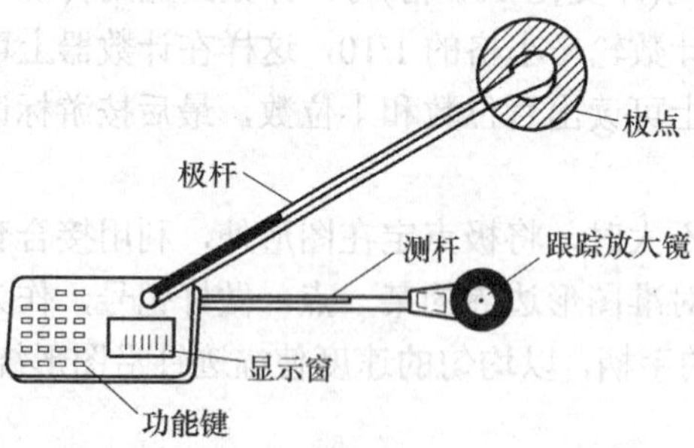

图 7-29　KP-90N 电子求积仪各功能键和显示窗

ON/OFF——电源开关键；

START——启动键(量测开始键)；

HOLD——保持键(几个图形面积累加键)；

MEMO——存储键；

AVER——平均键，测量结束键；

UNIT-1、UNIT-2——单位转换键；

SCALE——比例尺设定键；

R—S——比例尺确认键；

C/AC——清除(按一次)或全清除(连续按两次)键。

(2) 图形面积测定的准备工作。

将图纸固定在图板上，用铅笔画大小图形 2 或 3 个，面积为 100cm^2 以上，设图的比例尺为 1∶500。每次安置求积仪时，垂直于动极轴的仪器中轴线通过图形中心；然后用描迹点大致沿图形的轮廓线绕一周，以检查动极轮和测轮能否在图纸上平滑移动，必要时重新安放求积仪。

(3) 图形面积测定的方法。

① 开电源：按 ON 键。

② 选择显示面积的单位，可供选择的面积单位如下：

km^2(平方千米)　　acre(英亩)

m^2(平方米) ft^2(平方英尺)

cm^2(平方厘米) in^2(平方英寸)

③ 设定比例尺：如果图的比例尺为 1∶500，则用数字键按 500，再按 SCAI 正键，最后按 R—S 键，显示比例尺分母的平方(250000)，以确认图的比例尺已安置好。

④ 简单量测(一次量测)：选择仪器中轴线大致与动极轴垂直的位置。在图形轮廓线上取一点(作记号)，作为量测起点。放大镜中的描迹点对准该点后，按 START 键，窗口显示为 0，蜂鸣器发出声响，使描迹点正确沿图形轮廓线按顺时针方向移动，直至回到原起点。此时窗口显示脉冲数(相当于机械求积仪的测轮读数)，按 AVER 键，窗口显示图形面积值及其单位。

⑤ 平均值测量(多次量测取其平均值)：上述简单量测的最后一步，不按 AVER 键而按 MEMO 键(将所得结果存储)；重新将描迹点对准起点，按 START 键。绕图形一周，按 MEMO 键；如果同一图形要取 n 次量测的平均值，则这样重复 1 次，结束时按 AVER 键，显示 z 次量测的面积平均值。此外，KP-90N 型电子求积仪还能进行累加测量、累加平均值测量、面积单位换算等。

7.6.4 在地形图上确定汇水范围

当铁路、道路跨越河流或山谷时，需要建造桥梁或涵洞。在设计桥梁或涵洞的孔径大小时，需要知道将来通过桥梁或涵洞的水流量，而水流量是根据汇水面积来计算的。汇水面积是指降雨时有多大面积的雨水汇集起来，通过桥涵排泄出去，则汇集雨水的面积是汇水面积。

为了计算汇水面积，需要先在地形图上确定汇水范围。汇水范围的边界线是由一系列的分水线连接而成的。根据山脊线是分水线的特点，如图 7-30 所示，将同顶 B，C，D，…，H 等沿着山脊线，通过鞍部用虚线连接起来，即得到通过桥涵 A 的汇水范围。

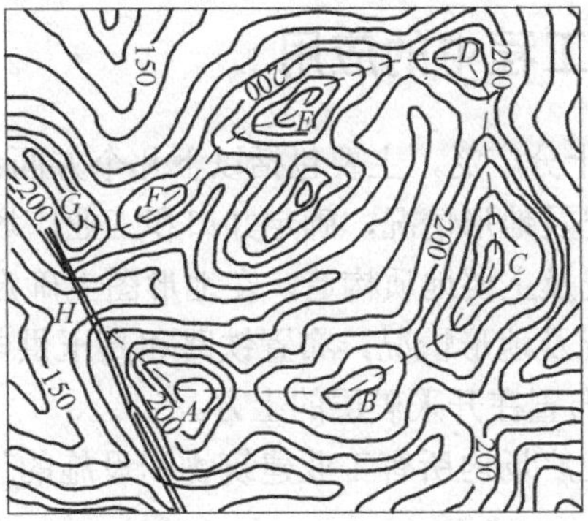

图 7-30 汇水面积的确定

7.6.5 地形图在地质勘探工程中的应用

地质勘探是大量使用地形图的部门，使用最多的有如下几个方面。

1. 地质填图

地形地质图是地质勘探成果最基本的图件，它反映了勘探区域中地形、地物矿层的分布范围、产状变化、地质构造等。地形地质图是采矿、厂房、铁路、高压线路等设计的重要依据。地形地质图是通过地质填图绘制的。

2. 勘探线设计

钻探工程都是沿勘探线进行的。为使钻探工作收到预期的效果，勘探线需要在地形图或地形地质图上设计出勘探线的位置、勘探线的线距及钻孔的间距。

3. 储量计算

在初探阶段，矿藏的储量计算是在地形图上进行的。储量计算的方法很多，在此只介绍三棱柱法。其方法和步骤如下：

(1) 根据地形图的比例尺算出构成三角形的 3 个钻孔所代表的实地面积 D。

(2) 根据钻孔所见矿层的高程确定矿层的倾角 δ，该三角形内矿层的空间面积 $S = D/\cos\delta$。

(3) 根据钻孔所见矿层的垂直厚度 H'，确定矿层的法线厚度 $H = H'\cos\delta$。

(4) 计算三角形内矿层的平均法线厚度 $H_{平}=1/3(H_1 + H_2 + H_3)$。

(5) 矿层的体积 $y = sH_{平} = s/3(H_1 + H_2 + H_3)$。

(6) 矿层的体积乘以矿层的质量密度为该三角形内的储量。

(7) 以上述方法求各钻孔三角形的储量，并求出各三角形的储量之和。

4. 根据地形图作地质剖面图

地质剖面图一般应按照剖面测量的方法绘制，当地质剖面图要求的精度不高时，可根据已有地形图进行切绘。

7.6.6 地形图在采矿工程中的应用

地形图在采矿中的应用十分广泛，主要包括以下几个方面：

(1) 根据矿藏的埋藏情况及地形情况，确定井口和工业广场的位置。

(2) 根据矿藏的分布情况及主要地质构造，在地形图上确定井田技术边界的位置。

(3) 根据矿藏的埋藏情况及地形情况，布置铁路和高压供电线路。为了避免开采下沉的影响，铁路和高压线路不应布置在开采矿层的上方。

(4) 根据地形图布置工业广场内所有工业建筑物和设施的位置及地下电缆、管道和保护煤柱的边界。

(5) 利用地形图编绘井上、下对照图。

7.6.7 地形图在农田水利工程中的应用

1. 农业区域规划

大面积的农田区域规划需要在地形图上进行，主要内容包括：

(1) 林业区域规划。根据地表坡度，一般 25° 以上的陡坡宜发展林业，以利于水土保持，规划时需将林区的边界、范围标到地形图上。

(2) 作物种植规划。以地形图为底图填绘作物种植规划图，此图可以是单一作物规划图，也可以是多种作物混合种植规划图。各种作物的分布、种植面积、轮作安排在图上一目了然。

(3) 土壤调查。在野外调查的基础上以地形图为底图填绘土壤分布图。土壤分布图是种植规划和科学种田的依据，图上需标出土壤的类型、分布及面积。

(4) 农旱田的改造规划及梯田设计。根据地形的高低和水源状况，规划旱地和水田的改造区域位置与面积；根据地表坡度设计梯田的田面宽度、田坎高度和田坎侧坡。

(5) 土地平整。在农田基本建设中，岗坡地需要进行平整，其方法与工业场地相似。

(6) 水利工程总体规划。水利工程规划包括库址、坝址位置的选择及渠道的布设。在灌区较大、地形复杂的地区，应结合排灌的需要、地势的高低、坡度的大小先在地形图上作出规划，然后结合现场踏勘、方案比较，确定水库、大坝及水渠的最终位置。

2. 水库、水坝选址、库容计算

1) 水库、水坝选址

选址的主要依据是：

(1) 库址汇水面积的大小。汇水面积和降雨量决定着水库的蓄水量，选址时应按地形图将不同地区的汇水界线勾绘出来并量测其面积。

(2) 坝身的长度。水库的拦水坝越长、投资则越大，因此坝址应选在狭小的山谷口处。

(3) 库址应高于农田并靠近农田，这样可以自流灌溉。

(4) 其他因素，如库底是否漏水，库区是否有充足、永久的泉水等。

2) 库容计算

库容是水库最高水位线以下蓄水量的体积。计算库容时，先求出淹没面积之内各条等高线所围成的面积，然后计算各相邻等高线之间的体积，最后求各体积之和即为库容。

习　题

1. 某地经纬度坐标是北纬 42°16′45″、东经 123°43′14″，在新、旧两种地图分幅和编号方法中，所在图幅的编号各是多少？

2. 地形图接图表的作用是什么？

3. 地物符号包括哪几种？举例说明。

4. 等高线有哪几种，其特性有哪些？

第 8 章　测设(放样)的基本工作

【学习目标】

- 熟悉测设水平距离及水平角的方法；
- 熟悉测设点位的方法；
- 熟悉测设高程的方法；

在测绘工作中，测设(Laying Off)也称为放样(Setting Out)或标定(Layout)，是测定的反过程。测定(Determination)是把地面上的实物按几何要素绘制到图纸上，测设则是将图纸上设计的建(构)筑物的几何要素标定到实地，作为施工的依据。因此，任何工程设计的付诸实施，都离不开测设工作。本章主要介绍水平距离、水平角、点的高程等几何要素的测设以及点的平面位置、设计坡度线等基本测设工作的作业方法。

8.1 测设水平距离

8.1.1 一般方法

在已知方向上，按一般精度测设设计距离时，只要从起点 A 开始，按钢尺量距的一般方法，沿标定的方向拉紧、拉平钢尺，在已知长度处打一木桩，再按标定的长度在木桩上打一小钉，起点到小钉的距离即为欲标定的水平距离。然后，改变起始读数，再标定一次。两次标定结果的较差若在限差之内，则取其平均值作为最后结果。

8.1.2 精确方法

当测设精度要求较高时，应按钢尺量距的精密方法进行测设，具体作业步骤如下：

(1) 将经纬仪安置在 A 点上，标定出给定的直线方向，沿该方向粗测并在地面上打下尺段桩和终点桩(桩顶刻十字标志)。

(2) 用水准仪测定各相邻桩桩顶之间的高差。

(3) 按精密丈量的方法先量出各整尺段的距离，并加尺长改正、温度改正和高差改正，计算每尺段的长度及各尺段长度之和，得最后结果为 D_0。

(4) 用已知应测设的水平距离 D 减去 D_0 得余长 q，即 $D-D_0=q$。然后计算余长段应测设的距离 q'

$$q' = q - \Delta l_d - \Delta l_t - \Delta l_h \tag{8-1}$$

式中，Δl_d、Δl_t、Δl_h 为余长段相应的三项改正。

(5) 根据 q'在地面上测设余长，并在终点桩上作出标志，即为所测设的终点 B。如与粗测标定的终点桩不符时，应另打终点桩。

用电磁波测距仪测设水平距离，是快速、高精度的方法。目前中短程红外测距仪和全站仪都专门为测设距离设置了跟踪测量功能。在使用测距仪测设距离时，要特别注意应使用平距测量挡标定设计的水平距离。

8.2 测设水平角

测设已知水平角是根据一个已知方向(该角的起始边方向)和设计的水平角值，标定出该角的另一个方向(该角的终边方向)。

8.2.1 一般方法

当测设水平角的精度要求不高时，可用盘左、盘右取中数的方法，如图 8-1 所示，设地面上已有 OA 方向线，从 OA 向右测设已知 β 的水平角。为此将经纬仪安置在 O 点，用盘左瞄准 A 点，读取度盘数值；松开照准部制动螺旋，旋转照准部，使度盘读数增加角 β 值，在此视线方向上定出 B'点。为了消除仪器误差和提高测设精度，用盘右重复上述步骤，再测设一次，得 B''点。取 B'和 B''的中点 B，则$\angle AOB$ 即为所要测设的角 β，此法又称盘左盘右分中法。

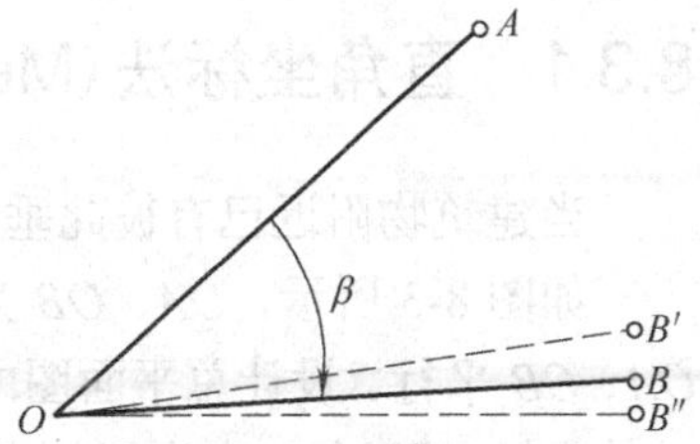

图 8-1 水平角测设的一般方法

8.2.2 精确方法

测设水平角的精度要求较高时，可采用垂线改正的方法，以提高测设的精度。如图 8-2 所示，在 O 点安置经纬仪，先用盘左测设出概略方向 OB'，并标定出 B'点；再用测回法测几个测回(测回数根据精度要求而定)，精确地测得$\angle AOB'$的角值为 β'，并测量出 OB'的长度。即可按下式计算出垂直改正值 $B'B$：

$$B'B = OB' \cdot \tan(\beta - \beta') \approx OB' \cdot \frac{\Delta\beta''}{\rho''} \tag{8-2}$$

式中

$$\rho'' = 206265''$$

在改正时应注意方向，具体改正的方向视 $\Delta\beta$ 的符号而定。即 $\beta > \beta'$时，$B'B$ 为正。这时过 β 作 OB'的垂线，再从 B'沿垂线方向外量 $B'B$ 定出点 B，则$\angle AOB$ 即为要测设的角 β；反之，若 $\beta < \beta'$时则向内量 BB'定出点 B。为了检查测设是否正确，还需进行检查测量。

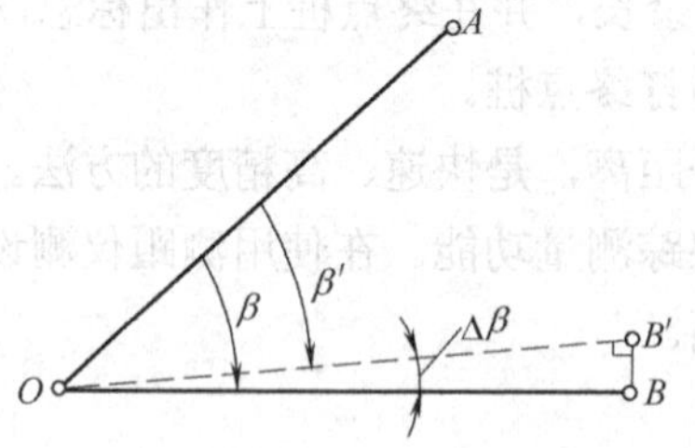

图 8-2　水平角测设的精确方法

8.3　测设点的平面位置

测设点的平面位置的方法主要有下列几种，可根据施工控制网的形式、控制点的分布情况、地形情况、现场条件及待建建筑物的测设精度要求等进行选择。

8.3.1　直角坐标法(Method by Rectangular Coordinates)

当建筑物附近已有彼此垂直的主轴线时，可采用此法。

如图 8-3 所示，OA、OB 为两条互相垂直的主轴线，建筑物的两个轴线 MQ、PQ 分别与 OA、OB 平行。设计总平面图中已给定车间的四个角点 M、N、P、Q 的坐标，现以 M 点为例，介绍其测设方法。

设 O 点坐标 $x=0$，$y=0$，M 点的坐标 x、y 已知，先在 O 点上安置经纬仪，瞄准 A 点，沿 OA 方向从 O 点向 A 点测设距离 y 得 C 点；然后将仪器移至 C 点，仍瞄准 A 点，向左测设 90° 角，沿此方向从 C 点测设距离 Z 即得 M 点，并沿此方向测设出 N 点。以同样的方法测设出 P 点和 Q 点。最后应检查建筑物的四角是否等于 90°，各边是否等于设计长度，误差在允许范围之内即可。

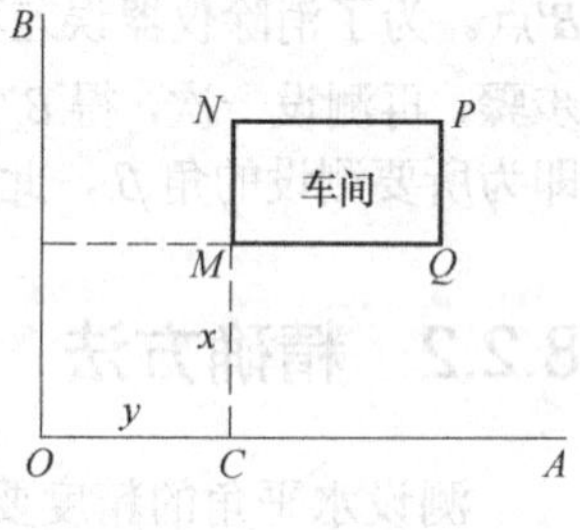

图 8-3　直角坐标法

上述方法计算简单，施测方便、精度较高，是应用较广泛的一种方法。

8.3.2　极坐标法(Method by Polar Coordinates)

极坐标法是根据水平角和距离测设点的平面位置。它适用于测设距离较短，且便于量距 d 的情况。

图 8-4 中 A、B 是某建筑物轴线的两个端点，附近有测量控制点 1、2、3、4、5，用下列公式可计算测设数据 β_1、β_2 和 D_1、D_2。

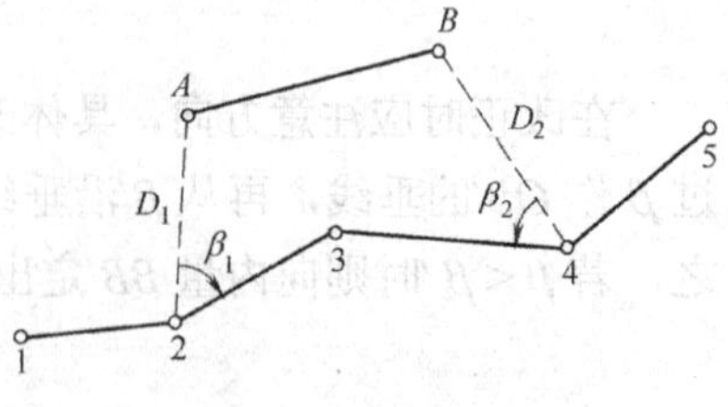

图 8-4　极坐标法

设 α_{2A}、α_{4B}、α_{23}、α_{43} 表示相应直线的坐标方位角；控制点 1、2、3、4 和轴线端点 A、B 的坐标均为已

知，则

$$\alpha_{2A}=\arctan\frac{\Delta y_{2A}}{\Delta x_{2A}}$$

$$\alpha_{4B}=\arctan\frac{\Delta y_{4B}}{\Delta x_{4B}}$$

$$\beta_1=\alpha_{23}-\alpha_{2A}$$

$$\beta_2=\alpha_{4B}-\alpha_{43}$$

$$D_1=\sqrt{(x_A-x_2)^2+(y_A-y_2)^2}=\frac{Y_A-Y_2}{\sin\alpha_{2A}}=\frac{X_A-X_2}{\cos\alpha_{2A}}$$

$$D_2=\sqrt{(x_B-x_4)^2+(y_B-y_4)^2}=\frac{Y_B-Y_4}{\sin\alpha_{4B}}=\frac{X_B-X_4}{\cos\alpha_{4B}} \tag{8-3}$$

根据上式计算的 β_1、β_2 和 D_1、D_2，即可进行轴线端点的测设。

测设 A 点时，在点 2 安置经纬仪，先测设出 β_1 角(反拨)，在 $2A$ 方向线上用钢尺测设 D_1，即得 A 点。再移仪器至点 4，用同法定出 B 点。最后丈量 AB 的距离，应与设计的长度一致，以资检核。

如果使用电子速测仪或全站仪测设 A、B 点的平面位置(见图 8-4)则非常方便，它不受测设长度的限制。其测法如下：

(1) 把电子速测仪安置在 2 点，置水平度盘读数为 $0°00'00''$，并瞄准 3 点。

(2) 手工输入 A 点的设计坐标和控制点 2、3 点的坐标，就能自动计算出放样数据，即水平角 β_1 和水平距离 D_1。

(3) 照准部转动(反拨)一已知角度 β_1，并沿视线方向，由观测者指挥持镜者把棱镜在 $2A$ 方向上前后移动棱镜位置，当显示屏上显示的数值正好等于放样值 D 时，指挥持镜者定点，即得 A 点。

(4) 把棱镜安置在 A 点，再实测 $2A$ 的水平距离，以资检核。

(5) 同法，将电子速测仪移至 4 点，测设 B 点的平面位置。

(6) 实测 AB 的水平距离，它应等于 AB 轴线的长度，以资检核。

8.3.3 角度交会法(Method by Angular Intersection)

此法又称方向线交会法。当待测设点远离控制点且不便量距时，采用此法较为适宜。如图 8-5 所示，根据 P 点的设计坐标及控制点 A、B、C 的坐标，首先算出测设数据角 β_1、γ_1、β_2、γ_2 值。然后将经纬仪安置在 A、B、C 3 个控制点上测设 β_1、γ_1、β_2、γ_2 各角。并且分别沿 AP、BP、CP 方向线，在 P 点附近 3 个方向上各打两个小木桩，桩顶上钉上小钉，以表示 AP、BP、CP 的方向线。将各方向的两个木桩上的小钉用细线绳拉紧，即可交会出 AP、BP、CP 3 个方向的交点，此点即为所求的 P 点。

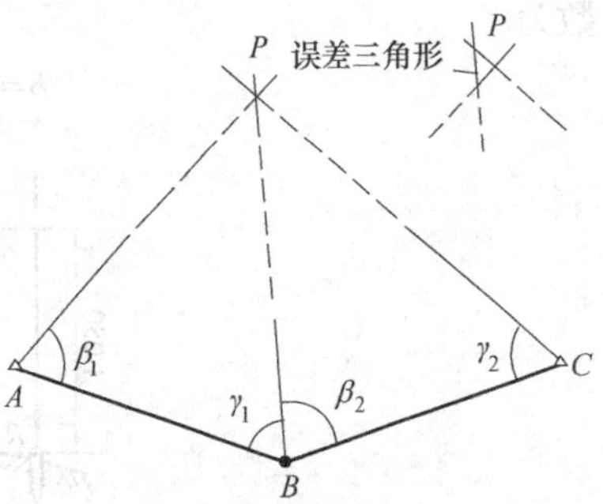

图 8-5 角度交会法

由于存在测设误差，若 3 条方向线不交于一点时，会出现一个很小的三角形，称为误差三角形(Error Triangle)。当误差三角形边长在允许范围内时，可取误差三角形的重心作为 P 点的点位。如超限，则应重新交会。

8.3.4 距离交会法(Method by Linear Intersection)

距离交会法是根据两段已知距离交会出点的平面位置。如建筑场地平坦，量距方便，且控制点离测设点又不超过一整尺的长度时，用此法比较适宜。在施工中细部位置测设常用此法。

具体做法如图 8-6 所示，设 A、B 是设计管道的两个转折点，从设计图纸上求得 A、B 点距附近控制点的距离分别为 D_1、D_2、D_3、D_4。用钢尺分别从控制点 1、2 量取 D_1、D_2，其交点即为 A 点的位置。以同样的方法定出 B 点。为了检核，还应量 AB 长度与设计长度进行比较，其误差应在允许范围之内。

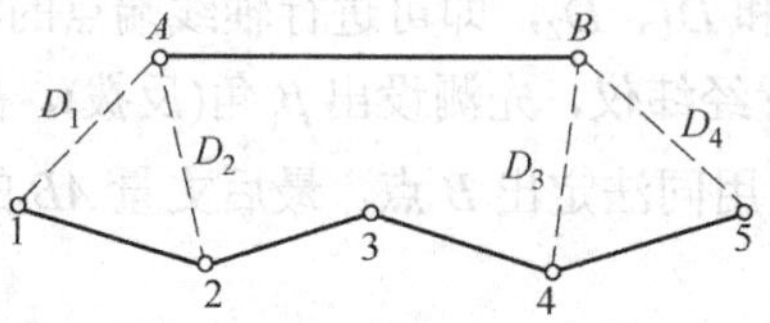

图 8-6 距离交会法

8.4 测设已知高程

测设是按设计所给定的高程根据施工现场已有的水准点为依据进行引测的。它与水准测量不同之处在于，不是测定两固定点之间的高差，而是根据一个已知高程的水准点，标定设计所给的待定点的高程。在建筑设计和施工的过程中，为了计算方便，一般把建筑物的室内地坪用±0.000 标高表示，基础、门窗等的标高都是以±0.000 为依据进行测设的。

假设在设计图纸上查得建筑物的室内地坪高程 H_A=8.500m，而附近有一个水准点 R(见图 8-7)，其高程为 8.350m，现要求把建筑物的室内地坪标高测设到木桩 A 上。如图 8-7 所示，在木桩 A 和水准点 R 之间安置水准仪，先在水准点 R 上立尺，若尺上读数为 1.050m，则视线高程 H_i=8.350 + 1.050= 9.400m。根据视线高程和室内地坪高程即可算出 A 点尺上的应有读数为

$$b=H_i-H_A=9.400-8.500=0.900(\text{m})$$

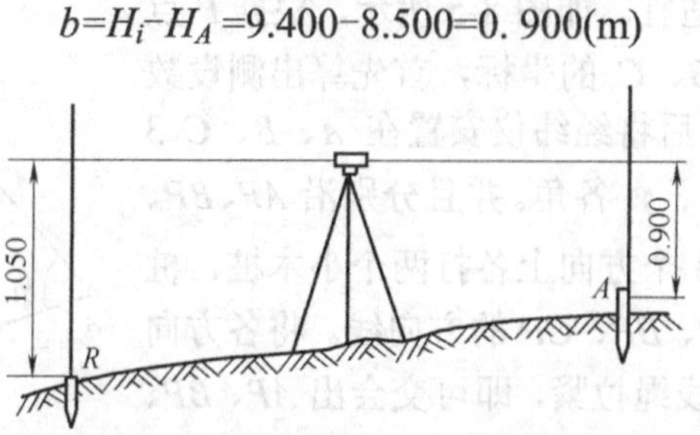

图 8-7 平地上测设已知点高程

然后在 A 点立尺，使尺根紧贴木桩一侧上、下移动，直至水准仪水平视线在尺上的读数为 0.900m 时，紧靠尺底在木桩上画一道红线，此线就是室内地坪±0.000 标高的位置。

当要测定楼层的标高或安装厂房内的吊车轨道时，只用水准尺已无法测定点位的高程，就必须采用高程传递法，即用钢尺将地面水准点的高程(或室内地坪±0.000)传递到楼层地坪上或吊车梁上所设的临时水准点，然后再根据临时水准点测设所求各点的高程。

图 8-8 所示为向楼层上进行高程传递的示意图。向楼层上传递高程可利用楼梯间，将检定过的钢尺悬吊在楼梯处，零点一端向下，挂以重锤，并放入油桶中。然后即可用水准仪逐层引测，楼层 B 点的标高为

$$H_B=H_A+a-b+c-d \tag{8-4}$$

式中，a、b、c、d 为标尺读数；H_A 为楼底层室内地坪±0.000 高程。

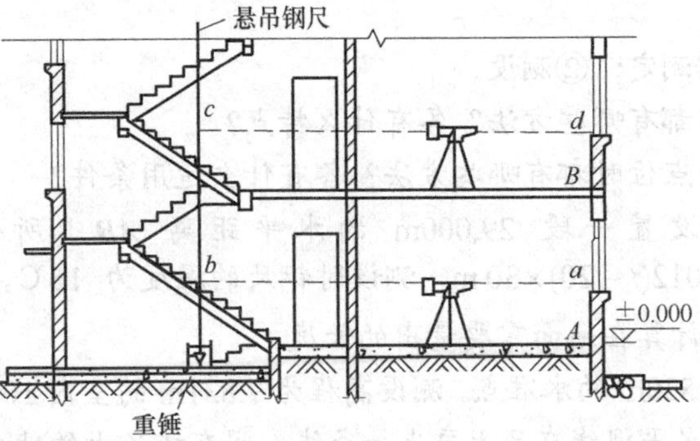

图 8-8　楼层上测设已知点高程

为了检核，可采用改变悬吊钢尺位置后再用上述方法进行读数，两次测得的高程较差不应超过 3mm。

8.5　测设已知坡度线

测设指定的坡度线，在道路修建、敷设上、下水管道及排水沟等工程上应用较广泛，如图 8-9 所示，设地面上 A 点高程是 H_A，现要从 A 点沿 AB 方向测设出一条坡度 i 为−10‰的直线，先根据已定坡度和 AB 两点间的水平距离 D 计算出 B 点的高程

$$H_B=H_A-iD \tag{8-5}$$

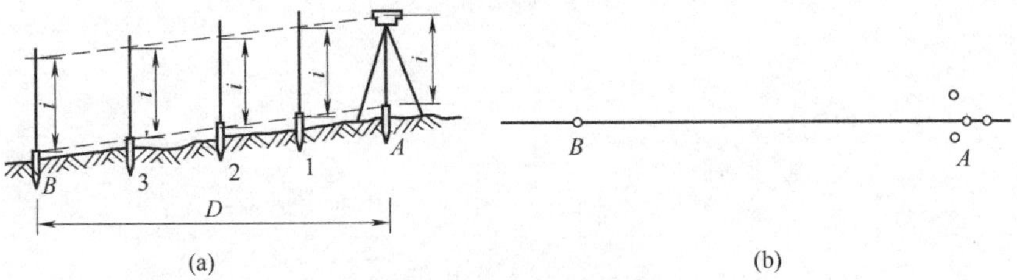

图 8-9　坡度线测设

再用 8.4 节所述测设已知高程的方法，把 B 点的高程测设出来。在坡度线中间的各点即

可用经纬仪的倾斜视线进行标定。若坡度不大也可用水准仪。用水准仪测设时，在 A 点安置仪器(见图 8-9(a))，使一个脚螺旋在 AB 方向线上，而另两个脚螺旋的连线垂直于 AB 线(见图 8-9(b))；量取仪器高 i，用望远镜瞄准 B 点上的水准尺，旋转 AB 方向上的脚螺旋使视线倾斜，对准尺上读数为仪器高 i 值，此时仪器的视线即平行于设计的坡度线。在中间点 1、2、3 处打木桩，然后在桩顶上立水准尺使其读数皆等于仪器高 i，这样各桩顶的连线就是测设在地面上的坡度线。如果条件允许，采用激光经纬仪及激光水准仪代替经纬仪及水准仪，则测设坡度线的中间点更为方便，因为在中间尺上可根据光斑在尺上的位置调整尺子的高低。

习 题

1. 术语解释：①测定；②测设。

2. 测设平距时，都有哪些方法？各有什么特点？

3. 测设点的平面点位时都有哪些方法？各有什么适用条件？

4. 在地面上要设置一段 29.000m 的水平距离 AB，所使用的钢尺方程式为 $l_t = 30 + 0.004 + 0.000012(t - 20) \times 30\,\text{m}$。测设时钢尺的温度为 15℃，所施予钢尺的拉力与检定时的拉力相同，试计算在地面需要量出的长度。

5. 利用高程为 7.530m 的水准点，测设高程为 7.831m 的室内 ±0.000 标高。设尺立在水准点上时，按水准仪的水平视线在尺上画上一条线，问在该尺上的什么地方画上一条线，才能使视线对准此线时，尺子底部就在 ±0.000 高程的位置？

6. 已知 $\alpha_{MN} = 290^\circ 06'$，已知点 M 的坐标为 $x_M = 15.00\text{m}$，$y_M = 85.00\text{m}$；若要测设坐标为 $x_A = 45.00\text{m}$，$y_A = 85.00\text{m}$ 的 A 点，试计算仪器安置在 M 点用极坐标法测设 A 点所需的数据。

第 9 章　建筑施工测量

【学习目标】

- 熟悉建筑施工场地的施工控制测量方法；
- 熟悉工业与民用建筑施工及高层建筑的施工测量的方法；
- 熟悉竣工测量及变形测量的方法；

为各种生产、建筑工程施工服务的测量工作称为施工测量(Construction Surveying)。施工测量具有以下特点。

(1) 施工测量工作贯穿于工程建设、生产运营的始终。例如，建筑施工测量从建立施工控制网开始，到施工中各个阶段的放样，直至竣工测量。对于一些建筑物，在竣工后仍要定期进行变形观测。又如，矿山工程，从地质勘探到建井、采掘生产直至封井，始终不能离开测量工作。

(2) 施工测量的内容、方法很多。对于不同的建设工程，施工测量的内容、测设工作的方法差异很大。例如，建筑施工测量、水坝施工测量、矿山测量、路桥施工测量等，在测量的内容和方法上都有其各自的特殊性。

(3) 施工测量的精度要求差异很大。施工测量的精度取决于建(构)筑物的用途及相应的竣工精度要求。例如，两栋普通教学楼之间的相对位置，精度要求就相对较低；而高能粒子加速器漂移管的安装精度在径向和高程上要求就很高，其位置限差达到 0. 05mm 的数量级。

(4) 施工测量作业的现场条件一般较差，如矿山井下、建筑工地等，不仅作业空间小、干扰多、通视难，而且点位常常丢失、被破坏。因而施工测量要采取相应办法，经常检查和恢复点位，以确保工程质量。

本章仅介绍一般精度的建筑施工测量。

9.1　建筑场地的施工控制测量

在勘测时期建立的测图控制网，其点位的分布、密度和精度都未考虑施工要求而难以满足施工测量的需要。因此，在建筑场地要重新建立专门的施工控制网。

在面积不大又不十分复杂的建筑场地上，常布置两条或几条基线，作为施工测量的平面控制，称为建筑基线(Base Line)。在大中型建筑施工场地上，施工控制网多由正方形或矩形格网组成，称为建筑方格网(或矩形网)。下面分别简单介绍这两种控制形式。

9.1.1　建筑基线

建筑基线的布置应根据建筑物的分布、场地的地形和原有控制点的状态而定。建筑基线应靠近主要建筑物并与其轴线平行，以便采用直角坐标法进行测设，通常可布置成如图 9-1 所示的各种形式。

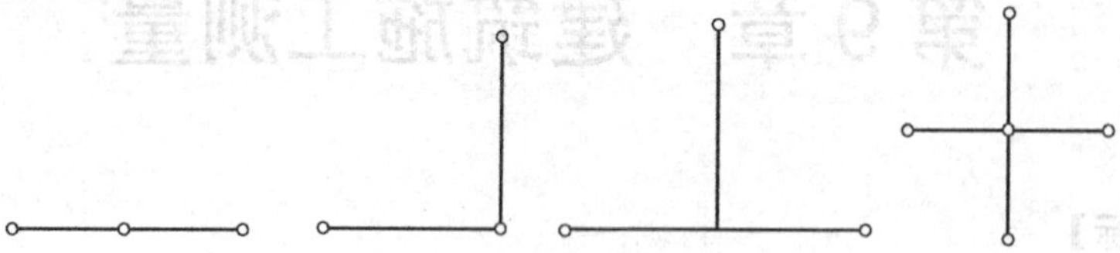

图 9-1 建筑基线的形式

为了便于检查建筑基线点有无变动，基线点数不应少于 3 个。

根据建筑物的设计坐标和附近已有的测量控制点，在图上选定建筑基线的位置，求算测设数据，并在地面上测设出来。如图 9-2 所示，根据测量控制点 1、2，用极坐标法分别测设出 A、O、B 3 个点。然后把经纬仪安置在 O 点，观测 $\angle AOB$ 是否等于 90°，其差值不得超过±10″。丈量 OA、OB 两段距离，分别与设计距离相比较，其差值对于民用建筑不得大于 1/2000，对于工业建筑不得大于 1/10000；否则，应进行必要的点位调整。

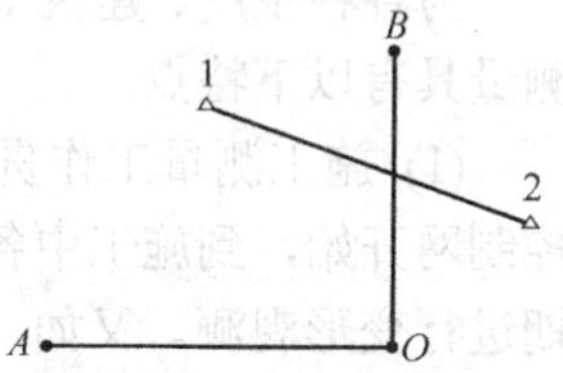

图 9-2 建筑基线布设

9.1.2 建筑方格网

1. 建筑方格网的坐标系统

在设计和施工部门，为了工作方便，常采用一种独立的坐标系统，称为施工坐标系或建筑坐标系(Construction Coordinate System)，如图 9-3 所示。施工坐标系的纵轴通常用 A 表示，横轴用 B 表示，施工坐标也叫 A、B 坐标。

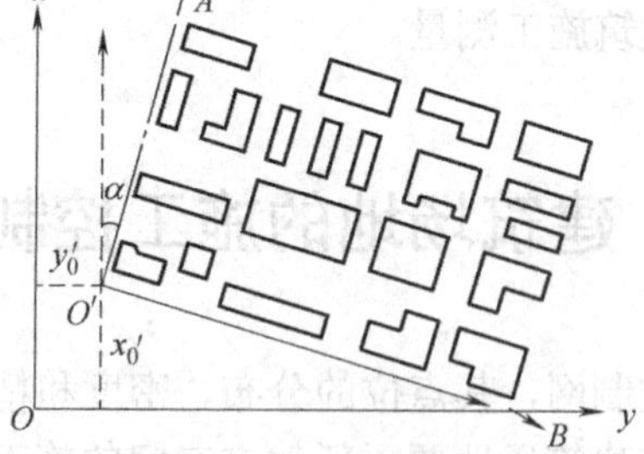

图 9-3 施工坐标系

施工坐标系的 A 轴和 B 轴，应与厂区主要建筑物或主要道路、管线方向平行。坐标原点设在总平面图的西南角，使所有建筑物和构筑物的设计坐标均为正值。施工坐标系与国家测量坐标系之间的关系，可用施工坐标系原点 O'的国家测量坐标系坐标 x'_0、y'_0 及 $O'A$ 轴的坐标方位角 α 来确定。在进行施工测量时，上述数据由勘测设计单位给出。

2. 建筑方格网的布设

1) 建筑方格网的布置和主轴线的选择

建筑方格网的布置，应根据建筑设计总平面图上各建筑物、构筑物、道路和各种管线的布设情况，结合现场的地形情况拟定。如图9-4所示，布置时应先选定建筑方格网的主轴线 MN 和 CD，然后再布置方格网。方格网的形式可布置成正方形或矩形，当场区面积较大时，常分两级。首级可采用“+”字形、“口”字形或“田”字形，然后再加密方格网。当场区面积不大时，尽量布置成全面方格网。

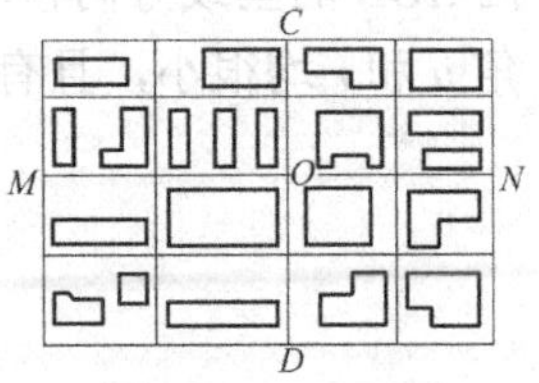

图9-4 建筑方格网

布网时方格网的主轴线应布设在厂区的中部，并与主要建筑物的基本轴线平行。方格网的折角应严格呈90°，方格网的边长一般为100～200m；矩形方格网的边长视建筑物的大小和分布而定，为了便于使用，边长尽可能为50m或它的整倍数。方格网的边应保证通视且便于量距和测角，点位标石应能长期保存。

2) 确定主点的施工坐标

如图9-5所示，MN、CD 为建筑方格网的主轴线，它是建筑方格网扩展的基础，当场区很大时，主轴线很长，一般只测设其中的一段，如图中的 AOB 段，该段上 A、O、B 点是主轴线的定位点，称为主点。主点的施工坐标一般由设计单位给出，也可以在总平面图上用图解法求得一点的施工坐标后，再按主轴线的长度推算其他主点的施工坐标。

3) 求算主点的测量坐标

当施工坐标系与国家测量坐标系不一致时，在施工方格网测设之前，应把主点的施工坐标换算为测量坐标，以便求算测设数据。

如图9-6所示，设已知 P 点的施工坐标为 A_P 和 B_P，换算为测量坐标时可按下式计算：

$$\left.\begin{aligned} x_P &= x_0' + A_P\cos\alpha - B_P\sin\alpha \\ y_P &= y_0' + A_P\sin\alpha + B_P\cos\alpha \end{aligned}\right\} \tag{9-1}$$

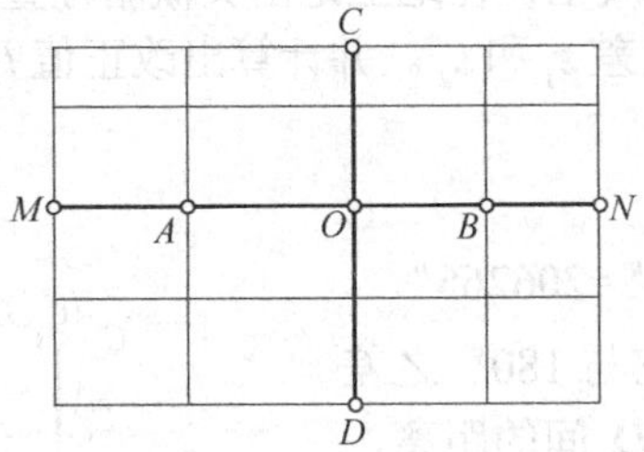

图9-5 建筑方格网主轴线

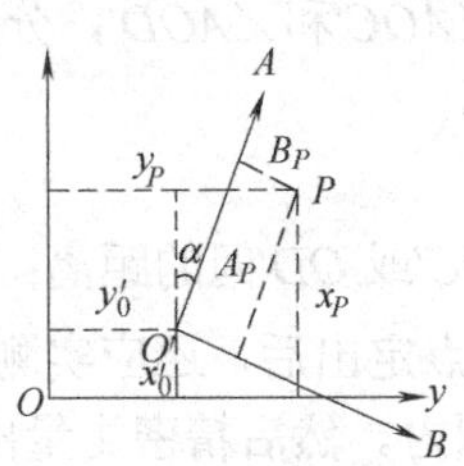

图9-6 坐标转换

3. 建筑方格网的测设

图9-7中1、2、3点是测量控制点，A、O、B 为主轴线的主点，首先将 A、O、B 3点的施工坐标换算成测量坐标，再根据它们的坐标反算出测设数据 D_1、D_2、D_3 和 β_1、β_2、β_3，然后按极坐标法分别测设出 A、O、B 3个主点的概略位置，如图9-8所示，以 A'、O'、B' 表示，并用混凝土桩把主点固定下来。混凝土桩顶部常设置一块10cm×10cm的铁板，供调整

点位使用，由于主点测设误差的影响，致使 3 个主点一般不在一条直线上，因此需在 O'点上安置经纬仪，精确测量角 β 值，β 与 180° 之差超过限差时应进行调整。调整时，各主点应沿 AOB 的垂线方向移动同一改正值 δ，使三主点呈一直线，δ 值可按式(9-2)计算。图 9-8 中，角 u 和 r 均很小，且有

$$\begin{cases} u = \dfrac{\delta}{\dfrac{a}{2}}\rho'' = \dfrac{2\delta}{a}\rho'' \\ r = \dfrac{\delta}{\dfrac{b}{2}}\rho'' = \dfrac{2\delta}{b}\rho'' \end{cases}$$

而

$$180° - \beta = u + r = \left(\frac{2\delta}{a} + \frac{2\delta}{b}\right)\rho'' = 2\delta\left(\frac{a+b}{ab}\right)\rho''$$

$$\delta = \frac{ab}{2(a+b)}\frac{1}{\rho''}(180° - \beta) \tag{9-2}$$

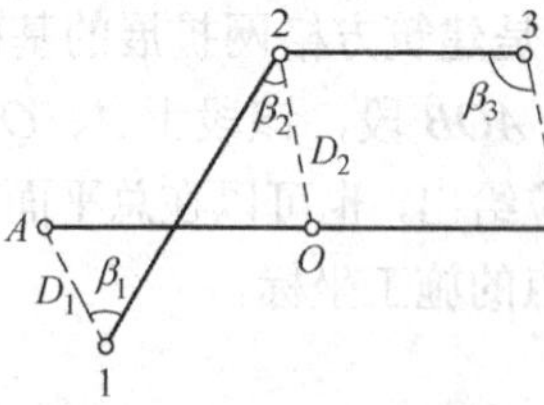

图 9-7　主轴线的测设

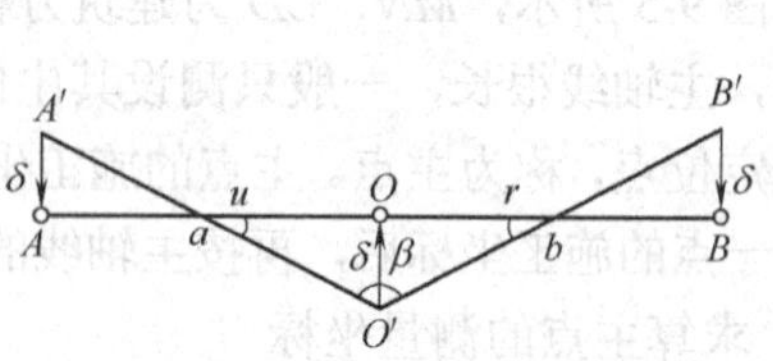

图 9-8　主轴线的调整(1)

移动 A'、O'、B'三点，再测量∠AOB，如果测得的结果与 180° 之差仍超限，应再进行调整，直到误差在允许范围之内为止。

A、O、B 3 个主点测设好后，如图 9-9 所示，将经纬仪安置在 O 点。瞄准 A 点，分别向左、向右转 90°，测设出另一主轴线 COD，同样用混凝土桩在地上定出其概略位置 C'和 D'，再精确测出∠AOC'和∠AOD'，分别算出它们与 90° 之差 ε_1 和 ε_2。并计算出改正值 l_1 和 l_2

$$l = L\frac{\varepsilon}{\rho''} \tag{9-3}$$

式中，L 为 OC'或 OD'间的距离；ε 的单位为秒(s)；ρ'' =206265″。

C、D 两点定出后，还应实测改正后的∠COD，它与 180° 之差应在限差范围内。然后精密丈量出 OA、OB、OC、OD 间的距离，在铁板上刻出其点位。主轴线测设好后，分别在主轴线端点上安置经纬仪，均以 O 点为起始方向，分别向左、右测设出 90° 角，这样就交会出田字形方格网点。为了进行校核，还要安置经纬仪于方格网点上，测量其角值是否为 90°，并测量各相邻点间的距离，看它是否与设计边长相等，误差均应在允许范围之内。此后再以基本方格网点为基础，加密方格网中其余各点。

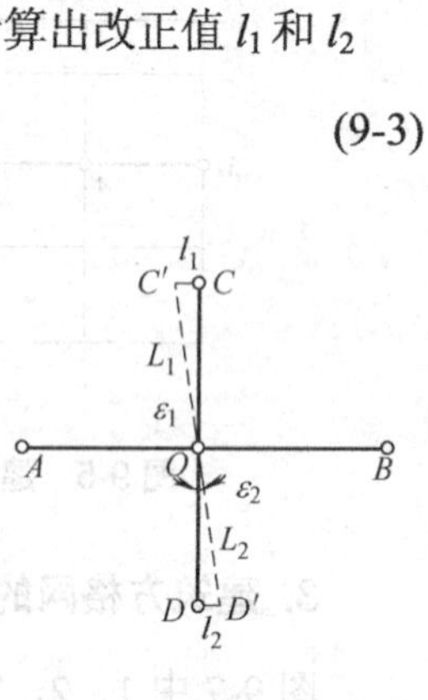

图 9-9　主轴线的调整(2)

9.1.3　建筑场地的高程控制

在建筑场地上，水准点的密度应尽可能满足安置一次仪器即可测设出所需点的高程。如果该场地上可以利用的水准点数目不够，则还需增设一些水准点，一般情况下，建筑方格网点也可兼作高程控制点。

一般情况下，采用四等水准测量方法测定各水准点的高程，而对连续生产的车间或下水管道等，则需采用三等水准测量的方法测定各水准点的高程。

此外，为了测设方便和减少误差，一般在厂房的内部或附近应专门设置±0.000 水准点，但需注意设计中各建(构)筑物的±0.000 的高程不一定相等，应严格加以区别。

9.2　工业与民用建筑中的施工测量

9.2.1　民用建筑施工中的测量工作

民用建筑一般是指住宅、学校、医院、办公楼等建筑物。其施工测量就是根据设计要求，在实地测设出建筑物的位置，指导配合施工，以保证工程质量。

1. 建筑物的定位

建筑物的定位(Positioning)，就是把建筑物外廓各轴线交点(如图 9-10 中的 *M*、*N*、*P* 和 *Q*)测设在地面上，然后再根据这些点进行细部放样。下面介绍根据既有建筑物测设拟建建筑物的方法。测设时，要先建立建筑基线作为控制。

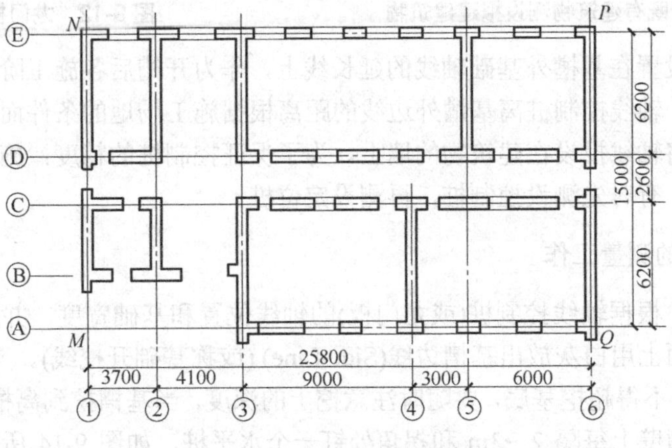

图 9-10　建筑物外廓测设

如图 9-11 所示，首先用钢尺沿着宿舍楼的东、西墙，延长出一小段距离 *l* 得 *a*、*b* 两点，用小木桩标定。将经纬仪安置在 *a* 点上，瞄准 *b* 点，并从 *b* 沿 *ab* 方向量出 14.240m 得 *c* 点(因教学楼的外墙厚 37cm，轴线偏内，离外墙皮 24cm)，再继续沿 *ab* 方向从 *c* 点起量 25.800m

得 d 点，cd 线就是用于测设教学楼平面位置的建筑基线。然后将经纬仪分别安置在 c、d 两点上，后视 a 点并转 90° 沿视线方向量出距离 l+0.240m，得 M、Q 两点，再继续量出 15.000m 得 N、P 两点。M、N、P、Q 四点即为教学楼外廓定位轴线的交点。最后，检查 NP 的距离是否等于 25.800m，$\angle N$ 和 $\angle P$ 是否等于 90°，误差在 1/5000 和 1′ 之内即可。

如现场已有建筑方格网或建筑基线时，可直接采用直角坐标法进行定位。

2. 龙门板和轴线控制桩的设置

建筑物定位以后，所测设的轴线交点桩(或称角桩)(Corner Peg)在开挖基槽时将被破坏，施工时为了能方便地恢复各轴线的位置，一般是把轴线延长到安全地点，并做好标志。延长轴线的方法有两种：龙门板法和轴线控制桩法。

龙门板(Sight Rail)法适用于一般小型的民用建筑物，为了方便施工，在建筑物西角与隔墙两端基槽开挖边线以外 1.5～2m 处钉设龙门桩(Sight Peg)(见图 9-12)。桩要钉得竖直、牢固，桩的外侧面与基槽平行。根据建筑场地的水准点，用水准仪在龙门桩上测设建筑物±0.000 标高线。根据±0.000 标高线把龙门板钉在龙门桩上，使龙门板的顶面在一个水平面上，且与±0.000 标高线一致。安置经纬仪于 N 点，瞄准 P 点，沿视线方向在龙门板上定出一点，用小钉标记，纵转望远镜在 N 点处的龙门板上也钉一小钉。以同样的方法将各轴线引测到龙门板上。

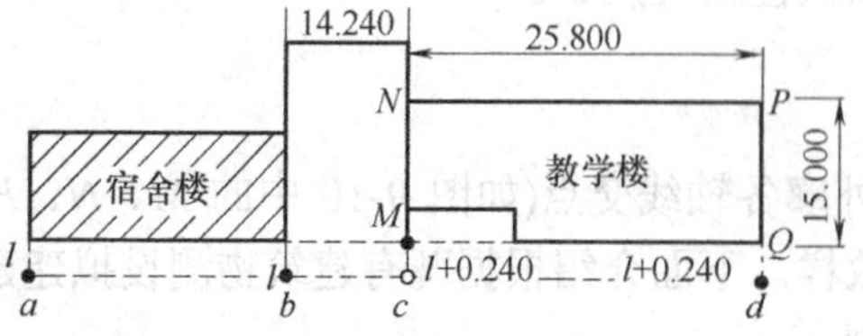

图 9-11 根据既有建筑物测设拟建建筑物

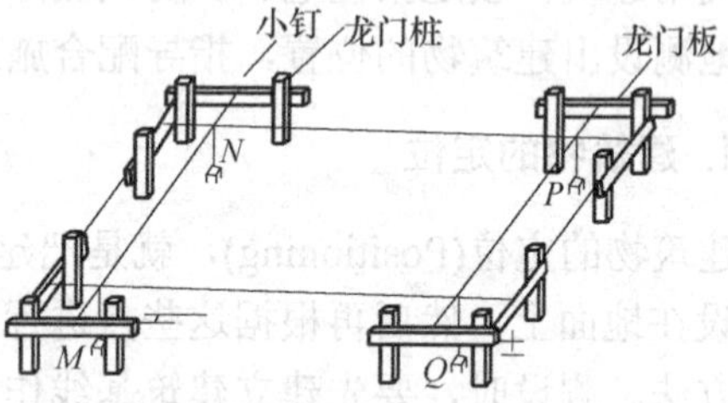

图 9-12 龙门板法

轴线控制桩设置在基槽外基础轴线的延长线上，作为开槽后各施工阶段确定轴线位置的依据(见图 9-13)。轴线控制桩离基槽外边线的距离根据施工场地的条件而定。如果附近有已建建筑物，也可将轴线投设在建筑物的墙上。为了保证控制桩的精度，施工时往往控制桩与定位桩一起测设，有时先测设控制桩，再测设定位桩。

3. 开挖基槽的测量工作

基础开挖前，根据轴线控制桩(或龙门板)的轴线位置和基础宽度，并顾及基础挖深应放坡的尺寸，在地面上用白灰放出基槽边线(Side Line) (或称基础开挖线)。

开挖基槽时，不得超挖基底，要随时注意挖土的深度，当基槽挖到离槽底 0.300～0.500m 时，用水准仪在槽壁上每隔 2～3m 和拐角处钉一个水平桩，如图 9-14 所示，用以控制挖槽深度及作为清理槽底和铺设垫层的依据。

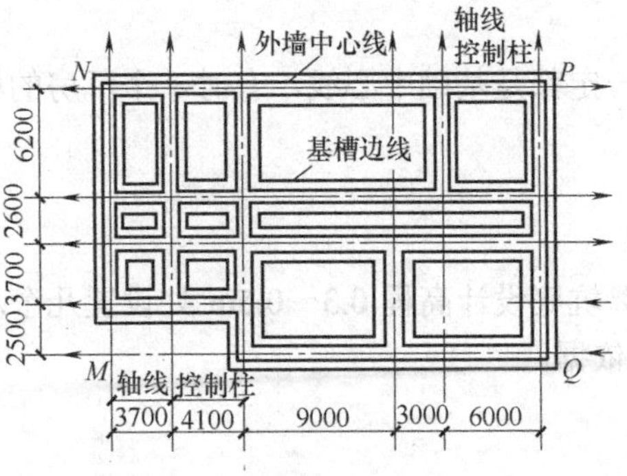

图 9-13 轴线控制桩法

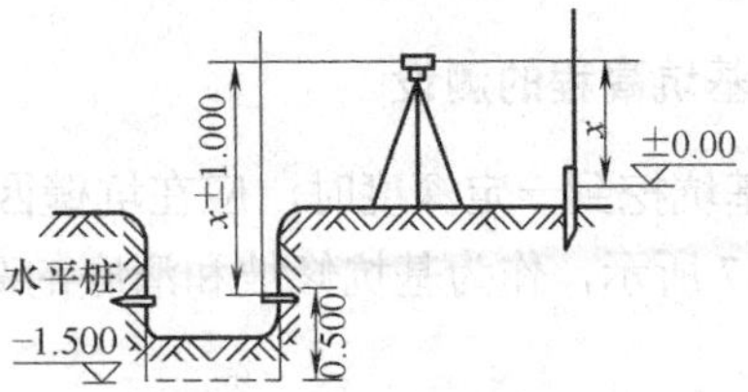

图 9-14 开挖基槽测设

9.2.2 工业厂房的测设工作和柱基施工测量

对于小型厂房，可以采用民用建筑的测设方法。下面主要介绍大型或设备复杂的厂房，根据建筑方格网进行的测设工作。

1. 柱列轴线的测设

如图 9-15 所示，Ⓐ、Ⓑ、Ⓒ和①、②、③、…轴线均为柱列轴线(Axis Line)。检查厂房矩形控制网的精度符合要求后，即可根据柱间距和跨间距用钢尺沿矩形网各边量出各轴线控制桩的位置，并打入大木桩、钉上小钉，作为测设基坑和施工安装的依据。

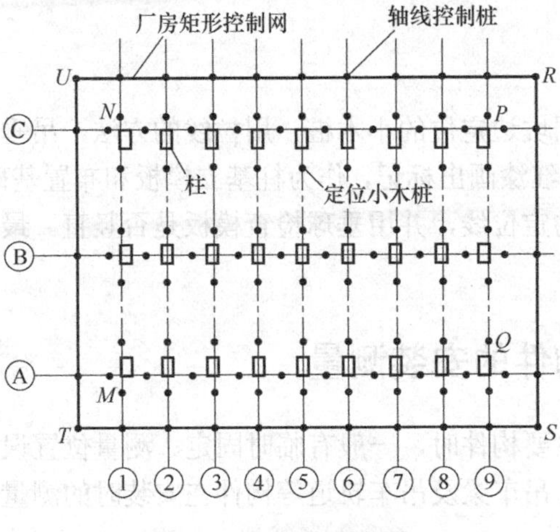

图 9-15 柱列轴线测设

2. 柱基的测设

柱基测设就是根据基础平面图和基础大样图的有关尺寸，把基坑开挖的边线用白灰标识出来以便挖坑。为此安置两架经纬仪在相应的轴线控制桩(如图 9-15 中的Ⓐ、Ⓑ、Ⓒ和①、②、…点)上，交出各柱基的位置(即定位轴线的交点)。

如图 9-16 所示为杯形基坑大样图。按照基础大样图的尺寸，用特制的角尺在定位轴线Ⓐ和⑤上放出基坑开挖线，用灰线标明开挖范围。并在坑边缘外侧一定距离处钉设定位小木桩，钉上小钉，作为修坑及立模板的依据。

在进行柱基测设时，应注意定位轴线不一定都是基础中心线，有时一个厂房的柱基类型不一，尺寸各异，放样时应特别注意。

3. 基坑高程的测设

当基坑挖到一定深度时，应在坑壁四周离坑底设计高程 0.3～0.5m 处设置几个水平桩，如图 9-17 所示，作为基坑修坡和清底的高程依据。

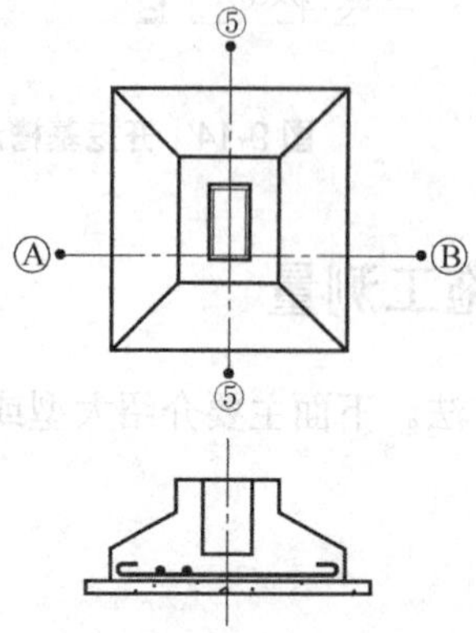

图 9-16 柱基测设

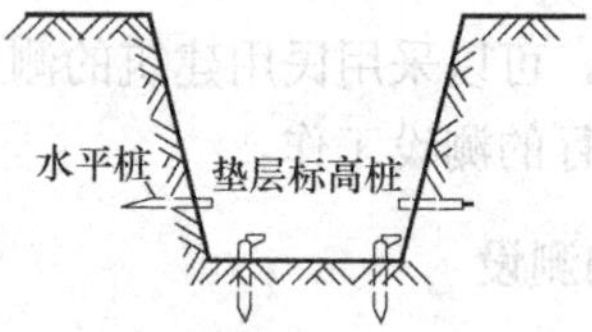

图 9-17 基坑高程测设

此外，还应在基坑内测设垫层高程，即在坑底设置小木桩，使桩顶面恰好等于垫层的设计高程。

4. 基础模板的定位

打好垫层之后，根据坑边定位的小木桩，用拉线的方法，吊垂球把柱基定位线投到垫层上，用墨斗弹出墨线，用红漆画出标记，作为柱基立模板和布置基础钢筋网的依据。立模时，将模板底线对准垫层上的定位线，并用垂球检查模板是否竖直。最后将柱基顶面设计高程测设在模板内壁。

9.2.3 工业厂房构件的安装测量

在装配工业厂房的主要构件时，一般有临时固定、测量位置误差、校正和固定几道操作工序。下面主要介绍柱、吊车梁及吊车轨道等构件在安装时的测量、校正工作。

1. 柱的安装测量

1) 柱安装的精度要求

(1) 柱脚中心线应对准柱列轴线，允许偏差为±5mm。

(2) 牛腿面的高程与设计高程一致，其误差不应超过：柱高在 5m 以下为±5mm，柱高在 5m 以上为±8mm。

(3) 柱的全高竖向允许偏差值为 1/1000 柱高，但不应超过 20mm。

2) 吊装前的准备工作

柱吊装前，应根据轴线控制桩把定位轴线投测到杯形基础的顶面上，并用红油漆画上“△”标明，如图 9-18 所示。同时还要在杯口内壁测出一条高程线，从高程线起向下量取一整分米数即到杯底的设计高程。

在柱的 3 个侧面弹出柱中心线，每一面又需分为上、中、下 3 点，并画小三角形“▲”标志，以便安装校正(见图 9-20)。

3) 柱长的检查与杯底找平

通常柱底到牛腿面的设计长度 l 加上杯底高程 H_1 应等于牛腿面的高程 H_2(见图 9-19)，即

$$H_2 = H_1 + l$$

但柱在预制时，由于模板制作和模板变形等原因，不可能使柱的实际尺寸与设计尺寸一致，为了解决这个问题，往往在浇筑基础时把杯形基础底面高程降低 2～5cm，然后用钢尺从牛腿顶面沿柱边量到柱底，根据这根柱的实际长度用 1∶2 水泥砂浆在杯底进行找平，使牛腿符合设计高程。

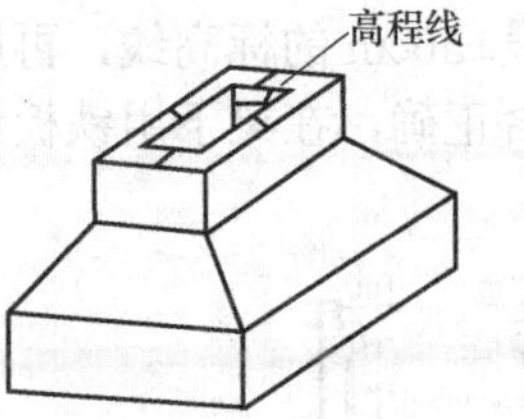

图 9-18 杯形基础

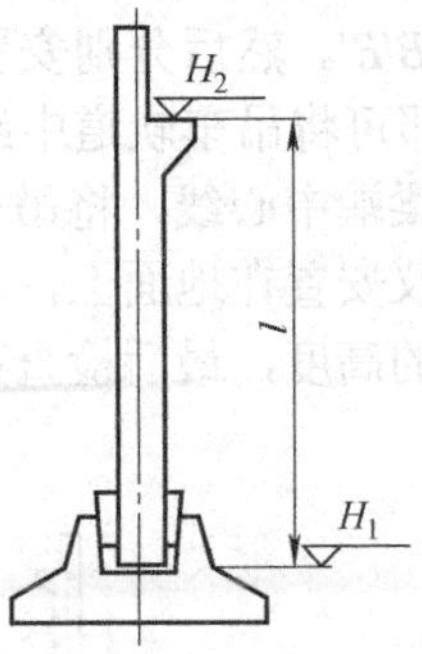

图 9-19 柱剖面

4) 安装柱时的竖直校正

柱插入杯口后，首先应使柱身基本竖直，再令其侧面所弹的中心线与基础轴线重合。用木楔或钢楔初步固定，然后进行竖直校正。校正时用两架经纬仪分别安置在柱基纵、横轴线附近，如图 9-20 所示，离柱的距离大于柱高的 1.5 倍。先瞄准柱中心线的底部，然后固定照准部，再仰视柱中心线顶部。如重合，则柱在这个方向上就是竖直的；如果不重合，应进行调整，直到柱两个侧面的中心线都竖直为止。

由于纵轴方向上柱距很小，通常把仪器安置在纵轴的一侧，在此方向上，安置一次仪器可校正数根柱，如图 9-21 所示。

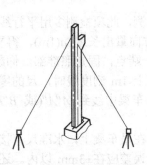

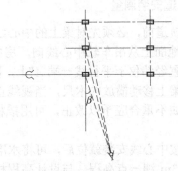

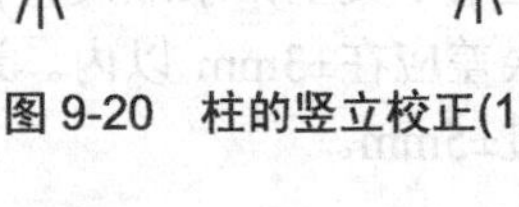

图 9-20 柱的竖立校正(1)

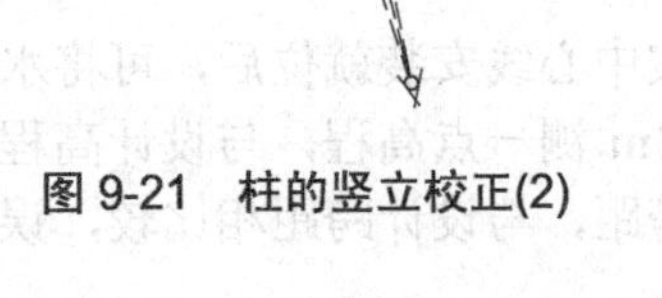

图 9-21 柱的竖立校正(2)

5) 柱校正的注意事项

(1) 校正用的经纬仪事先应该经过严格检校，因为校正柱竖直时，往往只用盘左或盘右观测，仪器误差影响很大，操作时还应该注意使照准部水准管气泡严格居中。

(2) 柱在两个方向的垂直度都校正好后，应再复查平面位置，看柱下部的中线是否对准基础的轴线。

(3) 当校正变截面的柱时，经纬仪必须放在轴线上校正，否则容易产生差错。

(4) 在阳光照射下校正垂直度时，要考虑温度影响，因为柱受太阳照射后向阴面弯曲，使柱顶有一个水平位移。为此应该在早晨或阴天时校正。

(5) 当安置一次仪器校正几根柱时，仪器偏离轴线的角度 β 最好不超过 15° (见图 9-21)。

2. 吊车梁的安装测量

安装前先弹出吊车梁顶面中心线和吊车梁两端中心线，要将吊车轨道中心线投到牛腿面上。其步骤是：如图 9-22 所示，利用厂房中心线 A_1A_1，根据设计轨距在地面上测设出吊车轨道中心线 $A'A'$和 $B'B'$。然后分别安置经纬仪于吊车轨中线的一个端点 A'上，瞄准另一端点 A'，仰起望远镜，即可将吊车轨道中线投测到每根柱的牛腿面上并弹以墨线。然后，根据牛腿面上的中心线和梁端中心线，将吊车梁安装在牛腿面上。吊车梁安装完后，应检查吊车梁的高程，可将水准仪安置在地面上，在柱侧面测设±50cm 的标高线，再用钢尺从该线沿柱侧面向上量出至梁面的高度，最后检查梁面标高是否正确，在梁下用铁板调整梁面高程，使之符合设计要求。

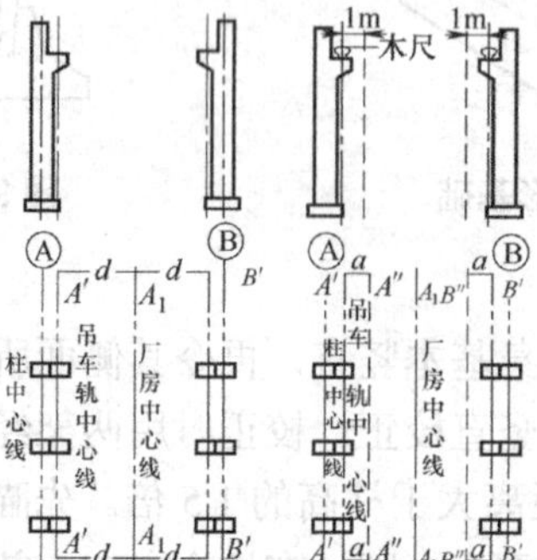

图 9-22 吊车梁与轨道的安装测设

3. 吊车轨道安装测量

安装吊车轨道前，必须先对梁上的中心线进行检测，此项检测多用平行线法。如图 9-22 所示，首先在地面上从吊车轨中心线向厂房中心线方向量出长度 a(1m)，得平行线 $A''A''$和 $B''B''$。然后安置经纬仪于平行线一端 A''上，瞄准另一端点，固定照准部，仰起望远镜投测。此时另一人在梁上移动横放的木尺，当视线正对准尺上 1m 刻度线时，尺的零点应与梁面上的中线重合。如不重合应予以改正，可用撬杠移动吊车梁中线到 $A''A''$(或 $B''B''$)的间距等于 a(1m)为止。

吊车轨道按中心线安装就位后，可将水准仪安置在吊车梁上，水准尺直接放在轨顶上进行检测，每隔 3m 测一点高程，与设计高程相比较，误差应在±3mm 以内。还要用钢尺检查两吊车轨道间跨距，与设计跨距相比较，误差不得超过±5mm。

9.3　高层建筑物施工测量

9.3.1　高层建筑物的轴线投测

高层建筑物施工测量中的主要问题是控制竖向偏差，也就是各层轴线如何精确地向上引测的问题。《钢筋混凝土高层建筑结构设计与施工规程》JGJ3—91 中指出：竖向误差在本层内不得超过 5mm，全楼的累积误差不得超过 20mm。

高层建筑物轴线的投测一般分为经纬仪引桩投测法和激光铅垂仪(Laser Plummet)投测法两种，下面分别介绍这两种方法。

1．经纬仪引桩投测法

现以南京金陵饭店为例介绍经纬仪引桩投测法如下。

1) 选择中心轴线

图 9-23 为金陵饭店平面位置示意图，用经纬仪将建筑物定位之后，地面上已标出①、②、③、…和 Ⓐ、Ⓑ、Ⓒ、…各轴线，其中 Ⓒ 轴与③轴作为中心轴线。根据楼层的高度和场地情况，在距塔楼尽可能远的地方，钉出 4 个轴线控制桩 C、C'、3 和 3′。

当基础工程完工之后，用经纬仪将③轴和Ⓒ轴精确地投测在塔楼底部，并标定，如图 9-24 中的 a、a'、b 和 b'所示。

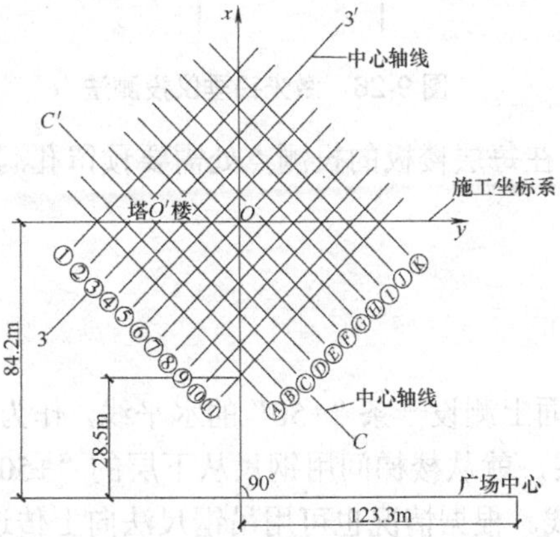

图 9-23　中心轴线选择

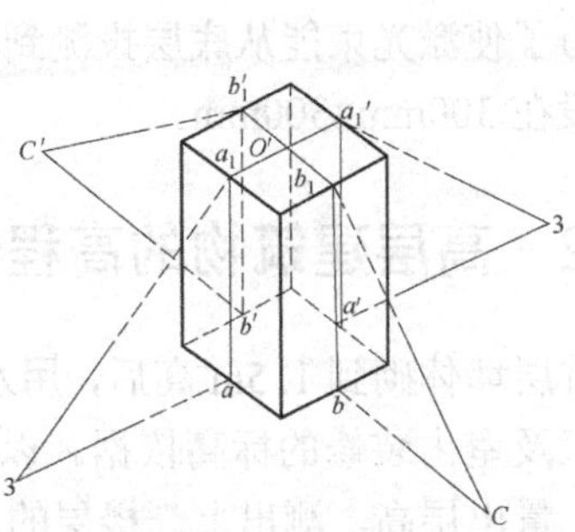

图 9-24　轴线点投测

2) 向上投测中心轴线

随着建筑物不断升高，要逐层将轴线向上传递，可将经纬仪安置在③轴和Ⓒ轴的控制桩上，瞄准塔楼底部的标志 a、a'、b 和 b'，用盘左和盘右两个竖盘位置向上投测到每层楼板上，并取其中点作为该层中心轴线的投影点，如图 9-24 所示的 a_1、a'_1、b_1 和 b'_1，$a_1a'_1$ 和 $b_1b'_1$ 两线的交点 O'即为塔楼的投测中心。

3) 增设轴线引桩

当楼房逐渐增高，而轴线控制桩距建筑物又较近时，望远镜的仰角较大，操作不便，投测精度将随仰角的增大而降低。为此，要将原中心轴线控制桩引测到更远的安全地方，或者附近大楼的屋顶上，具体做法是将经纬仪安置在已经投上去的中心轴线上，瞄准地面上原有的轴线控制桩 C 和 C'、3 和 3′，将轴线引测到远处，如图 9-25 所示的 C 和 C'_1 即为新的Ⓒ轴控制桩。更高的各层中心轴线可将经纬仪安置在新的引桩上，按上述方法继续进行投测。

4) 注意事项

经纬仪一定要经过严格检校才能使用，尤其是照准部水准管轴应严格垂直于竖轴，作业时要仔细整平。为了减少外界条件(如日照和大风等)的不利影响，投测工作在阴天及无风天气进行为宜。

2．激光铅垂仪投测法

有关激光铅垂仪的构造、工作原理和操作方法在此不再赘述，这里仅就投测点位的布置和预留孔洞问题作简要说明。

为了把建筑物的平面定位轴线投测至各层上去，每条轴线至少需要两个投测点。根据梁、柱的结构尺寸，投测点距轴线 500～800mm 为宜，其平面布置如图 9-26 所示。

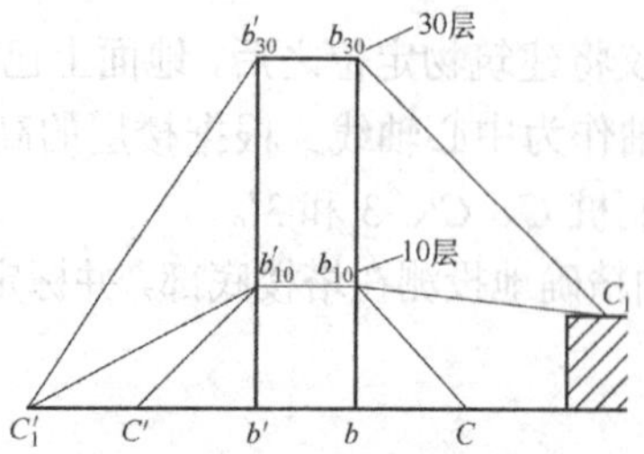

图 9-25　增设轴线引桩

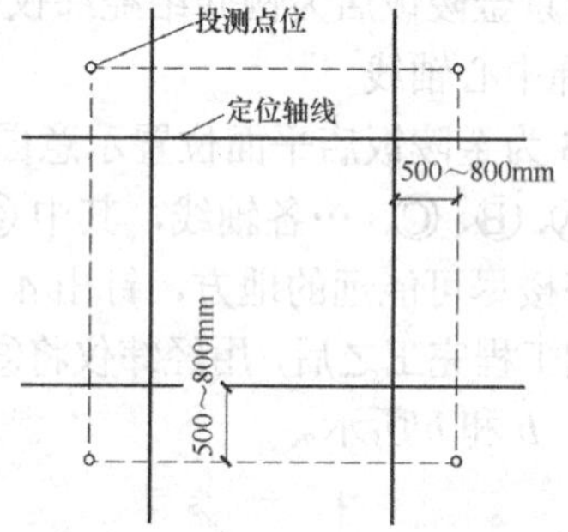

图 9-26　激光铅垂仪投测法

为了使激光束能从底层投测到各层楼板上，在每层楼板的投测点处需要预留孔洞口，大小一般在 300mm×300mm。

9.3.2　高层建筑物的高程传递

首层墙体砌到 1. 5m 高后，用水准仪在内墙面上测设一条“+50”的水平线，作为首层地面施工及室内装修的标高依据。以后每砌高一层，就从楼梯间用钢尺从下层的“+50”标高线向上量出层高，测出上一楼层的“+50”标高线。根据情况也可用吊钢尺法向上传递高程。

图 8-8 所示为向上各楼层进行高程传递的示意图。向上各楼层传递高程可用楼梯间，将检定过的钢尺悬吊在楼梯处，零端点向下，挂 5kg 重锤，并放入油桶中。而后用水准仪逐层引测，楼梯 B 点标高为

$$H_B=\pm 0.000+a-b+c-d$$

式中，a、b、c、d 均为尺读数。

为了检核，可以改变悬吊钢尺位置，再用上述方法进行，两次测得的高程较差不应超过 3mm。

也可用全站仪天顶测距(Zenith Distance)法。高层建筑中垂准孔(或电梯间等)为光电测距

提供了一条从底层至顶层的垂直通道，利用该通道在底层架设全站仪，将经纬仪指向天顶，在各层的垂直通道上安置反射棱镜，即可测得仪器横轴至棱镜横轴的垂直距离。加仪器高，减棱镜常数，即可算出高差，如图 9-27 所示。

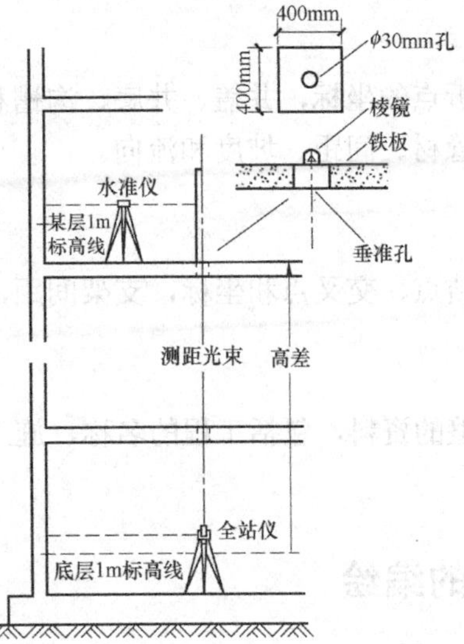

图 9-27　全站仪天顶测距法传递高程

其测量方法是在需要传递高程的层面垂准孔上固定一块铁板(400mm×400mm×2mm，中间有 ϕ30 mm 孔)，对准铁板上的孔，可将棱镜平放在其上，预先测定棱镜面至棱镜横轴的高度(棱镜常数)。在底层控制点上架设全站仪，置平望远镜(屏幕显示垂直角为 0° 或天顶距为 90°)，向立于 1m 标高线上的水准尺读数，即为仪器高。然后将望远镜指向天顶(天顶距为 0° 或垂直角为 90°)按测距键测出垂直距离。根据仪器高、垂直距离和棱镜常数得到底层 1m 标高线至某层楼面垂准孔上铁板的高差和铁板的标高，再用水准仪测设该层 1m 标高线。

9.4　竣 工 测 量

竣工测量的目的主要在于编绘竣工总平面图。

编绘竣工总平面图的作用在于，反映施工中对设计进行的变更，便于日后对建筑物内各种设施，特别是各种管道等隐蔽工程的检查和维修及为建筑物的改、扩建提供资料。

9.4.1　现场竣工测量

在每一个单项工程完成后，必须由施工单位进行竣工测量(Final Survey)，给出工程的竣工测量成果。其内容包括以下各方面。

1. 工业厂房及一般建筑物

工业厂房及一般建筑物包括房角坐标，各种管道进、出口的位置和高程；并附房屋编号、结构层数、面积和竣工时间等资料。

2．铁路和公路

铁路和公路包括起止点、转折点、交叉点的坐标，曲线元素，桥涵等构筑物的位置和高程。

3．地下管网

地下管网包括窨井、转折点的坐标，井盖、井底、沟槽和管顶等的高程；并附注管道及窨井的编号、名称、管径、管材、间距、坡度和流向。

4．架空管网

架空管网包括转折点、结点、交叉点和坐标，支架间距，基础面高程。

5．其他

竣工完成后，应提交完整的资料，包括工程的名称、施工依据、施工成果，作为编绘竣工总平面图的依据。

9.4.2 竣工总平面图的编绘

竣工总平面图上应包括建筑方格网点、水准点、厂房、辅助设施、生活福利设施、架空及地下管线、铁路等建筑物或构筑物的坐标与高程，以及厂区内空地和未建区的地形。有关建筑物、构筑物的符号应与设计图例相符，有关地形图的图例应使用国家地形图图式符号。

厂区地上和地下所有建筑物、构筑物绘在一张竣工总平面图上时，如果线条过于密集而不醒目，则可采用分类编图。例如，综合竣工总平面图、交通运输竣工总平面图和管线竣工总平面图等，比例尺一般采用 1∶1000。如不能清楚地表示某些特别密集的地区，也可局部采用 1∶500 的比例尺。

如果施工的单位较多，多次转手，造成竣工测量资料不全，图面不完整或与现场情况不符时，只好进行实地施测，这样绘出的平面图称为实测竣工总平面图。

9.5 建筑物的变形观测

对于各种工程建筑，对其在建设和使用过程中发生的变形应该定期观测，以便及时采取措施，保证施工阶段的工程质量，确保使用运营中的安全，对可能发生的危险提出预报，并为以后的设计提供资料。危及建筑物的变形主要有沉降、倾斜和水平位移等。本章主要介绍对一般工业、民用建筑的沉降观测(Subsidence Observation)与倾斜观测(Declivity Observation)。

9.5.1 建筑物的沉降观测

1．观测点的布置

观测点的设置形式如图 9-28 和图 9-29。图 9-29(a)为墙上观测点，图 9-29(b)为钢筋混凝土柱上的观测点；图 9-30 为基础上的观测点。

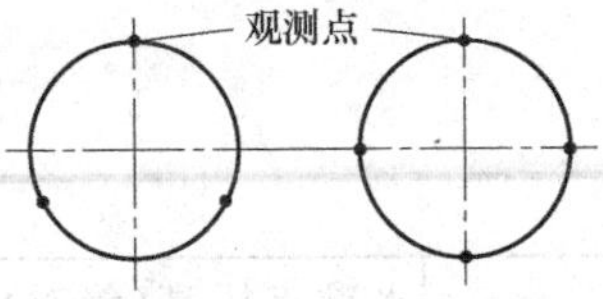

图 9-28　观测点设置

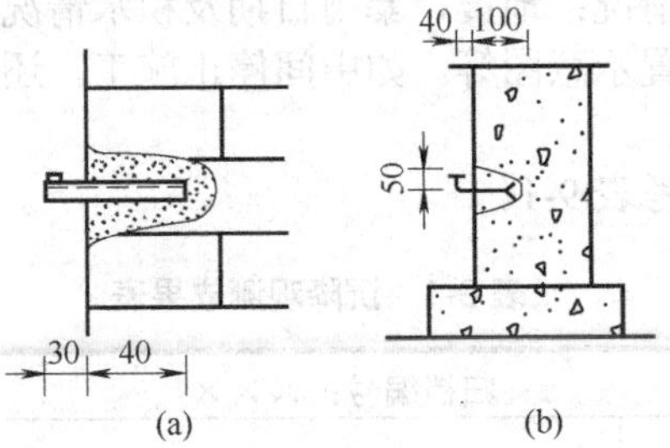

图 9-29　水准点埋设(1)
(单位：mm)

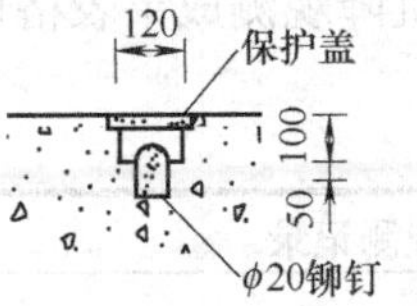

图 9-30　水准点埋设(2)
单位(mm)

2. 观测方法

1) 水准点的布设

建筑物的沉降观测是依据埋设在建筑物附近的水准点进行的，为了相互校核并防止由于某个水准点的高程变动造成差错，一般至少埋设 3 个水准点。它们埋在建筑物、构筑物基础影响范围以外，锻锤、轧钢机、铁路、公路等振动影响范围以外；离开地下管道至少 5m，埋设深度至少要在冰冻线及地下水位变化范围以下 0.5m。水准点离开观测点不能太远(不应大于 100m)，以便提高沉降观测的精度。

2) 观测时间

一般在增加较大荷重之后(如浇灌基础，回填土，安装柱和厂房屋架，砌筑砖墙，设备安装，设备运转，烟囱高度每增加 15m 左右等)要进行沉降观测。施工中，如果中途停工时间较长，应在停工时和复工前进行观测。当基础附近地面荷重突然增加，周围大量积水及暴雨或地震后，或周围大量挖方等均应观测。竣工后要按沉降量的大小定期进行观测。开始可隔 1～2 个月观测一次，以每次沉降量在 5～10mm 以内为限度，否则要增加观测次数。以后，随着沉降量的减小，可逐渐延长观测周期，直至沉降稳定为止。

3) 沉降观测

沉降观测实质上是根据水准点用精密水准仪定期进行水准测量，测出建筑物上观测点的高程，从而计算其下沉量。水准点是测量观测点沉降量的高程控制点，应经常检测水准点高程有无变动。测定时一般应用 DS1 级水准仪往返观测。对于连续生产的设备基础和动力设备基础，高层钢筋混凝土框架结构及地基土质不均匀区的重要建筑物，往返观测水准点间的高差，其较差不应超过$\pm 1\sqrt{n}$ mm(n 为测站数)。观测应在成像清晰、稳定的时间内进行，同时应尽量在不转站的情况下测出各观测点的高程，以便保证精度，前、后视观测最好用同一根水准尺，水准尺离仪器的距离不应超过 50m，并用皮尺丈量，使之大致相等。测完观测点后，必须再次后视水准点，先后两次后视读数之差不应超过±1mm。对一般厂房的基础或构筑物，往返观测水准点的高差较差不应超过$\pm 2\sqrt{n}$ mm，同一后视点先后两次后视读数之差不应超过 2mm。

3. 成果整理

沉降观测应有专用的外业手簿，并需将建筑物、构筑物施工情况详细注明，随时整理，其主要内容包括：建筑物平面图及观测点布置图，基础的长度、宽度与高度；挖槽或钻孔后发现的地质土壤及地下水情况；施工过程中荷载增加情况；建筑物观测点周围工程施工及环境变化情况；建筑物观测点周围笨重材料及重型设备堆放情况；施测时所引用的水准点号码、位置、高程及其有无变动的情况；地震、暴雨日期及积水情况；裂缝出现日期，裂缝开裂长度、深度、宽度的尺寸和位置示意图等。如中间停止施工，还应将停工日期及停工期间现场情况加以说明。

沉降观测成果表格可参考表 9-1。

表 9-1　沉降观测成果表

沉降观测记录				归档编号：×××				
工程名称：			建设单位：				水准点标高(绝对)：35.679m	
观测点平面布置图：			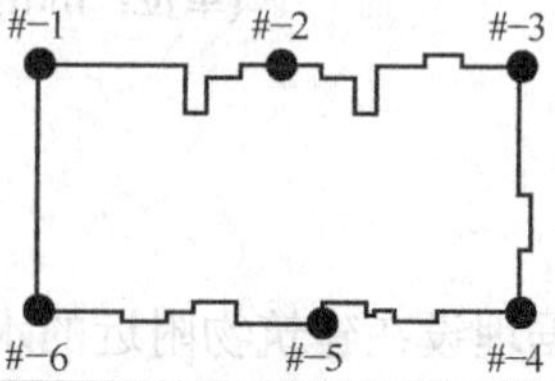					
观测点号	次数 / 日期 / 测值	一 2008-07-15	二 2008-08-01	三 2008-08-15	四 2008-09-06	五 2008-09-28	六 2008-10-19	七 2008-11-15
#-1	实测标高/m	36.94056	36.94001	36.93955	36.93848	36.93602	36.93512	36.93411
	本次沉降/mm	—	−0.55	−0.46	−1.07	−2.46	−0.90	−1.01
	累计沉降/mm	—	−0.55	−1.01	−2.08	−4.54	−5.44	−6.45
#-2	实测标高/m	37.65781	37.65912	37.65729	37.65453	37.65218	37.65131	37.65101
	本次沉降/mm	—	1.31	−1.83	−2.76	−2.35	−0.87	−0.30
	累计沉降/mm	—	1.31	−0.52	−3.28	−5.63	−6.50	−6.80
#-3	实测标高/m	37.64929	37.65016	37.64822	37.64770	37.64563	37.64379	37.64346
	本次沉降/mm	—	0.87	−1.94	−0.52	−2.07	−1.84	−0.33
	累计沉降/mm	—	0.87	−1.07	−1.59	−3.66	−5.50	−5.83
#-4	实测标高/m	37.60423	37.60328	37.60338	37.60166	37.60033	37.59949	37.59902
	本次沉降/mm	—	−0.95	0.10	−1.72	−1.33	−0.84	−0.47
	累计沉降/mm	—	−0.95	−0.85	−2.57	−3.90	−4.74	−5.21
#-5	实测标高/m	37.64970	37.64892	37.64832	37.64628	37.64397	37.64302	37.64275
	本次沉降/mm	—	−0.78	−0.60	−2.04	−2.31	−0.95	−0.27
	累计沉降/mm	—	−0.78	−1.38	−3.42	−5.73	−6.68	−6.95
#-6	实测标高/m	37.34077	37.33958	37.33924	37.33764	37.3357	37.33498	37.33447
	本次沉降/mm	—	−1.19	−0.34	−1.60	−1.94	−0.72	−0.51
	累计沉降/mm	—	−1.19	−1.53	−3.13	−5.07	−5.79	−6.30
每次观测工程进度状态		—	—	—	—	—	—	—
监理工程师：		测量技术负责人：刘国树		计算：由迎春		测量：张伟		

注：1. 观测点较多时，本表可向下接和换页使用；当观测次数较多时，本表可向右接长(换页使用)。
2. 监理工程师应对施工期间沉降数据核查负责。
3. 附各观测点的观测时间-沉降曲线表。

为了预估下一次观测点沉降的大约数值和沉降过程是否渐趋稳定或已经稳定，可分别绘制时间与沉降量的关系曲线及时间与荷载的关系曲线，如图 9-31 所示。

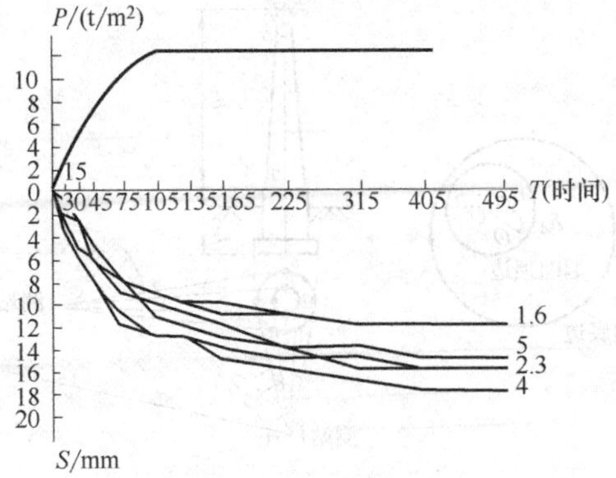

图 9-31　*S-T* 关系曲线图

时间与沉降量的关系曲线系以沉降量 S 为纵轴、时间 T 为横轴，根据每次观测日期和每次下沉量按比例画出各点位置，然后将各点连接起来，并在曲线一端注明观测点号码，便形成 S(沉降)-T(时间)关系曲线图(见图 9-31)。

时间与荷载的关系曲线系以荷载 P 为纵轴、时间 T 为横轴。根据每次观测日期和每次荷载画出各点，将各点连接起来便形成 P(荷载)-T(时间)关系曲线图(见图 9-31)。

4．观测注意事项

(1) 在施工期间，经常遇到的是沉降观测点被毁，为此一方面可以适当加密沉降观测点，对重要的位置如建筑物的四角可布置双点；另一方面观测人员应经常注意观测点变动情况，如有损坏及时设置新的观测点。

(2) 建筑物的沉降量一般应随着荷载的加大及时间的延长而增加，但有时却出现回升现象，这时需要具体分析回升现象的原因。

(3) 建筑物的沉降观测是一项较长期的系统的观测工作，为了保证获得资料的正确性，应尽可能地固定观测人员，固定所用的水准仪和水准尺；按规定日期、方式及路线从固定的水准点出发进行观测。

9.5.2　建筑物的倾斜观测

测定一般建筑物的倾斜，可以用经纬仪照准墙体(或墙角)上端标志，再向下投影，通过量取投影点与墙体(或墙角)下端的距离，求出建筑物的倾斜值

$$i=\frac{a}{h}$$

式中，h 为上端标志相对于下端点的高度。

对圆形建筑物和构筑物(如烟囱、水塔等)的倾斜观测是在两个相互垂直的方向上测定其顶部中心 O'点对底中心 O 点的偏心距，即倾斜量 $\delta=OO'$。现以测定烟囱倾斜为例介绍具体做法如下。

在距烟囱的距离尽可能大于 1.5H(H 为烟囱高度)的相互垂直方向上设立测站点 1 和测站点 2，如图 9-32 所示。

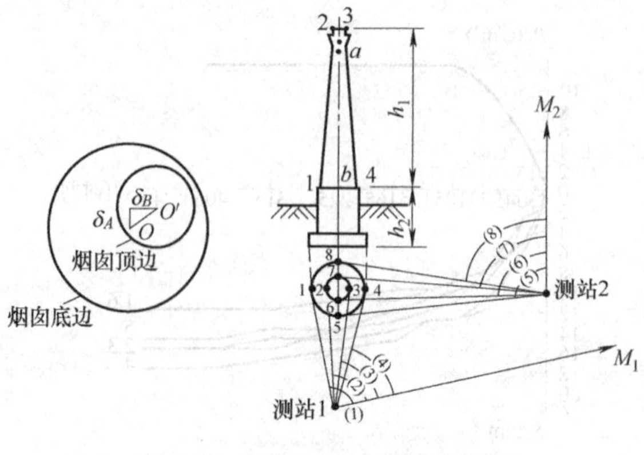

图 9-32　烟囱的倾斜观测方法

在烟囱上标出如图 9-32 所示烟囱的倾斜观测方法为观测用的标志点 1、2、3 和 4，同时选择通视良好的不动点 M_1 和 M_2。在测站 1 用经纬仪测量水平角(1)、(2)、(3)和(4)，计算烟囱上部中心角值 a_1 和烟囱勒脚部分中心角值 b_1。

$$a_1=[(2)+(3)]/2$$

$$b_1=[(1)+(4)]/2$$

若测站 1 至烟囱中心的距离为 L_1，则测站 1 方向上烟囱的倾斜量为

$$\delta_A=L_1(a_1-b_1)/\rho'', \qquad \rho''=206265''$$

以同样的方法测出测站 2 方向烟囱的倾斜量 δ_B，则烟囱的倾斜量为

$$\delta=(\delta_A^2+\delta_B^2)^{1/2}$$

若以测站 1 到烟囱的方向为假定标准方向，则烟囱倾斜的假定方位角为

$$\alpha=\arctan(\delta_B/\delta_A)$$

习　题

1. 术语解释：施工测量、建筑基线、建筑方格网、建筑方格网的主点，建筑物定位的龙门板及龙门桩法。

2. 施工放样与测绘地形图有什么根据的区别？

3. 施工测量为何也应该按照“从整体到局部”的原则？

4. 施工放样的基本工作有哪些，它们与测定时的量距、测角、测高差的区别是什么？

5. 测设平面点位有哪几种方法，各适用于什么场合？

6. 测设铅垂线有哪几种方法，各适用于什么场合？

7. 如图 9-33 所示 A、B 为已有的平面控制点，其坐标为

x_A=1048.60m，　x_B=1110.50m，　y_A=1086.30m，　y_B=1332.40m

M、N 为待测设的点，其设计坐标为

x_M=1220.00m，　x_N=1200.00m，　y_M=1100.00m，　y_N=1300.00m

在表 9-2 中计算用极坐标法和角度交会法测设 M、N 点的角度和距离(角度算至整秒，距离算至 0.01m)。

表 9-2　极坐标法和角度交会法测设数据计算

方　向	坐标增量/m		边长 D/m		方位角 α	交会角度 φ		起始边	
	Δx	Δy							
A-B									
B-A									
A-M			D_1			φ_1		AB	
A-N			D_2			φ_2		AB	
B-M			D_3			φ_3		BA	
B-N			D_4			φ_4		BA	

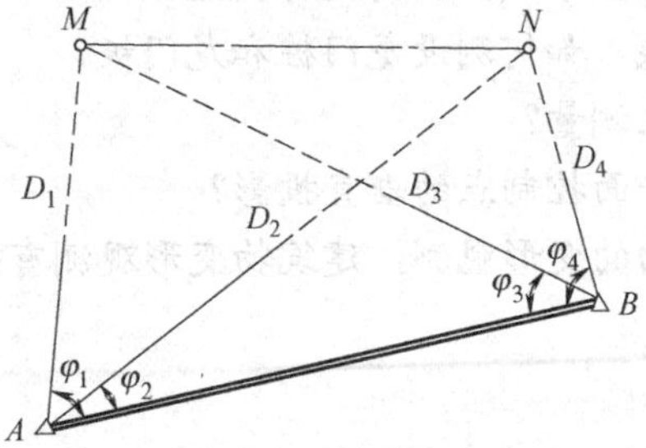

图 9-33　极坐标法和角度交会法测设数据

8. 设建筑坐标系的原点 O'在测量坐标系中的坐标为：x_0=5378.664m，y_0=8745.326m，X'轴在测量坐标系中的方位角 α=21°56′18″，如图 9-34 所示。建筑方格网的主轴线点 A、M、B 的建筑坐标系如图中所示。在表 9-3 中计算 A、M、B 点的测量坐标系坐标。

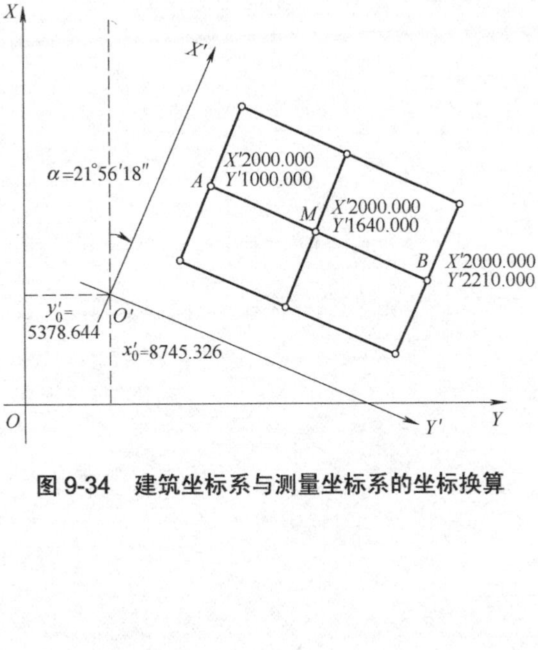

图 9-34　建筑坐标系与测量坐标系的坐标换算

表 9-3 建筑坐标与测量坐标的换算

$x_0'=$		$y_0'=$		$\alpha=$		
点号	建筑坐标		$\cos\alpha$	$\sin\alpha$	测量坐标	
	x'	y'			x	y
A						
M						
B						

9. 为了测设建筑方格网的主轴线点 A、O、B，根据测量控制点测设其概略位置 $A'O'B'$，再用经纬仪精确测得 $\angle A'O'B'=179°59'36''$(角 β)，已知 $A'O'=150$m，$B'O'=200$m。用调整三点的方法计算各点垂直于轴线方向的移动量 δ。

10. 施工平面控制网有哪些形式，如何进行测设？

11. 如何测设建筑物轴线，如何测设龙门桩和龙门板？

12. 如何进行厂房柱安装测量？

13. 如何进行高层建筑平面控制点的垂直投影？

14. 为什么要进行建筑物的变形观测，建筑物变形观测有哪些内容？

第 10 章　道桥工程测量

【学习目标】

- 熟悉道路及桥梁施工测量方法；
- 了解新技术再道路施工测量中的应用。

路线工程测量的主要内容有中线测量、纵横断面测量、带状地形图等。其目的是为设计提供必要的基础资料、为施工提供依据。

在建设事业中的各种路线工程，有架空的，有地面和地下的，纵横交错，密如蛛网。为了合理、安全地敷设各种路线，满足城乡交通、工业生产和人民生活的需要，各种路线工程的设计必须考虑与其他已建成或拟建工程的相互配合问题，以及考虑本项工程近期要求、发展和与城乡远景规划相结合等问题。所以测量工作必须根据工程的综合性和设计、施工的阶段性合理地制订施测方案，必须充分了解工程规划、设计的意图，以便恰当地满足设计需要，为其提供充分可靠的依据。

本章主要介绍道桥工程测量中的中线测量、曲线测设、纵横断面图测绘及施工中的经常性测设工作，GPS 全站仪等新仪器、新设备使路线工程测量更快捷、方便，精度更高。为满足现代化的要求，本章也介绍了它们的使用。在桥梁工程测量中主要介绍了桥梁施工控制网的布设及桥墩台的测设。

管线工程测量属路线测量，但因其特殊性又列一章，将在第 11 章中介绍。

10.1　道路中线测量

道路工程测量(Route Survey)一般是指道路设计和施工中的各种测量工作。它包括收集道路起、终点间的相关资料，踏勘选线(含控制测量和带状地形图测绘)，道路工程测量(含中线测量，曲线测设，中桩加密，中桩控制桩测设，路基放样，竖曲线测设，纵横断面图测绘，土方量计算，竣工验收测量等)。

中线测量是在踏勘选线，拟订好路线方案，并已在实地用木桩标定好路线起点、转折点及终点之后进行的。它的主要工作是通过测角、量距把路线中心的平面位置在地面上用一系列木桩(里程桩)表示出来。

10.1.1　测算转向角 α

转向角是道路从一个方向转到另一个方向时所偏转的角度。一般用 α 表示，转向角有左、右之分，即当偏转后的方向位于原方向左侧时，叫左转角，用 $\alpha_{左}$ 表示；当偏转后的方向位于原方向右侧的叫做右转角，用 $\alpha_{右}$ 表示，如图 10-1 所示。

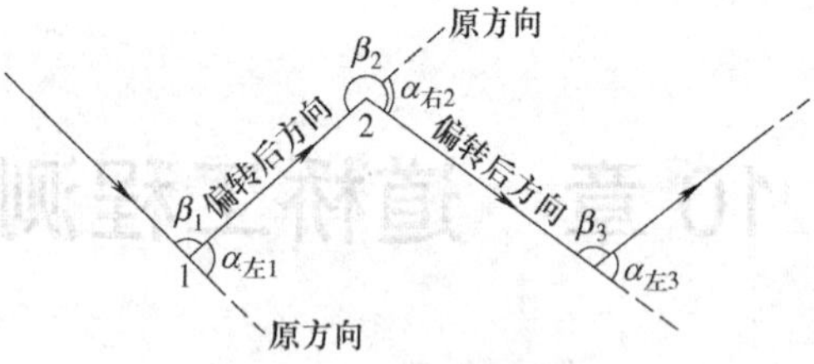

图 10-1 测算转向角

由图 10-1 可知，如果直接测量转折角，一会儿左，一会儿右，很容易搞错。为此，统一规定测线路前进方向的左角，然后按下列公式计算左、右转向角，即

$$\left.\begin{aligned}\alpha_{左} &= 180^\circ - \beta \quad (当\beta < 180^\circ时)\\ \alpha_{右} &= \beta - 180^\circ \quad (当\beta > 180^\circ时)\end{aligned}\right\} \tag{10-1}$$

在图 10-1 中

$$\alpha_{左1} = 180^\circ - \beta_1$$
$$\alpha_{右2} = \beta_2 - 180^\circ$$
$$\alpha_{左3} = 180^\circ - \beta_3$$

10.1.2 测设中桩(里程桩)(Centerline Stake)

为了测定道路的总长度和测绘道路的纵、横断面图，从道路的起点至终点，沿道路中线用钢尺或光电测距仪，在地面上按规定的距离(一般为 20m 或 30m 或 50m)量程打桩，此桩称为整桩。在整桩之间如遇有明显地物或道路交叉口或坡度变化处设立加桩。整桩和加桩统称中桩。中桩要进行编号，其号码为桩距起点的距离，如某中桩距起点为 10100m，则该桩编号为 10+100.00，“+”前为公里数，后为不足 1km 的零头，以 m 为单位，取至 cm，所以中桩又叫作里程桩。

测设中线时，应填写中桩记录并且在现场绘出草图。线路两侧的地形、地物可由目估勾绘。草图供纵断面测量时参考，以防止漏测桩点。

10.2 圆曲线测设

道路往往不可能是一条理想的直线，由于各种原因，道路不得不经常改变方向。为了使车辆安全地由一个方向转到另一个方向，在两个方向之间常以曲线来连接。这种曲线称为平曲线(Plane Curve)，曲线有圆曲线(Circular Curve)和缓和曲线(Connecting Curve) 两种，圆曲线是具有一定半径的圆弧，而有些道路从直线到圆曲线需要一段过渡，这段过渡曲线称为缓和曲线，如图 10-2 所示。

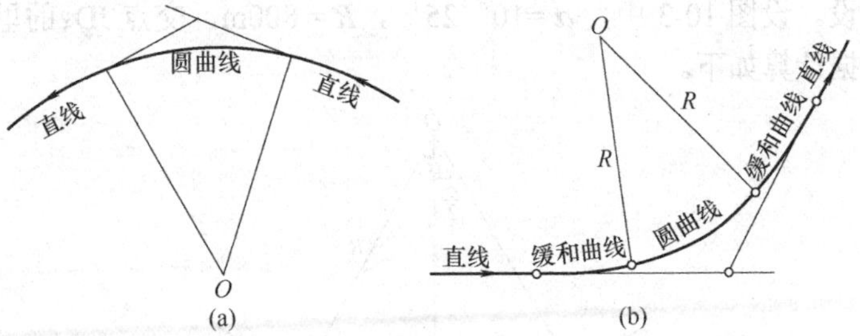

图 10-2　圆曲线与缓和曲线

本节只介绍圆曲线的测设。

10.2.1　圆曲线要素的计算

图 10-3 为圆曲线连接两个方向，图中 O 为圆心，JD_3 为两个方向的交点，也称转向点。

圆曲线的主点：

ZY——直圆点，即直线与圆曲线的交点；

QZ——圆曲线的中点；

YZ——圆直点，即圆曲线与直线的交点。

圆曲线元素及其计算：

R——圆曲线半径，设计给定的；

α——转向角，实地测出的；

T——切线长，ZY 点或 YZ 点到 JD_3 的长度，其计算公式为

$$\left.\begin{aligned} T &= R\tan\frac{\alpha}{2} \\ L &= \frac{\pi R}{180^\circ}\alpha \\ E &= R\left(\sec\frac{\alpha}{2}-1\right) \\ q &= 2T-L \end{aligned}\right\} \tag{10-2}$$

式中，T 为切线长；L 为曲线长；E 为外矢距；q 为切曲差。

由公式(10-2)可以看出，曲线元素 T、L、E、q 是曲线元素 R、α 的函数。当测出 α、给定了 R 后，其他元素均可计算求得。实际工作中，可以 α、R 为引数，在已编制好的“曲线表”中直接查得其他元素值，也可以用计算器直接计算。

10.2.2　圆曲线主点的测设

1. 主点测设数据的计算

在中桩测设后，交点(JD)的位置和里程就已确定。由图 10-3 可以看出，只要求出 ZY 和 YZ 的里程，就可以确定 ZY 和 YZ 的位置。另外，在图 10-3 中能求出角 γ 和外矢距 E，QZ

的位置也就能测设。设图 10-3 中，α=10° 25′，R = 800m，交点 JD_3 的里程为 11+295.78，则主点的测设数据计算如下。

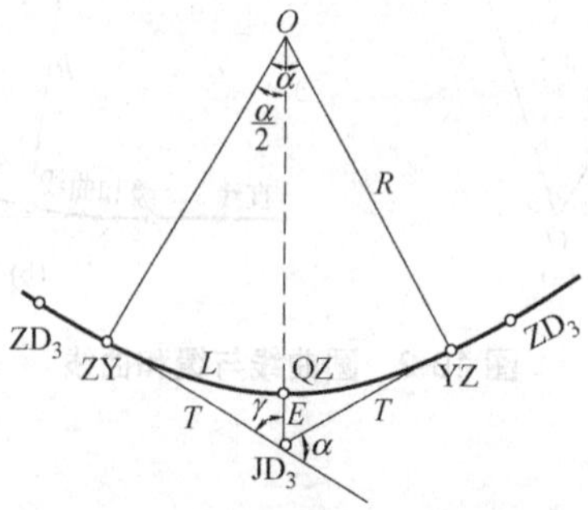

图 10-3 圆曲线几何元素

根据α、R 按公式计算或查“曲线表”可得

$$T=72.92\text{m}$$
$$L = 145.45\text{m}$$
$$E=3.32\text{m}$$
$$q=0.39\text{m}$$

所以主点 ZY 和 YZ 的里程(测设数据)如下。

ZY 的里程= JD_3 的里程−切线长(T)= 11 +295.78−72.92= 11+ 222.86(m)

YZ 的里程= ZY 的里程+L=JD_3 的里程+ $T-q$=11+368.31m

另外，由图 10-3 可以看出

$$\gamma=\frac{180°-\alpha}{2}=84°47.5'$$

2. 主点测设

如图 10-3 所示在 JD_3 上安置经纬仪，后视 JD_2(或 JD_4)方向，从 JD_3 沿经纬仪视线方向丈量长度(72.92m)，即可得到 ZY(或 YZ)。经纬仪不动，以 JD_3 至 ZD_2(或 JD_3 至 ZD_3)为已知方向，测量角γ，此时从 JD_3 沿经纬仪视线方向丈量 E 值，即可测设出 QZ 点的位置。

10.2.3 圆曲线的详细(加密)测设

当圆曲线长度大于 40m 时，为了保证施工精确和施工方便，还需要在主点间的中线上按照一定间距加设一些点，称为加密点。

加密点的测设方法有：偏角法、直角坐标法、弦线支距法、弦线偏角法和弦线偏距法等。

1. 偏角法

偏角法详细测设圆曲线如图 10-4 所示。在实际工作中，为了方便一般把加密点 P_i 的里程定为 10m 或 20m 的整数倍。

1) 测设元素的计算

(1) 加密点间弧长 L_i 的计算。

L_1=P_1 点桩号-ZY 点桩号(不足 L_0 的非整数)，L_0(设计给出，10m 的整数倍)，L_2=YZ 点桩号-P_n 点桩号(不足 L_0 的非整数)。

(2) 偏角 δ 的计算(δ_i： ∠JD-ZY-P_i)。

$\delta_1=(L_1/2R)\rho''$

$\delta_2=\delta_1+\delta_0$

$\delta_3=\delta_1+2\delta_0$

…

$\delta_n=\delta_1+(n-1)\delta_0$

$\delta_{n+1}=\delta_1+(n-1)\delta_0+\delta_2$

式中

$\delta_0=(L_0/2R)\rho''$

$\delta_2=(L_2/2R)\rho''$

$\rho''=206265''$

(3) 弦长的计算。

$c_1=2R\sin\delta_1$

$c_0=2R\sin\delta_0$

$c_2=2R\sin\delta_2$

2) 偏角法测设圆曲线步骤

(1) 安置经纬仪于 ZY 点照准 JD，安置水平盘使读数为 0°0′00″。

(2) 顺时针方向旋转照准部至水平盘读数为 δ_1，从 ZY 点沿经纬仪所指方向测设长度 c_1，得到 P_1 位置，用木桩标出，以此类推到 P_n 点。

(3) 顺时针方向转动照准部至水平度盘读数为 δ_2，从 P_1 点用钢尺测设弦长 C_0 与经纬仪所指方向相交，得到 P_2 点的位置，用木桩标出。以此类推直至测设到 P_n 点。

(4) 测设至 YZ 点后应检核：YZ 的偏角应等于 $\alpha/2$。从 P_n 点量至 YZ 点应等于 C_2，闭合差不应超过：半径方向(横向)±0.1m，切线方向(纵向)±$L'/1000$。

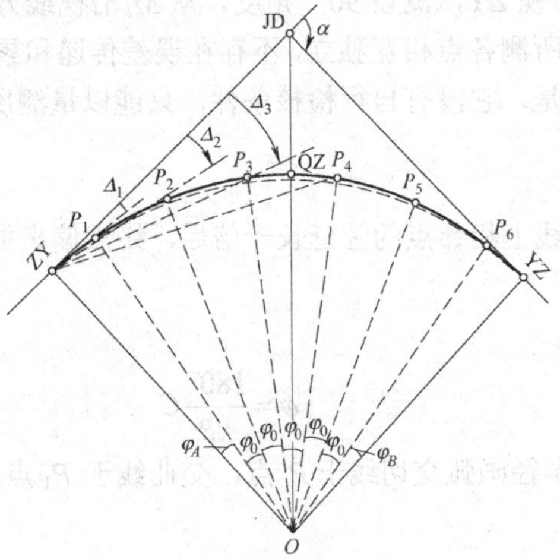

图 10-4　偏角法

2. 直角坐标法

直角坐标法又叫切线支距法，是以 ZY 或 YZ 为原点，过 ZY 或 YZ 的切线方向为 x 轴，半径方向为 y 轴建立坐标系，如图 10-5 所示。由图可见，曲线上任一点 i 的坐标可表示为

$$\left.\begin{aligned} x_i &= R\sin\varphi_i \\ y_i &= R(1-\cos\varphi_i) \end{aligned}\right\} \tag{10-3}$$

式中，R 为曲线半径；φ_i 为 ZY 到 i 点的弧长 L_i 所对的圆心角。若以

$$\varphi_i = \frac{L_i}{R}$$

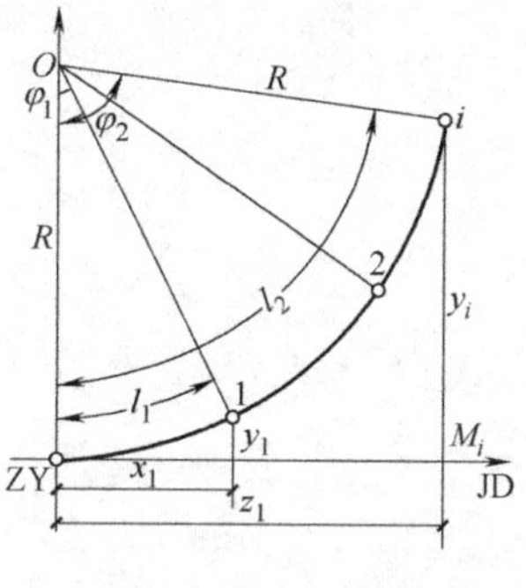

图 10-5 切线主距法

代入式(10-3)，并按级数展开，取前 3 项，则可得

$$\left.\begin{aligned} x_i &= L_i - \frac{L_i^3}{6R^2} + \frac{L_i^5}{120R^4} \\ y_i &= \frac{L_i^2}{2R} - \frac{L_i^4}{24R^3} + \frac{L_i^6}{720R^5} \end{aligned}\right\} \tag{10-4}$$

根据 R、L_i 即可查“曲线表”求得 x_i 和 y_i。

直角坐标法的测设方法，是从 ZY 点沿切线方向，用钢尺或皮尺丈量 x_i 值，得到 M_i 点。在 M_i 点上安置经纬仪，后视 ZY，测设 90° 角度，从 M_i 沿视线方向丈量 y_i，即得 i 点。

直角坐标法的特点是所测各点相互独立，不存在误差传递和累积的问题，精度相对较高，适宜在开阔地区运用。但是，它没有自行检核条件，只能以量测所测点间距离来检核。

3. 弦线偏距法

弦线偏距法，是以曲线上相邻点的弦延长一倍后，终点偏离曲线的距离和弦相交定点的方法。

由图 10-6 可以看出

$$\varphi = \frac{180^\circ}{\pi R}C \tag{10-5}$$

以 ZY 为圆心、c 为半径画弧交切线于 P_1' 点，交曲线于 P_1 点。P_1 和 P_1' 点间的距离用 d_1 表示，则

$$d_1 = 2c\sin\frac{\varphi}{4} \tag{10-6}$$

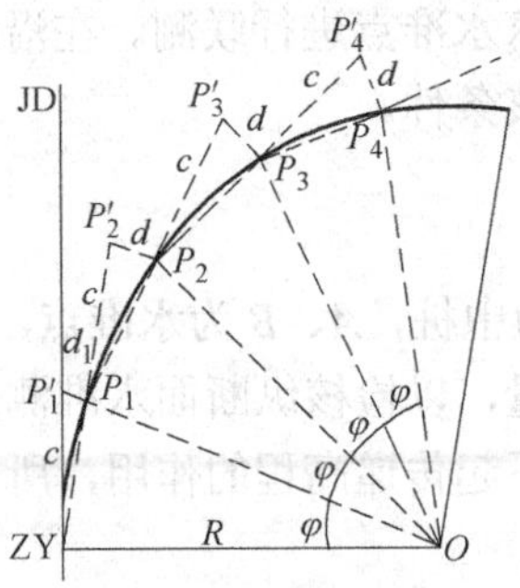

图 10-6 弦线偏距法

现在的问题是只有切线，没有曲线。当然也就没有 P_1 点，因此，需要把曲线上的 P_1 点测设在地面上，其方法如下：

以 ZY 为圆心、c 为半径画弧交切线上 P_1 点，用公式(10-6)计算出 d_1，然后以 d_1 为半径、以 P_1 为圆心画弧与前弧相交，其交点就是欲测设的 P_1 点。连接 ZY 和 P_1 并延长。以 P_1 圆心，还以 c 为半径画弧与延长线交于 P_2' 点。以 P_2 为圆心，以 $d=2c\sin\dfrac{\varphi}{2}$ 为半径画弧与前弧相交，其交点就是欲测设的曲线上的 P_2 点。以此类推，可以把欲测设的加密点全部测设于地面上。

4. 极坐标法

用极坐标法测设圆曲线的细部点是用全站仪进行路线测量的最合适的方法。仪器可以安置在任何控制点上，包括路线上的 ZY 点、JD 点、YZ 点等。

用极坐标法进行测设主要是根据已知控制点和路线的设计转角等数据，先计算出圆曲线主点和细部点的坐标，然后根据控制点和放样点的坐标反算出测设数据：测站至测设点的方位和平距。根据方位和平距用全站仪直接放样。

10.3 纵、横断面图测量

路线纵断面测量又称路线水准测量(Line Leveling)，它通过测定中线上各里程桩(中桩)的地面高程，绘制出路线纵断面图，供路线坡度设计、土方量计算用；路线横断面测量是通过测定中桩与道路中线正交方向的地面高程，绘制横断面图(Cross Section)，供路基设计土方量(Earthwork)计算及施工时确定边界用。

10.3.1 纵断面图的测绘

1. 埋设水准点

沿道路中心一侧或两侧不受施工影响的地方，每隔 2km 埋设永久性水准点，作为全线高程控制点。在永久性水准点间，每隔 300～500m 埋设临时水准点，作为纵、横断面水准测量和施工高程测量的依据。

永久性水准点应与附近的国家水准点进行联测。在沿线进行水准测量中，也应尽量与附近国家水准点进行联测，获得检核条件。

2. 中桩地面高程测量

在图 10-7 中，1、2、3、…为中桩，*A*、*B* 为水准点，Ⅰ和Ⅱ为测站。*A*-4-*B* 为附合水准线路，用四等或等外水准进行测量，以检核纵断面水准测量。而 1、2、3 和 5、6、7 作为Ⅰ站和Ⅱ站的插前视，因为插前视不起传递高程的作用，所以读到厘米即可。纵断面水准测量的记录及计算如表 10-1 所示。

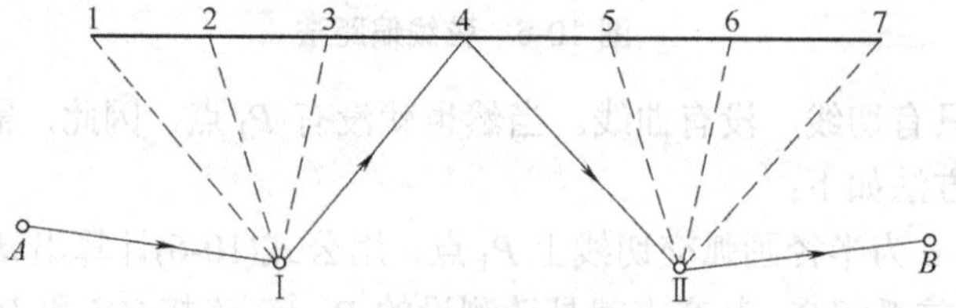

图 10-7　中桩地面高程测量

表 10-1　纵断面水准测量记录

测 站	点 名	水准标尺读数			高 差		仪器视线高程/m	高程/m
		后 视	前 视	插前视	+	−		
Ⅰ	*A*	2.204					159.004	156.800
	1			1.58				157.42
	2			1.69				157.31
	3			1.79				157.21
	4		1.895		0.309			157.109
Ⅱ	4	1.931					159.04	157.109
	5			1.54				157.50
	6			1.32				157.72
	7			1.29				157.75
	B		1.2		0.731			157.840

表 10-1 中 4 号点的高程是用高差法求得的。插前视的高程是用仪高法求得的。如 1 号点的高程等于 *A* 点高程加Ⅰ站上在 *A* 点上标尺读数，减去 1 号点的插前视读数，即

$$H_1 = 156.800+2.204-1.58 = 157.42(\text{m})$$

其他各点以此类推。

3. 纵断面图的绘制

纵断面图的绘制，是在毫米方格纸上进行的。以里程为横轴，高程为纵轴。为了较明显地反映地面高低起伏，一般纵轴比例尺是横轴比例尺的 10 或 20 倍。纵断面图分为上、下两部分，上部为纵断面图形态，下部为测量、设计、计算的有关资料数据。如图 10-8 所示。图

中各项内容的含义及纵断面图绘制方法说明如下。

在线路形状栏内，按里程把直线段和曲线段反映出来，以(上凸)符号表示右转曲线，以(下凸)符号表示左转曲线，并注明曲线元素值。

在里程桩栏内，自左至右，按里程和横轴比例尺将各桩位标出，并注明桩号。在地面高程和路面设计高程栏内，把里程桩处的地面高程和路面设计高程填入。在填挖深度栏内，把各里程桩处的地面高程减去设计高程填入。

在图 10-8 的上部，把各里程桩处的地面高程和设计高程，按纵轴比例尺标出，然后各自依次相连，即得到地面和道路路面的纵断面图。前者用细实线表示，后者用粗实线表示。

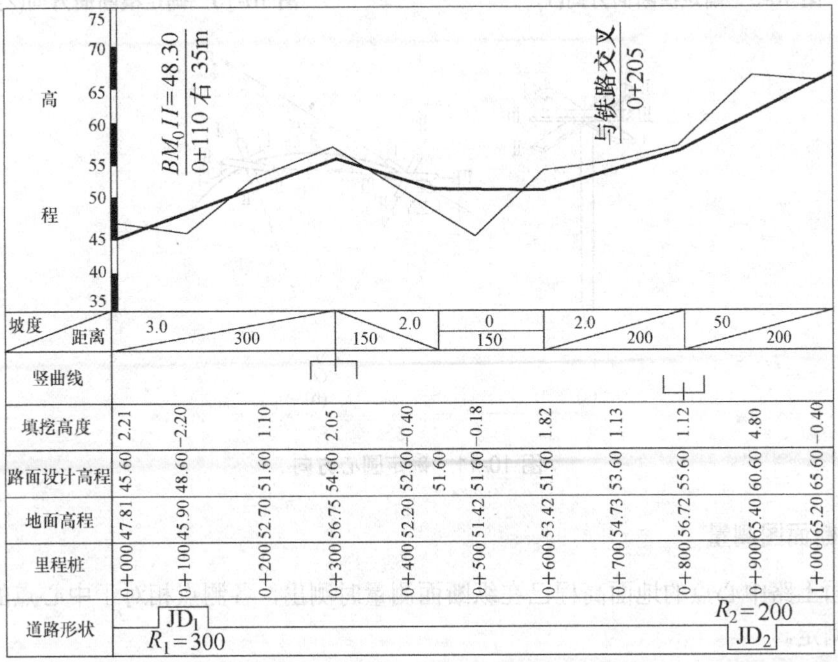

图 10-8　纵断面图

10.3.2　横断面图的测绘

横断面图测绘，就是测定道路中线上各里程桩处垂直于中线方向上两侧各 15～50m 的地面特征点的高程。

横断面水准测量之前，应先确定横断面方向。对于直线段，用目估或用图 10-9 所示的“十”字方向架确定即可。对于圆曲线，当圆心给出时，里程桩和圆心连线就是横断面方向。当圆心没有给出时，如图 10-10 所示，在里程桩 i 处安置经纬仪，后视 ZY，并使度盘读数为 δ_i (i 点的偏角)，则度盘读数为 90 时的视线方向即为横断面方向。另外，也可以在“十”字方向架上加一个活动标志，用标志来求圆心方向，则更简捷、直观，如图 10-11(a)、(b)所示。

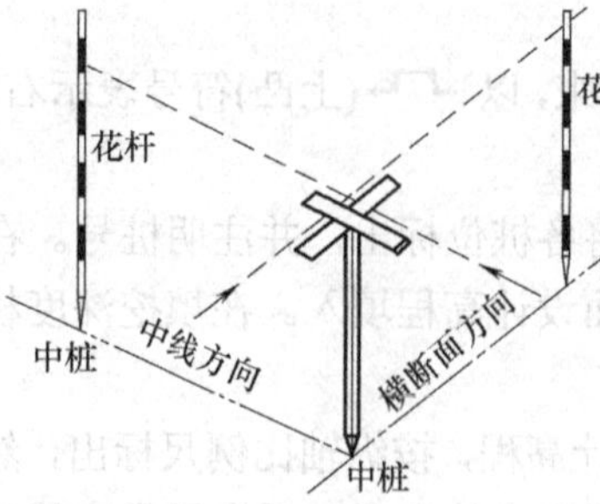

图 10-9 确定横断面方向(1)

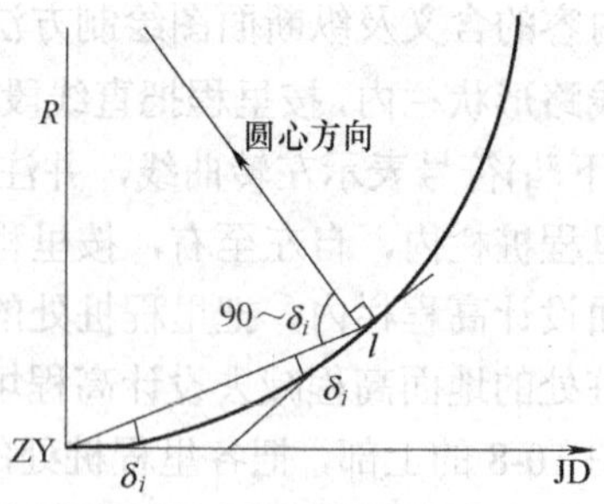

图 10-10 确定横断面方向(2)

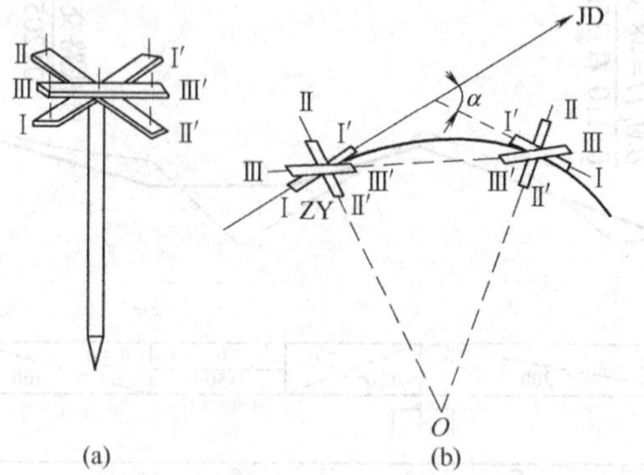

图 10-11 确定圆心方向

1. 横断面图测量

横断面上路中心点的地面高程已在纵断面测量时测出，各测点相对于中心点的高差可用下述方法测定。

1) 水准仪法

水准仪法适用于施测断面较宽的平坦地区。如图 10-12 所示，水准仪安置后，以线路中心点的地面高程为后视，以中线两侧地面测点为前视，并用皮尺分别量出各测点到中心点的水平距离。水准尺读数读到厘米，水平距离量到分米即可。记录格式如表 10-2 所示。

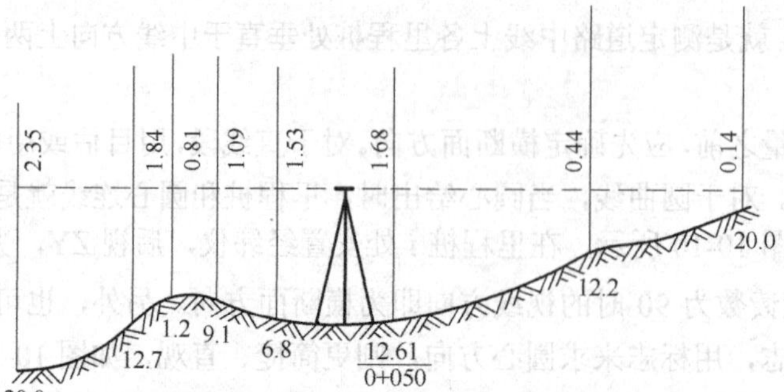

图 10-12 水准仪法

表 10-2 横断面测量记录

前视读数/距离 (左侧)					后视读数/桩号	(右侧) 前视读数/距离	
2.35/20.0	1.84/12.7	0.81/11.2	1.09/9.01	1.53/6.8	1.68/0+050	+0.44/12.2	+0.14/20.0

按线路前进方向，分左、右侧，以分式表示各测段的前视读数和距离。

2) 抬杆法

抬杆法多用于山地。

如图 10-13 所示，一个标杆立于①点桩上，另一根标杆水平横放(或用皮尺拉平)，测得横断面上①点的距离和高差(在标杆上估读)，同上法继续施测②点……

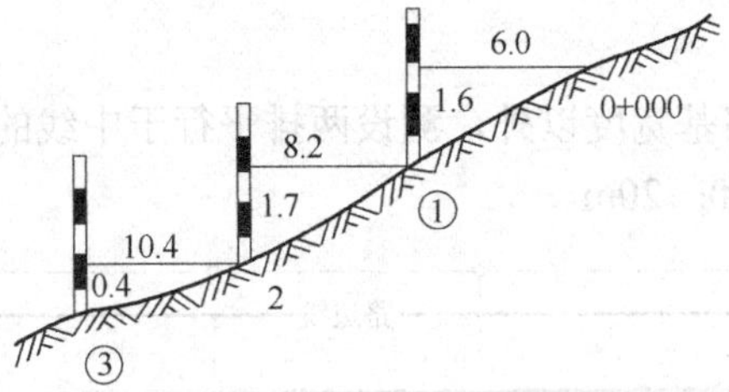

图 10-13 抬杆法

2. 横断面图绘制

根据横断面的施测，取得各测点间的高差和水平距离，即可在方格厘米纸上绘出各中桩的横断面图。绘图时，先标定中桩位置，如图 10-14 所示，由中桩位置开始，逐一将变坡点定在图上，再用直线把相邻点连接起来，即绘出横断面的地面线。

横断面图画法简单，但工作量很大。为提高工效，防止错误，多在现场边测边绘，这样既可当场出图，又能及时核对，发现问题及时修正。

横断面地面线标出后，再依据纵断面图上该中桩的设计高程，将路基断面设计线画在横断面图上，这步工作称为“戴帽子”，如图 10-15 所示。

由于计算面积的需要，横断面图的距离比例尺与高差比例尺是相同的，通常采用 1∶100 或 1∶200。

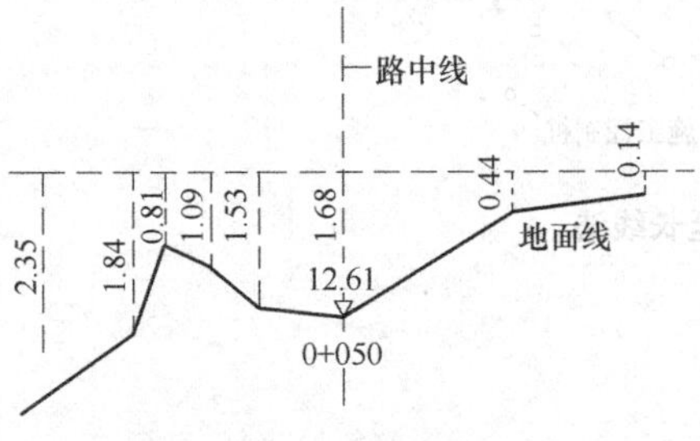

图 10-14 横断面图

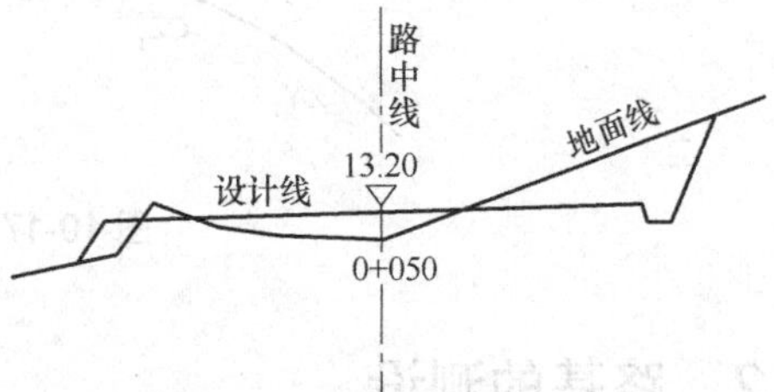

图 10-15 路基设计断面图

10.4 道路施工测量

道路施工测量的主要工作包括：施工控制桩的测设、路基的测设、竖曲线的测设、土方量的计算等。

10.4.1 施工控制桩的测设

由于中桩在路基施工中会被埋住或挖掉，所以需要在不易受施工破坏、易于保存桩位又便于引测的地方设桩(称施工控制桩)作为道路中线和中线高程控制依据。其测设方法如下。

1. 平行线法

平行线法是在设计的路基宽度以外，测设两排平行于中线的施工控制桩，如图 10-16 所示。控制桩的间距一般取 10～20m。

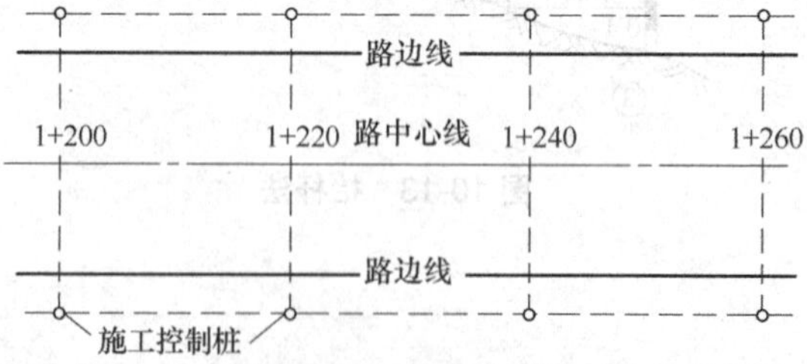

图 10-16 平行线法

2. 延长线法

延长线法是在路线转折处的中线延长线上以及曲线中点至交点的延长线上测设施工控制桩，如图 10-17 所示。控制桩至交点的距离应量测并作记录。

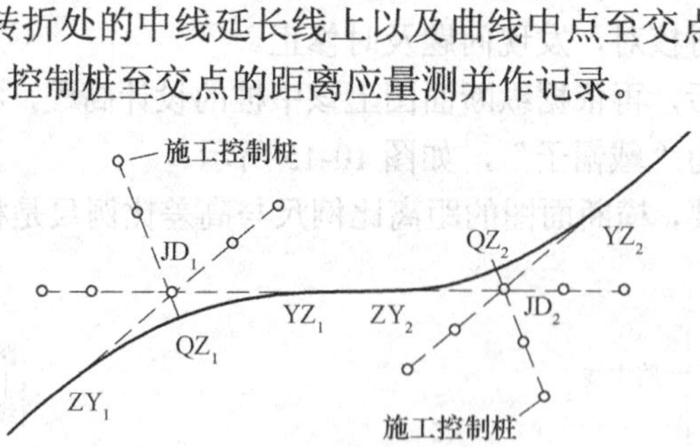

图 10-17 延长线法

10.4.2 路基的测设

路基(Subgrade)测设，就是根据横断面设计图及中桩填挖深度，测设路基的坡脚、坡顶以及路面中心位置等，作为施工时填挖边界线的依据。路基有两种：一种是高出地面的路基称为路堤(Embankment)，另一种是低于地面的路基称为路堑(Cut)。

1. 平地上路基的测设

图 10-18 为路堤横断面设计图。上口 b 和路堤坡度 1∶m 均为设计值，h 为中桩处填土高度(从纵断面图上获得)，则路堤下口的宽度为

$$B=b+2mh$$

或

$$\frac{B}{2}=\frac{b}{2}+mh \tag{10-7}$$

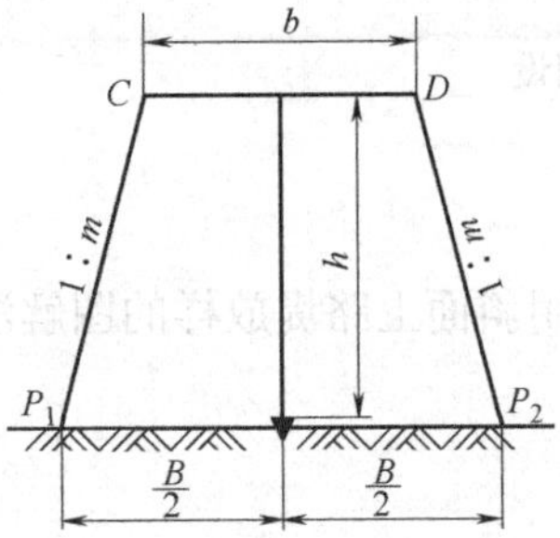

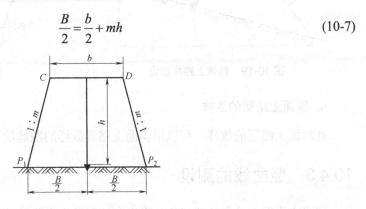

图 10-18　平地上路堤测设

所以，在中桩横断面方向上，由中桩向两侧各量出 $B/2$，得到 P_1 和 P_2，则 P_1 和 P_2 就是路堤的坡脚点。再在横断面上向两侧各量出 $b/2$，并用高程测设方法测设出 $b/2$ 处的高程，即得到坡顶 C 和 D，将 P_1、C、D、P_2 相连，即得填土边界线。

2. 在斜面上路堤的测设

在这种情况下可以采取两种方法。

1) 坡度尺法

坡度尺实际上是斜边为 1∶m 的直角尺。其操作方法是：先根据中桩、h 和 $b/2$ 测设出坡顶 C 和 D 的位置，使坡度尺上 k 点与 C(或 D)重合，以挂在 k 点上的垂球线与尺子的竖直边重合或平行时把坡度尺固定住，此时斜边延长与地面的交点即为坡脚点，如图 10-19 所示。

2) 图解法

先将路堤设计横断面画在透明纸上，然后将透明纸按中桩填土高度蒙在实测的横断面图上，则设计横断面图的坡脚线与实测横断面图上的交点就是坡脚点，从坡脚点至中桩的水平距离就是图 10-19 中的 B_1 和 B_2。

3. 在平地上测设路堑

根据路堑设计横断面图上的下口 b 和排水沟宽 b_0 以及坡度 1∶m，即可算出上口宽度

$$B=b+2b_0+2mh$$

或

$$\frac{B}{2}=\frac{b}{2}+b_0+mh \tag{10-8}$$

从中桩起，在横断面上向两侧分别量出 $B/2$ 即得坡顶 C 和 D，将相邻坡顶点相连即得开

挖边界线，如图 10-20 所示。

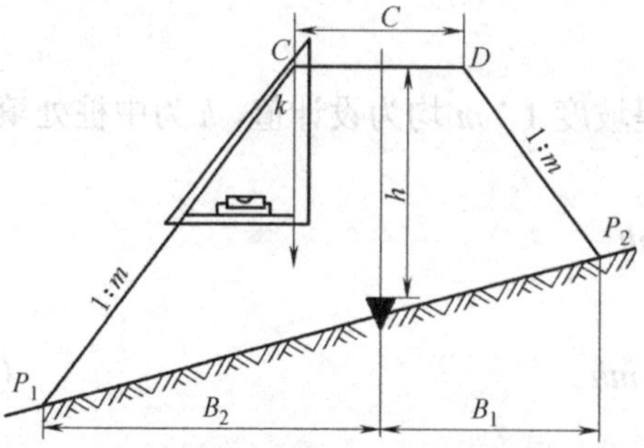

图 10-19 斜坡上路堤测设

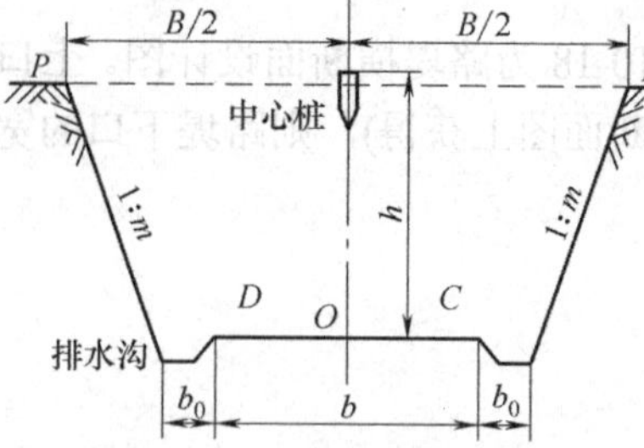

图 10-20 路堑测设

4. 斜面上路堑的放样

在斜面上路堑的放样，可以用斜面上路堤放样的图解法。

10.4.3 竖曲线的测设

道路在纵向上是高低起伏的，当纵向坡度发生变化，且两坡度的代数差超过一定范围时(先上坡后下坡时，代数差大于 10‰；先下后上坡时，代数差大于 20‰)，为了车辆运行平稳和安全，在变坡处要设立竖曲线(Vertical Curve)。先上坡后下坡时，设凸曲线(Convex Curve)；反之，设凹曲线(Concave Curve)。我国铁路一律采用圆曲线作为竖曲线。

竖曲线的测设是根据设计给出的曲线半径和变坡点前后的坡度 i_1 和 i_2 进行的。由于坡度的代数差较小，所以曲线的转折角 α 可视为两坡度的绝对值之和。即

$$\alpha = |i_1| + |i_2| \tag{10-9}$$

并且认为

$$\tan\frac{\alpha}{2} = \frac{\alpha}{2}$$

所以就有

$$T = R\tan\frac{\alpha}{2} = R\frac{\alpha}{2} = \frac{R}{2}(|i_1| + |i_2|) \tag{10-10}$$

$$L = R\alpha = R(|i_1| + |i_2|) \tag{10-11}$$

又考虑到 α 较小，图 10-21 中 y_i 可近似地认为与半径方向一致，所以有

$$(R + y_i)^2 = x_i^2 + R^2$$

由于 y_i 相对于 x_i 是很小的，如果把 y_i 忽略不计，则上式可变为

$$2Ry_i = x_i^2$$

$$y_i = \frac{x_i^2}{2R}$$

当给定一个 x_i 值，就可以求得相应的 y_i 值，当 $x_i=T$ 时，则

$$y_i = E = \frac{T^2}{2R} \tag{10-12}$$

由上述过程看出，当给定 R、i_1、i_2 后，α、T、L 和 E 均可求得。

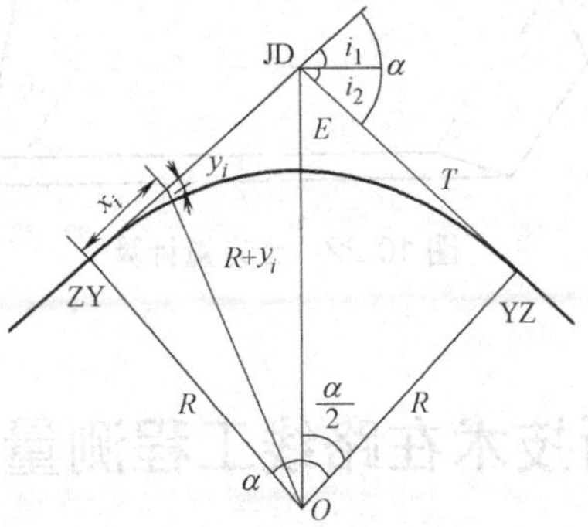

图 10-21 竖曲线的测设

另外，既然把 y 看成与半径方向一致，所以 y 又可以看成是切线上与曲线上点的高程差。切线上不同 x 值的点的高程可以根据变坡点高程和坡度求得，那么相应的曲线上点的高程就可以看成切线上点的高程加或减 y 值。

竖曲线的测设方法如下。

(1) 主点测设同平面圆曲线主点测设方法相同，故在此不再赘述。

(2) 加密点的测设。采用直角坐标法：①从 ZY 点沿切线方向量出 x_i 值，并用 $y_i=\dfrac{x_i^2}{2R}$ 求得 y_i(各点的标高改正数或各点的高程改正数)。②根据变坡点的高程、切线坡度，求出 x_i 处的高程 H_i 以及与 x_i 相对应的曲线上点的高程 H_i'，当各点标高改正数 y_i 求出后，即可与坡道各点的坡道高程 H_i' 取代数和，而得到竖曲线上各点的设计高程 H_i。

对于凸曲线，有

$$H_i'=H_i+y_i \tag{10-13}$$

式中，y_i 在凹形竖曲线中为正号，在凸形竖曲线中为负号。

高程为 H_i' 的点，就是曲线上欲加密的点。所以竖曲线上加密点是用距离和高程一起来测设的。

10.4.4 土方量的计算

土方量的计算包括填、挖土方量的总和。计算方法是：以相邻两个横断面的间距为计算单位，即分别求出相邻两个横断面上路基的面积和两横断面之间的距离来求土方量。

在图 10-22 中，A_1 和 A_2 为相邻横断面上路基的面积，L 为 A_1 和 A_2 之间的距离，则两横断面间的土方量可近似地计算为

$$V=\frac{1}{2}(A_1+A_2)L \tag{10-14}$$

式中，A_1 和 A_2 可在路基横断面设计图上用求积仪或解析法等方法求得，L 可从里程桩间距求得。

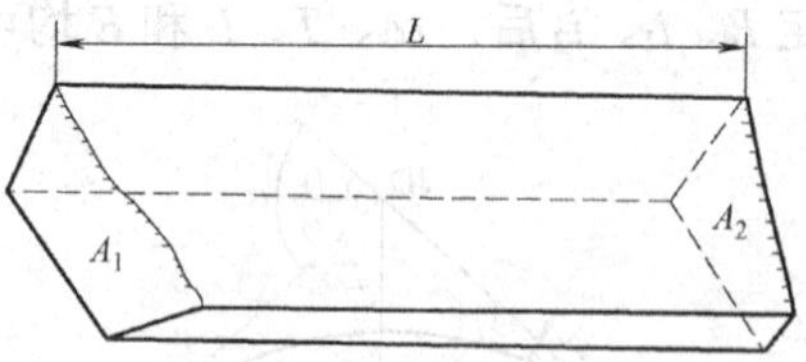

图 10-22 土方量计算

10.5 新技术在路线工程测量中的应用

前 4 节所述的是普通常用的测量仪器和测量方法，而新仪器、新方法不断涌现并应用于各种工程测量中，现就 GPS 及全站仪等新仪器在路线工程测量中从控制到局部所涉及的测量工作及测量方法予以简介，同时在本节也将新、旧方法的技术要求一一列出，以备对照及应用。

10.5.1 路线控制测量的基本要求

路线工程的最大特点是呈带状延伸形，其纵向长度从数十千米到数千千米不等。此类工程的勘测、设计、施工一般要分段进行，而作为路线工程的整体最后必须按要求连通起来；路线及其桥梁、隧道等大型工程还要和沿线城市的相关设施正确衔接；另外，建立的路线控制网又将是沿线其他工程的测量控制基础。因此，路线控制测量是十分重要的，是保证路线工程质量的基础技术工作。

路线控制测量包括平面控制测量和高程控制测量。

1. 路线平面控制测量

路线平面控制测量，包括路线、桥梁、隧道及其他大型建筑物的平面控制测量。路线平面控制网是铁(公)路平面控制测量的主干控制网，沿线各种工程的平面控制均应连接于该主干网上。主干控制网应控制全线并应统一平差。布设路线平面控制网的方法，可采用全球定位系统(GPS)测量、三角测量、三边测量和导线测量等方法。路线平面控制测量的等级当采用三角测量、三边测量时依次为二、三、四等和一、二级小三角。

三角测量的主要技术要求应符合表 10-3 所示规定。

表 10-3 三角测量技术要求

等 级	测量中误差 /(″)	平均边长 /km	起始边边长相对中误差	最弱边边长相对中误差	三角形闭合差 /(″)	测回数		
						DJ1	DJ2	DJ3
二等	±1.0	3.0	1/250 000	1/120 000	±3.5	12	—	—
三等	±1.8	2.0	1/150 000	1/70 000	±7.0	6	9	—
四等	±2.5	1.0	1/100 000	1/40 000	±9.0	4	6	—
一级小三角	±5.0	0.5	1/40 000	1/20 000	±15.0	—	3	4
二级小三角	±10.0	.03	1/20 000	1/10 000	±30.0	—	1	3

三边测量的主要技术要求应符合表 10-4 所示规定。

表 10-4　三边测量技术要求

等　级	平均边长/km	测距相对中误差
二等	3.0	1/250000
三等	2.0	1/150000
四等	1.0	1/100000
一级小三角	0.5	1/400000
二级小三角	0.3	1/20000

当采用导线测量方法且导线等级依次为三、四等和一、二、三级时，其主要技术要求符合表 10-5 所示规定。

表 10-5　导线测量方法主要技术指标

等 级	测量中误差/(″)	平均边长/km	每边测距中误差/mm	方位角闭合差/(″)	导线全长相对闭合差	附合导线长度/km	测回数		
							DJ1	DJ2	DJ3
三等	1.8	2.0	13	$\pm 3.6\sqrt{n}$	1/55000	30	6	10	—
四等	2.5	1.0	13	$\pm 5\sqrt{n}$	1/35000	20	4	6	—
一级	5.0	0.5	17	$\pm 10\sqrt{n}$	1/15000	10	—	2	4
二级	8.0	0.3	30	$\pm 16\sqrt{n}$	1/10000	6	—	1	3
三级	20.0	—	—	$\pm 30\sqrt{n}$	1/2000	—	—	1	2

注：表中 n 为测站数。

当采用 GPS 控制网时，分为一级、二级、三级、四级共 4 个等级，其主要指标技术应符合表 10-6 所示规定。

表 10-6　GPS 控制网主要技术指标

级别	每对相邻平均距离 d/km	固定误差 a		比例误差 b		最弱相邻点点位中误差/mm	
		路线	特殊构造物	路线	特殊构造物	路线	特殊构造物
一级	4.0	≤10	5	≤2	1	50	10
二级	2.0	≤10	5	≤5	2	50	10
三级	1.0	≤10	5	≤10	2	50	10
四级	0.5	≤10	−50	≤20	2	50	—

注：1. 各级 GPS 控制网每对相邻点间的最小距离应不小于平均距离的 1/2，最大距离不宜大于平均距离的两倍。

2. 特殊构造物指对施工测量精度有特殊要求的桥梁、隧道等构造物。

平面控制点位置应沿路线布设，距路中心的位置宜大于 50m 且小于 300m，同时应便于测角、测距及地形测量和定测放线。路线平面控制点的设计，应考虑沿线桥梁、隧道等构筑物布设控制网的要求。大型构筑物的两侧应分别布设一对平面控制点。

水平角方向观测法各项限差应符合表 10-7 所示规定。

表 10-7　水平角方向观测法的各项限差

等　级	经纬仪型号	光学测微器两次重合读数差/(″)	半测回归零差/(″)	一测回中两倍照准差(2C)较差/(″)	同一方向各测回间较差/(″)
四等及以上	DJ1	1	6	9	6
	DJ2	3	8	13	9
一等及以下	DJ2	—	12	18	12
	DJ6		18	—	24

三角网的基线边、测边网及导线网的边长，应采用光电测距仪施测。一、二级小三角的基线边或二、三级导线的边长测量，受设备限制时可采用普通钢尺测量。

光电测距仪按精度分级如表 10-8 所示。

表 10-8　光电测距仪按精度分级

测距仪等级	每千米测距中误差 m_D/mm
Ⅰ级	$0<m_D\leqslant 5$
Ⅱ级	$5<m_D\leqslant 10$
Ⅲ级	$10<m_D\leqslant 20$

光电测距的技术要求符合表 10-9 所示规定。

表 10-9　光电测距技术要求

控制器等级	测距仪精度等级	观测次数 往	观测次数 返	总测回数	测回读数较差/mm	单程各测回数较差/mm	往返较差
二、三等	Ⅰ	1	1	6	≤5	≤7	$\pm\sqrt{2}\,(a+bD)$
	Ⅱ			8	≤10	≤15	
四等	Ⅰ	1	1	4～6	≤5	≤7	
	Ⅱ			4～8	≤10	≤15	
一级	Ⅱ	1		2	≤10	≤15	—
	Ⅲ			4	≤20	≤30	
二级	Ⅱ	1		1～2	≤10	≤15	
	Ⅲ			2	≤20	≤30	

采用普通钢尺丈量基线长度时主要技术要求应符合表 10-10 所示规定。

表 10-10　普通钢尺丈量基线的技术要求

等级	定向偏差/cm	最大高差/cm	每尺段往返高差之差/mm 30m	每尺段往返高差之差/mm 50m	最小读数/mm	三组读数之差/mm	同段尺长差/mm 30m	同段尺长差/mm 50m	全长各尺之差/mm	外业手簿计算单位/mm 尺长	外业手簿计算单位/mm 改正	外业手簿计算单位/mm 高差
一级 二级	5	4	4	5	0.5	1	2	3.0	$30\sqrt{K}$	0.1	0.1	1

注：表中 K 为基线全长的千米数。

一、二级导线采用普通钢尺丈量边长时，其技术要求应符合表 10-11 所示规定。

表 10-11 普通钢尺丈量基线的技术要求

等级	定线偏差/cm	每尺段往返高差之差/mm	最小读数/mm	三级读数之差/mm	同级尺长差/mm	外业手簿计算取值		
						尺长	各项改正	高差
一级	5	1	1	2	3	1	1	1
二级	5	1	1	3	4	1	1	1

注：每尺段指两根同向丈量或单尺往返丈量。

内业计算中数字取值精度应符合表 10-12 所示规定。

表 10-12 内业计算数字取位

等　级	观测方向值及各项改正数/(″)	边长观测值及各项改正数/m	边长与坐标/m	方位角/(″)
四等及以上	0.1	0.001	0.001	0.1
一等及以下	1	0.001	0.001	1

上述分别介绍了三角测量、三边测量、导线测量、GPS 技术的等级及其主要技术要求。综合起来，路线工程平面控制测量的等级及其适用条件(各种重要建(构)筑物对测量度级别的要求)如表 10-13 所示。

表 10-13 路线平面控制测量等级

等　级	公路路线控制测量	桥梁桥位控制测量	隧道洞外控制测量
二等三角	—	>5000m 特大桥	>6000m 特长隧道
三等三角、导线	—	2000～5000m 特大桥	4000～6000m 特长隧道
四等三角、导线	—	1000～2000m 特大桥	2000～4000m 特长隧道
一级小三角、导线	高速公路、一级公路	500～1000m 特大桥	1000～2000m 中长隧道
二级小三角、导线	二级及以下公路	<500m 大中桥	<1000m 隧道
三级导线	三级及以下公路	—	—

2. 路线高程控制测量

公路高程系统宜采用 1985 年国家高程基准。同一条公路应采用同一个高程系统，不能采用同一个高程系统时，应给定高程系统的转换关系。独立工程或三级以下公路联测有困难时，可采用假定高程。公路高程控制测量采用水准测量。在采用水准测量确有困难的山岭地带及沼泽、水网地区，四、五等水准测量可用光电测距三角高程测量。

公路水准测量等级及其适用条件如表 10-14 所示。

表 10-14 公路水准测量等级

等级	适用条件	水准路线最大长度/km
三等	4000m 以上特长隧道、2000m 以上特大桥	50
四等	高速公路、一级公路、1000～2000m 特大桥、2000～4000m 长隧道	16
五等	二级及其以下公路、1000m 以下桥梁、2000m 以下隧道	10

水准测量的精度应符合表 10-15 所示规定。

表 10-15 水准测量的精度

等级	每公里高差中数中误差/mm		往返较差、附合或环线闭合差/mm		检测已测测段高差之差/mm
	偶然中误差 M_Δ	全中误差 M_W	平原微丘区	山岭重丘区	
三等	±3	±6	$\pm 12\sqrt{L}$	$\pm 3.5\sqrt{n}$ 或 $\pm 15\sqrt{L}$	$\pm 20\sqrt{L_1}$
四等	±5	±10	$\pm 20\sqrt{L}$	$\pm 60\sqrt{L}$ 或 $\pm 25\sqrt{L}$	$\pm 30\sqrt{L_1}$
五等	±8	±16	$\pm 30\sqrt{L}$	$\pm 45\sqrt{L}$	$\pm 40\sqrt{L_1}$

注：计算往返较差时，L 为水准点间的路线长度(km)；计算附合或环线闭合差时，L 为附合或环线的路线长度(km)，n 为测站数，L_1 为检测测段长度(km)。

水准点的布设：水准点应沿路线布设，宜设于中心线两侧 50～300m 范围。水准点间距宜为 1～1.5m，山岭重丘区可根据需要适当加密，大桥、隧道口及其他大型构筑物两端应增设水准点。

水准测量的观测方法如表 10-16 所示。

表 10-16 水准测量观测方法

等级	仪器类别	水准尺类型	观测方法		观测方法
三等	DS1	铟瓦	光导观测法	往	后-前-前-后
	DS3	双面	中丝读数法	往返	后-前-前-后
四等	DS3	双面	中丝读数法	往返、往	后-前-前-后
五等	DS3	单面	中丝读数法	往返、往	后-前

水准测量的技术要求应符合表 10-17 所示规定。

表 10-17 水准测量技术要求

等级	仪器类型	视线长度/m	前、后视较差/m	前、后视累计差/m	视线离地面最低高度/m	红、黑面读数差/mm	黑、红面高差较差/mm
三等	DS1	100	3	6	0.3	1.0	1.5
	DS3	75				2.0	3.0
四等	DS3	100	5	10	0.2	3.0	5.0
五等	DS3	100	大致相等	—	—	—	—

光电测距三角高程测量应采用高一级的水准测量，联测一定数量的控制点，作为三角高程测量的起闭依据。视距长度不得大于 1km，垂直角不得超过 15°。高程导线的最大长度不应超过相应等级水准路线的最大长度。

光电测距三角高程测量的技术要求应符合表 10-18 所示规定。

表 10-18 光电测距三角高程测量的技术要求

等级	仪器	测距边测回数	垂直角测回数		指标差较差/(″)	垂直角较差/(″)	对向观测高差较差/mm	闭合或环线闭合差/(″)
			三丝法	中丝法				
四等	DS2	往、返各 1	—	3	≤7	≤7	$40\sqrt{D}$	$20\sqrt{\Sigma}$
五等	DS2	1	1	2	≤10	≤10	$60\sqrt{D}$	$30\sqrt{\Sigma}$

注：D 为光电测距边长度(km)。

内业计算时，垂直角度的取位应精确至 0.1″，高程的取值应精确至 1mm。水准测量计算时数字的取位应符合表 10-19 所示规定。

表 10-19　水准测量计算数字取位

等级	往返距离总和/km	往返距离中数/km	各测站高差/mm	往返测高差总和/mm	往返高差中数/mm	高程/mm
各等	0.1	0.1	0.1	0.1	1	1

10.5.2　GPS 控制网布设

GPS 控制网的布设应根据公路等级、沿线地形地物、作业时卫星状况、精度要求等因素进行综合设计，并编制技术设计书。

路线过长时，可视需要将其分为多个投影带。在各分带交界附近应布设一对相互通视的 GPS 点。同一路线工程中的特殊构筑物的测量控制网应同路线控制网一次完成设计、施测和平差。当特殊构筑物测量控制网的等级要求高时，宜以其作为首级控制网，并据以扩展其他测量控制网。

当 GPS 控制网作为路线工程首级控制网，且需采用其他测量方法进行加密时，应每隔 5km 设置一对相互通视的 GPS 点。

当 GPS 首级控制网直接作为施工控制网时，每个 GPS 点至少应与一个相邻点通视。

设计 GPS 控制网时，应由一个或若干个独立观测环构成，并包含较多的闭合条件。

GPS 控制网由非同步 GPS 观测边构成多边形闭合环或附合路线时，其边数应符合下列规定：一级 GPS 控制网应不超过 5 条，二级 GPS 控制网应不超过 6 条，三级 GPS 控制网应不超过 7 条，四级 GPS 控制网应不超过 8 条。

一、二级 GPS 控制网应采用网连式、边连式布网，三、四级 GPS 控制网宜采用铰链导线式或点连式布网。GPS 控制网中不应出现自由基线。

GPS 控制网应同附近等级高的国家平面控制网点联测，联测点数应不少于 3 个，并力求分布均匀，且能控制本控制网。路线附近具有高等级的 GPS 点时，应予以联测。同一路线工程的 GPS 控制网分为多个投影带时，在分带交界附近应同国家平面控制点联测。GPS 点尽可能和高程点联测，可采用使 GPS 点与水准点重合或 GPS 点与水准点联测的方法。此时的 GPS 点同时兼作路线工程的高程控制点。

平原、微丘地形联测点的数量不宜少于 6 个，必须大于 3 个；联测点的间距不宜大于 20km，且应均匀分布。重丘、山岭地形联测点的数量不宜少于 10 个。各级 GPS 控制网的高程联测应不低于四等水准测量的精度。

10.5.3　GPS 控制网的观测工作

GPS 外业观测是利用接收机接收来自 GPS 卫星发出的无线电信号，它是外业的核心工作。

GPS 控制网观测的基本技术指标应符合表 10-20 所示规定。

表 10-20　GPS 网观测的基本技术指标

项目 \ 级别		一级	二级	三级	四级
卫星高度/(°)		≥15	≥15	≥15	≥15
数据采集间隔/s		≥15	≥15	≥15	≥15
观测时间/min	静态定位	≥90	≥60	≥45	≥40
	快速静态	—	≥20	≥15	≥10
点位几何图形强度因子(GDOP)		≤6	≤6	≤8	≤8
重复测量的最小基线数/%		≥5	≥5	≥5	≥5
施测时段数		≥2	≥2	≥15	≥1
有效观测卫星总数/个		6	6	4	4

外业观测前要做好精密计划。首先编制 GPS 卫星可见性预报表。预报表包括可见卫星号、卫星高度角、方位角、最佳观测星组、最佳观测时间、点位图形强度因子、概略位置坐标、预报历元、星历龄期等。

1. 安置天线

为了避免严重的重影及多路径现象干扰信号接收，确保观测成果质量，必须妥善安置天线。

天线要尽量利用脚架安置，直接在点上对中。当控制点上建有寻常标时，应在安置天线之前先放倒觇标或采取其他措施。只有在特殊情况下，方可进行偏心观测，此时归心元素应以解析法测定。

天线定向标志线应指向正北。其中一、二级在顾及当地磁偏角修正后，定向误差不应大于 5°。天线底盘上的圆水准气泡必须居中。

天线安置后，应在每时段观测前后各量取天线高一次。对备有专门测高标尺的接收设备，将标尺插入天线的专用孔中，下端垂准中心标志，直接读出天线高。对其他接收设备，可采用测量方法，从脚架互呈 120° 的三个空挡测量天线底盘下表面至中心标志面的距离，互差小于 3mm 时，取平均值为 L，若天线底盘半径为 R，厂方提供平均相位中心至底盘下表面的高度 h_c，按下式计算天线高：

$$h=\sqrt{L^2-R^2}+h_c$$

2. 观测作业

观测作业的主要任务是捕获 GPS 卫星信号，并对其进行跟踪、处理、量测，以获得所需要的定位信息和观测数据。

在天线附近安放接收机，接通接收机至电源、天线、控制器的连接电缆，并经过预热和静置，即可启动接收机进行观测。

接收机开始记录数据后，观测员可用专用功能键和选择菜单，查看测站信息、接收卫星数量、通道信噪比、相位测量残差、实时定位的结果及其变化、存储介质记录情况等。

观测员操作要细心，在静置和观测期间严防接收设备振动。防止人员和其他物体碰动天线和阻挡信号。

对于接收机操作的具体方法，用户可按随机的操作手册进行。

3. 外业成果记录

在外业观测过程中，所有信息资料和观测都要妥善记录。记录的形式主要有以下两种：

1) 观测记录

观测记录由接收设备自动完成，均记录在存储介质(磁带、磁卡等)上，记录项目包括：载波相位观测值及其相应的 GPS 时间，GPS 卫星星历参数，测站和接收机初始信号(测站名、测站号、时段号、近似三维坐标、天线及接收机编号、天线高)。

存储介质的外面应贴制标签，注明文件名、网区名、点名、时段号、采集日期、观测手簿编号等。

接收机内存数据文件转录到外存介质上时，不得进行任何剔除或删改，不得调用任何对数据实施重新加工组合的操作指令。

2) 观测手簿

观测手簿是在接收机启动前与作业过程中，由观测员及时填写的。路线工程 GPS 控制网的观测手簿如表 10-21 所示。

表 10-21　GPS 观测手簿工程名称

点名				等级			
观测者				记录者			
接收机名称				接收机编号			
定位模式							
开机时间	h　　min			关机时间		h　　min	
站时段号				日时段号			
天线高/mm	测前			测后		平均	
日期		存储介质编号及数据文件名					
时间	跟踪卫星号(PRN)		干温/℃	湿温/℃	气压/mb	测站大地高/m	GDOP
经度/(° ′ ″)					纬度(° ′ ″)		
备注							

观测记录和观测手簿都是 GPS 精密定位的依据，必须妥善保管。

10.6　路线带状地形图测绘

为了了解路线中线两侧的地形状况，准确计算土方量，合理地解决占用耕地、拆迁房屋、砍伐树木等问题，还需要测绘带状(Strip-shape)地形图。所谓带状地形图是指在路线工程建设中，按一定走向(沿中线方向)和带状宽度测绘的地形图。带状宽度 100m 至 300m 不等。

路线工程中线点及其横断面线点(如果各断面线平均间距取 20m，断面线长 100～200m，即中线一侧为 50～100m)，可作为地形图的碎部点。问题是对所有碎部点如何编码，以及对特殊地物如何处理，本节主要介绍这类问题。

10.6.1 地形点的描述

按测量学定义，测量的基本工作是测定点位。即通过测量水平角、竖直角、距离、高差来确定点位，或直接测定点的直角坐标来确定点位。传统的测图工作均是用仪器测得点的三维坐标，然后由绘图员按坐标(或角度与距离)将点展绘到图纸上，司尺员根据实际地形向绘图员报告，测的是什么点(如房角点)，这个(房角)点应该与哪个(房角)点连接等。绘图员则当场依据展绘的点位按图式符号将地物(房子)描绘出。就这样一点一点地测和绘，一幅地形图就生成了。数字测图是经过计算机软件自动处理(自动识别、自动检索、自动连接、自动调用图式符号等)，自动绘出所测的地形图。因此，对地形点必须同时绘出点位信息和绘图信息。

综上所述，数字测图中地形点的描述必须具备 3 类信息。

(1) 测点的三维坐标。

(2) 测点的属性，即地形点的特征信息，绘图时必须知道该点是什么点：地貌点还是地物点(房角、消火栓、电线杆等)，有什么特征等。

(3) 测点间的连接关系，据此可将相关的点连成一个地物。

前一项是点位信息，后两项是绘图信息。

测点的点位是全站仪在外业测量中测得的，最终以 X、Y、$Z(H)$三维坐标表示。测点时要标明点号，点号在测图系统中应该是唯一的，根据它可以提取点位坐标。

测点的属性是用地形编码表示的，有编码就知道它是什么点，图式符号是什么。反之，外业测量时知道测的是什么点，就可以给出该点的编码并记录下来。

测点的连接信息，是用连接点和连接线形表示的。

野外测量时，知道测的是什么点，是房屋还是道路等，当场记下该测点的编码和连接信息；显示成图时，利用测图系统中的图式符号库，只要知道编码，就可以从库中调出与该编码对应的图式符号成图。也就是说，如果测得点位，又知道该点与哪个点相连，还知道它们对应的图式符号，就可以将所测的地形图绘出来。这一少而精、简而明的测绘系统工作原理，是由面向目标的系统编码、图式符号、连接信息一一对应的设计原则所实现的。

10.6.2 地形编码(Landform Coding)

大比例尺数字测图方法在参考文献[13]中及其他一些书籍中都有比较全面的介绍，该法测图在我国已普遍应用，并取得较好效果。

本节介绍的带状地形图测绘，是在进行路线工程测量(测设中线点和横断点)的同时完成带状地形图测绘工作。它可以利用测设的中线点和横断点作为带状地形图的碎部点，因此，在地形编码方面有自己的特殊性。

1. 地貌点的编码

因为测设的中线点和横断点是三维坐标 X、Y、$Z(H)$，完全可兼作带状地形的碎部点(地貌点)。一般每隔 20m 测一条横断面，在横断面线上凡特征点均要立点，所以从碎部点的密度来说，是完全能满足规范要求的。

2. 地形简单地区地物点的编码

一般考虑拆迁、经济等因素，路线通过地区地物不会太复杂，也不会太多，因此可采用野外草图加编码的办法，即绘出野外草图并在图上注明编码，编码可采用 3 位数(以和中线点及横断点 4 位数编码相区别)。此时应特别注意草图上的编码和全站仪 PC 卡记录的编码要一致。

3. 地形复杂地区地物点的编码

当路线通过地区地形特别复杂，此时地物点的编码方法参见文献[13]。

10.7 桥梁工程测量

10.7.1 桥梁施工控制网

1. 概述

桥梁施工中，测量的主要任务是准确测设出桥墩、桥台的位置和跨越结构的各部分尺寸。对于小型桥梁可以利用勘测阶段的控制网来进行施工放样，但对于大、中型桥梁，由于跨越的河宽、水深，桥墩、桥台间无法进行距离的直接丈量，因此，桥墩、桥台的施工放样一般采用前方交会法确定。为满足其精度要求，一般应在桥区建立专门的三角网作为平面控制。

在建立专门三角网时，应考虑下列问题：

(1) 图形既要简单，又要有一定的图形强度。其目的在于用前方交会确定桥墩、桥台位置时，要符合桥墩间距离的要求，同时满足插点的要求。

(2) 在两岸桥轴线上离桥台不太远的地方选点作为三角点。其目的是使轴线作为三角网的一条边，这样桥轴线就与三角网联系起来，方便桥台的放样，又保证桥台间距离的精度以及减少交会时的横向误差。

(3) 三角网的边长一般为河宽的 0.5～1.5 倍。直接丈量三角网的边作为基线，基线最好在两岸各设一条。其线长一般为桥台间距离的 0.7 倍，并在基线上多设立一些点，供交会时选用。

2. 平面控制测量

1) 控制网的布设形式

桥梁平面控制网的图形一般为包含桥轴线的双三角形和具有对角线的四边形或双四边形，如图 10-23 所示(图中点划线为桥轴线)。如果桥梁有引桥，则平面控制网还应向两岸内边延伸。

观测平面控制网中所有的角度，边长测量则可视实地情况而定，但至少需要测定两条边长。最后，计算各平面控制点(包括两个桥轴线点)的坐标。大型桥梁的平面控制网也可以用全球定位系统(GPS)测量方法布设。

2) 控制网的精度要求

对桥梁三角网的精度要求取决于两方面：

(1) 桥梁跨越结构架设误差。这个误差与桥长、桥跨和桥式有关。如果把设计提出的全桥架设的极限误差视为全桥架设中误差的 2 倍，为了使测量误差不致影响工程质量，一般取三角测量误差作为架设误差。这样就可以求得三角测量在桥轴线上的边长相对中误差，以此作为三角网的精度要求之一。

(2) 桥墩放样的容许误差。工程上对桥墩放样的误差要求是桥墩中心在桥轴方向上的位置中误差不大于 1.5～2cm。而桥墩位置是在三角点上进行前方交会确定的，即以三角网的边作为依据进行测角交会的，所以桥墩放样误差与三角网的边长有关。桥墩中心位置误差包括两部分：一部分是由控制点误差引起的，另一部分是由放样本身引起的。就控制点误差对桥墩中心位置的影响而言，一般认为控制点引起的误差小于总误差的 4/10 时可以忽略不计。即假设桥墩中心位置误差为 2cm，则控制点误差小于 8mm 时就可以忽略不计，由此可以求得三角形最弱边的相对中误差，以此作为对三角网精度的另一方面要求。

3. 高程控制测量

1) 跨河水准测量

跨河水准测量用两台水准仪同时作对向观测，两岸测站点和立尺点布置成如图 10-24 所示的对称图形，图中，A、B 点为立尺点，C、D 点为测站点，要求 AD 与 BC 距离基本相等，AC 与 BD 距离基本相等，且 AC 和 BD 不小于 10m。

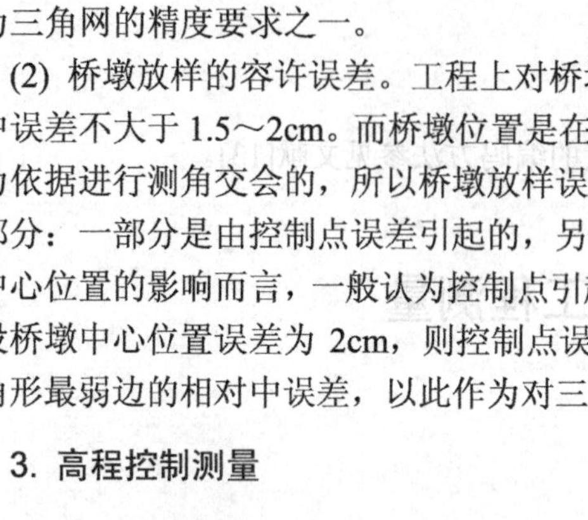

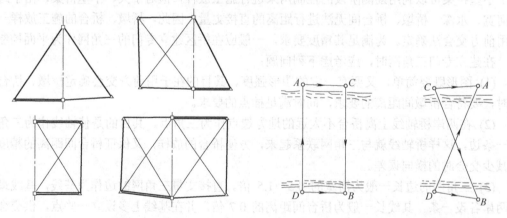

图 10-23　控制网布设图形

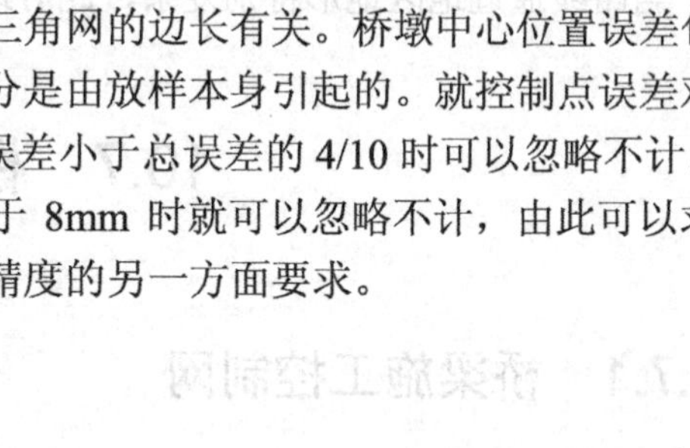

图 10-24　过河水准测量的测站和立尺点布置

用两台水准仪作同时对向观测时，C 站先测本岸 A 点尺上读数，得 a_1，后测对岸 B 点尺上读数 2～4 次，取其平均数得 b_1，其高差为 $h_1=a_1-b_1$。此时，在 D 站上，同样先测本岸 B 点尺上读数，得 b_2；后测对岸 A 点尺上读数 2～4 次，取其平均数得 a_2，其高差 $h_2=a_2-b_2$，取 h_1 和 h_2 的平均数，完成一个测回。一般进行 4 个测回。

由于过河观测的视线长，远尺读数困难，可以在水准尺上安装一个能沿尺面上、下移动的觇板，由观测者指挥立尺者上、下移动觇板，使钢板中横条被水准仪横丝所平分，由立尺者根据觇板中心孔在水准尺上读数。

2) 光电测距三角高程

如果有电子全站仪，则可以用光电测距三角高程测量的方法(见 6.5 节)；在河的两岸布置 A、B 两个临时水准点，在 A 点安置全站仪，量取仪器高 i，在 B 点安置棱镜，量取棱镜高 S；全站仪瞄准棱镜中心，测得垂直角 α 和斜距 D' 用式(6-34)计算 A、B 点间的高差。由于过河的距离较长，高差测定受到地球曲率和大气垂直折光的影响。但是，大气的结构在短时间内不会变化太大，因此可以采用对向观测的方法，有效抵消地球曲率和大气垂直折光的影响。对向观测的方法如下：在 A 点观测完毕，将全站仪与棱镜的位置对调，用同样的方法再进行一次光电测距三角高程测量，取对向观测所得高差的平均值作为 A、B 两点间的高差。

10.7.2　桥梁墩台定位测量

桥梁墩台定位测量(Orientation Survey) 是桥梁施工测量中的关键性工作。水中桥墩的基础施工定位时，采用方向交会法，这是由于水中桥墩基础一般采用浮运法施工，目标处于浮动中的不稳定状态，在其上无法使测量仪器稳定。在已稳固的墩台基础上定位，可以采用方向交会法、距离交会法或极坐标法。同样，桥梁上层结构的施工放样也可以采用这些方法。

1. 方向交会法

如图 10-25 所示，AB 为桥轴线，CD 为桥梁平面控制网中的控制点，P_i 点为第 i 个桥墩设计的中心位置(待测设的点)。在 A、C、D 3 点上各安置 1 台经纬仪。A 点上的经纬仪瞄准 B 点，定出桥轴线方向；C、D 两点上的经纬仪均先瞄准 A 点，并分别测设根据 P_i 点的设计坐标和控制点坐标计算出的角 α 、β ，以正倒镜分中法定出交会方向线。

由于测量误差的影响，从 C、A、D 3 点指示的 3 条方向线一般不可能正好交会于一点，而构成误差三角形($\triangle P_1P_2P_3$)。如果误差三角形在桥轴线上的边长(P_1P_3)在容许范围之内(对于墩底放样为 2.5cm，对于墩顶放样为 1.5cm)，则取 C、D 两点指示方向线的交点 P_2 在桥轴线上的投影 P_i 作为桥墩放样的中心位置。

在桥墩施工中随着桥墩的逐渐筑高，中心的放样工作需要重复进行，且要求迅速和准确。为此，在第一次求得正确的桥墩中心位置 P_i 以后，将 CP_i 和 DP_i 方向线延长到对岸，设立固定的瞄准标志 C' 、D'' ，如图 10-26 所示。以后每次作方向交会法放样时，从 C、D 点可直接瞄准 C' 、D' 点，即可恢复对 P_i 点的交会方向。

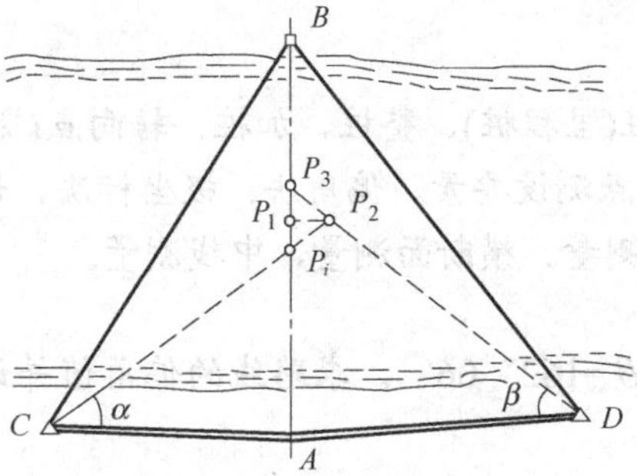

图 10-25　三方向交会中的误差三角形

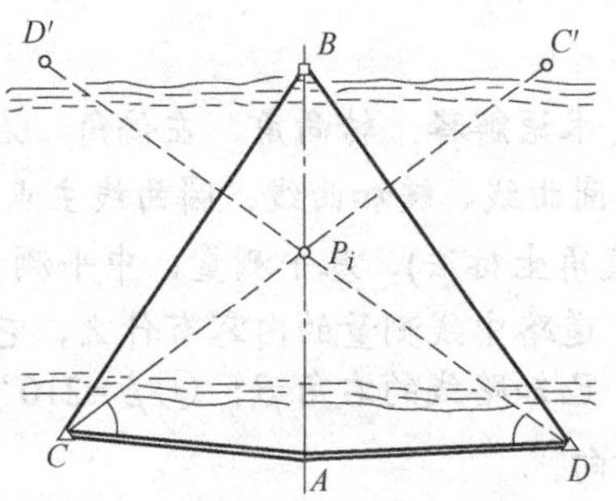

图 10-26　方向交会的固定瞄准标志

2. 极坐标法

在使用经纬仪加测距仪或使用全站仪并在被测设的点位上可以安置棱镜的条件下，若用极坐标法放样桥墩中心位置，则更为精确和方便。对于极坐标法，原则上可以将仪器放于任何控制点上，按计算的放样数据——角度和距离测设点位。但是，若是测设桥墩中心位置，最好是将仪器安置于桥轴线点 A 或 B 上，瞄准另一轴线点作为定向，然后指挥棱镜安置在该方向测设 AP_i 和 BP_i 的距离，即可定桥墩中心位置 P_i 点。

10.7.3　桥梁架设施工测量

桥梁架设是桥梁施工的最后一道工序。桥梁梁部结构较复杂，要求对墩台方向、距离和高程用较高的精度测定，作为架梁的依据。

墩台施工时，对其中心点位、中线方向和垂直方向以及墩顶高程都作了精密测定，但当时是以各个墩台为单元进行的。架梁的需要是将相邻墩台联系起来，考虑其相关精度，要求中心点间的方向距离和高差符合设计要求。

桥梁中心线方向测定，在直线部分采用准直法，用经纬仪正倒镜观测，刻划方向线。如果跨距较大(＞100m)，应逐墩观测左、右角。在曲线部分，则采用测定偏角的方法。

相邻桥墩中心点间距离用光电测距仪观测，适当调整使中心点里程与设计里程完全一致。在中心标板上刻划里程线，与已刻划的方向线正交，形成墩台中心十字线。

墩台顶面高程用精密水准测定，构成水准路线，附合到两岸基本水准点上。

大跨度钢桁架或连续梁采用悬臂或半悬臂安装架设，拼装开始前，应在横梁顶部和底部分中点作出标志，架梁时，用以测量钢梁中心线与桥梁中心线的偏差值。

在梁的拼装开始后，应通过不断地测量保证钢梁始终在正确的平面位置上，立面位置(高程)应符合设计的大节点挠度和整跨拱度的要求。

如果梁的拼装系自两端悬臂、跨中合拢，则合拢前的测量重点应放在两端悬臂的相对关系上，如中心线方向偏差、最近节点高程差和距离差要符合设计和施工要求。

全桥架通后，作一次方向、距离和高程的全面测量，其成果资料可作为钢梁整体纵、横移动和起落调整的施工依据，称为全桥贯通测量。

习　　题

1. 术语解释：转向角、左偏角、右偏角、中桩(里程桩)、整桩、加桩、转向点(交点)、转点、圆曲线、缓和曲线、圆曲线主点、圆曲线主点测设要素、偏角法、极坐标法、切线支距法(直角坐标法)、基平测量、中平测量、纵断面测量、横断面测量、中线测量。

2. 道路中线测量的内容有什么，它如何测设？

3. 已知路线的右角 β：① $\beta=210°\ 42'$；② $\beta=162°\ 06'$。求路线的偏角值并说明其偏转方向。

4. 里程桩应设在中线的哪些地方， 如何确定圆曲线上的桩距？

5. 已知交点的里程桩号为 K4＋300.18，测得转角 $\alpha_{左}=17°\ 30'$，圆曲线半径 R=500m，试以切线支距法求出测设要素，并简述测设步骤(从起点和终点分别测设)。

6. 已知交点里程桩号为 K10+110.88，测得转角 $\alpha_{左}$=24° 18′，圆曲线半径 R=400m，试以偏角法求出测设要素，并简述测设步骤。

7. 如用全站仪直接测设道路中线，其方法步骤如何?

8. 简述如何测绘路线纵、横断面图。

9. 什么是竖曲线，竖曲线的测设要素及竖曲线上的桩点高程都如何计算? 并请简述竖曲线测设方法与步骤。

10. 桥梁测量的内容分哪几部分，各如何进行? 请重点介绍何谓墩台施工定位，简述其定位的常用方法和步骤。

11. 路线平面控制测量与高程控制测量各分哪几个等级，精度技术要求如何，施测方法怎样，它们各自适用条件怎样?

12. 在测设路线工程图的同时测绘带状地形图有什么优点，地物点如何编码?

13. 找一已知的铁路或公路曲线按曲线的已知条件(转向角 α，半径 R，缓和曲线长 L_0 等)，用导线极坐标进行测设(标出中线点和横断点)，并同原中线点及横断点常用测设法相比较，找出差距。

第 11 章　管线工程测量

【学习目标】

- 熟悉管线工程施工测量的方法;
- 熟悉管线工程纵横断面图的绘制的方法。

随着我国城市化的发展、科技进步和人民生活水平的提高，城市、工矿企业中敷设的给水、排水、燃气、热力、输电、输油、通信、电视等管线越来越多。为这些管线设计和施工服务的测量工程称为管线(Pipeline)工程测量。它的任务有两个方面：一是为管线工程的设计提供地形图和断面图，二是按设计要求将管道位置测设到实地。其工作内容如下。

(1) 收集规划区域大比例尺地形图以及原有管道平面图和断面图等资料。

(2) 结合现场勘察，利用已有资料进行规划设计，纸上定线。

(3) 根据初步规划线路，实测(或修测)管线附近带状地形图。

(4) 管道中线测量，即在地面上定出管道中心线位置的测量。

(5) 测量并绘制管道纵、横断面图。

(6) 管道施工测量，即管道的实地放样。

(7) 管道竣工测量并绘制反映管道实际敷设情况的竣工图，为日后管理、维修、改扩建提供依据。

管线工程多敷设于地下，且各种管道常常互相上下穿插，纵横交错，如果在设计、施工中出现差错，一经埋设，将会为日后留下隐患或带来严重后果。因此，管线测量工作必须采用规划区域内统一的坐标高程系统，并且严格按设计要求进行测量工作，确保工程质量。

11.1　管道中线测量

管道中线测量就是将设计确定的管道位置测设于实地，用木桩(里程桩)标定，并绘制里程桩手簿。

11.1.1　管道主点的测设

管道的起点、终点和转向点称为管道的主点。主点的测设方法可参见 8.3 节(点的平面位置的测设)。

主点数据的采集方法，根据管道设计所给的条件和精度要求可采用下述方法。

1. 图解法

当管道规划设计图的比例尺较大，而且管道主点附近又有明显可靠的地物时，可按图解法来采集测设数据。如图 11-1 所示，A、B 是原有管道检查井位置，Ⅰ、Ⅱ、Ⅲ点是设计管道的主点。欲在地面上定出Ⅰ、Ⅱ、Ⅲ等主点，可根据比例尺在图上量出长度 D、a、b、c、d 和 e，即为测设数据。然后沿原管道 AB 方向，从 B 点量出 D 即得Ⅰ点；用直角坐标法从房角量取 a，并垂直于房边量取 b 即得Ⅱ点，再量 e 来校核Ⅱ点是否正确；用距离交会法从两个房角同时量出 c、d 交出Ⅲ点。图解法受图解精度的限制，精度不高。管道中线精度要求不高的情况下可以采用此方法。

2. 解析法

当管道规划设计图上已给出管道主点的坐标，而且主点附近又有控制点时，可用解析法来采集测设数据。图 11-2 中 1、2、…为导线点，A、B、…为管道主点，如用极坐标法测设 B 点，则可根据 1、2 和 B 点坐标，按 8.3 节极坐标法计算出测设数据∠12B 和距离 D_{2B}。测设时，安置经纬仪于 2 点，后视 1 点，转∠12B，得出 2B 方向，在此方向上用钢尺测设距离 D_{2B}，即得 B 点。其他主点均可按上述方法进行测设。

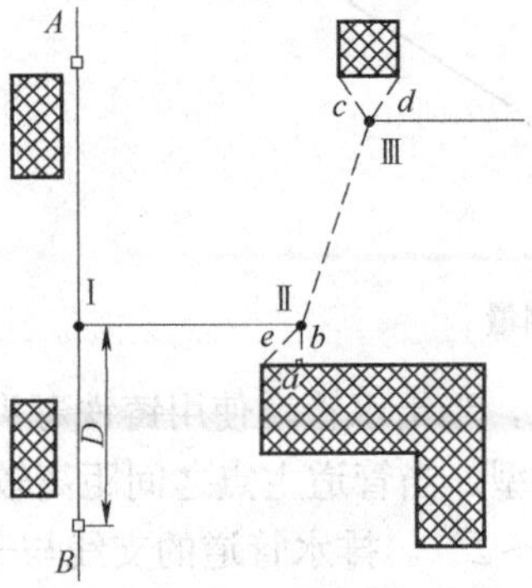

图 11-1　图解法

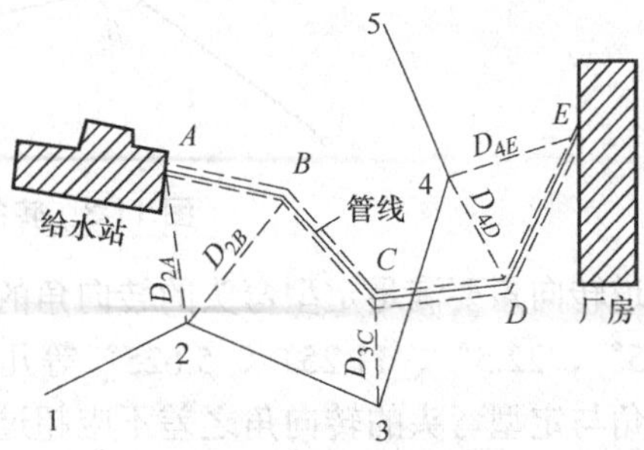

图 11-2　解析法

主点测设工作必须进行校核，其校核方法是：先用主点的坐标计算相邻主点间的长度；然后再实地量取主点间距离，看其是否与算得的长度相符。

如果在拟建管道工程附近没有控制点或控制点不够时，应先在管道附近敷设一条导线，或用交会法加密控制点，然后按上述方法采集测设数据，进行主点的测设工作。

在管道中线精度要求较高的情况下，均用解析法测设主点。

11.1.2　中桩(里程桩)的测设

为了测定管道的长度、进行管线中线测量和测绘纵、横断面图，从管道起点开始，需沿管线方向在地面上设置整桩和加桩，这项工作称为中桩测设。从起点开始按规定每隔某一整数设一桩，这个桩叫作整桩。不同管线，整桩之间距离不同，一般为 20m、30m，最长不超过 50m。相邻整桩间管道穿越的重要地物处(如铁路、公路、旧有管道等)及地面坡度变化处要增设超桩。

为了便于计算，管道中桩都按管道起点到该桩的里程进行编号，并用红油漆写在木桩侧面，如整桩号为 0+150，即此桩离起点 150m(“+”号前的数为公里数)，如加桩号 2+182，即表示离起点距离为 2182m。因此，管道中线上的整桩和加桩都称为里程桩。为了避免测设中桩错误，量距一般用钢尺丈量两次，精度为 1/1000。不同的管道，其起点也有不同规定，如给水管道以水源为起点，煤气、热力等管道以来气方向为起点，电力电信管道以电源为起点，排水管道以下游出水口为起点。

11.1.3 转向角测量

管道改变方向时，转变后的方向与原方向的夹角称为转向角(或称偏角)。转向角有左、右之分，如图 11-3 所示，以$\alpha_{左}$和$\alpha_{右}$表示。测量转向角时，安置经纬仪于点 2，盘左瞄准点 1，在水平度盘上读数，纵转望远镜瞄准点 3，并读数，两读数之差即为转向角；用盘右按上法再观测一次，取盘左、盘右的平均数为转向角的结果。转向角也可以通过测量转折角β计算获得。但必须注意转向角的左、右方向。如管道主点位置均用设计坐标决定时，转向角应以计算值为准。如计算角值与实测角值相差超过限差，应进行检查和纠正。

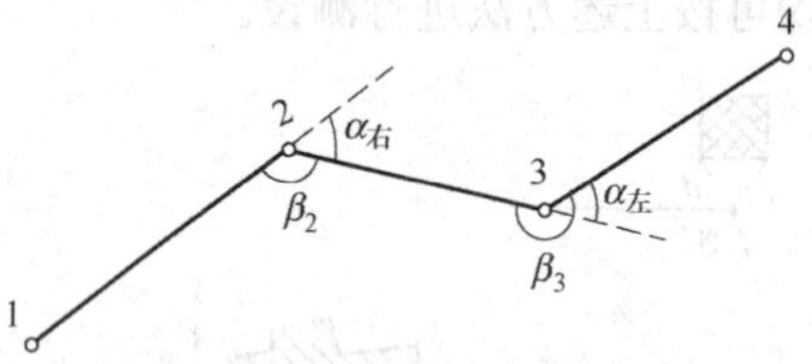

图 11-3　转向角测量

有些管道转向角要满足定型弯头的转向角的要求，当给水管道使用铸铁弯头时，转向角有 90°、45°、22.5°、11.25°、5.625°等几种类型。当管道主点之间距离较短时，设计管道的转向角与定型弯头的转向角之差不应超过 1°～2°。排水管道的支线与干线汇流处，不应有阻水现象，故管道转向角不应大于 90°。

11.1.4 绘制里程桩手簿

在中桩测量的同时，要在现场测绘管道两侧带状地区的地物和地貌，这种图称为里程桩手簿。里程桩手簿是绘制纵断面图和设计管道时的重要参考资料，如图 11-4 所示，此图是绘在毫米方格纸上，图中的粗直线表示管道的中心线，0+000 为管道的起点，0+340 处为转向点，转向后的管线仍按原直线方向绘出，但要箭头表示管道转折的方向，并注明转向角值：图中转向角$\alpha_{右}$=30°。0+450 和 0+470 是管道穿越公路的加桩，0+182 和 0+265 是地面坡度变化的加桩，其他均为整桩。

测绘管道带状地形图时，其宽度一般为左、右各 20m，如遇到建筑物，则需测绘到两侧建筑物，并用统一图示表示。测绘的方法主要用皮尺以交会法或直角坐标法进行，必要时也用皮尺配合罗盘仪以极坐标法进行测绘。

当已有大比例尺地形图时，应充分予以利用，某些地物和地貌可以从地形图上摘取，以减少外业工作量，也可以直接在地形图上表示出管道中线和中线各桩位置及其编号。

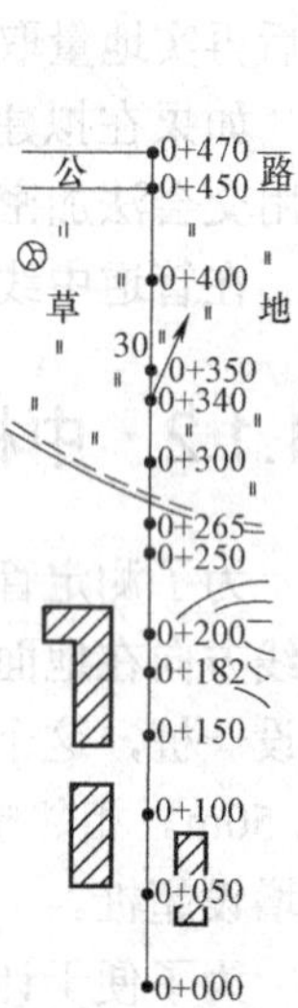

图 11-4　里程桩手簿

11.2　管道纵、横断面图测绘

11.2.1　纵断面图测绘

为了设计管道的埋设深度、坡度及计算土方量，在管道中线测设后，随即用几何水准测量中线上各桩的地面高程。将测得的高程相连，得到表示管线中线方向上地形高低起伏情况的纵断面图。

1. 布设水准点

为了保证全线高程测量的精度，在纵断面水准测量之前，应先沿线设置足够的水准点。当管道路线较长时，应沿管道方向每 1～2km 设一个永久性水准点。在较短的管道上和较长管道上的永久性水准点之间，每隔 300～500m 设立一个临时水准点，作为纵断面水准测量分段附合和施工时引测高程的依据。水准点应埋设在不受施工影响、使用方便和易于保存的地方。

为重力自流管道而布设的水准点，其高程按四等水准测量的精度要求进行观测；为一般管道布设的水准点，水准路线闭合差不超过$\pm 30\sqrt{L}$ mm(L 以公里为单位)。

2. 纵断面水准测量

纵断面水准测量一般是以相邻两水准点为一测段，从一个水准点出发，逐点测量中桩的高程，再附合到另一水准点上，以资校核。纵断面水准测量的视线长度可适当放宽，一般情况下采用中桩作为转点，但也可另设。在两转点间的各桩，通称为中间点。中间点的高程通常用仪高法求得。由于转点起传递高程的作用，所以转点上读数必须读至毫米，中间点读数只是为了计算本点的高程，故可读至厘米。

图 11-5 及表 11-1 为由水准点到 0+500 桩的纵断面水准测量示意和记录手簿。

纵断面水准测量一般起讫于水准点。其高差闭合差，对于重力自流管道不应大于$\pm 40\sqrt{L}$ mm；对于一般管道，不应大于$\pm 50\sqrt{L}$ mm。如闭合差在容许范围内，不必进行调整，在纵断面水准测量中，应特别注意做好与其他管道交叉的调查工作，记录管道交叉口的桩号，测量原有管道的高程和管径等数据，并在纵断面图上标出其位置，以供设计人员参考。

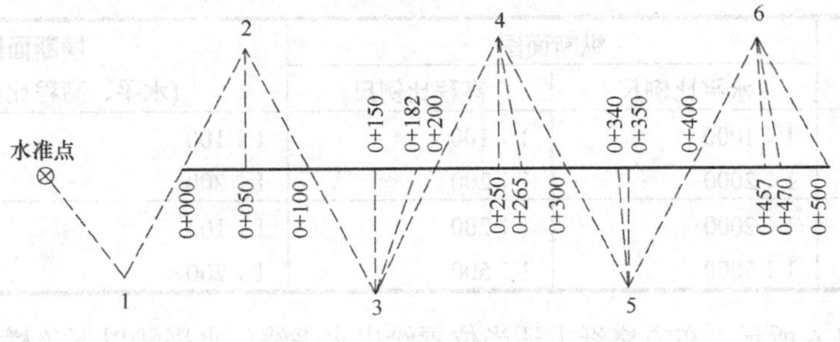

图 11-5　纵断面水准测量

表 11-1 纵断面水准测量记录手簿

单位：m

测站	桩 号	水准尺读数			高差/m		仪器视线高程	高程/m
		后视	前视	中间视	+	−		
1	水准点 A 0+000	2.204						156.800
			1.895		0.309			157.109
2	0+000	2.054					159.163	157.109
	0+050			1.51				157.65
	0+100		1.766		0.288			157.397
3	0+100	1.970					159.367	157.397
	0+150			2.20				157.17
	0+182			1.35				158.02
	0+200		1.848		0.122			157.519
4	0+200	0.674					158.193	157.519
	0+250			1.78				156.41
	0+265			1.98				156.21
	0+300		1.673			0.999		156.520
5	0+300	2.007					158.527	156.520
	0+340			1.63				156.90
	0+350			1.55				156.98
	0+400		1.824		0.183			156.703
6	0+400	1.768						156.703
	0+457			1.84		0.151	158.471	156.63
	0+470			1.87				156.60
	0+500		1.919					156.552
…	…	…	…	…	…	…	…	…

3. 绘制纵断面图

绘制纵断面图，一般在毫米方格纸上进行。绘制时，以管道的里程为横坐标，高程为纵坐标。为了更明显地表示地面的起伏，一般纵断面图的高程比例尺要比水平比例尺大 10 倍或 20 倍。自流管道和压力管道纵、横断面的比例尺可按表 11-2 进行选择，有时可根据实际情况作适当变动。其具体绘制方法如下。

表 11-2 纵、横断面图的水平、高程比例尺参考表

管道名称	纵断面图		横断面图
	水平比例尺	高程比例尺	(水平、高程比例尺相同)
自流管道	1∶1000	1∶100	1∶100
	1∶2000	1∶200	1∶200
压力管道	1∶2000	1∶200	1∶100
	1∶5000	1∶500	1∶200

(1) 如图 11-6 所示，在方格纸上适当位置绘出水平线。水平线以下各栏注记实测、设计和计算的有关数据，水平线上面绘管道的纵断面图。

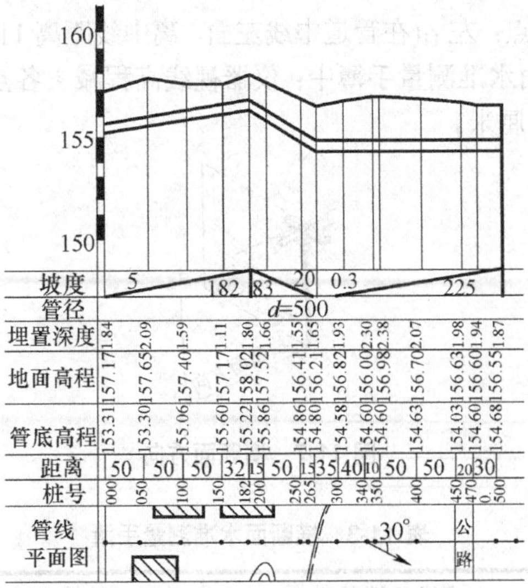

图 11-6　纵断面图

(2) 根据水平比例尺在管道平面图栏内标明整桩和加桩的位置，在距离栏内注明各桩之间的距离，在桩号栏内标明各桩的桩号；在地面高程栏内注记各桩的地面高程，并凑整到厘米(排水管道技术设计的断面图上高程应注记到毫米)。根据里程桩手簿绘出管道平面图。

(3) 在水平线上部，按高程比例尺，根据整桩和加桩的地面高程，在相应的垂直线上确定各点的位置，再用直线连接相邻点，即得纵断面图。

(4) 根据设计要求，在纵断面图上绘出管道的设计线，在坡度栏内注记坡度方向，用“/”、“\”和“—”分别表示上、下坡和平坡。坡度线之上注记坡度值，以千分数表示，线下注记该段坡度的距离。

(5) 管底高程是根据管道起点的管底高程、设计坡度以及各桩之间的距离，逐点推算出来的。例如，0+000 的管底高程为 155.31m(管道起点的管底高程一般由设计者决定)，管道坡度 i 为+5‰(+号表示上坡)，求得 0+050 的管底高程为

$$155.31+5‰\times50-155.31+0.25=155.56(\text{m})$$

(6) 地面高程减去管底高程即为管道的埋深。

在一张完整的纵断面图上，除上述内容外，还应把本管道与旧管道连接处和交叉处，以及与其交叉的地道和地下构筑物的位置在图上绘出。

11.2.2　横断面图测绘

为设计时计算土方量及施工时确定开挖边界，在各中桩处测定正交于中线方向上特征点的高程，连接成横断面图。

横断面施测的宽度，由管道的直径和埋深来确定，一般每侧为 20m。测量时，横断面的方向可用十字架(见图 11-7)定出。用小木桩或测钎插入地上，以标识地面特征点。特征点到管道中线的距离用皮尺丈量。特征点的高程与纵断面水准测量同时施测，作为中间点看待，但分开记录。现以图 11-5 中的测站 3 为例，说明 0+100 横断面水准测量的方法。水准仪安置在3点上，后视0+100，读数为1.970；前视0+200，读数为1.848，此时仪器视线高程为159.367m。

然后逐点测出横断面上各点：左$_{11}$(在管道中线左面，离中线距离 11m)、左$_{20}$、右$_{20}$的中间视，记入表 11-3 所示的横断面水准测量手簿中；仪器视线高程减去各点的中间视，即得横断面各点的高程，高程应凑整到厘米。

图 11-7　横断面方向

表 11-3　横断面水准测量手簿

测　站	桩 号	水准尺读数			仪器视线高程/m	高程/m	备　注
		后　视	前　视	中间视			
3	0+100	1.970				157.397	
	左$_{11}$			1.40		157.97	
	左$_{20}$			0.40	159.367	158.97	
	右$_{20}$			2.97		156.40	
	0+200		1.848			157.519	

图 11-8 为 0+100 整桩处的横断面图。横断面图一般在毫米方格纸上绘制。绘制时，以中线上的地面点为坐标原点，以水平距离为横坐标，高程为纵坐标。图 11-8 中，最下一栏为相邻地面特征点之间的距离，竖写的数字是特征点的高程。为了计算横断面的面积和确定管道开挖边界的需要，其水平比例尺和高程比例尺应相同。

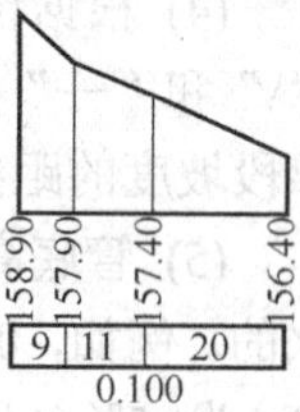

图 11-8　横断面图

如果管道施工时开挖管槽不宽，管道两侧地势平坦，则横断面测量可不必进行。计算土方量时，横断面上地面高程可视为与中桩高程相同。

11.3　管道施工测量

11.3.1　地下管道施工测量

1. 校核中线桩并测设施工控制桩

管道中线测量所打的各桩，等到施工时，一部分将会丢失或被破坏，为保证中线位置正确可靠；应根据设计和测量数据进行复核，并补齐已丢失的桩。在施工时，由于中线上各桩要被挖掉，为了便于恢复中线和其他附属构筑物的位置，应在不受施工干扰、引测方便和易于保存桩位处测设施工控制桩。施工控制桩分中线控制桩和位置控制桩两种。

测设中线控制桩，是在中线的延长线上打设木桩；位置控制桩是在与中线垂直方向打桩，以控制里程桩和井位等的位置，如图 11-9 所示。

2. 槽口放线

根据管径大小、埋置深度以及土质情况，决定开槽宽度，并在地面上定出槽边线的位置。若横断面上坡度比较平缓，开挖管道宽度可用下列公式计算(见图 11-10)：

$$B=b+2mh \tag{11-1}$$

式中，b 为槽底宽度；h 为中线上的挖土深度；$\frac{1}{m}$ 为管槽边坡的坡度。

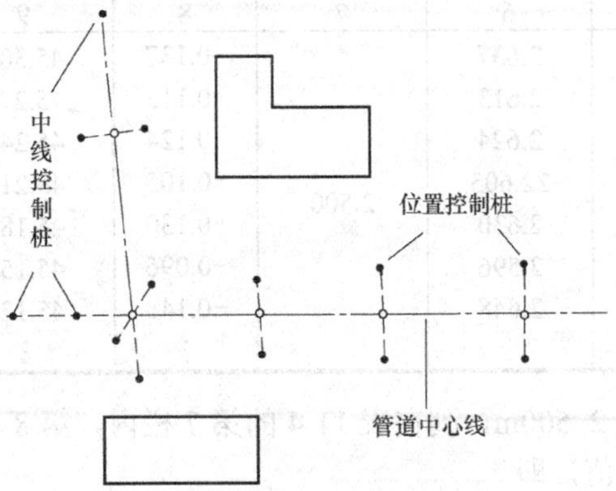

图 11-9 管道的施工控制桩

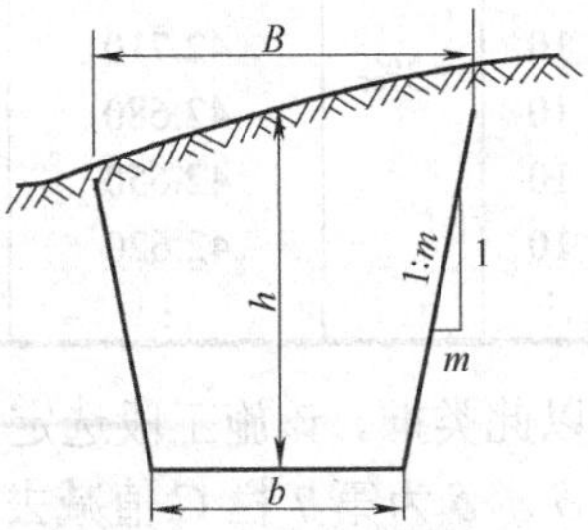

图 11-10 槽口放线

3. 基槽管底的中线与高程放样

1) 龙门板法

龙门板由坡度板和高程板组成，如图 11-11 所示。

坡度板上钉一小钉，称中心钉，标明该处管道中线的位置。高程板上钉一小钉，称为坡度钉，标明该处管底下返数(小钉至管底设计高度之差，一般取分米整数)C。

中心钉的位置可根据中线控制桩用经纬仪投影得到。现举例说明坡度钉位置的确定方法。如图 11-12 和表 11-4 所示。

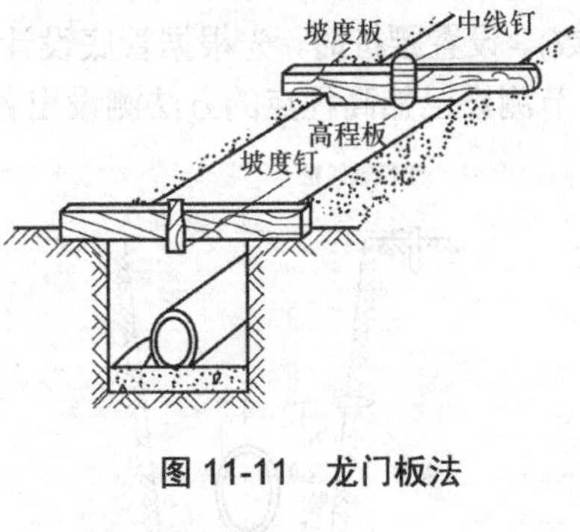

图 11-11 龙门板法

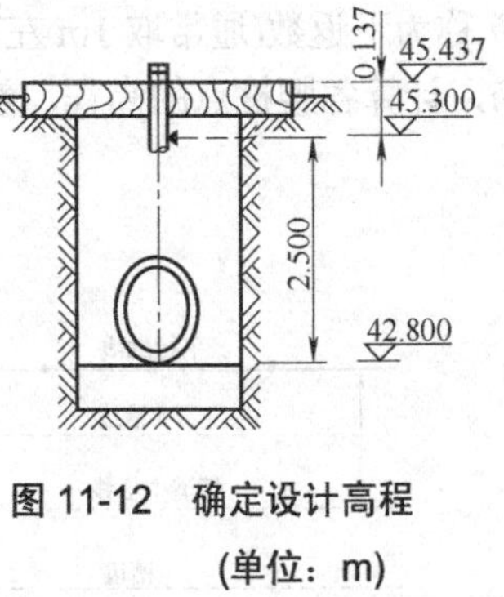

图 11-12 确定设计高程

(单位：m)

用水准仪测出各坡度板顶高程列入表 11-4 的第 5 栏内，根据第 2 栏、第 3 栏计算出各坡度板处管底设计高程，列入第 4 栏。例如，0+000 高程为 42. 800(图 11-12)，坡度 $i=-3‰$，0+000

到 0+010 距离为 10m，则 0+010 管底设计高程为

$$42.800+(-3‰)\times10=42.800-0.030=42.770\text{m}$$

以同样的方法可以计算出其他各处管底设计高程。第 6 栏为坡度板顶高程减去管底设计高程，如 0+000 为

$$H_{板顶}-H_{管桩}=45.437-42.800=2.637(\text{m})$$

表 11-4　坡度钉测设手簿

板号	距离	坡度	管底高程 $H_{管底}$/m	板顶高程 $H_{板顶}$/m	$H_{板顶}$-$H_{管底}$ /m	设定下返数 C	调整数 δ	坡度钉高程/m
1	2	3	4	5	6	7	8	9
0+000		-3‰	42.800	45.437	2.637	2.500	−0.137	45.300
0+010	10		42.770	45.383	2.613		−0.113	45.270
0+020	10		42.740	45.364	2.624		−0.124	45.240
0+030	10		42.710	45.315	22.605		−0.105	45.210
0+040	10		42.680	45.310	2.630		−0.130	45.180
0+050	10		42.650	45.226	2.596		−0.096	45.150
0+060	10		42.620	45.268	2.648		−0.148	45.120
⋮	⋮		⋮	⋮	⋮		⋮	⋮

其余以此类推。该施工段选定下返数 C 为 2. 500m，列在表 11-4 的第 7 栏内，第 8 栏称为调整数 δ 。δ 为第 7 栏 C 值减去第 6 栏的差值，即

$$\delta=C-(H_{板顶}-H_{管低}) \tag{11-2}$$

调整数 δ 为正数时，坡度钉钉在坡度板顶上方 δ 处，反之亦然。例如，0+000 调整数为

$$\delta=22.500-2.637=-0.137(\text{m})$$

则坡度钉钉在坡度板顶下方的位置如图 11-12 所示。

2) 平行轴腰桩法

平行轴腰桩法适用于精度要求较低的管道作为施工时的中线和坡度控制。

平行轴线作为开挖基槽的中线控制。开工之前，在中线一侧或两侧开挖槽边线外设置一排平行于管道中线的轴线桩。各桩间距以 10～20m 为宜。各检查井的位置也应在平行轴线上设相应桩位，如图 11-13 所示。

腰桩作为开挖基槽的管底高程控制，如图 11-14 所示。腰桩上钉一小钉，小钉与管底设计高程之差 h 称为下返数(通常取 1m 左右的整分米数)。设置腰桩时，先根据管底设计高程及选定的下返数 h，计算各腰桩点的高程，然后根据 8.4 节测设已知高程点的方法测设出各腰桩位置。

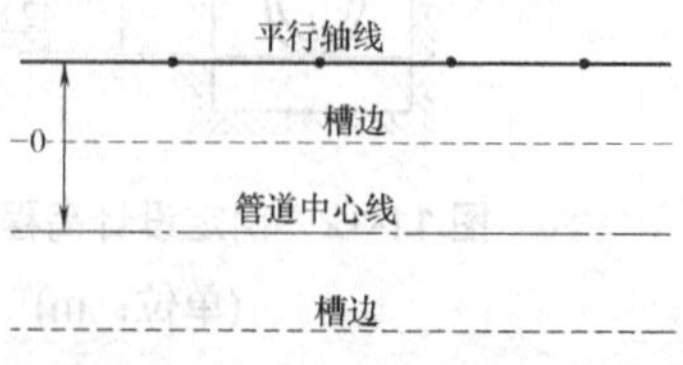

图 11-13　平行轴腰桩法 1

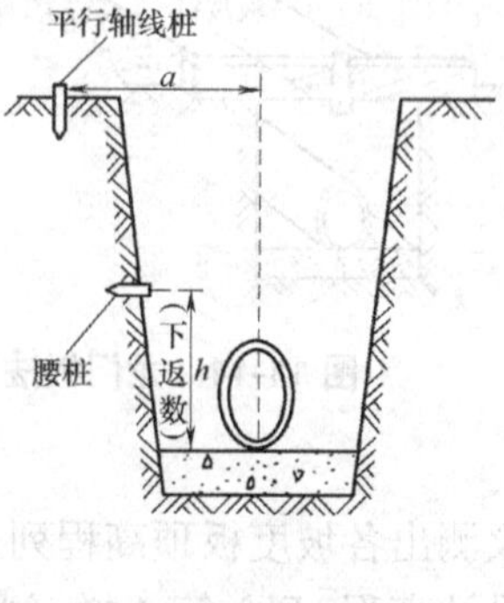

图 11-14　平行轴腰桩法 2

11.3.2 架空管道施工测量

架空管道主点的测设工作与地下管道相同。架空管道的支架基础开挖中的测量工作和基础模板定位与厂房柱基础的测设相同。架空管道安装测量与厂房构件安装测量基本相同，参阅 9.3 节。此处只介绍支架位置控制桩的测设工作。

11.3.3 顶管施工测量

当管道穿越铁路、公路或重要建筑并且不允许在地面开沟槽时，可采用顶管施工的方法。即在事先挖好的工作坑内安放导轨，将管材沿着要求敷设的方向用顶镐顶进土中，然后把管内的土方掏出来。顶管的施工测量就是掌握管道顶进时的中线方向、高程和坡度。

1. 顶管测量的准备工作

1) 顶管中线桩的设置

首先根据设计图上管线的要求，在工作坑的前、后钉立两个桩，称为中线控制桩(见图 11-15)，然后确定开挖边界。开挖到设计高程后，将中线引到坑壁上，并钉立大钉或木桩，此桩称为顶管中线桩，以标定顶管的中线位置。

2) 设置临时水准点

为了控制管道按设计高程和坡度顶进，需要在工作坑内设置临时水准点。一般要求设置两个，以便相互检核。

3) 导轨的安装

导轨一般安装在方木或混凝土垫层上。垫层面的高程及纵坡都应当符合设计要求(中线高程应稍低，以利于排水和防止摩擦管壁)，根据导轨宽度安装导轨，根据顶管中线桩及临时水准点检查中心线和高程，无误后将导轨固定。

2. 顶进过程中的测量工作

1) 中线测量

如图 11-16 所示，通过顶管中线桩拉一条细线，并在细线上挂两个垂球，两个垂球的连线即为管道方向。在管内前端横放一木尺，尺长等于或略小于管径，使它恰好能放在管内。木尺上的分划是以尺的中央为零向两端增加的。将尺子在管内放平，如果两个垂球的方向线与木尺上的零分划线重合，则说明管子中心在设计管线方向上；如不重合，则管子有偏差。其偏差值可直接在木尺上读出，偏差超过±1.5cm，则需要校正管子。

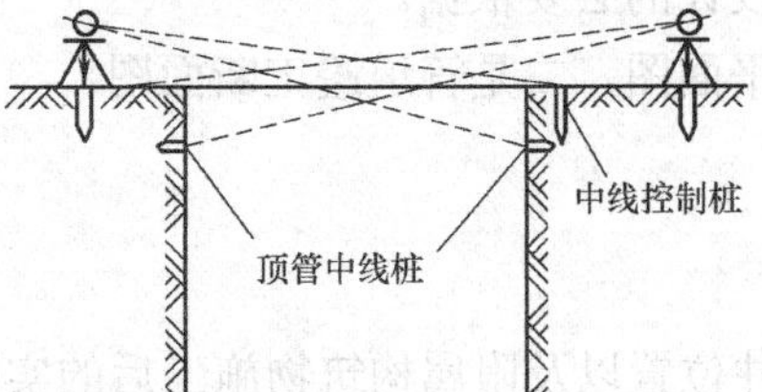

图 11-15 顶管中线桩的设置

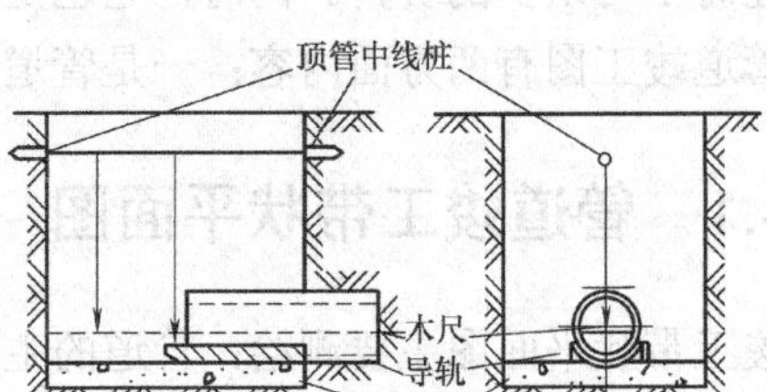

图 11-16 中线测量

2) 高程测量

水准仪安置在工作坑内，以临时水准点为后视，以顶管内待测点为前视(使用一根小于管径的标尺)。将算得的待测点高程与管底的设计高程相比较，其差数超过±1cm 时，需要校正管子。

在顶进过程中，每 0. 5m 进行一次中线和高程测量，以保证施工质量。表 11-5 所示的手簿是以 0+390 桩号开始进行顶管施工测量的观测数据。第 1 栏是根据 0+390 的管底设计高程和设计坡度推算出来的；第 3 栏是每顶进一段(0.5m)观测的管子中线偏差值；第 4、5 栏分别为水准测量后视读数和前视读数；第 6 栏是待测点应有的前视读数。待测点实际读数与应有读数之差，为高程误差。表中此项误差均未超过限差。

表 11-5 顶管施工测量手簿

设计高程管内壁/m	桩 号	中心偏差/m	水准点读数(后视)	待测点实际读数(前视)	待测点应有读值	高程误差/m	备 注
1	2	3	4	5	6	7	8
42.564	0+390.0	0.000	0.742	0.735	0.736	−0.001	水准点高程为 42.558m i=+5‰ 0+390 管底高程为 42.564m
42.560	0+390.5	左 0.004	0.864	0.850	0.856	−0.003	
42.569	0+391.0	左 0.003	0.769	0.757	0.758	−0.001	
42.571	0+391.5	右 0.001	0.840	0.823	0.827	−0.004	
⋮	⋮	⋮	⋮	⋮	⋮	⋮	
42.664	0+410.0	右 0.005	0.785	0.681	0.679	0.002	
⋮	⋮	⋮	⋮	⋮	⋮	⋮	

短距离顶管(小于 50m)可按上述方法进行测设。当距离较长时，需要分段施工，每 100m 设一个工作坑，采用对向顶管施工方法，在贯通时，管子错口不得超过 3cm。

有时，顶管工程采用套管，此时顶管施工精度要求可适当放宽。当顶管距离太长，直径较大，并且采用机械化施工时，可用激光水准仪进行导向。

11.4 管道竣工测量

在管道工程中，竣工图反映了管道施工的成果及其质量，是管道建成后进行管理、维修和扩建时不可缺少的资料。同时，它也是城市规划设计的必要依据。

管道竣工图有两方面内容：一是管道竣工带状平面图，二是管道竣工断面图。

11.4.1 管道竣工带状平面图

竣工带状平面图主要测绘：管道的主点、检查井位置以及附属构筑物施工后的实际平面位置和高程。如图 11-17 所示为管道竣工带状平面图示例，图上除标有各种管道位置外，还根据资料在图上标有检查井编导、检查井顶面高程和管底(或管顶)的高程，以及井间的距离和管径等。对于管道中的阀门、消火栓、排气装置和预留口等，应用统一符号标明。

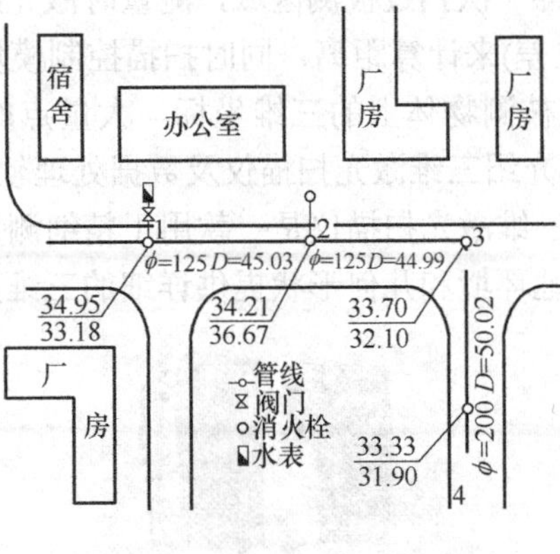

图 11-17　管道竣工带状平面图

当已有实测详细的大比例尺地形图时，可以利用已测定的永久性建筑物用图解法测绘管道及其构筑物的位置。当地下管道竣工测量的精度要求较高时，采用图根导线的技术要求测定管道主点的解析坐标，其点位中误差(指与相邻的控制点)不应大于 5cm。

地下管道平面图的测绘精度要求：地下管线与邻近地上建筑物、相邻管线、规划道路中心线的间距中误差，如用解析法测绘，1∶500～1∶2000 图不应大于图上±0.5mm，而用图解法测绘，1∶500～1∶1000 图不应大于图上±0.7mm。

11.4.2　管道竣工断面图

管道竣工断面图测绘，一定要在回填土前进行，用图根水准测量精度要求测定检查井口顶面和管顶高程，管底高程由管顶高程和管径、管壁厚度算得。但对于自流管道应直接测定管底高程，其高程中误差(指测点相对于邻近高程起始点)不应大于±2cm；井间距离应用钢尺丈量。如果管道互相穿越，在断面图上应表示出管道的相互位置，并注明尺寸。图 11-18 是与图 11-17 同一管道的管道竣工断面图。

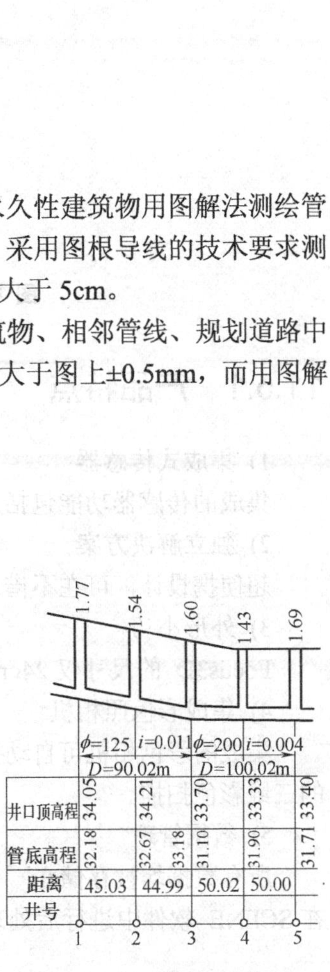

图 11-18　管道竣工断面图

我国很多城市旧有地下管道多数没有竣工图，为此应过原有旧管道进行调查测量。首先向各专业单位收集现有的旧管道资料，再到实地对照核实，弄清来龙去脉，进行调查测绘。无法核实的直埋管道可在图上画虚线示意。

11.5　三维激光扫描仪简介

三维激光扫描仪系统本身主要包括激光测距系统和激光扫描系统，同时也集成 CCD 和仪器内部控制与校正系统等。在仪器内，通过两个同步反射镜快速而有序地旋转，将激光脉冲发射体发出的窄束激光脉冲一次扫过被测区域，测量时激光脉冲从发出经被测物表面返回仪器所经过的时间(或者相位差)来计算距离，同时扫描控制模块控制和测量每个脉冲激光的角度，最后计算出激光点在被测物体上的三维坐标，大量点的三维坐标称为点云。下面以FARO Focus3D X330为例，介绍三维激光扫描仪及数据处理软件。

FARO Focus3D X330三维激光扫描仪是一款用于精细测量和数字建档的高速三维激光扫描仪，能快速对复杂的场地环境和几何形状提供详细的三维点云及彩色影像(见图11-19)。

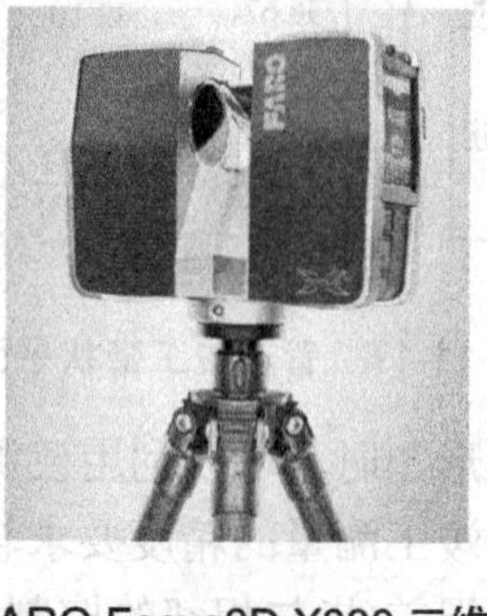

图 11-19　FARO Focus3D X330 三维激光扫描仪

11.5.1　产品特点

1) 集成式传感器

集成的传感器功能包括GPS传感器、指南针、高度计和双轴补偿器。

2) 独立解决方案

超便携设计，可在不借用外部设备的条件下工作。

3) 外形小巧

Focus3D 的尺寸仅24cm×20cm×10cm，是目前最小的大空间三维扫描仪。

4) 集成彩色照相机

集成的彩色相机可自动提供 7000 万像素的无视差彩色叠加，因此能够进行照片般逼真的三维彩色扫描。

5) 数据管理

所有数据均被存储在一个 SD 卡上，允许轻松且安全地将这些数据传输至个人计算机并在SCENE 软件中进行后处理。

11.5.2　规格参数

FARO Focus3D X330参数如表11-6所示。

表 11-6　FARO Focus3D X330 三维激光扫描仪参数

序　号	项　目	指　标	备　注
1	扫描范围	0.6～330m	
2	最大扫描速度	976000 点/s	速度可调

续表

序　号	项　目	指　标	备　注
3	测距误差	25m 时误差为±2mm	
4	分辨率	大于 7000 万彩色像素	内置彩色相机
5	扫描范围	水平范围 360°，垂直范围 300°	
6	激光等级	激光等级 1 级	
7	扫描仪控制	通过机器屏幕或者 WIFI	
8	双轴倾斜传感器	精度 0.015°，范围±5°	
9	质量	5.2kg	

11.5.3　三维数据后处理软件

主流的三维数据应用后处理软件包括如下。

(1) CLEAR EDGE 软件。①EdgeWise Plant 工厂数字化版；②EdgeWise MEP for Revit——三维管道设计 BIM 项目；③EdgeWise Building——实体模型及建筑信息模型 BIM 项目。

(2) Kubit 公司的 PointCloud 系列软件。

(3) Technodigit 公司的 3Dreshaper 系列软件。

(4) 美国 Mcloud 软件。

1. CLEAREDGE 软件

1) EdgeWise Plant

EdgeWise Plant 面向数字工厂化应用。其优势为：工作流程简易，通过新的提取算法功能和处理工具节省了大量工作时间，如图 11-20 所示。

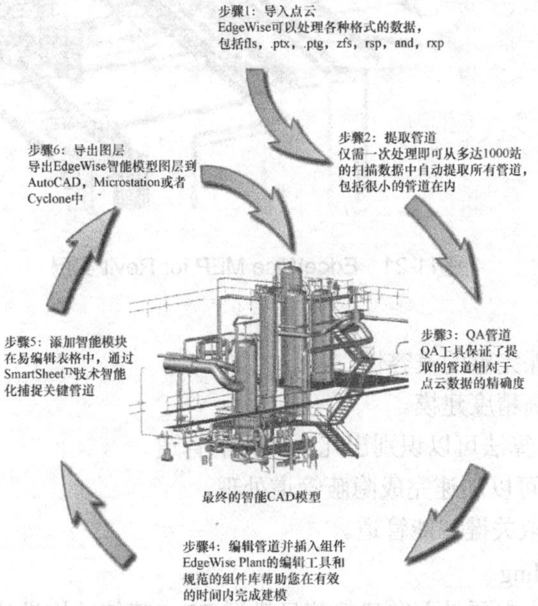
步骤1：导入点云
EdgeWise可以处理各种格式的数据，
包括fls，.ptx，.ptg，zfs，rsp，and，rxp
步骤2：提取管道
仅需一次处理即可从多达1000站
的扫描数据中自动提取所有管道，
包括很小的管道在内
步骤3：QA管道
QA工具保证了提
取的管道相对于
点云数据的精确度
步骤4：编辑管道并插入组件
EdgeWise Plant的编辑工具和
规范的组件库帮助您在有效
的时间内完成建模
步骤5：添加智能模块
在易编辑表格中，通过
SmartSheetTN技术智能
化捕捉关键管道
步骤6：导出图层
导出EdgeWise智能模型图层到
AutoCAD，Microstation或者
Cyclone中
最终的智能CAD模型

图 11-20　EdgeWise Plant 实例

其软件功能特点如下。

(1) 完善的自动管道提取功能。

(2) 增强 QA 功能。

(3) 规程驱动阀门，法兰和组件布局。

(4) Demolition 工具删除模型中的点和管道。

(5) 数十亿高清晰度点云可视化。

(6) 使用新的编辑器创建自定义标准。

(7) 新的管道编辑工具，灵活地完成建模。

(8) 导出智能模型(包括其所属信息)到任意 CAD 平台的组件。

(9) 展开 Smartsheet 功能，为每条管道添加智能模块。

2) EdgeWise MEP for Revit

EdgeWise MEP for Revit 主要是面向建筑信息模型(BIM)三维管道设计项目(如暖通、给排水、电气)而开发，可帮助建筑设计师设计、建造和维护质量更好、能效更高的建筑。在 Edgewise 中进行管道提取和处理，然后将功能齐全的管道对象导入 Revit，同时保存了关键的智能元素，如直径、宽度或其他信息等。进入 Revit 之后，只需一键操作就可以将它们转换到适合的管道系列中。按照图 11-20 中的步骤实现模型建立，如图 11-21 所示。

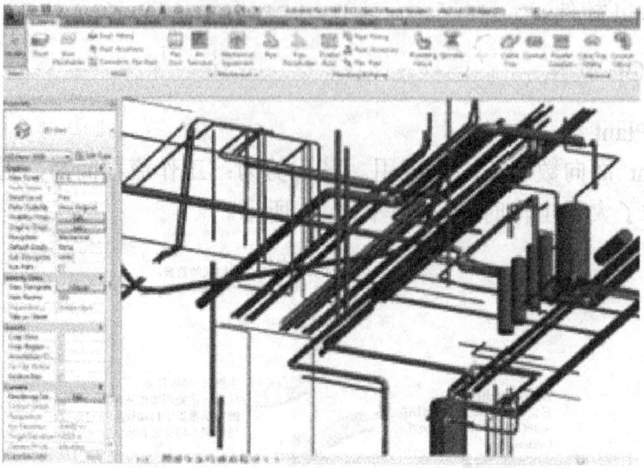

图 11-21　EdgeWise MEP for Revit 实例

其功能特点如下。

(1) 结合 Revit 确保完整的兼容性。

(2) QA 工具确保高精度建模。

(3) the small stuff 算法可以识别出几乎所有的管道。

(4) 快速整理工具可以加速完成隐蔽管道处理。

(5) SmartSheet 提取关键智能管道。

3) EdgeWise Building

EdgeWise Building 主要是面向建筑信息模型(BIM)建筑结构设计项目而开发的。通过其特有的算法将扫描数据的共面点进行分类，并且自动识别平面的边缘。接着提取边缘来作为实体的几何结构并去除多余点。成果模型可以导至任意 CAD 程序中，用于最终建模，如图 11-22 所示。

图 11-22 成果模型

2. Kubit 软件

PointCloud(点云处理软件)是 Kubit 公司为配合三维激光扫描仪应用，进行三维数据后处理而开发的产品，在 AutoCAD 环境下能够对数以亿计的点云数据进行高效的后处理，并支持 Faro、Riegl、Leica、Trimble 扫描工程文件。PointCloud 为绘图、建模、分析处理提供了大量高效工具，可以自动提取等高线，提交平、立面图成果，自动计算点云拟合 3D 模型，通过照片与点云匹配进行 3D 建模，快速进行彩色切片，对点云及模型进行冲突检测等。其主要应用领域为测绘、建筑、文保、考古、设施管理、工程与施工等。

PointCloud 软件在实际中的应用如图 11-23～图 11-25 所示。

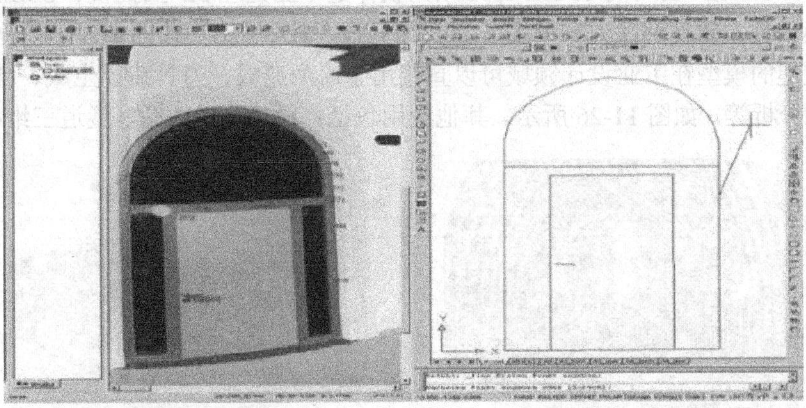

图 11-23 在 CAD 环境下基于点云数据的三维与二维交互实时绘图

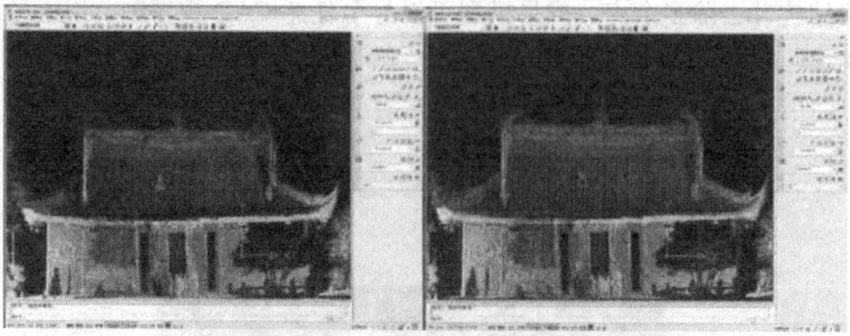

图 11-24　古建筑应用

图 11-25　工业管道应用

通过适配线功能，自动对点云进行跟踪捕捉，生成平、立面图。快速截面功能，截取所需的截面效果，自动拟合线，用于建筑剖面结构图、隧道截面图、等高线图等的生成。

自动模型拟合功能，通过点云自动计算得到 3D 模型，并可进行冲突检测分析，设备安装布局与信息管理、工程施工质量控制、工厂管道的三维数字化工作变得非常简单。

此外，在地表模拟，土石方计算等方面也有较多应用。

3. 3Dreshaper 系列软件

法国 Technodigit 公司的 3Dreshaper 系列软件是专业处理 3D 扫描仪、CMM 等 3D 点云数据的建模软件。软件解决方案覆盖了点云预处理、3D 网格、曲面重建、检测及逆向工程等方面。重建的模型在工业设计领域可以直接用于原型速成、刀具路径生成、动画、仿真模拟、有限元分析等，如图 11-26 所示。其他应用包括：地形测量成图，隧道三维检测对比等。

(a) 隧道、路堤、矿山　　(b) 建筑测量

图 11-26　3Dreshaper 实例

(c) 土木工程

(d) 数字化地形建模

图 11-26 3Dreshaper 实例(续)

4. Mcloud 软件

Mcloud 软件主要功能是快捷处理巨量点云数据的建筑建模。可以处理包括机载雷达、移动测量车、地面激光扫描仪等多采集载体的点云数据。Mcloud 软件将巨量点云导入 3ds Max 中，结合最新的渲染技术，可以在 3ds Max 环境下快速创建高精准的模型，也可以在 3ds Max 中直接使用激光扫描数据来快速创建高精度 3D 场景。还可以添加额外的对象到原始的扫描数据中进行模拟、渲染动画等。其广泛应用于数字城市快速建模、工厂及矿山生产模拟演练、交通隧道建模及安全演练等，如图 11-27 所示。

图 11-27 数字城市三维快速建模

习 题

1. 术语解释：管线工程测量、管线中线测量、管道主点、地下管道施工的龙门板法及平行轴腰桩法、坡度板、坡度钉、高程板。

2. 如何进行管道中线测量，如何测绘管道纵、横断面图？

3. 如何用龙门板法进行基槽管底的中线及高程测设？

4. 如图 11-20 所示，已知管线主点 B、C 和导线点 2、3 的坐标 x_b =1420.14m，y_b=522.10m，x_c =1358.25m，y_c=606.11m，x_2=1357.43m，y_2=450.25m，x_3 =1291.54m，y_3 = 729.36m，试以

极坐标法计算从导线点测设主点的数据，并提出检核方法和数据。

5. 用表 11-1 记录手簿填写图 11-28 所示纵断面水准测量的观测成果，并计算各桩号的高程和按图 11-6 绘制纵断面图。已知距离比例尺为 1∶1000，高程比例尺为 1∶100，0+000 的高程为 86.721m，管线起点设置高程为 82.20m，坡度为-6‰，管径为 600m。

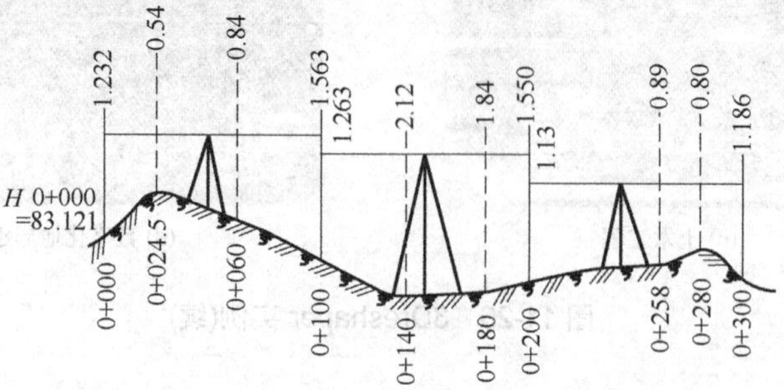

图 11-28 习题 4 示意图

6. 已知各板顶高程(见表 11-7)，设 0+000 起点高程为 54. 321m，管线坡度为-4‰，试按表 11-4 所示手簿填写各有关数据，并选定一下返数计算各坡度板顶的高程调整数和各坡度钉高程。

表 11-7 习题 6 数据表

板 号	板顶高程/m	板 号	板顶高程/m
0+000	56.958	0+030	56.812
0+010	56.884	0+040	56.743
0+020	56.839	0+050	56.711

第12章 地籍测绘

【学习目标】

- 了解地籍测量的基本概念及任务;
- 熟悉地籍测量的内容及方法;

土地是最基本的生产资料，人类的生活和生产活动都离不开土地。目前，我国用占世界7%的耕地养活着占世界25%的人口，土地数量严重不足。随着我国人口的继续增长和人民生活水平的提高，非农业用地迅速增加，形势更为严峻。依法对土地实行管理，成为我国政府当前的紧迫任务和我国的长期基本国策。

土地管理是包含土地权属管理、土地利用管理、土地金融、土地税收、城市和农村土地利用规划、建设用地管理、生态环境保护等一系列工作复杂的系统工程。土地权属管理是土地管理的核心。

12.1 概 述

12.1.1 地籍的概念

地籍(Cadaster)是反映土地权属、位置、数量、质量和用途等基本状况的土地档案。地籍工作为土地管理提供重要信息和依据。地籍测量(Cadastration)工作是地籍工作的重要组成部分，地籍测量是政府行为，地籍测绘的成果具有法律效力。

12.1.2 地籍测量的任务

地籍测量的任务是测定并调查土地(含地面建筑)的权属、位置、数量、质量和利用现状，并随时对土地的动态变化进行监测。

地籍测量的主要工作包括：①地籍平面控制测量；②地籍要素调查；③地籍要素测量；④绘制地籍图、表；⑤地籍变更修测。

地籍测量工作的核心是对动态地籍要素信息的及时采集和处理，为地理信息系统(GIS)、国家空间数据基础(NSDI)提供基础资料和信息。地籍测绘的成果应充分、准确地表达各种地籍要素，应具有统一性、连续性和现势性，在处理上应便于信息的交换和共享。

12.2 地籍平面控制测量

12.2.1 地籍测量的坐标系统

一般规定，地籍平面控制测量采用国家统一坐标系统，投影为高斯-克吕格投影，按统一3度带分带。

城镇地区地籍测量应尽可能沿用该地区已有的城市测量坐标系统，以充分利用现有的测绘成果资料，并使测绘成果统一，便于共享。若无法利用已有坐标系统或无坐标系统可供利用时，则可根据测区地理位置和平均高程自行确定坐标系统，包括选择补偿面或任意带投影坐标系统。其原则是投影长度变形值不大于2.5cm/km。

面积小于25km^{2}的城镇和农村居民点可采用独立的平面直角坐标系统。凡采用独立坐标系的，有条件时均应和国家坐标系统进行联测。

12.2.2 平面控制网的等级和施测

地籍测量的平面控制网包括基本控制网和地籍控制网。基本控制采用国家一、二、三、四等网或城市二、三、四等网。在不得不布设新网时，新网的技术要求和规格应尽量符合上述网相应等级的技术要求。

在基本控制网下布设一、二、三级地籍控制网。

平面控制测量可根据具体情况选用三角测量、三边测量、导线测量、GPS定位测量等方法，按《地籍测绘规范》CH 5002—94(以下简称“规范”)组织施测。

对地籍控制点的要求有如下几点。

(1) 一、二、三、四等平面控制网是单独进行布设和平差的，而一、二、三级地籍控制网有时是和地籍要素同时进行观测，一、二、三级地籍控制网都应构成网状。注意对邻近控制点的联测并进行分级统一平差或整体平差。

(2) 为保证地籍要素测量控制的需要，地籍控制点应有一定的密度。在通常情况下，地籍控制点的密度一般为：城市城区，100～200m；城市稀疏建筑区和郊区，200～400m；城市郊区和农村，400～500m。即每平方千米有5～20个地籍控制点。

(3) 地籍控制点应埋设固定标志，有条件时宜设置保护点，保护点个数不少于3个。保护点除作检查和恢复控制点点位之用以外，也可作为测站点或连接点使用。地籍控制点和保护点之间的相对点位误差不超过±0.01m，本点到保护点之间的距离一般不大于20m。

(4) 地籍控制点应按《规范》要求绘制“点之记”。

(5) 地籍平面控制点相对于起算点的点位中误差不超过±0.05m。

12.3 地籍要素调查

地籍要素调查是以地块(Land Parcel)为单元(以前以“宗地”或“丘”作为单元)，调查和表述每一地块内不动产地籍要素的有关信息。地籍要素调查前应收集有关测绘、土地划拨、地籍档案、土地等级评估及标准地名等资料。

地籍要素调查在当地人民政府领导下进行。

12.3.1 地块的划分和编号

划分地块的原则应首先顾及法律上的产权状况，其次是要便于信息的采集、描述与管理，有利于不动产管理部门以及税收、规划、统计、环保等部门的使用和要求。

地块以地籍子区为单元划分。地籍区以市行政建制区的街道办事处或镇(乡)的行政区域范围为基础划定，当地籍区的范围过大时，在地籍区范围内可以街坊为基础再划分为若干地籍子区，在地籍子区内再划分地块。

地块编号按省、市、区(县)、地籍区、地籍子区、地块共6级进行编号，计15位数字。

编号的方法是：省、市、区(县)这3层的代码采用《中华人民共和国行政区划代码》(GB/T 2260—2002)规定的代码，每层二位数。地籍区和地籍子区均以两位自然数字按01～99依序编列；当未划分地籍子区时，相应的地籍子区编号用“00”表示，在此情况下，地籍区也代表地籍子区。地块编号以地籍子区为编号区，采用5位自然数字从1～99999依序编列；以后新增地块按原编号顺序连续编列。表12-1所示为地块代码的组成。

表12-1 地块代码的组成

层次	第1层	第2层	第3层	第4层	第5层	第6层
代码	省	地区	县	地籍区	地籍子区	地块
名称	(自治区、直辖市)	(市、州、盟)	(市、市区、旗)			
代码	二位数	二位数	二位数	二位数	二位数	五位数

12.3.2 调查的内容和方法

1. 地块权属调查

地块权属是指地块所有权和使用权的归属。地块权属调查的内容包括地块权属性质、权属主名称、地块坐落和四至以及行政区域界线和地理名称。另外，还应依据有关条件和法律文件，在实地对地块界址点、线进行判识。

2. 土地利用类别调查

为了描述土地的利用类别，《规范》根据土地作用的差异，将城镇土地分为10个一级类和24个二级类。

土地利用类别调查依据《规范》调查登记到二级分类。调查以地块为单位调记一个主要利用类别。综合使用的楼房按地坪上第1层的主要利用类别调记，如第1层为车库，可按第2层利用类别调记。地块内如有 n 个土地利用类别时，以地类界符号标出分界线，分别调记利用类别。

3. 土地等级调查

土地等级标准执行当地有关部门制定的土地等级标准。

土地等级调查在地块内调记，地块内土地等级不同时，则按不同土地等级分别调记。对尚未制定土地等级标准的地区可先不调记。

4. 建筑物状况调查

建筑物状况调查内容包括地块内建筑物的结构和层数。

建筑物的结构根据建筑物的梁、柱、墙等主要承重构件的建筑材料划分类别。建筑物的层数是指建筑物的自然层数，从室内地坪以上计算，采光窗在地坪以上的半地下室且高度在2.2m 以上的计算层数。地下室、假层、附层(夹层)、假楼(暗楼)、装饰性塔楼不算层数。

12.4 地籍要素测量

12.4.1 地籍要素测量的内容

地籍要素测量内容包括如下。

(1) 界址(Boundary)点、界址线。

(2) 建筑物和重要的构筑物。

(3) 重要的界标地物。

(4) 行政区域和地籍区、地籍子区的界线。

(5) 地类界和保护区的界线。

12.4.2 地籍要素测量的方法

1. 极坐标法(Polar Coordinate Method)

极坐标法是由平面控制网的一个已知点或自由设站的测站点，通过测量方向和距离来测定目标点的位置。

极坐标法测量可用全站型电子速测仪，也可用经纬仪配以光电测距仪或其他符合精度要求的测量设备施测。

2. 正交法(Orthogonal Method)

正交法也称为直角坐标法，它是借助测线和短边支距测定目标点的方法。

正交法施测时，可使用钢尺丈量距离配以直角棱镜进行作业。支距长度不应超过一个尺长。《规范》规定，不论使用何种钢卷尺量距，测站点到三目标的距离均不应超过 50m。

3. 航测法(Aerial Photogrammetry Method)

航测法适用于大面积的地籍测绘工作。航测法的优点是外业工作量小，可得到数字地籍图，是实现自动化测绘不动产图的一种方法。其缺点是，为测定地籍要素点，要在地面布设大量的标志，有些界址点上还不易设置航摄标志，而且航摄受季节和气候影响较大，还要实地测量房檐宽度，测量精度和经济效益都受到很大限制，故在航测之前应进行实地勘察和核算，以选择有效的测绘方法。

12.4.3　地籍要素测量的精度

1. 界址点的精度(Precision)

界址点的精度分 3 级，等级的选用应根据土地价值、开发利用程序和规划的长远需要而定。各级界址点相对于邻近控制点的点位误差和间距超过 50m 的相邻界址点间的间距误差不超过表 12- 2 的规定，间距未超过 50m 的界址点间的间距误差限差应小于式(12-1)的计算结果。

表 12-2　限差规定

界址点的等级	界址点相对于邻近控制点点位误差和相邻界址点间的间距误差限差	
	限差/m	中误差/m
一	±0.10	±0.05
二	±0.20	±0.10
三	±0.30	±0.15

$$\Delta D = \pm(m_j + 0.02 m_j D) \tag{12-1}$$

式中，m_j 为相应等级界址点规定的点位中误差(m)；D 为相邻界址点间的距离(m)；ΔD 为界址点坐标计算的边长与实量边长较差的限差(m)。

2. 建筑物角点的精度

当需要测定建筑物角点坐标时，建筑物角点坐标的精度等级和限差执行与界址点相同的标准。不需要测定建筑物角点坐标时，应将建筑物的轮廓线按地籍图上地物点的精度要求标识于地籍图上。

12.4.4　地籍测量点的编号

为方便存储和调用地籍要素的测量成果，对地籍控制点、界址点和需要测定坐标的建筑角点均加以编号，编号均以高斯-克吕格坐标的整公里格网为编号区。点的编号以一个编号区为单元，在单元内按 1～99999 依序顺编，点号的完整编号由编号区代码、点的类别代码和点号 3 部分组成，如表 12-3 所示。

表 12-3　点编码

名　称	编号区代码	点的类别代码	点的编号
码　长	9 位数	1 位数	5 位数
(例)	375384662	3	00029

点的完整编号为 375384662300029。点的完整编号由 15 位数字组成。其中，编号区的代码由 9 位数字构成，以编号区(千米格网)西南角的横、纵坐标的千米数表示横坐标在前，纵坐标在后。例如，“375”的“5”为横坐标的 100km 坐标数值，“37”为 3° 带的带号；“38”为纵坐标的 100km 坐标数值；“46”为横坐标的 10km 和 1km 的坐标数值；“62”为纵坐标的 10km 和 1km 的坐标数值。

点的类别代码由 1 位数表示，它的代码为：

1——基本控制点，包括一、二、三、四等平面控制点；

2——地籍控制点，包括一、二、三级地籍平面控制点；

3——界址点，包括一、二、三级界址点；

4——建筑物角点，包括各级精度测定坐标的建筑物角点。

点的编号由 5 位数组成，按 1～99999 依序顺编。

在此，建筑物角点的编号方法除点的类别代码外其余均与界址点相同。

12.4.5　界址点坐标成果表和地籍草图的编绘

界址点坐标测量完成后，应按《规范》规定的格式编制界址点坐标成果表，界址点坐标按界址点号的顺序编列，如表 12-4 所示。

表 12-4　地籍测量草图示例

地籍测量草图					
地籍区名称	黄庄	草图号	09	测量单位：陕西省第二测量大队	
地籍区号	05	编号区		测量员	李晓
子区号	**12**	比例尺	1∶300	测量日期	1994.9.21

地籍测量草图(Sketch)(见图 12-1)是地块和建筑物位置关系的实地记录，是地籍要素调查和测量记录的一种手段和方法。在进行地籍要素测量时，应根据需要绘制测量草图。

地籍测量草图的内容根据测绘方法而定，一般应表示下列内容。

(1) 界址点、线以及其他重要的界标设施。

(2) 行政区域和地籍区、地籍子区的界线。

(3) 建筑物和永久性的构筑物。

(4) 地类界和保护区的界线。

(5) 平面控制网点及控制点的点号。

(6) 界址点和建筑物角点。

(7) 地籍区、地籍子区与地块的编号，地籍区和地籍子区名称。

(8) 土地利用类别。

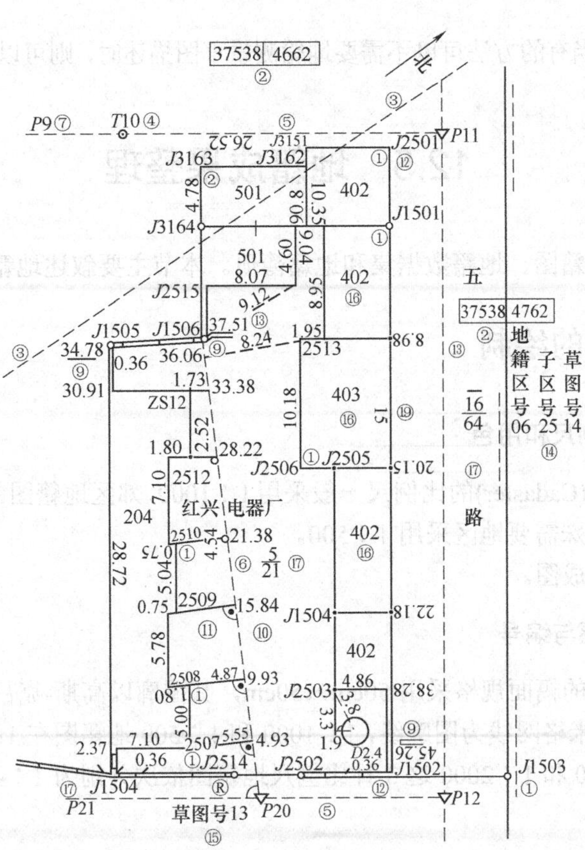

图 12-1 地籍测量草图

1—带点号的界址点和建筑物角点；2—界址点、建筑物角点编号区；3—编号区分界线；
4—辅助地籍控制点；5—导线边、用正交法测量的测线；6—测线，通常在其上进行正交法测量；
7—在测线上的方向说明(当测线的终点在相邻编号区时，要注上编号区最后四位码)；
8—用极坐标确定测线时用经纬仪测得的角度；9—测线终点坐标(用于测线误差分配)；
10—横坐标 X(在测线方向上)；11—纵坐标 Y(在与测线垂直方向上)；
12—对界址点和建筑物角点作极坐标法测量；13—检核测量；14—相邻地籍区测量草图说明；
15—同一地籍区中相邻测量草图说明；16—房屋结构和层次；17—土地利用类别；
18—地形点及其测量(按相应地形图比例尺精度要求量测)；19—门牌号

(9) 道路及水域。

(10) 有关地理名称、门牌号。

(11) 观测手簿中所有未记录的测定参数。

(12) 为检核而量测的线长和界址点间距。

(13) 测量草图的必要说明。

(14) 测绘比例尺，精度等级，指北方向线。

(15) 测量日期，作业员签名。

应指出的是，地籍测量草图不必依固定比例尺绘制，图上各要素的位置可以适当移位，地籍测量草图图式符号的大小和粗细尺寸也没有严格要求，但地籍测量草图应在测量过程中实地绘制。地籍测量草图也可以和地籍调查表、测量记录手簿、记录表格或电子记录手簿等记录载体配合使用。当有的方法可以不需要地籍测量草图描述时，则可以不测绘地籍测量草图。

12.5 地籍成果整理

地籍成果包括地籍图、地籍数据集和地籍簿册。本节主要叙述地籍图的绘制。

12.5.1 地籍图的绘制

1. 地籍图的比例尺和用色

城镇地区地籍图(Cadaster)的比例尺一般采用 1∶1000，郊区地籍图的比例尺一般采用 1∶2000，复杂地区或特殊需要地区采用 1∶500。

地籍图采用单色成图。

2. 地籍图的分幅与编号

地籍图分幅形式的幅面规格采用 50cm×50cm，其图廓以高斯-克吕格坐标格网线为界。1∶2000 图幅以整千米格网线为图廓线，1∶1000 和 1∶500 地籍图在 1: 2000 地籍图中划分，即 1∶500 与 1∶1 000 和 1∶2000 这 3 种比例尺地籍图依次分别为 1∶4 比例关系。划分方法如图 12 - 2 所示。

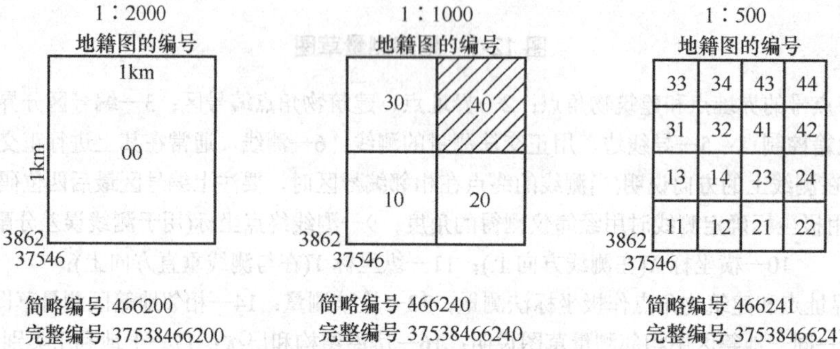

图 12-2 地籍图的分幅与编号

地籍图的编号采用数码形式的编号方法，编号代码由编号区编码加图幅编码两部分构成。地籍图编号以高斯-克吕格坐标的整千米格网为编号区，编号区代码以千米格网西南角的横、纵千米坐标值表示，下面以带晕线图幅为例加以说明，如图 12-2 所示。

上述编号中，“37”为所在高斯投影带 3°带的带号，“5”为横坐标 100km 数，“38”为纵坐标 100km 数，“46”为横坐标公里数，“62”为纵坐标公里数，图幅编号按图 12-2 中所示的编码表示。

在地籍图上标注地籍图编号时可采用简略编号。简略编号略去编号区代码中的百千米和百千米以前的数值，如图 12- 2 所示。

3. 地籍图应表示的基本内容

(1) 界址点、界址线。

(2) 地块及其编号。

(3) 地籍区、地籍子区编号，地籍区名称。

(4) 土地利用类别。

(5) 地籍区与地籍子区界。

(6) 行政区域界。

(7) 永久性的建筑物和构筑物。

(8) 平面控制点。

(9) 有关地理名称及重要单位名称。

(10) 道路和水域。

地籍图上表示的应该是基本的主要地籍要素，除了上述《规范》规定的内容以外，其他内容一般可以不表示，以尽量保持地籍图图面简明和清晰，主次分明。其目的是使地籍图上既有准确完整的必不可少的基本地籍要素，又要使图面尽量空留较多的空间，以便用户可以根据图上已有准确的基本要素增补新的内容，满足多用途地籍的需要(见图 12-3)。

4. 地籍图的绘制方法

1) 数字化制图

它是将在实地或在室内通过航空摄影测量资料采集的数据，通过自动数据处理，获取数字化地籍图的一种方法。

由于用数字方式能使地籍图与有关信息之间联系得更好，并且不受测图比例尺的限制，当需要时，可显示绘制、打印所需图形及其他信息资料，有利于地籍测量成果资料的及时更新与检索。因此，数字化制图为建立自动化地籍系统和土地信息系统创造了有利的条件。

2) 利用地籍测量草图绘制地籍图

本方法是依据地籍测量草图和有关数据，用制图方法绘制地籍图。

3) 编绘法成图

此方法是根据测量草图和有关数据，在原有的符合精度要求的地形图上填补地籍要素来绘制地籍图。

以上是测绘地籍图的 3 种基本方法，当地籍图的内容不能完全由测量草图和有关成果绘出，且允许建筑物角点及其他地物点不同于界址点的精度要求时，也可采用其他绘制方法，但精度需满足《规范》规定的精度要求。

5. 地籍图的精度

地籍图的精度应优于相同比例尺地形图的精度。《规范》规定：地籍图上坐标点的最大展点误差不超过图上±0.1mm，其他地物点相对于邻近控制点的点位中误差不超过图上±0.5mm，相邻地物点之间的间距中误差不超过图上±0.4mm。

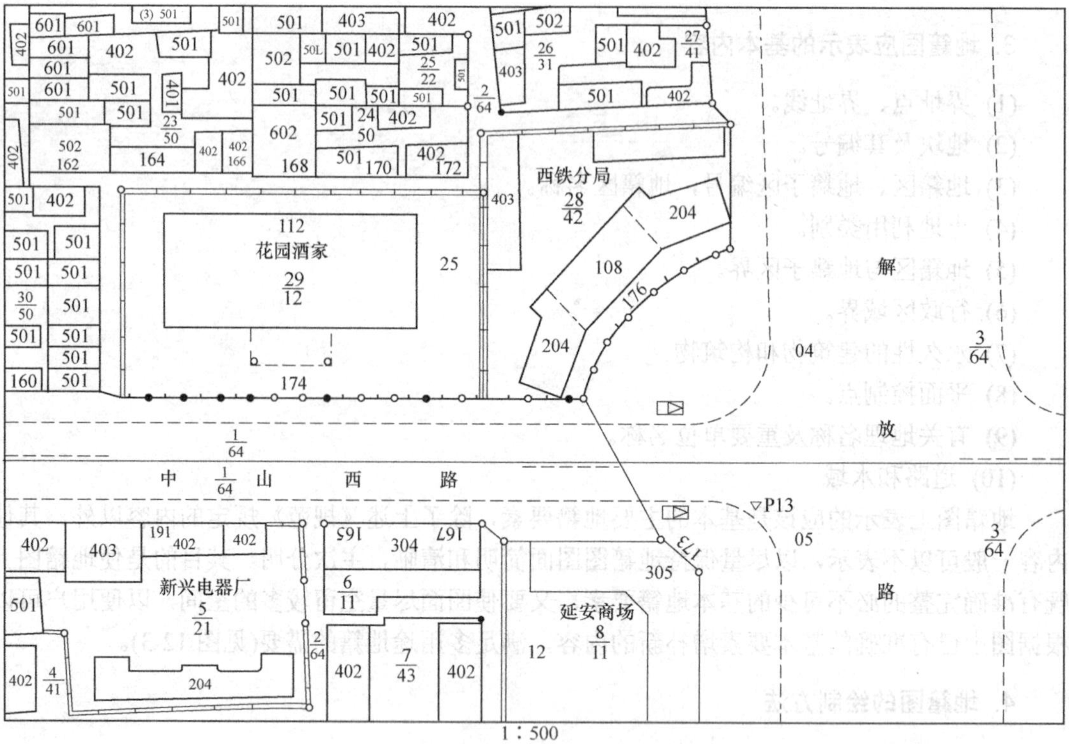

图 12-3 地籍图

12.5.2 面积量算

土地面积量算的内容包括地块面积量算和土地利用面积的量算。

凡是由实测界址点坐标包围的面积一律采用坐标解析法计算面积，没有实测界址点但有实量边长的面积应采用几何图形方法以实量边长计算面积；对没有实测界址点也没有实量边长的地块或地类块面积可采用图解法量算面积。具体方法可参阅本书 7.6 节和地籍测绘规范相关部分。

12.6 地 籍 修 测

由于不动产的买卖、转让、分割、合并及继承所引起的权属变化以及城市建设等使现状发生变化，为了保证地籍测绘成果的现势性和可靠性，地籍测绘成果应定期或不定期地进行更新，这项工作称为地籍修测。

地籍修测应根据变更资料确定修测范围，并结合实际情况选择前面所介绍的地籍测绘的方法进行修测。修测后各地籍要素的精度应符合《规范》的规定和要求。修测后应及时对有关地籍簿册、地籍数据成果、地籍图进行相应的更新和补充。

修测后地籍编号的变更和处理方法如下。

作废的地块号、界址点号、建筑物角点以及其他编号不再使用，原编号继续保留。

新增加的地块号、界址点号、建筑物角点以及其他编号在原编号区或原编号单元内以最大编号依序续编。

习　　题

1. 术语解释：地籍、地籍测量的坐标系统、地籍要素调查、地籍要素测量、地籍要素测量精度、地籍成果、地籍修测。
2. 地籍测量的任务及主要工作有什么？
3. 简述地籍控制网的等级及施测方法步骤。
4. 简述地籍要素的内容和方法。
5. 简述如何绘制地籍图。
6. 为何进行地籍修测，修测后的地籍编号如何变更和处理？

第 13 章　地质勘探工程测量

【学习目标】

- 熟悉勘探工程测量的步骤与方法；
- 熟悉地质剖面测量的步骤与方法。

“地质勘探”是通过各种手段、方法对地质进行勘察、探测，确定合适的持力层，根据持力层的地基承载力，确定基础类型，计算基础参数的调查研究活动；是在对矿产普查中发现有工业意义的矿床，为查明矿产的质和量，以及开采利用的技术条件，提供矿山建设设计所需要的矿产储量和地质资料，对一定地区内的岩石、地层、构造、矿产、水文、地貌等地质情况进行调查研究工作。地质勘探过程中需要有测量作为施工依据。

13.1　勘探工程测量

13.1.1　勘探线、勘探网的测设

勘探线(Exploration Line)、勘探网(Exploration Net)的设计必须由地质人员通过现场多地踏勘后，依据地形条件和矿体走向来确定。

1. 勘探线、勘探网的布设形式

勘探线的布设形式如图 13-1 所示，斜线区域是矿体分布范围，曲线是地形等高线，编号为 0-0′、1-1′…的单线表示勘探线，它是一组等间距的平行线，一般垂直于矿体总体走向。

勘探网是由两组勘探线相交而成，其形状及密度主要依据矿床的种类和产状确定，通常布设成正方形、菱形、矩形等。为了控制勘探线和勘探网的测设精度，也须遵循由整体到声部的程序，首先沿矿体走向布设一条“基线”，然后在此基础上布设其他勘探线。图 13-2 中 *MN* 为基线，基线两端点 *M*、*N* 应与控制点连接。勘探网的编号以分数形式表示，分母代表线号，分子代表点号。以通过基点 *P* 的零号勘探线为界，西边的勘探线用奇数号表示，东边的则用偶数号表示；以基线为界，以北的点用偶数号，以南的点用奇数号表示。

2. 勘探线、勘探网的测设

1) 基线(Base Line)的测设

如图 13-2 所示，*A*、*B*、*C*、*D* 为已知控制点。首先根据图上设计的 *M*、*N*、*P* 点和已知控制点坐标，计算出测设所需水平角及水平距离等。然后依据这些测设数据采用第 9 章中所介绍的建筑方格网的 *A*、*O*、*B* 为主轴线的主点的测设方法，将待定点 *M*、*N*、*P* 测设于实地。

当基线两端点 M、N 和基点 P 初步确定后，应将经纬仪安置在其中任一点上，检查 3 点是否在一条直线上。如误差在允许范围，则在基线两端点 M、N 埋设标石。然后采用单三角形或前方交会等方法，重新测定其坐标，求出它们与设计坐标的差值，若小于 1/2000，可取平均值作为最终坐标。否则应进行检查，必要时重新施测。

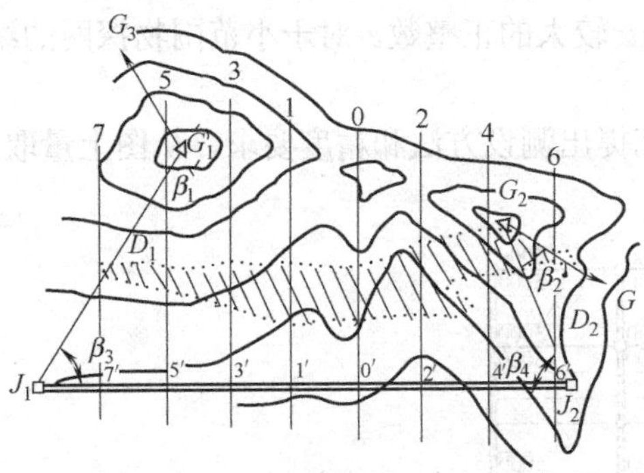

图 13-1　勘探线的布设

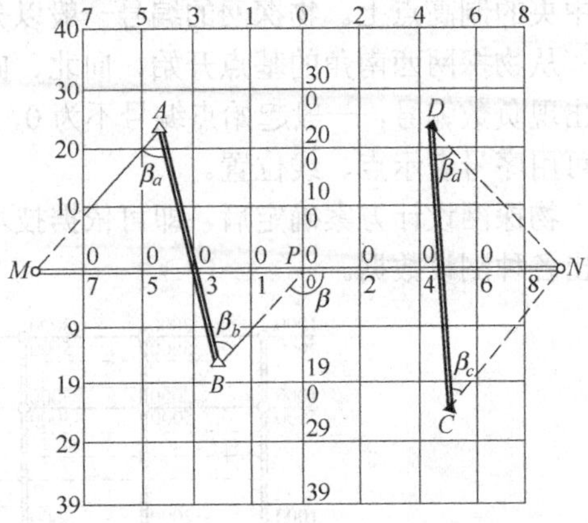

图 13-2　勘探网的布设

2) 勘探线、勘探网测设

勘探线、勘探网的测设就是将基线与勘探线上的工程点测设于实地。其常规的测设方法是在基点 P 安置经纬仪，定出基线方向，按设计给定的勘探线间距，采用钢尺量距或精密视距的方法定出各勘探线在基线上的交叉点(如图 13-2 中 $\frac{0}{2}$、$\frac{0}{4}$、$\frac{0}{6}$、$\frac{0}{8}$ 或 $\frac{0}{1}$、$\frac{0}{3}$、$\frac{0}{5}$、$\frac{0}{7}$ 等)，然后分别在这些点上安置经纬仪，依据设计给定的勘探线上工程点的点距，采用点位测设的方法，将其测设于实地，即得到第 1 组勘探线；以同样的方法，可将另一组勘探线上的工程点测设于实地。勘探线上的工程点测设于实地后，应埋设标志并编号。

3) 高程测量

基线端点(Terminal Point of Base)和基点(Datum Point)的高程，应在点位测设于实地之后，用三角高程测量的方法与平面位置同时测定。实际高程与设计高程如在规定限差之内，取其平均值即可，否则应查找原因。勘探线、勘探网高程的测定，可采用三角高程测量或水准测量的方法进行，并布置成闭合或附合路线，便于检核。

随着测距仪的应用，勘探网的测设可不再布设控制基线，而只在勘探区已有控制点的基础上，用测距导线建立一批加密控制点，均匀分布于勘探区内。然后依据这些控制点用极坐标法测设勘探工程点。这样不仅提高了测距精度，而且提高了测设速度。

13.1.2　物探网的测设

物探是一种重要的矿产资源勘查手段。物探的方法包括电法、磁法、地震及重力等，但不管采用哪种方法都必须先布设物探网，而后在物探网上进行物探工作。

1. 物探网的设计

物探网的设计，必须在现场实地踏勘，并综合物探的目的、要求和探测区内已有控制点等情况进行。

如图 13-3 所示，物探网一般是由平行的测线与基线相交而构成的规则网形。基线间距为 500～1000m，测线的间距可以是 20～200m，但在同一物探网中基线和测线各自的间距应相等。其基线与测线的交点为基点，基线的两个端点称为控制基点，基线的起始基点布设在测区中央的制高点上。物探网的编号一般以分数形式表示，分母表示线号，分子表示点号。

从物探网西南角的基点开始，向北、向东按顺序编号。为了避免物探网向西南方向扩展时出现负数编号，一般起始点编号不为 0，而用一较大的正整数。对于小范围物探网的编号，也可用序号表示点、线位置。

物探网设计方案确定后，即可依据技术规范提出测设方法和精度要求，从图上量取或计算出各种测设数据。

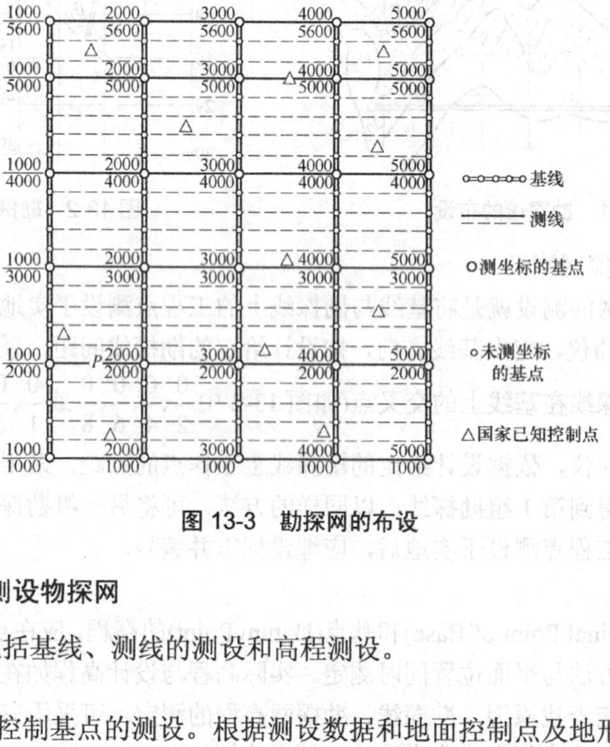

图 13-3 勘探网的布设

2. 用常规方法测设物探网

物探网的测设包括基线、测线的测设和高程测设。

1) 基线的测设

(1) 起始基点和控制基点的测设。根据测设数据和地面控制点及地形等情况，采用极坐标、角度交会或距离交会等方法测设。基点测设于实地并埋设标石后，应用单三角形或前方交会等方法重新测定其坐标，并与设计坐标值进行比较，其不符值应满足《规范》要求，否则应重新施测。

(2) 基线的测设。基线的测设就是将基线上的全部基点测设于实地。当控制基点测设后，将仪器安置在基线一端的控制基点上，用望远镜瞄准基线另一端控制基点，固定望远镜，按视距法测设水平距离的方法，逐一将各基点测设于实地，打入木桩，并写上编号。

测设基点也可采用钢尺、皮尺、测距仪等方法进行。当基线遇障碍物不通视时，可采用 90°转站法或等腰三角形法设立转站点，通过转站点绕过障碍物，如图 13-4、图 13-5 所示。

基线测设完毕后应进行检核，其方法与勘探网基线检核相同。

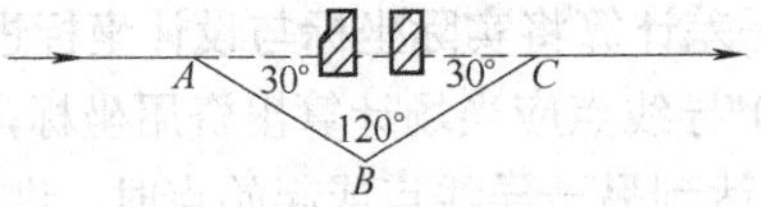

图 13-4 等腰三角形法

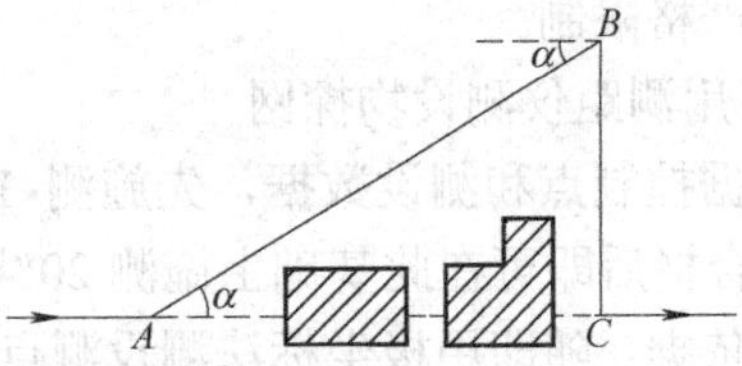

图 13-5 90° 转站法

2) 测线的测设

测线的测设就是依据基点将测线上的测点测设于实地。其测设方法与勘探线的测设基本相同，测设精度可比勘探线略低。测点一般不用木桩标识，而用红纸条(或红布条)编号标于草棵上或用石块压在地面即可。

3) 高程测量

物探网的高程测量，其方法和精度要求与勘探线、勘探网基本相同。但采用高精度重力物探方法时，所有基点、测点都必须测定高程，而且精度要求较高，一般采用水准测量的方法进行。若采用三角高程测量方法施测，应有确保精度的措施，并用一定数量的水准高程点作检核。

3. 用测距仪测设物探网

如图 13-6 所示依据测区已有控制点，将物探网设计成 10″和 20″两种测距导线的形式，以代替普通物探网的基线和测线。

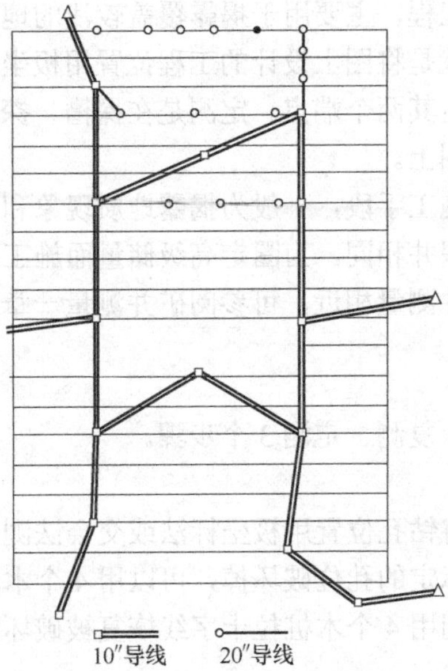

图 13-6 测距导线布设

1) 测距导线布设形式

10″控制导线，一般依据已知控制点垂直于测线方向布设成附合、闭合导线形式，导线的条数和间隔应依据测区宽度与 20″导线容许长度确定；20″导线沿测线方向布设成附合、闭合导线形式，其线路与边长视需要确定，在必要时也可采用支导线形式，但对支导线的点数和边长应严格限制。

2) 用测距仪测设物探网

依据控制点和测设数据，先施测 10″导线，经平差计算将实际坐标与设计坐标进行对比检查，合格后即可在此基础上施测 20″导线。每个 20″导线点应当场计算出资用坐标，作为测设点的依据，随即用极坐标法测设测点。当 20″导线达到另一导线点或起始点时，进行联测，并对 20″导线进行简易平差计算，利用平差计算成果重新计算各测点的坐标，作为测点的正式成果，10″、20″导线点和测点均应以标石或木桩标识。

10″、20″导线点的高程，一般用三角高程测量方法测定。对于高精度重力物探网，10″导线点的高程必须用四等水准测量方法测定。测点的高程可用三角高程测量方法单向观测，计算时加入球气差改正值。

4. 绘制物探网实际材料图

物探网测设完毕后，除提交外业观测手簿、内业计算资料及成果表以外，还必须提交一份实际材料图。实际材料图上应反映出控制点、起始基点、控制基点、基点、测站点、测点和水准点的分布及控制网的图形、导线和水准路线的等级等内容。

13.1.3 探槽、探井、钻孔等勘探工程测量

1. 轻型山地工程测量

探槽、探井是轻型山地工程，主要用于揭露覆盖较浅的地质现象。探槽、探井工程测量分为初测和定测两步。初测就是将图上设计的工程位置用极坐标法或交会法测设到实地上。勘探阶段的探槽一般要求标定其两个端点。定测是在探槽、探井施工结束后，测定其实际位置，并将它们绘到实际材料图上。

勘探坑道是又一种勘探施工手段，一般为揭露地质现象和界线而施工的坑道都很短，其测设、测定的方法与探槽、探井相同。为圈定高级储量而施工的大规模坑道工程，属于大型地下工程，其测量方法与矿井测量相近，可参阅矿井测量一章的有关内容。

2. 钻探工程测量

钻探工程测量分为初测、复测、定测 3 个步骤。

1) 初测

根据钻孔的设计坐标，将钻孔位置用极坐标法或交会法测设到实地上，用木桩标记出孔位。为防止平整机台时将已标定的孔位破坏掉，可以用 4 个木桩固定 4 个校正点，构成十字线的 4 个端点。平整机台后利用 4 个木桩拉十字线恢复被破坏的钻孔位置。也可用其他可行的方法建立校正点。

2) 复测

钻孔位置的复测是在平整机台之后、正式开钻之前，利用校正点与记录的原始数据，对钻孔位置进行校核，其偏差应符合勘探规程的要求。

3) 定测

由于施工及其他原因，使得实际施工的钻孔位置与标定的钻孔位置不完全一致，因此，

在钻孔封孔后，还必须测定钻孔标石或封孔套管中心的位置。平面位置可用极坐标法或交会法测定，高程位置采用三角高程测量方法或水准测量的方法测定。测量后及时计算出钻孔的平面坐标和高程，并填绘到实际材料图上。

13.2　地质剖面测量

地质剖面测量(Geological Profile Measurement)，通常是沿着给定的勘探线方向进行的。剖面测量的内容，是测定此方向线上的剖面点(如钻孔、探井等勘探工程点以及地质点、地物点、地形特征点等)的点位，并按比例尺展绘成地质剖面图。

13.2.1　剖面定线

剖面定线的目的是在实地确定剖面线的位置和方向，现分两种情况加以说明。

(1) 第一种情况，如剖面线是由地质人员根据设计资料结合实地情况选定的，那么选定后的剖面线端点的坐标和高程，就由测量人员用经纬仪交会法或用导线与附近控制点联测确定，如图 13-7(a)所示。

(2) 第二种情况，如果剖面线端点需要根据设计坐标测设，那么测量人员可根据附近控制点的坐标和端点的设计坐标计算测设数据，并按布设孔位的方法测设剖面线端点。如果两端点之间的距离过长或不通视，则要在剖面线上适当地点增设控制点和转点，并用木桩标识，其布设方法与端点相同。观测时，在端点、控制点和转点通常都要插立标杆，作为照准和标定方向用。

13.2.2　剖面测量

剖面测量方法以及所使用的仪器，应根据剖面图的比例尺和地形条件等进行选择。一般说来，如剖面图的水平比例尺为 1∶10000 或更大则必须用经纬仪视距法施测。其施测方法如图 13-7(b)所示；安置经纬仪于 *A* 点，照准剖面上的端点或转点，标定出视线方向，测出剖面线上的 *B*、*C*、*D* 等点对于 *A* 点的平距和高差，测量方法与地形测图中测定地形点的方法相同。

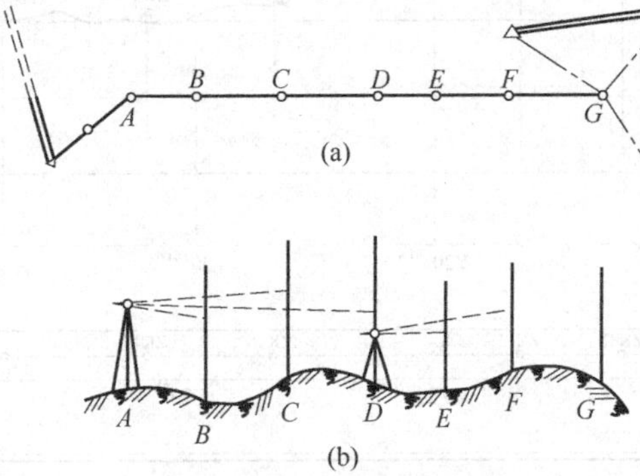

图 13-7　剖面定线与测量

当视线过长或不通视时，则迁站于 *D* 点(转点)，仍按上述步骤进行，直到剖面线的末端为止。

剖面点的密度取决于剖面的比例尺、地形条件和必要的地质点，通常是剖面图上距离约 1cm 测一剖面点。

13.2.3 剖面图的绘制

外业观测结束后，应对记录手簿进行检查整理，并根据观测成果计算出剖面线上各剖面控制点、测站点、地形特征点及地物、工程、地质界线点至起始端点的水平距离及各点高程，然后按以下步骤和方法绘制剖面图。

(1) 如图 13-8 所示，首先在图纸的中间偏下位置按剖面线的长度绘一基准线。从基准线左端向上绘出垂直比例尺(垂直比例尺尽可能与水平比例尺相同，特殊情况时才可变通)，标出 10m 或 100m 整倍数的高程，并相应地绘出若干平行于基准线的高程线。

(2) 根据剖面端点(或测站点)至各工程点间的水平距离，在基准线上以规定的水平比例尺将各工程点标出；再根据各工程点的高程，按垂直比例尺分别在垂直方向上标出各点位置；然后参照野外记录和草图，依次将剖面上各工程点用圆滑的曲线连接起来，即形成剖面图。在剖面线的两端注记剖面线的方位角，对剖面上探槽、探井气钻孔等工程点，应以相应的符号绘出，并注明工程编号。根据地质观察记录，在剖面图上填绘地层、矿体、构造等地质现象。剖面图上还必须绘出与剖面线相交的坐标格网线，并注记其坐标值。

(3) 剖面图绘制完毕后，在其下方绘制出相同比例尺的剖面投影平面图。其方法是先在投影平面图图廓的中央，绘一条与高程线平行的直线代表剖面的投影线；然后将剖面图上剖面端点、勘探工程点、剖面线与坐标格网线的交点及特殊地形、地物点，以规定的图例符号绘到投影平面图上，并作必要的注记；最后写明剖面图的名称、编号、比例尺、绘图时间和图内用到的图例符号等。

由于地质剖面的情况比较复杂，处理方法各异，因此绘制剖面图的方法也有多种，这里不再一一介绍。

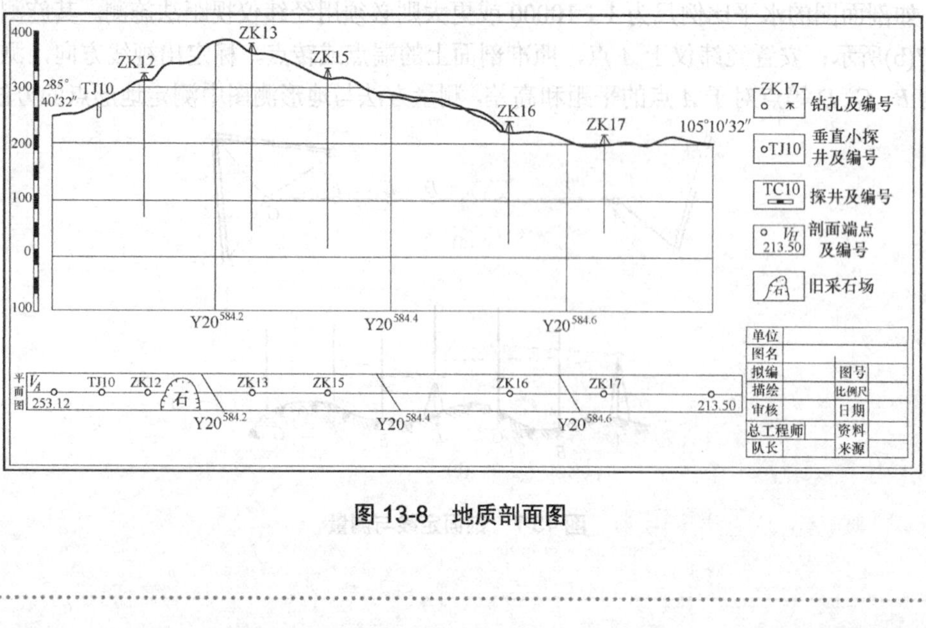

图 13-8 地质剖面图

13.3　地质填图测量

矿床勘探阶段，必须绘制矿区地形地质图，用以反映矿区的地形、地层、构造、矿体等赋存情况，为研究成矿地质条件、矿床类型、工业开采条件和矿产储量计算提供依据。

13.3.1　地质填图的比例尺

在地质工作的各个阶段，要填绘不同比例尺的地质图。在普查找矿阶段，要填绘 1∶10 万或 1∶20 万的区域地质图；通过普查，对于具有开采价值的成矿区域或成矿带要进行详查，详查阶段应填绘 1∶10000，1∶25000 或 1∶50000 的地质图；通过详查确定矿区范围后，要进行地质精查。一般规模大、赋存条件较简单的矿床，如煤、铁等大型沉积矿床等，精查填图通常用 1∶10000～1∶20000 的比例尺；规模小、赋存条件较复杂的矿床，精查填图采用 1∶2000、1∶1000、1∶500 甚至更大的比例尺，如铅、锌等有色金属、稀有金属、非金属等矿床。

填绘各种地质图都是以地形图作为底图。为确保地质填图的精度，地形图的比例尺应比地质图的比例尺大一倍。在精查阶段，采用仪器测绘地质图时，地形图和地质图的比例尺可以一致。

13.3.2　地质填图的方法

地质填图测量分为地质点观察和地质点测量两个环节。首先，地质技术人员按勘探规程的要求，进行地质点的观察与描述，并在实地用木桩或小旗标识地质点点位，用油漆在木桩上注明编号。紧接着进行地质点测量。勘探阶段的填图测量精度要求较高，地质点测量必须采用仪器进行，即使用经纬仪测量水平角与垂直角，视距法测量平距，对于 1∶500 或更大比例尺的填图测量，须用钢尺、测距仪测距。地质点测量作业方法、过程及要求与地形碎部点测量完全相同。

13.3.3　地质填图工程中应注意的问题

(1) 地质填图测量一般以地形图作为底图，在地质点观测时，地质员应配备矿区地形复制图。在完成每个地质点的观察与描述后，当场将该点标绘到地形复制图上并编号，将相邻的同一界线点合理地连接起来，绘成地质草图。地质草图给地质点测量带来极大方便。

(2) 勘探阶段地质填图测量，如果与矿区大比例尺地形图的测绘时间间隔很短，则可利用测绘地形图所建立的图根控制点。

(3) 当矿区控制点丢失或严重破坏时，必须重新建立图根控制点和补充测站点，以供填图测量使用。

13.3.4　地形地质图的绘制

地形地质图通常采用测图专用聚酶薄膜在室内绘制。绘制的方法是先在坐标格网上注记相应的坐标，接着展绘控制点、图根点和测站点；再依据外业测得的角度和平距，按极坐标法将地质点展绘到图纸上；最后依据地质点观测记录，参照地质草图绘出地形、构造等界线和相应的注记，即构成矿区地质图。如将地质图与地形图合绘到一张图上，便构成了矿区地形地质图。

习 题

1. 术语解释：勘探线、勘探网、基线、基线端点、基点、物探网地质剖面测量、地质填图测量、地形地质图。
2. 简述勘探线、勘探网的布设形式及测设方法、步骤。
3. 如何测绘地质剖面图？
4. 简述地质填图测量的方法、步骤及测量工作。

第 14 章　矿 山 测 量

【学习目标】

- 了解矿山测量的任务与作用；
- 熟悉矿山测量的方法及井下测量图的绘制；

14.1　矿山测量概述

14.1.1　矿山测量的任务

矿山测量(Mine Survey)是矿山建设与生产时期全部测量工作的总称。矿山测量为采矿工程提供各种信息和保证，它的主要任务如下。

(1) 建立矿区地面控制网和测绘 1：500～1：5000 的地形图。

(2) 进行矿区地面与井下各种工程的施工测量和验收测量。

(3) 测绘和编制各种采掘工程图与矿山专用图。

(4) 进行岩层与地表移动的观测和研究，为合理利用矿产资源和安全开采提供资料。

(5) 参加采矿计划的编制，并对资源利用及生产情况进行检查和监督。

14.1.2　矿山测量的作用

我国幅员辽阔，矿产资源丰富，矿山开采有着悠久的历史。几十年来，我国的矿山测量工作也有了很大提高，各矿山建立了专门的测量机构，对于保证和促进采矿工业安全、经济、合理地高速发展起着重要作用。矿山测量的作用主要体现在以下几个方面。

1. 在编制生产计划方面

1) 现代化的矿山，具有开拓在不同方向上和不同深度的复杂的地下井巷系统，这些系统在时间上和空间上又都在不断地变化着。矿山测量及时、准确地掌握和提供系统的各方面信息，成为编制生产计划和指挥生产的可靠依据。

2) 在安全生产方面

对于地下具有多个工作面的立体化生产体系，矿山测量对其提供准确的地下工程之间的相互位置；地下工程的地质环境与位置；地上、地下构筑物与工程间的相互位置，对于避免工程事故和对自然灾害进行有效救援起着重要作用。

3) 在资源利用方面

矿山测量通过对岩层及地表的移动观测，研究开采破坏规律，提出合理的保安设计，使矿产资源得到充分开采。另外，矿山测量在勘探与生产的各个阶段，也可以通过准确的测定与测设，使矿产资源得到充分利用，有效地减少开采损失。

4) 在保证工程质量方面

矿山工程和所有建设工程一样，其工程设计的实施、工程质量保证，离不开准确测设、质量检查和工程验收等一系列测量工作。所不同的是，在地下开采形成的特殊空间内，由于互不通视，测量工作显得更加重要和必不可少。所以矿山测量称为采矿工程的“眼睛”。

14.1.3 矿山测量工作的特点

矿山测量由于大量井下作业的特殊性，因此具有下述几方面的特点。

1. 测量对象方面

矿山测量的对象与地面测量的对象在实质上并无区别，因为都是解决点位的问题。但是，地面测量的对象具有一定的相对稳定性，而矿山测量的对象则在时间与空间上是不断变化的，测量工作必然受到时间与空间的限制。因此，要求矿山测量工作必须跟随采矿工程的进展而进行。

2. 工作条件方面

井下测量的空间是各种巷道与采场，由于巷道狭窄，加之各种管道、车辆乃至行人、风流等都在其中通过或活动，因此必然对测量工作产生干扰或阻碍。此外，还有照明条件差，通视困难等，因此要求在井下测量时，应尽量避开行人、车辆和管道，采用专门的照明设备和特殊的仪器工具，使之适应这样的工作条件。有时甚至需要暂时停产，否则就无法完成测量工作。

露天矿山虽然空间大，但是由于采场中运输紧张、灰尘大，生产台阶高，不仅通视困难而且随着台阶的推移，控制点不断遭到破坏，所以测量方法也要与之相适应。

3. 测量精度分布方面

地面测量，由于空间开阔，可以根据测量工作的原则，一次完成全面控制网布设并进行统一平差。这样，测区各控制点的精度是基本相同的，同一比例尺图的精度分布也是均匀的。而在井下测量，只能随着采掘工程的进展，从无到有，从小到大，逐渐延伸，所以测量精度的分布就不均匀。当然，随着陀螺经纬仪的使用，其方位精度已得到改善。

14.2 井下控制测量

14.2.1 井下控制测量的特点

(1) 由于巷道的空间条件限制，井下的平面控制形式只能采用导线测量(Traversing)。

(2) 由于井下的空间是逐渐延伸而形成的，因此井下的平面与高程控制测量就不能照搬地面控制的布设原则，而只能采取“逐渐扩展，先低后高，以高控低，相互交错”的原则和方法。

(3) 由于井下工作条件的限制，井下的控制点一般都设在顶板上。

(4) 井下碎部测量往往与控制测量同时进行。

(5) 井下控制测量的分级，煤矿和冶金矿山执行不同的测量规程。不论煤矿还是冶金矿山，应根据矿井规模的大小来决定采用哪一级控制导线作为井下的首级控制。

14.2.2　井下平面控制

1. 井下导线的主要技术要求

1) 煤矿

煤矿井下控制导线主要技术要求如表 14-1 所示。

煤矿井下控制导线水平角观测的主要技术要求如表 14-2、表 14-3 所示。

煤矿井下控制导线角度闭合差的限差如表 14-4 所示。

2) 冶金矿山

冶金矿山井下控制导线主要技术要求如表 14-5 所示。

冶金矿山井下控制导线水平角观测的主要技术要求如表 14-6 所示(当倾角大于 30° 时，各项限差可增大 0.5 倍)。

冶金矿山井下控制导线角度闭合差的限差如表 14-7 所示。

表 14-1　煤矿井下控制导线主要技术要求

导线类别	使用仪器	观测方法	按导线边长分(水平边长)					
			15m 以下		15～30m		30m 以上	
			对中次数	测回数	对中次数	测回数	对中次数	测回数
7″ 导线	DJ2	测回法	3	3	2	2	1	2
15″ 导线	DJ3	测回法或复测法	2	2	1	2	1	2
30″ 导线	DJ6	测回法或复测法	1	1	1	1	1	1

表 14-2　煤矿井下控制导线水平角观测的主要技术要求

巷道倾角	仪器级别	同一测回中半测回互差	检验角与最终角之差	两测回间互差	两次对中测回(复测)间互差
≤30°	DJ2	20″	—	12″	30″
	DJ6	40″	40″	30″	60″
>30°	DJ2	30″	—	18″	45″
	DJ6	60″	60″	45″	90″

表 14-3　煤矿井下控制导线主要技术要求

导线类别	井田(采区)一翼长度/km	测角中误差/(″)	一般边长/m	导线全长相对闭合差	
				闭(附)合导线	复测支导线
基本控制导线	≥5	±7	60～200	1/8000	1/6000
	<5	±15	40～140	1/6000	1/4000

续表

导线类别	井田(采区)一翼长度/km	测角中误差/(°)	一般边长/m	导线全长相对闭合差	
				闭(附)合导线	复测支导线
采区控制导线	≥1	±15	30～90	1/4000	1/3000
	<1	±30	—	1/3000	1/2000

表 14-4 煤矿井下控制导线角度闭合差的限差

导线级别	最大闭合差		
	闭合导线	复测支导线	附合导线
7″ 导线	$\pm 14'' \sqrt{n}$	$\pm 14'' \sqrt{n_1+n_2}$	$\pm 2'' \sqrt{m_{\alpha_1}^2+m_{\alpha_2}^2+nm_\beta^2}$
15″ 导线	$\pm 30'' \sqrt{n}$	$\pm 30'' \sqrt{n_1+n_2}$	
30″ 导线	$\pm 60'' \sqrt{n}$	$\pm 60'' \sqrt{n_1+n_2}$	

注：表中 n 为闭(附)合导线的总站数；n_1、n_2 分别为复测支导线往、返测量的总站数，下同；$m_{\alpha_1}^2$、$m_{\alpha_2}^2$ 分别为附合导线起始边、附合边的坐标方位角中误差；m_β 为附合导线测角中误差。

表 14-5 冶金矿山井下控制导线主要技术要求

导线等级	测角中误差	边长/m	导线延伸长度/km		相对闭合差	
			竖井开拓	平硐、斜井开拓	闭合、附合导线	支导线
10″	10″	40～140	1.5 1.0 0.5	0.5 1.0～2.0 0.5	1/5000 1/4000 1/3000 1/2000	1/3000 1/2500 1/2000 1/1500
20″	20″	20～50	0.5～0.7 0.3	1.1 0.5	1/2000 1/1500	1/1500 1/1000
40″	40″	20～50	0.4 0.2	0.6 0.3	1/1000 1/800	1/600 1/500

表 14-6 冶金矿山井下控制导线水平角观测的主要技术要求

导线等级	使用仪器	对中误差/mm	边长						同一测回半测回互差/(″)	检验角与最终角之差/(″)	一次对中测回互差/(″)	两次对中测回互差/(″)
			20m 以下		20～30m		30m 以上					
			对中次数	每次对中测回数	对中次数	每次对中测回数						
10″	J2 J6	0.6	—	—	1 2	1 1	1 1	1 2	20 40	40	30	60
20″	J6	1.0	2	2	1	1	1	1	40	40	30	60
40″	J6 J1.5	1.2	1	1	1	1	1	1	80	80	—	—

表 14-7 冶金矿山井下控制导线角度闭合差的限差

导线等级	角度闭合差	
	闭合、附合导线	复测支导线
10″	$20''\sqrt{n}$	$20''\sqrt{n_1+n_2}$
20″	$40''\sqrt{n}$	$40''\sqrt{n_1+n_2}$
40″	$80''\sqrt{n}$	$80''\sqrt{n_1+n_2}$

注：n 为闭合、附合导线的总测站数；n_1、n_2 分别为支导线两次总测站数。

2. 井下经纬仪导线测量的外业

1) 选点

井下导线点分为永久性导线点和临时性导线点两种，永久点应设在稳定的岩石上，每300～500m 设置一组，每组至少 3 个点。无论永久点还是临时点都要进行统一编号，并在点旁作明显标注。图 14-1(a)为永久点，图 14-1(b)、(c)为临时点。

所选点位要注意以下几方面：顶板牢固，无淋水，工作安全；底板处便于安置仪器；避免过长边和过短边相接；便于测角和量测；在巷道交叉处应设点，便于导线的扩展。

2) 水平角测量

井下测量水平角的经纬仪应有镜上中心，以便于点下对中。测角遇短边时要特别注意精确对中，仔细瞄准。水平角观测的各项限差详见本节各表。

3) 边长丈量

(1) 光电测距仪量边。

光电测距仪量边速度快、精度高、操作方便。用于煤矿的光电测距仪采用防爆型，满足《煤矿安全规程》有关规定要求。

光电测距仪量边要注意对丈量结果施加气压、温度和倾斜改正。往返丈量互差与平均边长之比不得大于井下首级导线边长相对中误差。

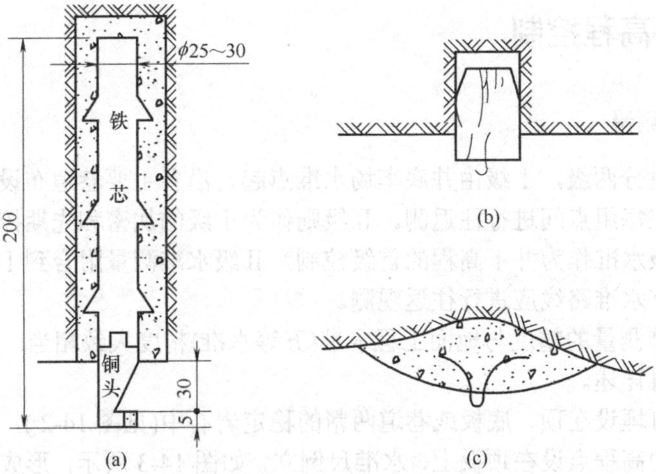

图 14-1 井下导线点标识与埋设形式对中误差

(2) 钢尺量边。

钢尺量边时可用经纬仪定线，以大头针在垂线上作标记。定线偏差应小于5cm。每尺段变换起点读数3次，读至毫米，长度互差应不大于3mm。

导线往返丈量互差，煤矿各级导线分别不得大于平均边长的1/6000、1/4000和1/2000；冶金矿分别不得大于平均边长的1/4000~1/2000和1/1000。丈量相对误差要求小于1/4000时应使用检定过的钢尺，用弹簧秤对钢尺施以钢尺检定时的拉力，记录下丈量时的温度，并加入尺长改正。

3. 经纬仪导线测量的内业

经纬仪导线的计算方法详见6.2节，各等级导线的角度闭合差限差及导线全长相对闭合差限差详见本节中各表。如各项限差满足规定时，即可进行调整与计算，最后求出各导线点的坐标。

4. 导线的检查与延伸

井下最低等级导线，称为工作导线或采区导线，自井底车场起，据本节表中的规定，每掘进几十米，布设新的导线点。当掘进300～500m后，应从起始边起敷设基本控制导线，对工作导线进行检查和复核，并且作为继续向前布设工作导线的基础。

基本控制导线可以重新埋点，也可以利用原有的工作导线点。当发现原有工作导线有误时，应用改正后成果并重新绘制巷道图。

工作导线是逐点建立、延伸的，并遍布于所有主、次要巷道中。基本控制导线是逐段延伸，敷设于各主要巷道中。

导线延伸时，为了判定原有导线点的可靠性，必须对上一次所测导线的最后一个水平角及最后一条导线边长进行检测。检测结果与原数据的较差不得大于表14-8(适用于煤矿)和表14-9(适用于冶金矿)的规定，否则，应继续向后检查，直至符合要求，才可由该处向前延伸导线。

14.2.3 井下高程控制

1. 井下水准测量

井下水准测量分两级，Ⅰ级由井底车场水准点起，沿各主要巷道布设。Ⅰ级水准点每组至少3个点，应在每组点间进行往返测。Ⅱ级则作为Ⅰ级的加密和先期控制。井田范围较小时，也可以用Ⅱ级水准作为井下高程的首级控制。Ⅱ级水准测量附合到Ⅰ级点上时，可以只进行单程观测，支水准路线应进行往返观测。

井下Ⅰ级水准测量的精度与地面工程水准(五等水准)精度大致相当。具体技术要求参见各规程，此处不再详述。

井下水准点可埋设在顶、底板或巷道两帮的稳定岩石中(见图14-2)，或利用导线点。这样水准测量中有的高程点设在顶板上，水准尺倒立，如图14-3所示，形成井下高程测量的一个特点。此时应注意：计算两点间高差的公式 $h_{AB}=a-b$(即高差=后视读数-前视读数)是不变的，只是高程点在顶板上、尺子由上向下倒立时读得的读数，应在读数前加“-”号后再代入公式进行计算。

表 14-8　较差要求(煤矿)

导线级别	导线边长	水平角不符值
7″级	<15m	≤30″
	≥15m	≤20″
15″级	—	≤40″
30″级	—	≤80″

表 14-9　较差要求(冶金矿)

导线级别	水平角较差	边长较差
10″	30″	1/1500
20″	60″	1/1000
40″	120″	1/500

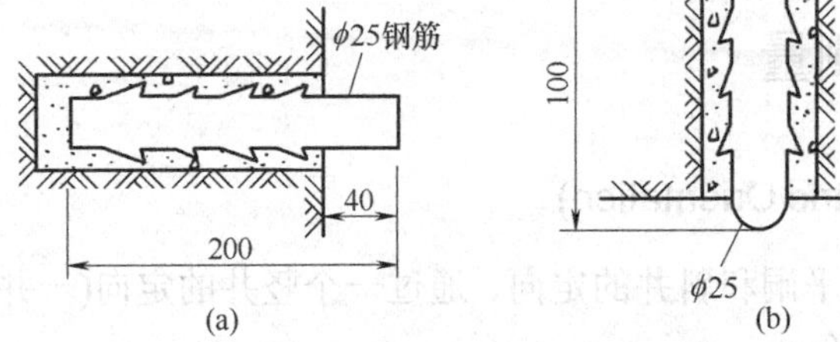

图 14-2　井下水准点埋设形式

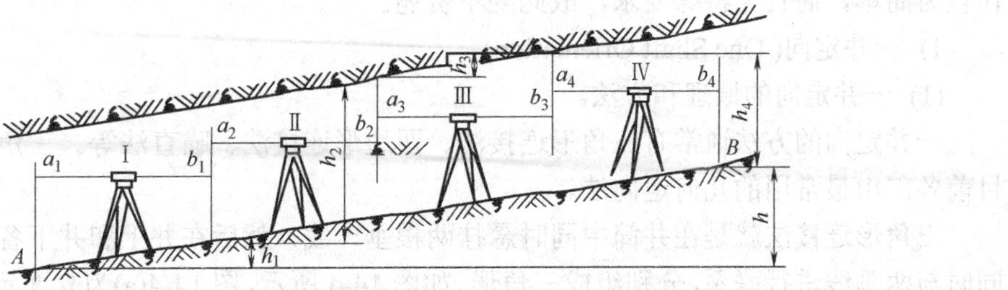

图 14-3　井下水准测量

2. 三角高程测量

井下三角高程测量一般用于倾角大于 8° 的倾斜巷道中。三角高程测量也分为两级，Ⅰ级三角高程可使用 J6 级经纬仪对向观测 2 测回，往返测量的高差较差不应大于 (10+0.3D)mm(D 为两点间的平距)，其他技术要求参见各规程，此处不再详述。

三角高程也常将高程点设于顶板，此时无论仪器高(i)还是觇标高(v)，只要是从顶板往下量得的值，都要在前面加“-”号后再代入下式计算：

$$h = D\tan\alpha + i - v \tag{14-1}$$

式中，D 为两点间的平距；α 为竖直角。

14.3　井下联系测量

为使矿山的井下与地面采用同一个测量坐标系统(平面直角坐标系统和高程系统)而进行的测量工作，叫联系测量(Connection Survey)。

联系测量对矿井建设、安全生产、矿区地面建设、矿区与相邻地域的生产、生活、安全都有着至关重要的意义。

联系测量包括将地面平面直角坐标系统传入地下，简称定向(Orientation)和将地面统一高程系统导入地下，简称导入标高(Induction Height)。

联系测量前，应在井口附近埋设平面控制点(近井点)，作为定向的依据。在井下定向水平的巷道中，也要设置一组或两组永久性导线点(每组不少于 3 个)，作为井下平面控制测量的起始点和起始边方位。

在井口附近还应埋设 2 或 3 个水准点，作为导入高程的依据。近井点也可以作为水准点。

14.3.1 平面联系测量

1. 几何定向(Geometric Orientation)

几何定向可分为通过平硐和斜井的定向、通过一个竖井的定向(一井定向) ，以及通过两个竖井的定向(两井定向)等。

通过平硐和斜井定向，可以由井口直接敷设经纬仪导线至井下，进行坐标传递。定向工作较为简单，而且无特殊要求，故此处不赘述。

1) 一井定向(One Shaft Orientation)

(1) 一井定向的原理和方法。

一井定向的方法通常有三角形连接法、四边形连接法、瞄直法等。三角形连接法是我国目前各矿山最常用的几何定向法。

三角形连接法就是在井筒中同时悬挂两根垂球线，然后在井上和井下各选择一连接点，同时与两垂线进行联系，分别组成三角形。如图 14-4 所示，图 14-4(a)为立面示意图，图 14-4(b)为水平投影图形。图中 AA' 、BB' 为两根垂线，C、C' 分别为井上、井下连接点，D、D' 分别为井上、井下控制点。

由于同一垂线上各点的水平投影相同，即坐标 X、Y 相同，因此，井上 AB 的方位角 α_{AB} 与井下 $A'B'$的方位角 $\alpha_{A'B'}$ 相等，两垂线间距离井下的 $A'B'$等于井上的 AB。这样，井上与井下两个三角形通过一个共边而组成连接三角形，由此即可按地面平面直角坐标系统，求出井下导线起始点的坐标和起始边的坐标方位角。

(2) 一井定向的外业工作。

一井定向的外业工作内容包括投点、测角和量边。

① 投点。在竖井井筒内悬挂两根有重砣的长钢丝，使之自由悬挂到定向水平，供测角和量边时使用。

长钢丝应自由悬挂，呈稳定铅直状态。但是，由于井筒较深，井内气流的侧压力、井内滴水的冲击力以及钢丝本身的扭曲力等影响，使钢丝难以呈自由悬挂的静止状态。为了得到静止位置，通常采用稳定投点法或摆动投点法投点。

稳定投点法投点如图 14-5 所示。

重砣放入稳定液后，受其阻尼作用而使钢丝趋于稳定。为了避免井筒中滴水冲击稳定液，影响钢丝的稳定，一般可在稳定液的容器上加盖。

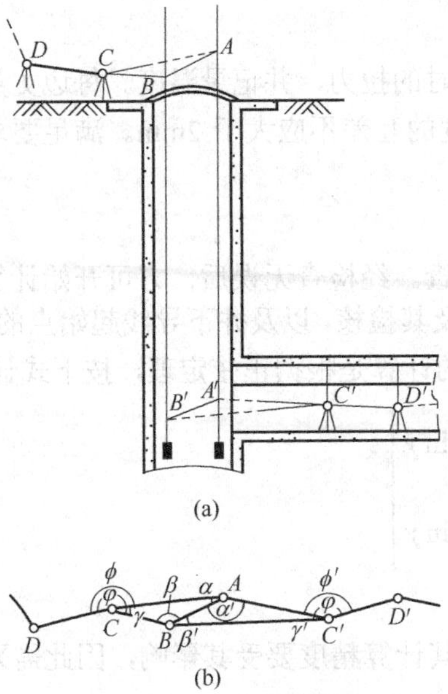

图 14-4 一井定向原理

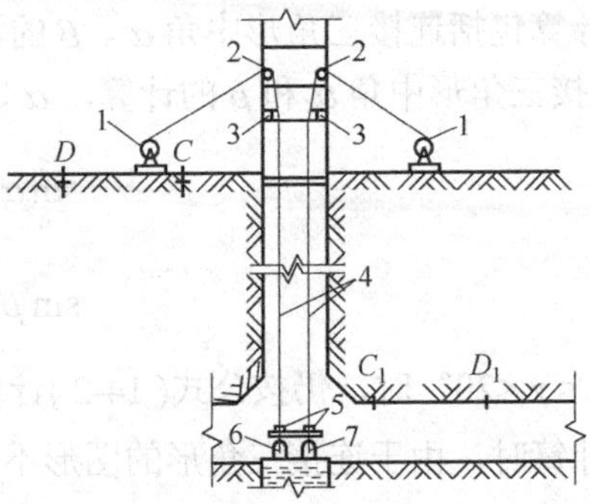

图 14-5 稳定投点法

1—手摇绞车；2—导向滑轮；3—定点板；

4—钢丝；5—定中盘；6—水桶；7—重砣

采用稳定法投点，当钢丝的摆幅大于 0.4mm 时，则应考虑采用摆动投点法投点。

摆动投点法投点与上面的方法相反，它是使钢丝自由摆动，用专门的标尺观察和记录摆幅，连续读取 13 个以上的奇数，取左、右读数的平均值，作为钢丝呈铅直状态通过标尺的位置。同法进行两次，当较差不大于 1mm 时，取其平均值作为最后结果。然后固定钢丝，进行测角和量边。

② 测角。投点工作符合要求后，应立即同时在井上、井下进行水平角测量。如图 14-4(b)所示，测角包括井上，γ、ϕ、φ；井下，γ'、ϕ'、φ'。其中，有一个多余观测角，用来检核并提高精度。水平角观测的技术要求如表 14-10 所示。当边长 CD 小于 20m 时，经纬仪需在 C 点 3 次对中进行观测，取其平均值作为最后结果。观测工作要井上、井下同时进行，照准部位应高于钢丝与重砣连接处 0.5m 以上。当连接点 C 处不设固定点时，连接角测量应独立进行两次。

表 14-10 定向测量水平角观测技术要求

仪器类型	观测方法	测回数	归零差/(″)	测角中误差/(″)	同一方向测回互差/(″)	
					一次对中各测回互差	两次以上对中各测回互差
J2	全圆法	3	15	7	15	45
J6	全圆法	6	30	7	30	60

注：观测方向不多于 3 个时，可以不归零。使用前应检查并调整两倍照准(2c 值)，其绝对值不应超过 2′。

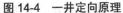

③ 量边。如图 14-4(b)所示，量边包括井上，BC、AC、AB(即 a、b、c)边；井下，$B'C'$、

$A'C'$、$A'B'$(即 a'、b'、c')边。

边长丈量应采用经过检定的钢尺，施以检定时的拉力，并记录温度。每边丈量 4 次，每次丈量后，应将钢尺移动 2～3cm。每次丈量长度的互差不应大于 2mm。满足要求后，取其平均值作为最后结果。

(3) 一井定向的内业。

在内业计算之前，应对外业测量记录进行检查。经检查无误后，方可开始计算。

内业计算包括连接三角形中角 α、β 的计算及其检核，以及井下导线起始点的坐标计算。

① 连接三角形中角 α 和 β 的计算。α、β 的计算是根据正弦定理，按下式计算：

$$\left.\begin{aligned}\sin\alpha &= \frac{a}{c}\sin\gamma \\ \sin\beta &= \frac{b}{c}\sin\gamma\end{aligned}\right\} \tag{14-2}$$

当 2° < γ <20° 时，仍按公式(14-2)计算。

实际计算时，由于连接三角形的图形不同，其计算精度要受其影响，因此需采用下列不同的计算方法。

当 $\gamma \leqslant 20°$ 时，因小角的正弦可以用其弧度来代替，因此，角 α、β 的计算采用下列近似公式：

$$\left.\begin{aligned}\alpha &= \frac{a}{c}\gamma \\ \beta &= \frac{b}{c}\gamma\end{aligned}\right\} \tag{14-3}$$

当 γ >20° 时，按下面公式进行计算：

$$\left.\begin{aligned}\tan\frac{\alpha}{2} &= \sqrt{\frac{(P-b)(P-c)}{P(P-a)}} \\ \tan\frac{\beta}{2} &= \sqrt{\frac{(P-a)(P-c)}{P(P-b)}}\end{aligned}\right\} \tag{14-4}$$

式中

$$P = \frac{a+b+c}{2}$$

② 连接三角形的检核。当 γ <20° 时，检核计算公式为

$$c_{计}^2 = a^2 + b^2 - 2ab\cos\gamma \tag{14-5}$$

边长 c 的计算值与测量值之差：井上≤2mm，井下≤4mm。

当 γ >20° 时，检核计算公式为

$$\left.\begin{aligned}\tan\frac{\gamma}{2} &= \sqrt{\frac{(P-a)(P-b)}{P(P-c)}} \\ (\alpha+\beta+\gamma) &- 180° \leqslant 1'30''\end{aligned}\right\} \tag{14-6}$$

③ 坐标计算由地面控制点 D 起，按导线形式选择一条推算路线，其中包括地面连接点、垂线点、井下连接点以及井下导线起始点。计算方法同第 6 章经纬仪导线计算，此处不再赘述。

一井定向应独立进行两次，其计算结果，井下导线起始边方位角的较差不应超过 2′。当定向条件困难，或矿井一侧巷道长度小于 700m 时，在满足采矿工程需要的前提下，其较差可以放宽到 4′。

2) 两井定向(Two-shaft Orientation)

(1) 概述。

当矿井有两个竖井，且在定向水平有巷道相通并能进行测量时，就要采用两井定向。两井定向是在两个井筒内各放一根钢丝，并悬挂重锤，通过地面和井下导线将它们连接起来，从而把地面坐标系统中的平面坐标和方向传递到井下。

两井定向的外业测量与一井定向类似，也包括投点、地面和井下连接测量，只是两井定向时每个井筒中只悬挂一根钢丝，这就使投点工作更为方便，且缩短了占用井筒的时间。同时，由于两井定向与一井定向相比两根钢丝间的距离大大增加，从而使投向误差显著减小。因此，在条件允许时，应尽量考虑使用两井定向。两井定向的井上、井下连接测量的示意图如图 14-6 所示。

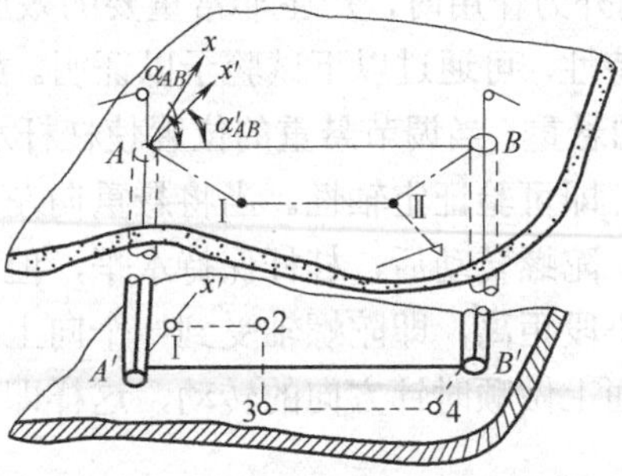

图 14-6　两井定向原理

由于两井定向时，两根钢丝间不能直接通视，而是通过导线连接起来，因此在连接测量时必须测出井上、井下导线各边的边长及其连接水平角；同时，在内业计算时必须采用假定坐标系。

(2) 两井定向的内业。

① 根据地面连接测量的成果，按照导线的计算方法，计算出地面 A、B 两钢丝的坐标(x_A，y_A)、(x_B，y_B)。

② 计算 A、B 两钢丝的连线在地面坐标系统中的方位角 α_{AB}。

$$\tan\alpha_{AB}=\frac{y_B-y_A}{x_B-x_A} \tag{14-7}$$

③ 以井下导线起始边 $A'1$ 为 x 轴，A 点为坐标原点建立假定坐标系统，计算井下导线各连接点在此假定坐标系统中的平面坐标，设 B 点的假定坐标为(x'_B、y'_B)。

④ 计算 A、B 连线在假定坐标系统中的方位角 α'_{AB}。

$$\tan\alpha'_{AB}=\frac{y'_B-y'_A}{x'_B-x'_A}=\frac{y'_B}{x'_B} \tag{14-8}$$

⑤ 计算井下起始边在地面坐标系统中的方位角 α_{A1}。

$$\alpha_{A1}=\alpha_{AB}-\alpha'_{AB} \tag{14-9}$$

⑥ 根据 A 点的坐标(x_A、y_A)和计算出的 $A1$ 边的方位角 α_{A1}，计算井下导线各点在地面平面直角坐标系统中的坐标和方位角。

两井定向必须独立进行两次，两次求得的起始边方位角互差不得超过 1′，若满足此条件，则取两次结果的平均值作为最终定向成果。

2. 陀螺定向(Gyroscopic Orientation)

陀螺定向是一种物理定向方法，它运用陀螺经纬仪直接测定井下未知边的方位角。它克服了运用几何定向方法进行联系测量时占用井筒时间长、工作组织复杂等缺点，目前已广泛应用于矿井联系测量中，以便控制井下导线方向误差的积累。

1) 陀螺经纬仪的工作原理

陀螺经纬仪是根据自由陀螺仪(在不受外力作用时，具有 3 个自由度的陀螺仪)的原理而制作的。自由陀螺仪具有以下两个基本特性。

(1) 定轴性陀螺轴在不受外力作用时，它的方向始终指向初始恒定方向。

(2) 进动性陀螺轴在受到外力作用时，产生非常重要的效应——“进动”。

自由陀螺仪的上述两个特性，可通过以下试验予以证明。如图 14-7 所示，左端为一可转动的陀螺，右端为一可移动的悬重，当调节悬重的位置使杠杆水平时，可以看到陀螺转动后，其轴线的方向始终保持不变，即可验证定轴性。当将悬重向左移动一小段距离即相当于陀螺轴受到一个向下的作用力时，陀螺转动后，杠杆保持水平，但将在水平面上做逆时针方向的转动；同理，将悬重右移一小段距离，即陀螺轴受到一个向上的作用力时，陀螺转动后，杠杆仍保持水平，但将在水平面上做顺时针方向的转动，这样即可验证自由陀螺仪的进动性。

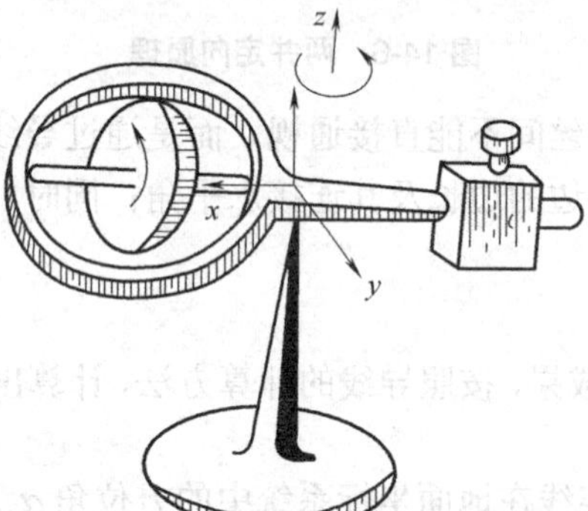

图 14-7　杠杆式陀螺仪

目前，常用的陀螺仪是采用两个完全自由度和一个不完全自由度的钟摆式陀螺仪。它是根据上述陀螺仪的定轴性和进动性两个基本特性，并考虑到陀螺仪对地球自转的相对运动，使陀螺轴在测站子午线附近做简谐摆动的原理而制作的。

陀螺经纬仪是陀螺仪和经纬仪组合而成的定向仪器。根据其连接形式不同主要可分为上架式陀螺经纬仪和下架式陀螺经纬仪两大类。上架式陀螺经纬仪即陀螺仪安放在经纬仪之上，下架式陀螺经纬仪即陀螺仪安放在经纬仪之下。

现在常用的矿用陀螺经纬仪大都是上架式陀螺经纬仪。在此以徐州光学仪器厂生产的

JT-15 型陀螺经纬仪为例来说明陀螺经纬仪的基本结构。

JT-15 型陀螺经纬仪是将陀螺仪安放在 6″级经纬仪之上而构成的，其中陀螺仪部分的基本结构如图 14-8 所示。

2) 陀螺经纬仪定向的方法

运用陀螺经纬仪进行矿井定向的常用方法主要有逆转点法和中天法。它们间的主要差别是在测定陀螺北方向时，逆转点法的仪器照准部处于跟踪状态，而中天法的仪器照准部是固定不动的。在此以逆转点法为例来说明测定井下未知边方位角的全过程。

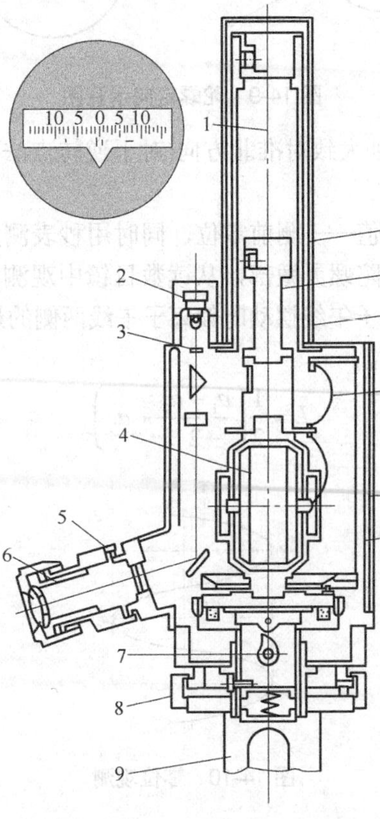

图 14-8　JT-15 型陀螺仪构造

1—悬挂带；2—光源；3—光标镜；4—陀螺马达；5—分划板；6—目镜；
7—凸轮；8—限幅盘；9—连接支架；13—磁屏蔽；14—支架；15—悬挂柱

(1) 在地面已知边上采用 2 或 3 个测回测定仪器常数 $\varDelta_{前}$。

由于仪器加工等多方面原因，实际中陀螺轴的平衡位置往往与测站真子午线的方向不重合，它们之间的夹角称为陀螺经纬仪的仪器常数，并用 $\varDelta$ 表示，如图 14-9 所示，要在地面已知边上测定 $\varDelta$，关键是要测定已知边的陀螺方位角 $T_{AB陀}$。

测定 $T_{AB陀}$的方法是：

第 1 步，在 A 点安置陀螺经纬仪，严格整平对中，并以两个镜位观测测线方向 AB 的方向值——测前方向值 M_1。

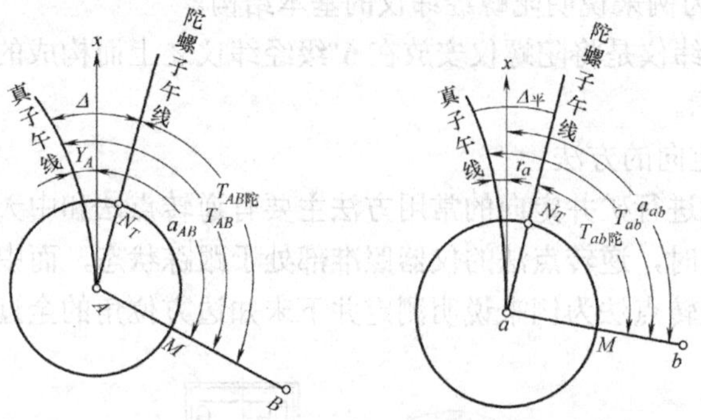

图 14-9 陀螺定向示意图

第 2 步，将经纬仪的视准轴大致对准北方向(对于逆转点法要求偏离陀螺子午线方向不大于 60′)。

第 3 步，测量悬挂带零位值——测前零位，同时用秒表测定陀螺摆动周期。

测定零位的方法是：下放陀螺灵敏部，从读数目镜中观测灵敏部的摆动，在分划板上连续读 3 个逆转点(即陀螺轴围绕子午线摆动时偏离子午线两侧的最远位置)的读数(见图 14-10)，估读 0.1 格，并按下式计算零位：

$$L=\frac{1}{2}\left(\frac{a_1+a_2}{2}+a_2\right) \tag{14-10}$$

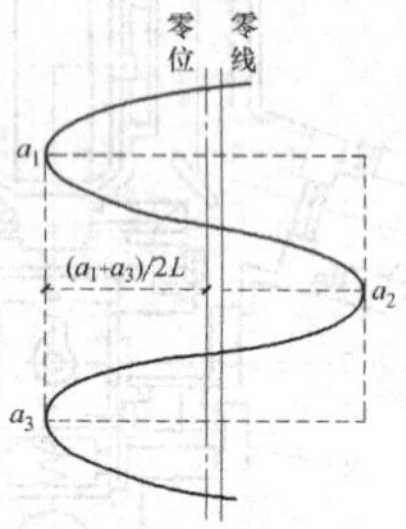

图 14-10 零位观测

第 4 步，用逆转点法(Method of Inversion Points)精确测定陀螺北方向值 N_T。启动陀螺马达，缓慢下放灵敏部，使摆幅在 1°～3° 范围。调节水平微动螺旋使光标像与分划板零刻度线随时保持重合，到达逆转点后，记下经纬仪水平度盘读数。连续记录 5 个逆转点的读数 u_1、u_2、u_3、u_4、u_5，并按下式计算 N_T：

$$\left.\begin{aligned}
N_1&=\frac{1}{2}\left(\frac{u_1+u_3}{2}+u_2\right)\\
N_2&=\frac{1}{2}\left(\frac{u_2+u_4}{2}+u_3\right)\\
N_3&=\frac{1}{2}\left(\frac{u_3+u_5}{2}+u_4\right)\\
N_T&=\frac{1}{3}\left(N_1+N_2+N_3\right)
\end{aligned}\right\} \tag{14-11}$$

第 5 步，进行测后零位观测，其方法同测前零位观测。

第 6 步，再以两个镜位测定 AB 边的方向值——测后方向值 M_2。

第 7 步，计算 $T_{AB陀}$

$$T_{AB陀} = \frac{M_1 + M_2}{2} - N_T \tag{14-12}$$

于是可得

$$\Delta_{前} = T_{AB} - T_{AB陀} = \alpha_{AB} + \gamma_A - T_{AB陀} \tag{14-13}$$

(2) 在井下定向边上采用两测回测定陀螺方位角 $T_{AB陀}$，如图 14-9(b)所示。

(3) 返回地面后，及时再在已知边上测定仪器常数 $\Delta_{后}$。

(4) 计算井下未知边的坐标方位角 α_{ab}。如图 14-9(b)所示，α_{ab} 按下式计算：

$$\alpha_{ab} = T_{AB陀} + \Delta_{平} - \gamma_a \tag{14-14}$$

$$\Delta_{平} = \frac{\Delta_{前} + \Delta_{后}}{2}$$

式中，γ_a 点的子午线的收敛角。

采用逆转点法进行陀螺定向时，测定仪器常数的记录格式和计算方法如表 14-11 所示，测定井下未知边方位角的计算方法如表 14-12 所示。

表 14-11　陀螺经纬仪定向记录(逆转点法)(1)

测线名称：基 5—基 6　　　　记录者：

仪器号：JT15-79563　　　　观察者：　　　　日期：

逆转点读数	左方		中值		右方
	1° 15.0′				
	(1° 14.1′)		0°00.35′		358°46.6′
	1° 13.2′		0°00.38′		(358°47.55′)
	(1° 12.25′)		0°00.35′		358°48.5′
	1° 11.3′				
	平均值		0°00.37′		
	周期		8min38s		
测前零位			测后零位		
左方	中值	右方	左方	中值	右方
+1.25					−1.86
(+1.245)	−0.178	−1.60	+1.50	−0.178	(−1.855)
+1.24					−1.85
周期	38.0s		周期	38.1s	
测线方向	正镜		4°25.5′	4°25.6′	附注 天气：晴
	倒镜		184°25.2′	184°25.3′	气温： 风力：3～4 级
	平均		4°25.35′	4°25.45′	开始时间：20h33min
计算	测线方向值		4°25′24″		启动时间：lmin36s 时间：57s
	陀螺北方向值		0°00′22″		停止时间：20h55min
	零位改正数				运转时间：22min

续表

	陀螺方位角	4°25′0.18″
	仪器常数	+4′44″
	地理方位角	4°29′46.2″
	收敛角	+4′13.2″
	坐标方位角	4°25′33″

表 14-12　陀螺经纬仪定向记录(逆转点法)(2)

测线名称：车 1—车 2　　　　　　记录者：

仪器号：JT15-79503　　　　　　观察者：　　　　　　日期：

逆转点读数		左方	中值		右方
		358°36.7′			
		(358°38.0′)	359°59.505′		1°21.0′
		358°39.3′	359°59.52′		(1°19.75′)
		(358°40.35′)	359°59.42′		1°18.5′
		358°41.4′			
		平均值	359°59.48′		
		周期	8min38s		
测前零位			测后零位		
左方	中值	右方	左方	中值	右方
+0.40					−0.50
(+0.385)	−0.175	−0.73	+0.15	−0.175	(−0.50)
+0.35					−0.50
周期	38.0s		周期	38.s	
测线方向	正镜		184°42.6′	184°42.5′	附注
	倒镜		4°42.5′	4°42.5′	天气：晴
	平均		184°42.55′	184°42.5′	气温：
计算	测线方向值		184°42′31.2″		风力：3～4 级
	陀螺北方向值		359°59′28.8″		开始时间：10h15min
	零位改正数				启动时间：1min35s
	陀螺方位角		194°43′02.4″		时间：57s
	仪器常数		+4′49.3″		停止时间：10h38min
	地理方位角		184°47′51.7″		运转时间：23min
	收敛角		+4′32.4″		陀城矿北翼大巷
	坐标方位角		+184°43′19.3″		

14.3.2　高程联系测量

矿井高程联系测量又称为导入标高，其目的是建立井上、井下统一的高程坐标系统。采用平硐或斜井开拓的矿井，高程联系测量可采用水准测量或三角高程测量，将地面水准点的高程传递到井下。采用竖井开拓的矿井则需采用专门的方法来传递高程，常用的竖井导入标高的方法有钢尺法、钢丝法和光电测距法。

钢尺法和钢丝法导入标高的原理基本相似，只是钢尺法采用的是经过比长的钢尺，只需直接加上其测量值的各项改正数即可得到其长度；而钢丝法则需要在地面通过专门的设备或仪器测量其长度。因此，在此仅以钢丝法和光电测距仪法为例来说明导入标高的过程。

1. 钢丝法导入标高(Line Wire Method)

采用钢丝法导入标高时，首先应在井筒中悬挂一根钢丝，在钢丝下端悬以重锤，使其处于自由悬挂状态(见图 14-11)；然后，在井上、井下同时用水准仪测得 A、B 处水准尺上的读数 a 和 b，并用水准仪瞄准钢丝，在钢丝上作上标记；变换仪器高再测一次，若两次测得的井上、井下高程基点与钢丝上相应标志间的高差互差不超过 4mm，则可取其平均值作为最终结果。最后，可通过在地面建立的比长台用钢尺往返分段测量出钢丝上两标记间的长度，且往返测量的长度互差不得超过 $L/8000$(L 为钢丝上两标志间的长度)。

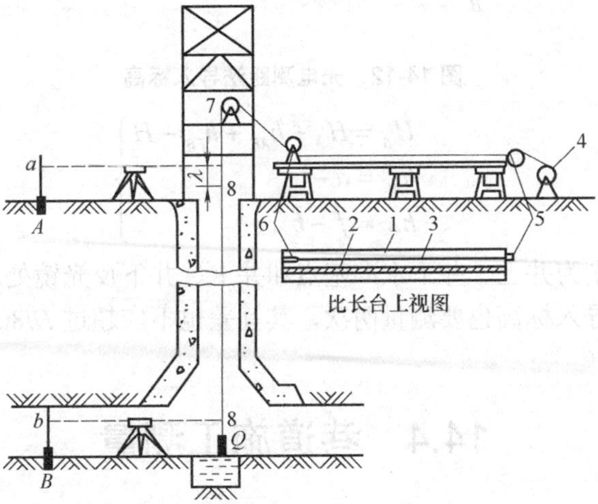

图 14-11　钢丝法导入标高

1—比长台；2—检验过的钢尺；3—钢丝；4—手摇绞车；

5、6—小滑轮；7—导向滑轮；8—标线夹

这样，井下水准基点 B 的高程 H_B 即可通过下式求得：

$$H_B=H_A-L+(a-b)\tag{14-15}$$

2. 光电测距仪导入标高(Electrooptical Method)

运用光电测距仪导入标高，不仅精度高，而且缩短了井筒占用时间，因此是一种值得推广的导入标高方法。

如图 14-12 所示，光电测距仪导入标高的基本方法是：在井口附近的地面上安置光电测距仪，在井口和井底中分别安置反射镜；井上的反射镜与水平面呈 45° 夹角，井下的反射镜处于水平状态；通过光电测距仪分别测量出仪器中心至井上和井下反射镜的距离 l、S，从而计算出井上与井下反射镜中心间的铅垂距离 H

$$H=S-l+\Delta l\tag{14-16}$$

式中，Δl 为光电测距仪的总改正数。

然后，分别在井上、井下安置水准仪。测量出井上反射镜中心与地面水准基点间的高差

h_{AE}和井下反射镜中心与井下水准基点间的高差 h_{FB}，则可按下式计算井下水准基点 B 的高程 H_B：

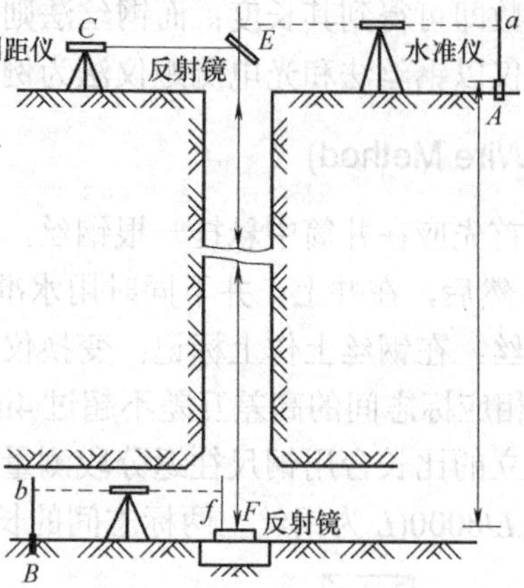

图 14-12 光电测距法导入标高

$$\left.\begin{aligned} H_B &= H_A + h_{AE} + h_{FB} - H \\ h_{AE} &= a - c \\ h_{FB} &= f - b \end{aligned}\right\} \tag{14-17}$$

式中，a、b、e、f 分别为井上、井下水准基点和井上、井下反光镜处水准尺的读数。

运用光电测距仪导入标高也要测量两次，其互差也不应超过 $H/8000$。

14.4 巷道施工测量

巷道施工测量的任务是按照矿井设计的规定和要求，在现场实地标定掘进巷道的几何要素(位置、方向和坡度等)，并在巷道掘进过程中及时进行检查和校正。通常将这项工作称为给向，或给中腰线。

14.4.1 中线的标定

1. 概述

为了指示巷道在水平面内的方向，需要标定巷道的几何中心线在水平面上投影的方向，即中线(Centric Line)方向。在主要巷道中，中线应采用经纬仪标定；在采区次要巷道中，可采用罗盘仪等精度较低的仪器标定中线。

中线点应成组设置，每组不得少于 3 个点，相邻两点间的距离一般不应小于 2m。在巷道掘进过程中，中线点应随掘随给，最前面的一组中线点距掘进头的距离，一般不应超过 30～40m。

标定巷道中线的步骤大致如下。

(1) 检查设计图纸。主要检查的内容包括：巷道间的几何关系是否符合实际情况，标注的角度和距离是否与设计图一致等。

(2) 确定标定中线时所必需的几何要素。

(3) 标定巷道的开切点和方向。

(4) 随着巷道的掘进及时延伸中线。

(5) 在巷道掘进过程中，随时检查和校正中线的方向。

2. 巷道开切时的标定方法

巷道开切时的标定工作主要包括标定开切点的位置和初步给出巷道的掘进方向两项内容。

如图 14-13(a)所示，欲从已掘巷道中的 A 点沿虚线开掘一条新巷道，标定的方法如下。

(1) 从设计图上量取 A 点至已知中线点 4、5 的距离 L_1、L_2，并检查 L_1+L_2 是否与 4、5 两点间的距离相符，以此作检核，同时量取巷道的转向角 β。

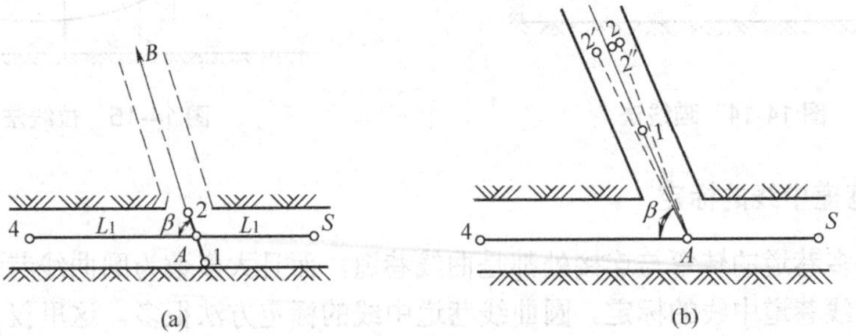

图 14-13 巷道中线的标定

(2) 在 4 点安置经纬仪，瞄准点 5，并沿此方向由点 4 量取 L_1，即可得到点 A 的位置，将其标定于顶板上，然后再量取点 A 至点 5 的距离作检核。

(3) 在点 A 安置经纬仪，后视点 4，用正镜位置给出角 β，此时，望远镜所指方向即为新开掘巷道的中线方向，在此方向上标出点 2，倒转望远镜，标出点 1，则点 1、A、2 即组成一组中线点。

此外，也可用罗盘仪来标定巷道的开切方向。

3. 巷道中线的标定

巷道开切后最初标定的中线点很容易遭到破坏。当掘进到 4～8m 时应检查或重新标定中线。简易的检查方法是看一组中线的 3 个点是否在一条直线上。重新标定一组中线点时，如图 14-13(b)所示，首先应检查 A 点是否移动。若 A 点已移动应重新标定。当确定 A 点没有移动时，在 A 点安置经纬仪，分别用正、倒两个镜位按角 β 给出 2′ 和 2″ 点，2′ 和 2″ 点往往是不重合的，这时可取 2′ 和 2″ 点的中点 2 作为中线点。为了检查，还应测定水平角 $\angle 4A2$ 与角 β 比较作为检核。经检查确认无误，再瞄准点 2，在点 A 与点 2 中间再标定一个中线点 1。这样，点 A、1、2 就组成了一组中线点。

用一组中线点可指示直线巷道掘进 30～40m。在由一组中线点到下一组中线点的巷道掘进过程中，可采用瞄线法或拉线法来指示巷道的掘进方向。

1) 瞄线法

如图 14-14 所示，瞄线法是在中线点 1、2、3 上分别悬挂垂球，一个人站在中线点 1 后，沿中线方向瞄视，指挥另一个人在掘进头移动矿灯的位置，使矿灯正好位于这组中线点的延长线上。此时，矿灯的位置也就是巷道中线的位置。

2) 拉线法

如图 14-15 所示，拉线法是在一组中线点 1、2、3 上分别悬挂垂球后，将细绳的一端系在中线点 1 的垂球线上，另一端拉向掘进头，使细绳与点 2、3 处的垂球线相切，这时绳的端点位置即为巷道中线的位置。

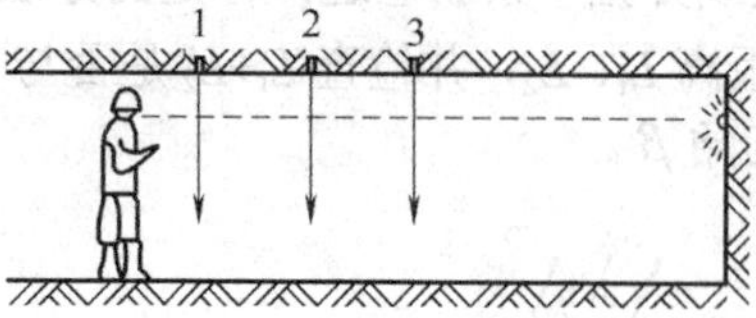

图 14-14 瞄线法

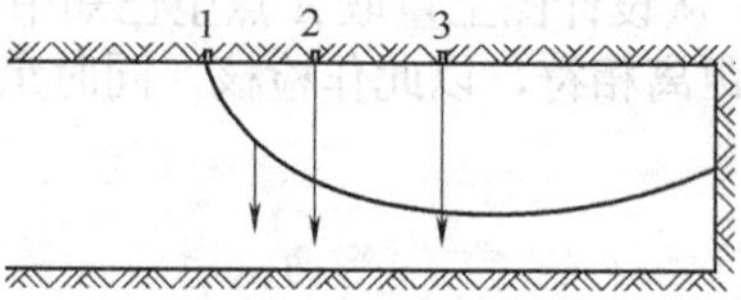

图 14-15 拉线法

4. 曲线巷道中线的标定

井下有许多巷道的转弯与连接处都是曲线巷道，而且大多数为圆曲线巷道。因此，在此主要介绍圆曲线巷道中线的标定。圆曲线巷道中线的标定方法很多，这里仅介绍常用的弦线法。弦线法是将圆曲线分成圆弧段，以弦线来代替其中线，指示巷道的掘进方向。它的标定方法和步骤大致与直线巷道类似。下面予以简要介绍。

首先要根据圆曲线的设计要素，如图 14-16 中的曲线起点 A、终点 B，曲线半径 R，中心角 α 及将曲线等分的段数 n，计算标定要素：弦的长度 l、起点和终点的转角 β_A、β_B 以及中间点的转角 β_i。

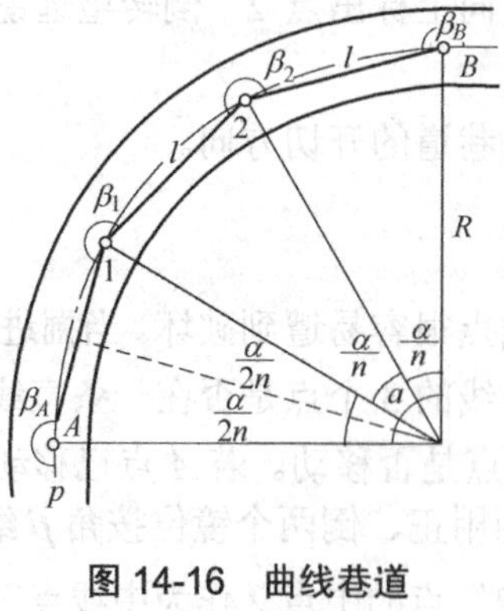

图 14-16 曲线巷道

$$\left.\begin{aligned} l &= 2R\sin\frac{\alpha}{2n} \\ \beta_A &= \beta_B = 180^\circ + \frac{\alpha}{2n} \\ \beta_1 &= \beta_2 = 180^\circ + \frac{\alpha}{n} \end{aligned}\right\} \tag{14-18}$$

然后进行现场标定。在起点 A 安置经纬仪。如图 14-17 所示，后视直线巷道中的中线点 P，按转角 β_A，给出弦线 $A1$ 的方向。但由于前面巷道还未开掘，只能倒转望远镜在其反方向上标设中线点 D、C。这样 C、D、A 3 点即组成一组中线点。用它指示巷道据进到 1 点后，应丈量弦长 l，精确标定出 1 点。然后，就可按与上述类似的方法继续给出下一弧段的中线。

为了便于指导巷道掘进施工，还应绘制比例尺 1∶50 或 1∶100 的曲线巷道大样图。按垂直于弦线的方向或沿径向标注出巷道两帮至弦线的距离(见图 14-18)。

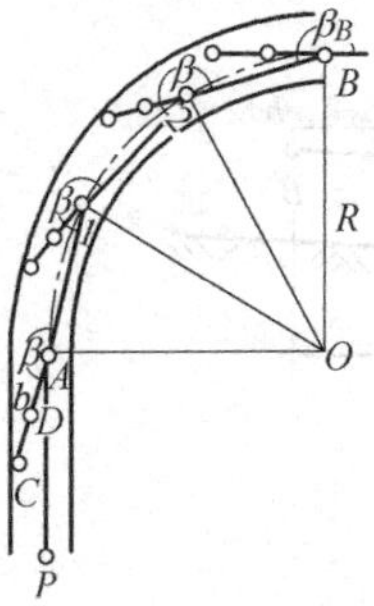

图 14-17　曲线巷道中线标定

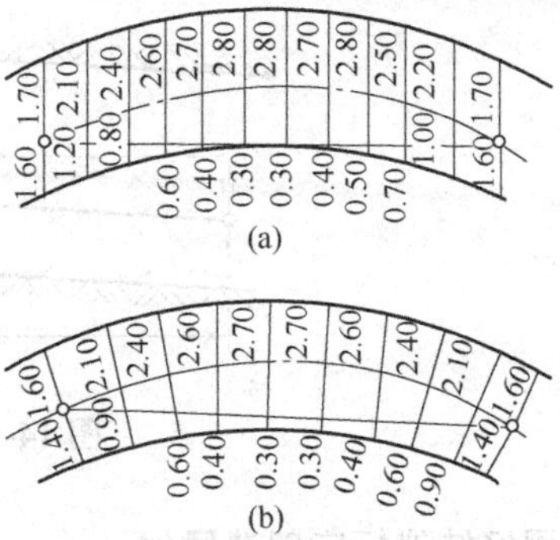

图 14-18　曲线巷道施工大样图

14.4.2　腰线的标定

为了指示巷道掘进的坡度而在巷道两帮上给出的方向线，称为腰线(Grade Line)。腰线点可成组设置(每组不得少于 3 个点，各相邻点的间距应大于 2m)，也可每隔 30～40m 设置一个，但须在巷道两帮上画出腰线，且对于一个矿井，腰线距底板或轨面的高度应为定值。

腰线可用水准仪、经纬仪或半圆仪等来标定。新开掘的巷道掘进到 4～8m 时，也应检查或重新标定腰线点。巷道掘进时，最前面的腰线点距掘进头的距离不宜大于 30～40m。

主要运输巷道的腰线应用水准仪、经纬仪或连通管水准器来标定，次要巷道的腰线可用悬挂半圆仪等标定。急倾斜巷道的腰线应尽量用经纬仪来标定，短距离时，也可用悬挂半圆仪等来标定。下面以常用的水准仪标定平巷腰线和用经纬仪标定倾斜巷道的腰线为例来说明腰线的标定方法。

1. 用水准仪标定平巷腰线

所谓平巷，并非绝对水平的巷道，一般情况下，坡度小于 8° 的巷道均视为水平巷道。在主要水平巷道中，常常都是用水准仪来标定腰线。

其标定的方法如图 14-19 所示，首先根据已知腰线点和设计坡度，计算下个腰线点 B 与已知腰线点 A 间的高差 h_{AB}

$$h_{AB}=Li \tag{14-19}$$

式中，L 为 A、B 间的水平距离；i 为巷道的设计坡度；h_{AB} 的正负号与 i 的正负号相同，巷道上坡时为正，下坡时为负。

下一步就是根据计算结果进行实地标定。在 A、B 中间安置水准仪，用皮尺丈量 A、B 间的水平距离，按式(14-19)计算出 h_{AB}。先后视 A 点得读数 a，再前视 B 点得读数 b；并用小钢尺自读数 b 处向下量取 Δ (Δ 为负时，向上量取 $|\Delta|$)，即得 B 处腰点的位置。Δ 按下式计算：

$$\Delta = h_{AB} - (a - b)$$

式中，a、b 的正负号按下列原则确实：A、B 处的小钢尺(或水准尺)的零点在水准仪视线之上时取正号，否则取负号。

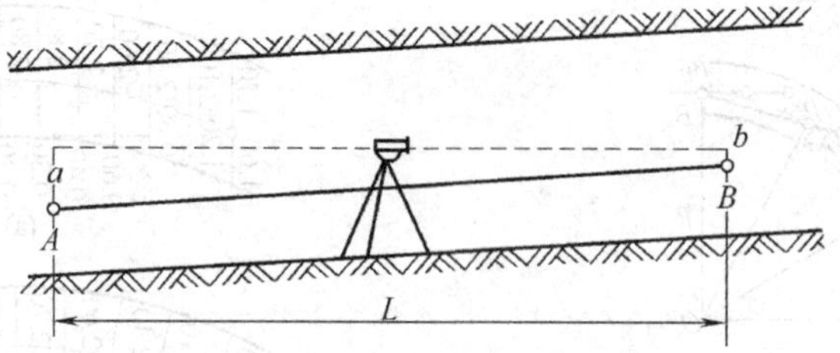

图 14-19　水准仪标定平巷腰线

2. 用经纬仪标定斜巷腰线

用经纬仪标定斜巷腰线的方法很多，在此仅介绍伪倾角法。

首先，应当了解什么是伪倾角，空间一个倾斜面的真倾角(即它与水平面之间的二面角)是指在垂直于其与水平面的交线的竖直面内的投影与水平线的夹角。若在与其交线斜交的竖直面内的投影与水平线间的夹角则称为伪倾角。如图 14-20 所示，δ 为倾斜面 CDEF 的真倾角，δ' 则为伪倾角。不难看出，真倾角永远大于伪倾角。

由于设计巷道时仅给出了真倾角，而腰线是标定在巷道两帮上的，经纬仪又只能安置在巷道中部，因此，只能根据真倾角与伪倾角间的关系按伪倾角来标定腰线。

由图 14-20 知

$$\tan\delta = \frac{BB'}{AB'}, \quad \tan\delta' = \frac{CC'}{AC'}, \quad BB' = CC', \quad AB' = AC'\cos\beta$$

所以

$$\tan\delta' = \cos\beta\tan\delta$$

有了上述关系式，就可以根据真倾角 δ 和两个竖直面间所夹角的水平角 β 计算出伪倾角 δ'，从而标定腰线点的位置。

实地标设时，如图 14-21 所示，将经纬仪安置在中线点 B 下，后视中线点 A，将水平度盘读数调至 0°00′00″，转动照准部，瞄准 A 点附近的腰线点 1 读取水平度盘读数，即水平角 β_1。按伪倾角与真倾角间的关系式，计算出伪倾角 δ_1'。并将望远镜竖盘位置准确调至竖直角 δ_1'，在 1 点上或下做一记号，用小钢尺量取腰线点 1 至记号的垂直距离 b。然后，将望远镜瞄准前面一个中线点 C，读取水平度盘读数，再转动照准部，瞄准欲标设的腰线点 2，根据水平度盘读数计算出望远镜转动的水平角 β_2，并按照上述同样的方法，计算出伪倾角 δ_2'。将望远镜的倾角调至 δ_2'，再由此向上或向下量取垂直距离并作上标记，即得腰线点 2。

用伪倾角法标定斜巷腰线可以与标定中线同时进行。

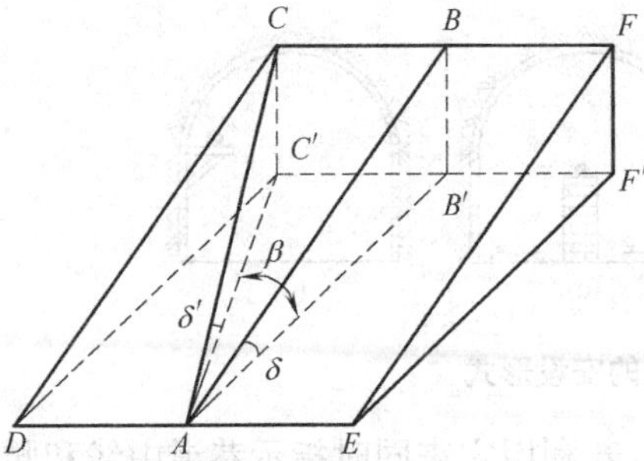

图 14-20　伪倾角法原理

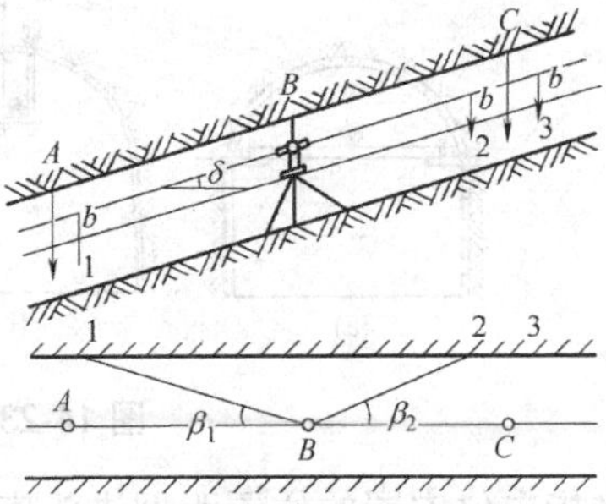

图 14-21　经纬仪法标定斜巷腰线

14.4.3　激光给向(Laser Guiding)

1. 概述

激光指向仪是利用激光器产生的光源进行指向的仪器。由于激光具有方向性、单色性好和亮度高等许多优点，因此成为理想的光学仪器光源。运用激光指向仪指示巷道的掘进方向，具有占用巷道时间短、效率高、中线和腰线一次给定等许多优点，目前已广为各类矿山所应用。

激光指向仪的型号很多，如图 14-22 所示为太原河西区激光仪器厂研制的 JX-I 型防爆激光指向仪及其主要光路图。

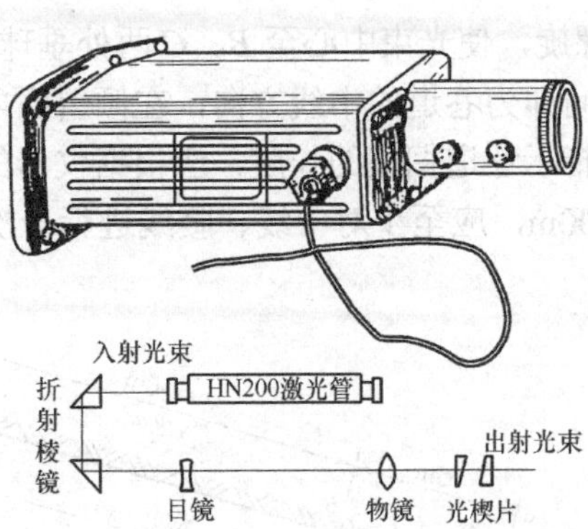

图 14-22　JX-I 型防爆激光指向仪

矿用激光指向仪主要由激光器、光学系统、防爆壳体和悬挂调节机构等部件组成。激光器产生激光光源，经过光学系统聚焦，使激光束集中地发射；防爆壳体是用铝合金制成的，用来隔爆的外壳；悬挂调节机构用来安置和调整光线方向。

2. 激光指向仪的安置

每次使用激光指向仪前，首先应对激光指向仪的电源、发光情况以及各调节机构进行检查，检查合格后方可用其给向。

如图 14-23 所示，激光指向仪可安放在巷道中央的工字钢上(见图 14-23(a))，或安放在用 4 根锚杆固定的框架上(见图 14-23(b))，或巷道中央的石垛上(见图 14-23(c))，也可安放在两帮的悬臂架上(见图 14-23(d))。

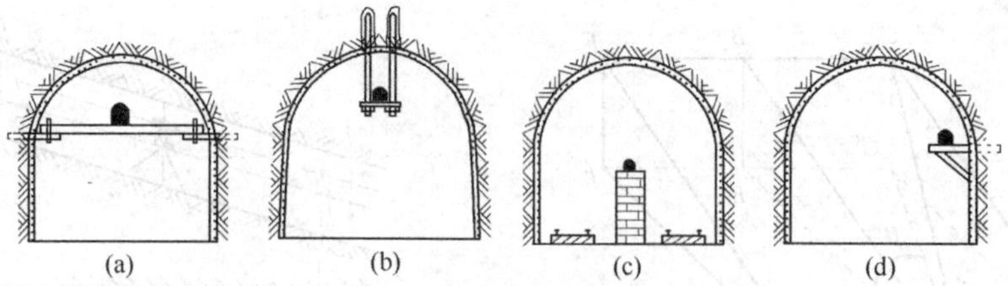

图 14-23　激光指向仪的安设形式

激光指向仪安置的位置距掘进头应不小于 70m。若利用它来同时指示巷道中线和腰线时，必须使光束在水平面内位于巷道的中线方向上，在倾斜面内位于巷道的腰线方向上。安置时，必须根据经纬仪和水准仪标定的中线点、腰线点来确定。所用中线点、腰线点一般不应少于 3 个，且各相邻点间的距离应以大于 30m 为宜。

实地安置步骤如下。

(1) 如图 14-24 所示，选择 *A*、*B*、*C* 3 个中线点，其中 *B* 点距掘进头应大于 70m，*C* 接近掘进头，且 *C* 点和 *A* 点距 *B* 点以 30～50m 为宜。若找不到合适的中线点，应用经纬仪测定。

(2) 在 *A*、*B*、*C* 3 点上悬挂垂球线，并用水准仪在垂球线上标出腰线的位置。

(3) 将激光指向仪安置在 *B* 点之后 3～5m 的巷道中部的锚杆上，固定后打开激光指向仪。

(4) 根据 *A*、*B*、*C* 点组成的中线，调节水平微动螺旋，使光束中心准确地通过 *B*、*C* 点所挂的垂球线。

(5) 调节垂直方向微动螺旋，使光束中心至 *B*、*C* 两处垂球线上腰线位置的距离 *d* 相等。这样，光束在水平面内的方向即为巷道的中线方向，在倾斜面内的方向即为腰线方向。

运用激光指向仪，一次指示巷道掘进的长度，应根据仪器的性能而定，只要光斑清晰、稳定即可。但巷道每掘进 100m，应至少对中线、腰线进行一次检查测量，并根据检查测量的结果调整中线和腰线。

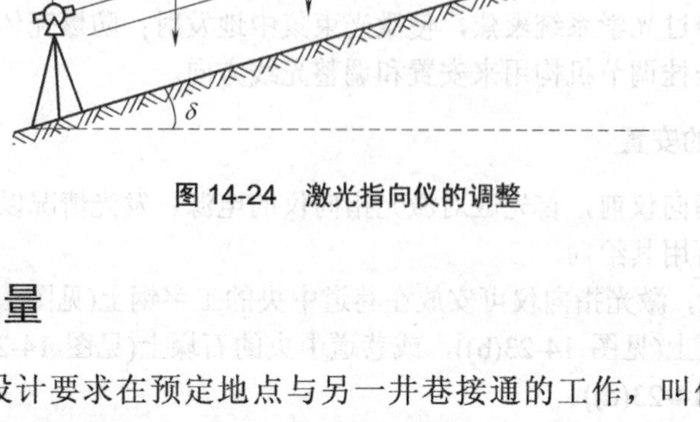

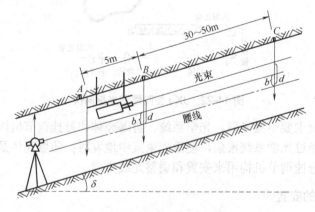

图 14-24　激光指向仪的调整

14.4.4　贯通测量

使掘进井巷按设计要求在预定地点与另一井巷接通的工作，叫作井巷贯通(Through

Survey)。贯通可分为水平巷道贯通、倾斜巷道贯通、竖井贯通。

贯通测量数据计算包括开切点的坐标及高程，贯通中线的坐标方向角和给向角，贯通巷道的倾角或坡度以及贯通巷道的长度等。

贯通测量数据计算内容因贯通巷道类型及方式不同而不同，现以倾斜巷道贯通为例说明如下。

如图 14-25 所示，在上、下平巷之间要相向贯通 3 号倾斜巷道，为此，首先布设一条导线 *CDEFG*，测出各点的坐标和高程。*A*、*B* 两点为设计倾斜巷道的中线和现有巷道中线的交点，坐标和高程已知。

1. *A* 点标定数据的计算

$$\alpha_{GA}=\arctan\frac{Y_A-Y_G}{X_A-X_G}\text{(根据直线所在象限求得}\alpha_{GA}\text{)} \tag{14-20}$$

$$\beta_G=\alpha_{GA}-\alpha_{GF} \tag{14-21}$$

$$D_{GA}=\sqrt{(x_A-x_G)^2+(y_A-y_G)^2}=\frac{X_A-X_G}{\cos\alpha_{GA}}=\frac{Y_A-Y_G}{\sin\alpha_{GA}} \tag{14-22}$$

2. 由 *A* 点开切下山标定数据的计算

$$\alpha_{AB}=\arctan\frac{Y_B-Y_A}{X_B-X_A} \tag{14-23}$$

给向角为

$$\beta_A=\alpha_{AB}-\alpha_{AG} \tag{14-24}$$

水平距离为

$$D_{AB}=\sqrt{(x_B-x_A)^2+(y_B-y_A)^2}=\frac{X_B-X_A}{\cos\alpha_{AB}}=\frac{Y_B-Y_A}{\sin\alpha_{AB}} \tag{14-25}$$

倾斜距离为

$$D'_{AB}=\sqrt{(X_B-X_A)^2+(Y_B-Y_A)^2+(H_B-H_A)^2} \tag{14-26}$$

坡度为

$$i_{AB}=\frac{H_B-H_A}{D_{AB}} \tag{14-27}$$

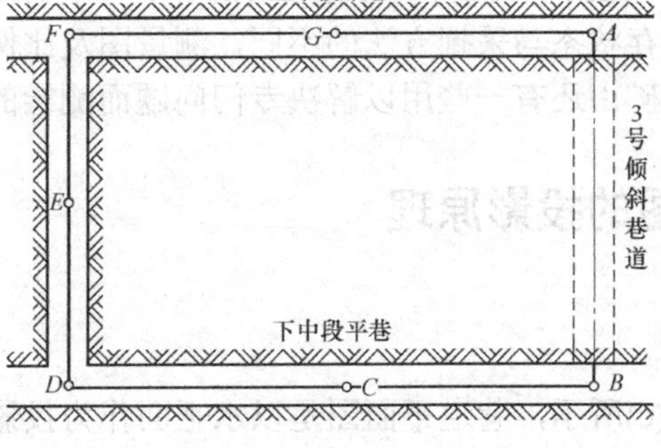

图 14-25　倾斜巷道贯通

3. *B* 点标定数据及开切上山标定的计算

B 点的标定，以及由 *B* 开切上山标定数据的计算同 *A* 点。

相向掘进的两工作面间，应视地质及施工条件，留出保安规程规定的警戒距离，以保证施工安全。贯通后，应立即测量相遇处平面与高程方面的实际偏差值。同时，将贯通处导线连测，其闭合差应满足该巷道敷设导线等级的规定精度。

14.5 矿 图

14.5.1 矿图的概念和种类

为了满足矿井的设计、施工和生产管理等工作的需要而绘制的一系列图纸，统称为矿图(Mine Map)。矿图是进行矿井设计、科学管理和指挥生产、合理安排生产计划、预防和治理灾害等必备的基础资料。

生产矿井必备的基本矿图可分为两大类：一类是矿井测量图，它是根据地面和井下实际测量资料绘制而成的，必须随着矿井的开拓、掘进和回采工作的进行及时进行填绘；另一类是矿井地质图，它是根据矿井地质勘探资料和采掘过程中揭露的地质信息而绘制的，是反映矿体及围岩的产状、地质条件、水文地质与矿产品质量等情况的图件。

矿井测量图和矿井地质图有着密切的关系，矿井测量图是绘制矿井地质图的基础，同时，又必须根据矿井地质图填绘可靠的地质资料。

在煤矿中，规定常用的矿井测量图有 8 种。

(1) 井田区域地形图，比例尺为 1∶2000 或 1∶5000。

(2) 工业广场平面图，比例尺为 1∶500 或 1∶1000。

(3) 井底车场平面图，比例尺为 1∶200 或 1∶500。

(4) 采掘工程(分层)平面图，比例尺为 1∶1000 或 1∶2000。

(5) 主要巷道平面图，比例尺为 1∶1000 或 1∶2000。

(6) 井上、井下对照图，比例尺为 1∶2000 或 1∶5000。

(7) 井筒断面图，比例尺为 1∶200 或 1∶500。

(8) 主要保护煤柱图，包括平面图和断面图，比例尺一般与采掘工程平面图一致。

冶金矿山由于矿产赋存状态与采掘方法的不同，测量图及比例尺与煤矿略有不同，但基本图件一致。此外，生产矿山还有一些用以解决专门问题而测绘的图件，称为专用图。

14.5.2 井下测量图的投影原理

1. 巷道平面图

如图 14-26(a)、(b)、(c)所示，巷道平面图是以水平面作为投影面，将实际井巷沿铅直方向投影到该面上所绘制的图形。为了反映井巷位置的竖向情况，图上注有各特征点的标高，该图又叫作标高投影图。

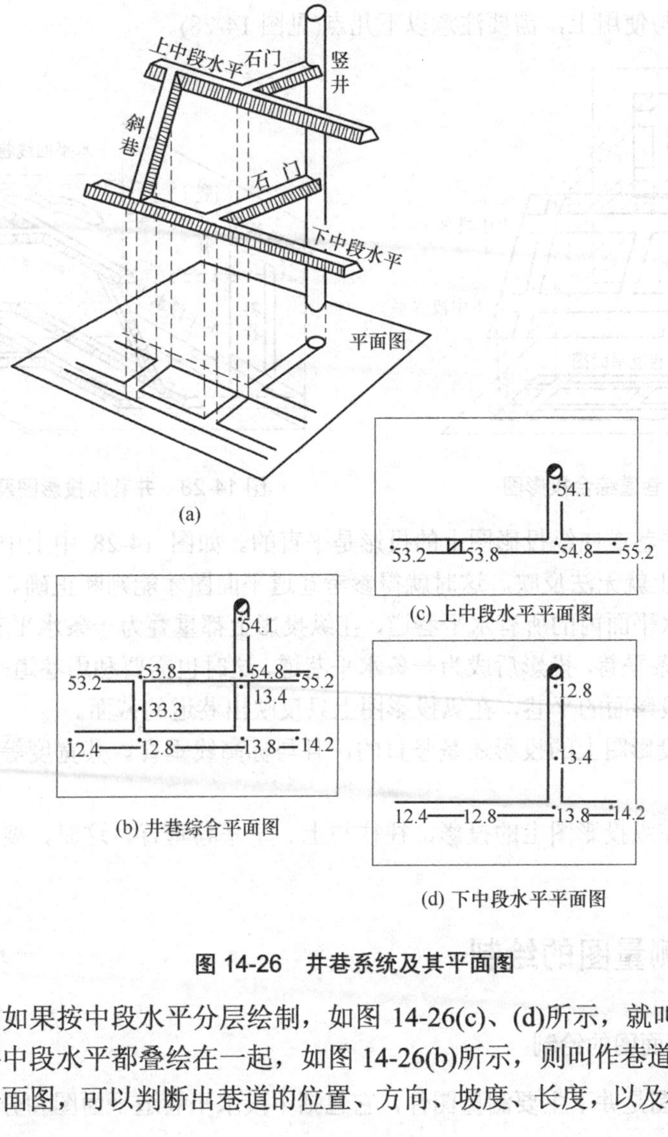

(a)

(b) 井巷综合平面图

(c) 上中段水平平面图

(d) 下中段水平平面图

图 14-26 井巷系统及其平面图

巷道平面图如果按中段水平分层绘制，如图 14-26(c)、(d)所示，就叫作中段水平巷道平面图；如果将各中段水平都叠绘在一起，如图 14-26(b)所示，则叫作巷道综合平面图。

根据巷道平面图，可以判断出巷道的位置、方向、坡度、长度，以及巷道间的相互关系。

2. 巷道纵投影图

如上所述，巷道平面图可以反映出巷道的空间关系，但是，对于倾角较大的矿体或斜巷，沿倾斜方向的变形很大，以致使图件的使用不仅不直观，而且很不方便。

如图 14-27 所示，巷道纵投影图是以竖直平面作为投影面，把空间巷道和矿体沿水平方向进行投影而绘制的图形。空间巷道在其上的竖向位置是以标高线表示的，其比例尺一般与巷道平面图的比例尺相同。

将纵投影图与巷道平面图配合使用，可以建立较好的空间概念。若矿体和斜巷倾角较大，它们在巷道平面图上的变形就很大，致使上、下中段平巷几乎挤到一起，倾斜巷道几乎无法辨认。然而，从纵投影图上即可看出上、下中段水平和巷道的倾斜状况。

为了不使主要水平巷道在纵投影图上变形，纵投影面一般应和主要水平巷道的走向平行。由于主要水平巷道一般都与矿体走向平行，因此，纵投影面一般也就和矿体的平均走向平行。

投影图在绘制与使用上，需要注意以下几点(见图 14-28)。

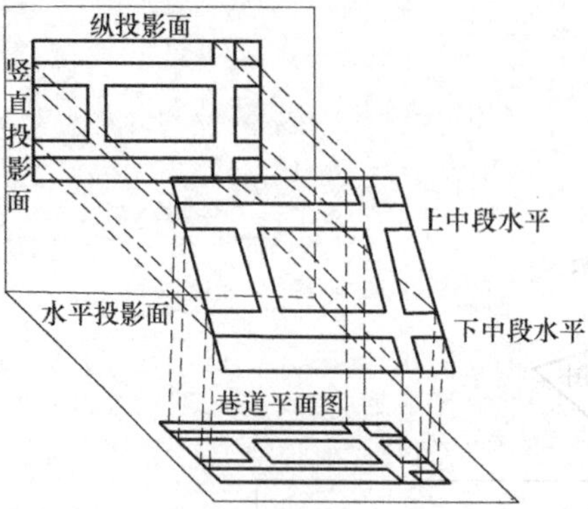

图 14-27　巷道综合投影图

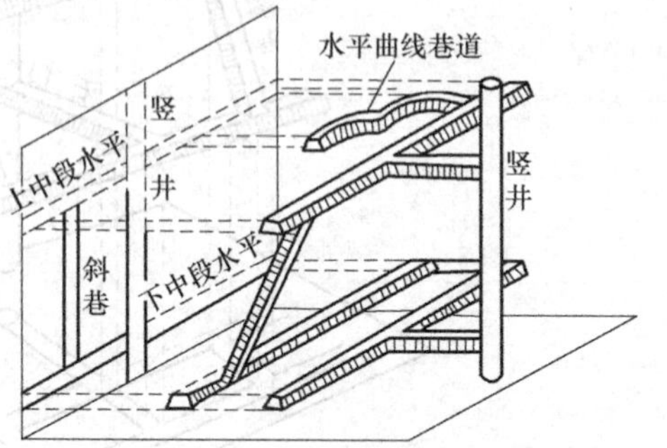

图 14-28　井巷纵投影图及其特点

(1) 曲线型水平巷道在纵投影图上的投影是平直的。如图 14-28 中上中段水平的曲线巷道，它在纵投影图上就无法反映。这时就得参考巷道平面图才能判断正确。

(2) 处于同一水平面内的所有水平巷道，在纵投影上都重叠为一条水平巷道。如图 14-28 中下中段水平的两条平巷，投影后成为一条水平巷道，这时也需要利用巷道平面图加以判断。

(3) 垂直于纵投影面的平巷，在纵投影图上只反映出巷道的截面。

(4) 竖井在纵投影图上的投影还是竖直的，且与标高线垂直。其宽度等于竖井直径，井筒深度不变形。

(5) 倾斜巷道在纵投影图上的投影，往往与上、下平巷垂直。这时，要注意不能与竖井投影相混淆。

14.5.3　井下测量图的绘制

1. 井下巷道平面图的绘制

井下巷道平面图是井下主要测量图件，它包括中段水平巷道平面图和分层采掘工程平面图等。

1) 图中主要内容

(1) 该水平(或分层)所有采掘巷道。

(2) 各采场、矿块的划分及编号。

(3) 矿体界线、矿柱边界以及主要地质构造界线。

(4) 纵、横剖面或投影线。

(5) 巷道内各种固定采矿设备与构筑物(卷扬机房、水泵房等)。

(6) 主要测量标志(导线点、水准点等)。

(7) 分层采掘工程平面图上可同时表示采场的回采进度线，或分别绘制分层主要巷道平面图和回采工程平面图。

2) 绘图的原始资料

(1) 巷道内控制点的坐标和高程。

(2) 根据以上各控制点所测巷道轮廓点的碎部资料。

(3) 有关的地质资料。

3) 绘图的方法和步骤(见图14-29)

(1) 在图纸上先绘好坐标格网线，如图14-29(a)所示，格网边长为10cm。当采用自由分幅时，一般让图廓平行于矿体平均走向。这样，格网线就可能与图廓斜交。

(2) 根据控制点的坐标，将其点位展绘在坐标格网图上。点的右侧面画一条短横线，横线上方注明该点编号，下方注明该点高程。

(3) 连接相邻各导线点。

(4) 根据所测碎部点资料，逐点展绘。最后连接相邻各点，即为图14-29(b)所示的巷道平面图。

(5) 有关地质资料可交由地质人员填绘。

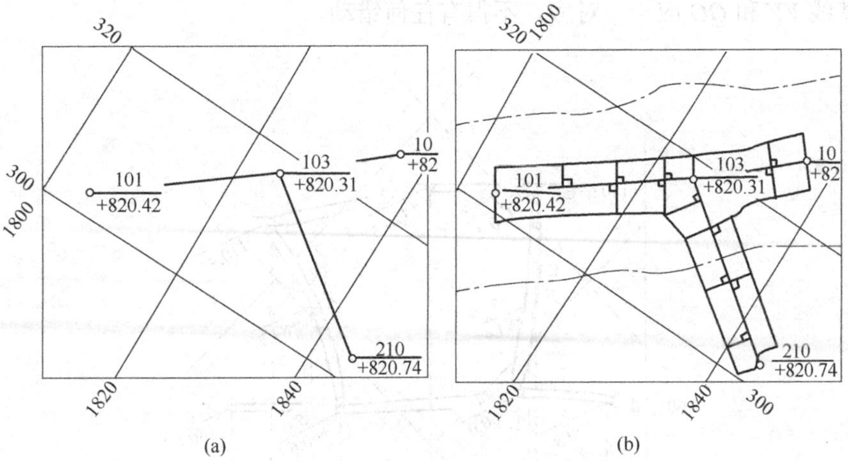

图14-29 平面图的绘制

2. 纵投影图的绘制

纵投影图可以根据综合平面图或中段平面图及其碎部测量资料绘制。

1) 图中主要内容

(1) 井筒、各中段水平巷道、穿脉巷道以及采准切割坑道的位置。

(2) 各采场的轮廓、采掘高度与充填高度。

(3) 按投影线或剖面线位置相切的地表实际剖面。

(4) 矿岩界线与主要地质构造线。

(5) 保护矿柱界线。

2) 绘制的方法和步骤

根据综合平面图绘制纵投影图的方法和步骤，如图14-30所示。

(1) 在综合平面图(见 14-30(a))上选定一条纵投影基线 *VV*(纵投影面与水平投影面的交线)，该线又叫作迹线。纵投影基线应与主要平巷平行。

(2) 在基线 *VV* 上任选一点 *O* 作为基点，并过 *O* 作基线的垂线 *QO*。

(3) 将综合平面图上各主要特征点(导线点、中线点、轮廓点等)分别向基线 *VV* 投影，投

影方向平行于 QO 或垂直于 VV。于是，在基线 VV 上即得 1′、2′…各点。

(4) 另取一张图纸绘制纵投影图，该图按照平面图的比例尺，绘出主要平巷底板的标高，如图 14-30(b)所示。标高线即为一组水平的平行线，并同时画一条投影基线 VV(与标高平行)。在基线 VV 的适当位置(使纵投影图置于图纸中央)选取一点 O 作为基点，并过 O 作垂线 $Q'O$。

(5) 在综合平面图的纵投影基线 VV 上，从基点 O 分别量取到各投影点 1′、2′…的长度 $O1'$、$O2'$…，并依次在纵投影图的纵投影基线 VV 上从点 O 起分别定出 1′、2′…各点的点位。

(6) 在纵投影图上，过各投影点作垂线在各点相应标高的标高线处终止，即可得 1、2、…各点。

(7) 根据巷道碎部测量所测得的巷道顶板高和巷道宽度，连接相应各点，即可绘出纵投影图。

根据各中段平面图绘制纵投影图时，是将各中段分别向纵投影面上投影。各中段平面图上的投影基线 VV 和 QO 应一一对应，不得有任何错动。

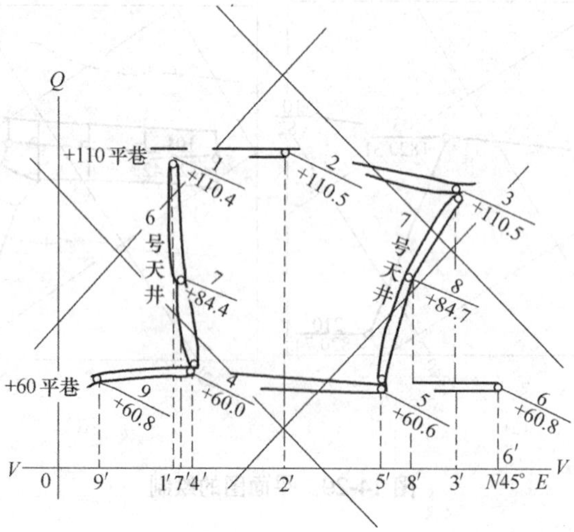

(a)

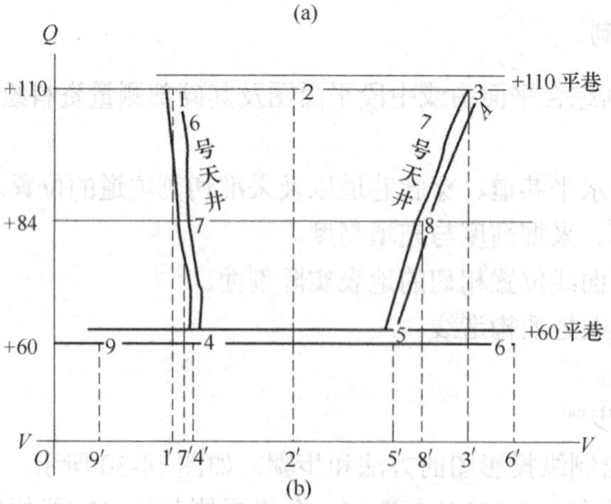

(b)

图 14-30　纵投影图的绘制

当矿体走向以及水平巷道走向有较大变化时，纵投影面的位置也应作相应改变，如图 14-31(a)所示，矿体 $ABCD$ 在 CD 处改变走向，变为 $CDEF$。纵投影基线可选择 V_1V_1 和 V_2V_2，然后分别投影。最后将两纵投影面展开为平面，如图 14-31(b)所示。

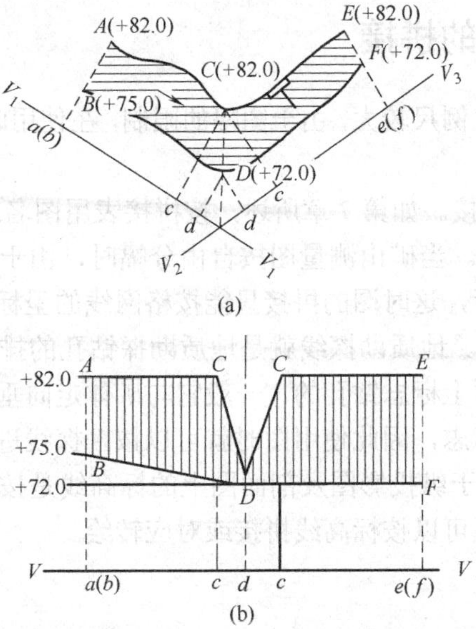

图 14-31 两条投影基线的纵投影图

14.5.4 井下测量图的专用符号

井下测量图的符号十分丰富，且不同类型的矿山(如煤矿和冶金矿)表现同一事物的符号不尽相同，在测图和判读时一定要注意。尽管如此，矿图的符号还是可以大致分为如下 3 类。

1. 井巷符号

井巷是地下开采矿山构造的基本元素，如竖井、斜井、平硐、水平巷道、倾斜巷道、溜矿井、通风井等。广义来说，它们既是通道(路、管、风、水)，又是设备空间，也是生产工作面。无论何种，其图示符号的基本图形就是它们的投影轮廓或剖面。

由于井下测量图的比例尺较大，因此井巷轮廓都是按图比例尺绘制。

各种井巷的断面除按实际尺寸(按图比例尺缩小)绘制外，一般则用专用符号。

2. 测量标识符号

井下各种永久性测量标识包括各级导线点、水准点等，这些都应在图上加以显示，以便在设计和施工中运用。测量标识符号不仅显示其点位，而且要显示其性质、用途、编号以及埋设标志材料等。

3. 地质符号

地质符号主要有以下几种类型。

(1) 矿体与围岩边界线。

(2) 矿体的性质、名称。

(3) 矿体的倾向与倾角。

(4) 断层位置。

14.5.5 矿山测量图的拼接

井下矿山测量图一般比例尺较大，由于图幅的限制，在使用时要由几张图纸拼接在一起。其拼接的方法如下。

(1) 按统一分幅编号拼接。如第 7 章所述，按拼接表用图名或图号拼接。

(2) 按坐标格网线拼接。当矿山测量图按自由分幅时，由于图幅大小不一定标准，坐标格网线也不一定与图廓平行，这时图的拼接只能按格网线的坐标注字进行拼接。

(3) 按地质勘探线拼接。地质勘探线就是地质勘探钻孔的排面线，它是在地质普查的基础上，根据勘探设计在地面上标志钻孔的，一般它与矿体走向垂直。勘探线间有一定的距离并统一编号，图上均画有标志，因此使用图时就可以按勘探线进行拼接。

(4) 按标高线拼接。由于纵投影图及剖面图上的标高线是按一定比例尺绘制的，因此只要图比例尺相同，使用时就可以按标高线拼接或对应转绘。

习 题

1. 解释术语：矿山测量、井下(地下)控制、联系测量、导入高程、陀螺定向、几何定向、巷道中线、巷道腰线、给中线、给腰线、贯通、贯通测量、矿图。
2. 简述矿山测量的任务与作用。
3. 简述矿山测量中井上、井下控制测量的布设形式和方法、步骤。
4. 如何进行竖井的井上、井下的联系测量？请叙述其方法与形式。
5. 何谓中腰线，中腰线在巷道掘进中的作用是什么，如何用水准仪、罗盘仪、经纬仪给中腰线，您会给曲线巷道的中线吗？
6. 有一曲线巷道中心角 $\alpha=105°$，巷道中心线的曲率半径为 30m，巷道净宽为 3.5m，试设计该弯道的给向方法。
7. 激光给向有何优点，如何安置激光指向仪？
8. 何谓贯通，贯通类型大体有几种，都是什么，有何特点？
9. 矿图在采矿企业中有何重要意义？
10. 试述矿图的编号及其意义。
11. 采掘工程平面图如何绘制，竖直面投影图如何绘制？
12. 在隧道施工中，如何测设中线和腰线？
13. 如何进行竖井联系测量？

参考文献

[1] 马振利等. 测绘学[M]. 北京：教育科学出版社，2005.

[2] 刘玉梅等. 工程测量[M]. 北京：化工出版社，2009.

[3] 合肥工业大学等. 测量学(第4版)[M]. 北京：中国建筑工业出版社，1995.

[4] 国家技术监督局. 国家三角测量规范(GB/T 17942—2000)[S]. 北京：中国标准出版社，2000.

[5] 中华人民共和国建设部. 城市测量规范(CJJ/T 8—2011)[S]. 北京：中国建筑工业出版社，2011.

[6] 顾孝烈等合编. 测量学(第2版)[M]. 上海：同济大学出版社，1999

[7] 中华人民共和国城级建设部. 工程测量规范(GB 50026—2007)[S]. 北京：中国计划出版社，2007.

[8] 王少安等. 测量学[M]. 北京：煤炭出版社，1994.

[9] 中国地质大学测量教研室. 测量学[M]. 北京：地质出版社，1991.

[10] 国家质量监督检验检疫总局，国家标准化管理委员会. 国家一、二等水准测量规范(GB/T 12897—2006)[S]. 北京：中国标准出版社，2006.

[11] 国家质量监督检验检疫总局，国家标准化管理委员会. 全球定位系统(GPS)测量规范(GB/T 18314—2009) [S]. 北京：中国标准出版社，2009.

[12] 同济大学，清华大学. 测量学(土建类专业用)[M]. 北京：测绘出版社，1991.

[13] 王治明. 公路快速建设[M]. 北京：人民交通出版社，1999.

[14] 国家质量监督检验检疫总局，国家标准化管理委员会. 国家三、四等水准测量规范(GB/T 12898—2009)[S]. 北京：中国标准出版社，2009.

[15] 张风举等. 控制测量学[M]. 北京：煤炭工业出版社，1999.

[16] 李正中等. 现代路线工程测量[M]. 北京：教育科学出版社，2000.

[17] 许娅娅，雒应. 测量学[M]. 北京：人民交通出版社，2006.

[18] 王劲松等. 土木工程测量[M]. 北京：中国计划出版社，2008.

[19] 冯仲科等. 测量学通用教程[M]. 北京：测绘出版社，1996.

[20] 高井祥等. 测量学[M]. 北京：中国矿业大学出版社，2004.

[21] 徐忠阳. 全站仪原理与应用[M]. 北京：解放军出版社，2003.

[22] 李天文. 现代测量学[M]. 北京：科学出版社，2007.

[23] 孔祥元，郭际明. 控制测量学(上册)[M]. 武汉：武汉大学出版社，2006.

[24] 张勤，李家权. GPS测量原理及应用[M]. 北京：科学出版社，2005.

[25] 袁勘省. 现代地图学教程[M]. 北京：科学出版社，2007.

[26] 宁津生等. 测量学概论[M]. 武汉：武汉大学出版社，2006.

[27] 华锡生，田林亚. 测量学[M]. 南京：河海大学出版社，2003.

[28] 河海大学测量学编写组. 测量学[M]. 北京：国防工业出版社，2006.

[29] 华锡生，李浩. 测绘学概论[M]. 北京：国防工业出版社，2006.

[30] 刘肇光，宗封仪等，测量学(第4版)[M]. 北京：中国建筑工业出版社，1995.